防雷减灾人员能力认定培训教程

王志德　侯柳　张卫星　杨明　等　编著

内容简介

本书是针对从事防雷减灾零基础的从业人员快速掌握防雷基本知识、顺利通过水平能力认定而编写的专门教程。本书共有八章，编写中按照"一册在手，涵盖多数"的原则，从繁杂的复习资料中甄选应该掌握的知识点，由浅入深，尽量包括个人能力认定考试的绝大多数知识点，尤其是对近几年各地的理论考试题进行了详解和释义，以期帮助从业应试者顺利通过理论考试。本书在每章后面列出了复习思考题和思维导图，使读者将本书的知识在记忆中有效地建立思维图树，便于记忆和思考。本书编著者长期从事防雷减灾的法律法规、防雷工程设计与施工、防雷装置设施检测和防雷从业人员能力认定的考试考核工作，力争做到内容简明易懂、可读性强、可操作性强。

本书可供从事防雷减灾管理人员、雷电专业在校学生以及雷电相关的科研与业务、防雷减灾科学普及人员学习参考。

图书在版编目(CIP)数据

防雷减灾人员能力认定培训教程/王志德等编著.—北京:气象出版社，2021.3

ISBN 978-7-5029-7443-5

Ⅰ.①防… Ⅱ.①王… Ⅲ.①防雷—职业技能—鉴定—教材 Ⅳ.①P427.32

中国版本图书馆 CIP 数据核字(2021)第 090785 号

防雷减灾人员能力认定培训教程

FANGLEI JIANZAI RENYUAN NENGLI RENDING PEIXUN JIAOCHENG

王志德 侯柳 张卫星 杨明 等 **编著**

出版发行：气象出版社

地　　址：北京市海淀区中关村南大街 46 号　　**邮政编码**：100081

电　　话：010-68407112(总编室)　010-68409198(发行部)

网　　址：http://www.qxcbs.com　　**E-mail**：qxcbs@cma.gov.cn

责任编辑：蔺学东　王　聪　　**终　　审**：吴晓鹏

责任校对：张硕杰　　**责任技编**：赵相宁

封面设计：博雅锦

印　　刷：三河市百盛印装有限公司

开　　本：787 mm×1092 mm　1/16　　**印　　张**：20

字　　数：510 千字

版　　次：2021 年 3 月第 1 版　　**印　　次**：2021 年 3 月第 1 次印刷

定　　价：90.00 元

本书编委会

序

几位比我年轻的、在防雷减灾领域摸爬滚打了二十多年的老朋友编写了这本教程，邀我说几句写在前面，权作为序。

首先，想到的是在人类与自然灾害抗争的百万年来经历中，气象引领防雷减灾也不过区区几十年，但在这几十年中，防雷事业得到了突飞猛进的发展，同时也经历了曲折的发展历程。这几位老朋友是防雷减灾界的宿将，在埋头苦干的同时不断学习、默默耕耘、著书立说、传承经验，始终没有停下探索雷电奥秘的脚步。这不由得让我感到由衷的钦佩与欣慰。

其次，想到的是何谓能力？字典里说就是才干、本事，能够胜任自己从事工作的专业技能。而要达到这一点，最起码要做到“应知应会”。正如作者所说的“上知天、下知地”“知道来龙去脉”“不但知其一还要知其二”。做防雷减灾不但要了解雷电，还要了解地上需要保护的建筑物。特别是信息时代广泛应用的电气系统和电子系统。只要深入地了解这些方方面面，无论是从事防雷设计、防雷施工，还是防雷装置检测都能得心应手、犹如庖丁解牛一般了。

再次，想到的是现如今在各种招牌下出现了一些“泥沙俱下”的所谓“新技术”“新产品”，甚至是“领先全球的新模式”，让人眼花缭乱、无所适从。因此，我们应该有能力去识别，去伪存真，坚持秉承“安全可靠、技术先进、经济合理”的理念，扎扎实实地开创防雷减灾工作新业态。

最后，想到的是“专业的事情由专业人员做”，在知识爆炸的今天，“身怀绝技”仍然是安身立命的不二法宝，一册在手，能力“爆棚”，这不就是有志青年的渴望吗？

我想，通过阅读这本书，读者会找到不仅仅是上述这几个方面的答案。

关象石

2020 年 8 月于北京

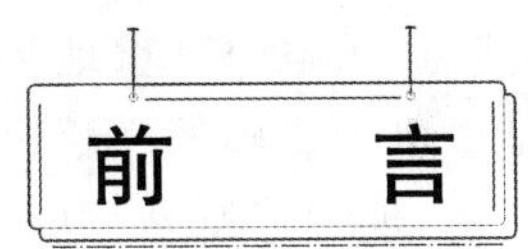

前　言

雷电灾害是地球大气层中独特的自然现象之一。雷电给大地带来了生命、饱含氮的雨水，带来了无线通信以资利用的电离层。同时伴随电闪雷鸣带来了大火、房倒屋塌和人与动物的伤亡。自从1753年前后富兰克林通过实验验证“雷就是电”，并且发明了利用一根铁棍子（旧称避雷针，今称接闪杆）拦截雷闪并通过引下线泄放到大地的防护直击雷的外部防雷装置以来，古老的三大雷灾形式：火灾、物理损坏和人与动物的伤亡已日趋减轻。随着人类科学技术进步的足迹，人类社会由工业时代、电气时代、电子时代到今日之信息时代。以高集成电路与芯片组成的计算机、通信设备、控制系统等信息技术设备（ITE）广泛应用于各行各业，深深介入到千家万户的日常生活，雷电灾害又有了新的形式：通过闪电电涌侵入和空间磁场感应组成的雷击电磁脉冲（LEMP）。据中国气象局统计，近年来我国三大雷灾形式主要发生在农村以及具有爆炸和火灾危险场所，而80%以上的经济损失集中在城市，特别是经济发达、广泛使用和依赖ITE的大城市。究其原因，可以用1995年国际电工委员会（IEC）首次颁布的雷击电磁脉冲防护标准IEC61312前言中的一句话说明：“鉴于各种形式的电子系统的应用在不断增加，使得本标准的制定成为必须。这些（电子）系统包括计算机、通信设备、控制系统等。它们广泛应用于商业和工业的许多部门，包括相当大的资金投入、规模和复杂性很大的工业控制系统。出于代价和安全的考虑，雷电对其造成的运转停顿的损失是不可估量的。”雷电不仅为人类带来了“火”和“电”，也能带来毁灭和死亡，雷电造成巨大破坏的实例不胜枚举。这使人类对雷电充满了敬畏。但人类从未停止对雷电奥秘探索的脚步。自从人类发现了电，发明了避雷针，一度锁着了“雷公电母”，极大地减轻了雷电的肆虐。但是，人类文明进入电子时代，信息技术突飞猛进。随着集成电路与芯片技术广泛应用于各个行业，雷电灾害又有了进一步肆虐的天地，如击断高压电路、瘫痪信息中枢、引燃油库、击毁机车信号、袭击边防哨卡、侵袭校园楼宇、中断微波基站等。雷电灾害吞噬了经济发展的成果，危及人民生命财产安全。近几年来发生在中国乃至全世界的雷击电磁脉冲灾害案例充分验证了这一论述，因此联合国减灾委员会将雷电灾害列为当代十大自然灾害之一。

新时代的防雷减灾刻不容缓。

全国人民代表大会常务委员会于1999年10月31日审议通过了《中华人民共和国气象法》，明确规定：“各级气象主管机构应当加强对雷电灾害防御工作的组织管理，并会同有关部门指导对可能遭受雷击的建筑物、构筑物和其他设施安装的雷电灾害防护装置的检测工作。”“安装的雷电防护装置应当符合国务院气象主管机构规定的使用要求。”2010年，国务院颁布了《气象灾害防御条例》；2005年，中国气象局发布了《防雷工程专业资质管理办法》（2013年修订）；2016年，发布了《雷电防护装置检测资质管理办法》（2020年修订）。各省（区、市）也纷纷颁布《气象法》实施办法，进一步明确防雷减灾的主体责任和义务。至此，防雷减灾的法律框架基本形成。

人类发现了电以后，由于雷电本身具有高电压、大电流和短促冲击特性而伴随能量巨大、发生时间短、危险性强的独特形式，在雷电收采的应用上进展缓慢，却对能够使人类应用的电能的制造和应用取得突破性发展，如热电、风电、核电、地热能发电等层出不穷，与此同时，雷电又对这些电力设施构成危害。尤其是微电子设施的广泛运用，独立的雷电理论逐渐基本形成。当代防雷理论，分散在云物理学、电工学、现代建筑学、电磁学、气象学、材料学、通信技术、计算机科学等学科。面对突如其来的信息时代电子社会的防雷减灾需要，人类现有的认知远远不能满足社会需求。大量的从业人员面对现代设备、智能建筑、通信基站、信息机房、危险爆炸场所、油库弹药库、化工制造场地等茫然不知从何下手。如何设计施工？怎么检测？出现雷击责任怎么划分？有些不明机理的工程不但起不到防雷作用，反而把雷电灾害隐患引入室内。当今防雷减灾工作不仅仅是技术工程，而且成为重要的民生和安全工程。

专业的事情要由专业人员干。防雷减灾从业人员的能力认定迫在眉睫。

2005 年 4 月 1 日，中国气象局公布的《防雷工程专业资质管理办法》规定，从事防雷工程技术人员必须取得《防雷施工设计资格证》，防雷工程技术人员个人资格的认定工作由省以上气象学会承担。从此，拉开了气象学会承接政府职能的序幕。随着改革的进一步深入，2013 年，国务院加大行政审批制度改革，接连取消了 5 批次的行政审批项目，公布了个人资格证的清单。在政府清单中，防雷个人资格证改由“省以上气象学会组织实施”的能力认定，中国气象局也将防雷减灾工作转变为“联席会议”管理制度，日常具体的防雷减灾工作引入社会力量共同参与。防雷工程建设、防雷设施检测、防雷安全评价全面向社会力量开放。但“防雷装置竣工验收”仍列为气象部门“国务院确需保留的行政审批”事项，防雷个人能力认定也由原来的“准入”类型变成了“水平评价”类型，使气象部门防雷减灾监管的责任进一步加强。改革进入攻坚期，党中央国务院始终没有忘记防雷减灾工作，充分体现了党和政府以人民为中心，保障人民群众生命财产安全的执政情怀。

为了便于有志于防雷减灾事业的人员学习防雷减灾知识，快速提升从业者自身防雷减灾水平，能够掌握防雷基本知识，通过个人能力水平认定，达到防雷减灾的目的。作者从散布在各种书籍的防雷减灾知识中，参照个人能力考试大纲编写了《防雷减灾人员能力认定培训教程》。本书针对应试人员初涉防雷领域的特点，编写中按照“一册在手，涵盖多数”的原则，由浅入深，尽量包括认定考试的绝大多数知识点，以期减轻从业应试者繁杂资料收集的前期劳动。

本书共有八章。第一章雷电基本知识，介绍了雷电的发现与产生雷电的科学假说、在现有认知下的雷电发生发展的基本特征、发生雷电(击)的基本形式，从趋利避害的角度介绍了雷电对地球和生物的贡献与危害、人类进入电子信息时代的雷电活动情况。本章试图描绘目前雷电学科形成的基本脉络。

第二章简要介绍了与防雷减灾相关学科的基本知识。包括大气科学、电工和电磁学基础、计算机及网络、涉及防雷的材料科学、建筑学基础、测量学基础、实验与检验、化工与易燃易爆、应急科学基础知识等，编写本章的目的是力图让应试者建立起多学科交叉的综合防雷思维。

第三章介绍了雷电灾害的防御方法。讲述了雷电防护装置的基本构成、雷电波的闪电电涌侵入方式、雷电灾害事件案例的列举、防雷技术的基本措施。通过本章的学习，读者可以在头脑中建立起“基于防雷原理”的“不同防雷装置”模型。

第四章介绍了防雷减灾的基本法律法规，从《中华人民共和国气象法》溯源，讲述了涉及防雷减灾的国务院法规、地方法规、部门规章，系统介绍了防雷减灾法律框架结构。本书并不是对法律法规的简单列举，而是按照相关法律释义和实际执法过程中遇到的实际案例给予解读，以期增强读者对防雷减灾法律法规的理解和运用。

第五章按照大纲的要求，对《建筑物防雷设计规范》(GB 50057—2010)进行了逐条解读，

加深对防雷技术规范的理解与熟练掌握。

第六章介绍了涉及雷电防护的技术规范。涉及防雷减灾的技术规范有近百部，该书挑选常用的、考试大纲要求掌握的，从技术规范的适用范围、约束条件、相关性等有针对地给予介绍，目的是使读者在实际工作中能够“查得到、用得上、可溯源”，为打造防雷“设计、施工、检测、评估”精品工程提供帮助。

第七章重点介绍了防雷装置检测。详细讲述了防雷设施检测前的准备工作、检测流程、检测人员和设备的要求、检测方案的制定、检测项目、检测技术、建筑物检测的一般方法、检测记录的填写与整理、检测数据的逻辑分析、检测报告的编写、其他特殊场所的检测方法以及防雷装置检测容易忽视的问题等。通过本章的学习，使从业人员基本达到“实战”水平。

第八章结合考试大纲的要求，针对防雷能力考试考核实际和特点，重点对防雷考试试题进行解析。分别对防雷基本概念、基础知识、技术数据和参数、要求掌握的应用公式和技术方法、综合性试题、法律法规等题型进行了分析解答，并收集了国内部分省（区、市）考试试题和模拟试卷，为考生快速提升应试能力提供帮助。

为了使从业人员快速掌握这些知识，本书在每章后面列出了复习与思考题和思维导图，使读者将本书的知识在记忆中有效地建立思维图树，便于记忆和思考。本书编著者长期从事防雷减灾的法律法规、防雷工程设计与施工、防雷装置设施检测和防雷从业人员的考试考核工作，力争做到通俗易懂、可读性强、操作性强。本书可供从事防雷减灾管理人员；防雷工程设计与施工、防雷装置设施检测、雷电灾害评估能力考试人员；在校雷电专业的大学本科以及从事雷电研究的科研与业务人员；防雷减灾科学普及人员阅读参考。

本书所用资料除编著者编写外，部分来自公开发表的书籍（见书后所列参考资料）和互联网。参加本书编写的有王志德、侯柳、张卫星、杨明、王铭、于楠、曹旭、那荣波、王婷婷等。王志德、侯柳、王铭、于楠、曹旭编写第一、二、三、四、五章，杨明编写第六、八章，张卫星编写第七章，王铭编写每章的复习与思考题和思维导图。王志德负责统稿，那荣波和王婷婷负责全书的校对与前期协调。其他参编人员见编委会名单。由于作者的专业知识水平和材料掌握有限，书中的错误在所难免，恳请读者给予批评指正。

在本书的编写过程中，得到了防雷界资深专家关象石先生和广东海洋大学徐峰教授、东北农业大学孙彦坤教授的关注与指导；得到了气象出版社的大力支持；得到了黑龙江省龙天防雷科技有限公司、杭州科士麦科技有限公司、郑州飞世尔防雷公司、北京市雷恒安防雷设施检测服务中心、哈尔滨谱安注册师事务所、大庆炎辉防雷检测技术服务有限公司以及同行专家学者与朋友们的大力支持，在此一并表示感谢！

编著者

2021 年 1 月 23 日

目　录

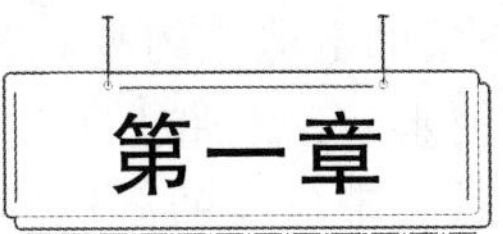

第一章

雷电基本知识

通过本章的学习，建立雷电发生发展消亡的基本概念，理解雷电基本定义和机理假说，了解人类探索雷电奥秘的历程；树立雷电灾害意识，理解电子社会雷电危害的严重性，了解雷电灾害防御的基本思路；树立雷电资源意识，理解雷电资源的含义，了解开发利用雷电资源的现状。

本章重点：雷电的定义、产生机理假说、雷电灾害。

第一节　概　述

雷电是伴有闪电和雷鸣的一种雄伟壮观而又有点令人生畏的放电现象。雷电一般产生于对流发展旺盛的积雨云中，常伴有强烈的阵风和暴雨，有时还伴有冰雹和龙卷风。积雨云顶部一般较高，可达 20 km，云的上部常有冰晶。冰晶的凇附、水滴的破碎以及空气对流等过程，使云中产生电荷。云中电荷的分布较复杂，但总体而言，云的上部以正电荷为主，下部以负电荷为主。因此，云的上、下部之间形成一个电位差。当电位差达到一定程度后，就会产生放电，这就是我们常见的闪电现象。闪电的平均电流是 3 万 A，最大电流可达 30 万 A。闪电的电压很高，为 1 亿～10 亿 V。一个中等强度雷暴的功率可达 1000 万 W，相当于一座小型核电站的输出功率。放电过程中，由于闪电通道中温度骤增，使空气体积急剧膨胀，从而产生冲击波，导致强烈的雷鸣。带有电荷的雷云与地面的突起物接近时，它们之间就发生激烈的放电。在雷电放电地点会出现强烈的闪光和爆炸的轰鸣声。这就是人们见到和听到的电闪雷鸣。

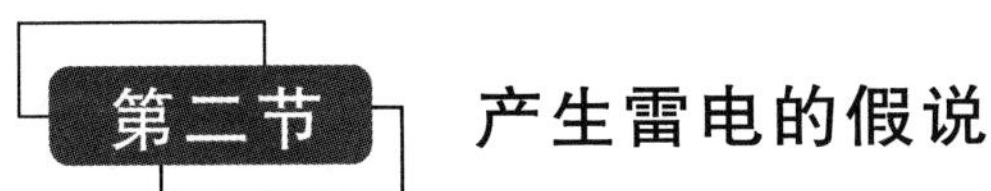

第二节　产生雷电的假说

产生雷电的条件是雷雨云中有积累并形成极性。科学家们对雷雨云的带电机制及电荷有规律分布，进行了大量的观测和试验，积累了许多资料，并提出各种各样的解释，有些论点至今还有争论。

一、对流云初始阶段的“离子流”假说

大气中存在着大量的正离子和负离子，在云中的雨滴上，电荷分布是不均匀的，最外边的

分子带负电，内层的带正电，内层比外层的电势差约高 0.25 V。为了平衡这个电势差，水滴就必须优先吸收大气中的负离子，这就使水滴逐渐带上了负电荷。当对流发展开始时，较轻的正离子逐渐被上升的气流带到云的上部；而带负电的云滴因为比较重，就留在了下部，造成了正负电荷的分离。

二、冷云的电荷积累

当对流发展到一定阶段，云体伸入 0 ℃层以上的高度后，云中就有了过冷水滴、霰粒和冰晶等。这种由不同相态的水汽凝结物组成且温度低于 0 ℃的云叫作冷云。冷云的电荷形成和积累过程有如下几种。

(一)过冷水滴在霰粒上撞冻起电

在云层中有许多水滴在温度低于 0 ℃时也不会冻结，这种水滴叫过冷水滴。过冷水滴是不稳定的，只要它们被轻轻地震动一下，就马上冻结成冰粒。当过冷水滴与霰粒碰撞时，会立即冻结，这叫作撞冻。当发生撞冻时，过冷水滴外部立即冻成冰壳，但它的内部仍暂时保持着液态，并且由于外部冻结释放的潜热传到内部，其内部液态过冷水的温度比外面的冰壳高。温度的差异使得冻结的过冷水滴外部带上正电，内部带上负电。当内部也发生冻结时，云滴就膨胀分裂，外表皮破裂成许多带正电的冰屑，随气流飞到云层上部，带负电的冻滴核心部分则附在较重的霰粒上，使霰粒带负电并留在云层的中下部。

(二)冰晶与霰粒的摩擦碰撞起电

霰粒是由冻结水滴组成的，呈白色或乳白色，结构比较松脆。由于经常有过冷水滴与它撞冻并释放潜热，它的温度一般比冰晶高。在冰晶中含有一定量的自由离子(OH^- 和 H^+)，离子数随温度升高而增多。由于霰粒与冰晶接触部分存在着温度差，高温端的自由离子必然要多于低温端，因而离子必然从高温端向低温端迁移。离子迁移时，带正电的氢离子速度较快，而带负电的较重的氢氧根离子则较慢。因此，在一定时间内就出现了冷端氢离子过剩的现象，造成了高温端为负，低温端为正的电极化。当冰晶与霰粒接触后又分离时，温度较高的霰粒就带上了负电，而温度较低的冰晶就带上了正电。在重力和上升气流的作用下，较轻的带正电的冰晶集中到云的上部，较重的带负电的霰粒则停留在云层的下部，因而造成了冷云的上部带正电而下部带负电。

(三)水滴因含有稀薄盐分而起电

除了上述冷云的两种起电机制外，还有人提出了由于大气中水滴含有稀薄盐分而产生起电机制。当云滴冻结时，冰的晶格中可以容纳负的氯离子，却排斥正的钠离子。因此，水滴冻结的部分带负电，而未冻结的部分带正电(水滴冻结时是从里向外进行的)。由于水滴冻结而成的霰粒在下落的过程中，摔掉表面还未来得及冻结的水分，形成许多带正电的小云滴，而冻结的核心部分则带负电。由于重力和气流的分选作用，带正电的小水滴被带到云的上部，而带负电的霰粒则停留在云的中、下部。

三、暖云的电荷积累

在热带地区，有一些云整个云体都位于 0 ℃以上区域，因而只含有水滴而没有固态水粒

子。这种云叫暖云或水云。暖云也会出现雷电现象。在中纬度地区的雷暴云，云体位于 0 ℃等温线以下的部分，就是云的暖区。在云的暖区里也有起电过程发生。

在雷雨云的发展过程中，上述机制在不同的发展阶段分别起作用。但是，最主要的带电机制还是由于水滴冻结造成的。大量观测事实表明，只有当云顶呈现纤维状、丝缕结构时，可发展成为雷雨云。飞机观测发现，雷雨云中存在以冰、雪晶和霰粒为主的大量云粒子，而且大量电荷的积累即雷雨云迅猛带电机制，必须依靠霰粒生长过程的碰撞、撞冻和摩擦等才能发生。

雷电的形成过程中，电离源发挥了非常重要的作用。没有它们，正离子和负离子的分离就不会那么顺利，雷电也不会如此频发了。

电离源的构成包括以下几种：地壳中放射性物质发出的放射线；大气中放射性物质发射的放射线；地球之外宇宙射线；大气中的闪电、火山爆发、森林大火、尘暴、雪暴等也能使大气电离。可见，宇宙射线的确对雷电的形成提供了一些助力。

不过，宇宙射线并不是唯一，也并不是最主要的电离源。所以，说宇宙射线是雷电的形成原因之一是可以的，但说雷电就是宇宙射线引起的就不够严谨了。

Alex V. Gurevich 等人提出雷电可能是受到高能宇宙射线的诱导。这个过程跟一种放射性探测器很像，即放电触发器，就是里面有气体，电场在击穿的临界状态，但是里面没有自由电子/离子，所以不会发生电离，当一个粒子通过气体时，会碰撞电离少量的空气分子，然后有了自由的带电粒子，就像雪崩一样，空气噼里啪啦就电离了。前面提到了，发生雷电的地方的电场强度不像放电触发器里面那样在临界状态，即使宇宙射线带来了少量的自由粒子，也不能发生这种大规模放电。Alex V. Gurevich 等人就提出了一个叫作雪崩的过程，这是粒子累积后暴发的过程。宇宙射线导致了一些电离的空气分子，但是还不够用。虽然这里的电场不够电离用，但是这些电离出来的离子、电子就在电场下运动，只需要电场强度大到使得这些粒子受到的驱动力大于阻力，它们能量就会增加，然后这些粒子的能量越来越高，而且这个过程电离了其他的粒子，加上原来有高能宇宙射线，这样就发生了一个雪崩过程。

那么，我们可以验证这个过程吗？在这个所谓的雪崩过程中，会产生大量的高能光子，实际上我们已经观测到了这种光子。那么，这样就可以下定论说雷电是由宇宙射线诱发的，反之，宇宙射线诱发雷电了吗？现在还有些争论，没有完全定论。所以，这个领域的研究现在看来仍然活跃。

第三节　雷电的基本特征

一、雷电流的特性

雷电流既然是电流，那么它就具有电流的一切特征。

雷电流放电电流大，幅值高达数十至数百千安；放电时间极短，只有 50～100 μs；波头陡度高，可达 50 kA/s，属于高频冲击波。雷电感应所产生的电压可高达 300～500 kV。直击雷冲击电压高达兆伏(MV)级。人体的安全电流值为：直流 50 mA 和 50～60 Hz 的交流 10 mA。由此可见雷电的强大。

雷电破坏作用与峰值电流及其波形有最密切的关系。雷击的发生、雷电流大小与许多因

素有关，其中主要的有地理位置、地质条件、季节和气象条件。其中气象条件有很大的随机性，因此研究雷电流大多数采取大量观测记录，用统计的方法寻找出它的概率分布的方法。根据资料表明，各次雷击闪电电流大小和波形差别很大，尤其是不同种类型的放电差别更大。为此有必要做如下说明。

由典型的雷雨云电荷分布可知，雷雨云下部带负电，而上部带正电。根据云层带电极性来定义雷电流的极性时，云层带正电荷对地放电称为正闪电，而云层带负电荷对地放电称为负闪电。正闪电时正电荷由云到地，为正值，负闪电时负电荷由云到地，为负值。云层对地是否发生闪电，取决于云体的电荷量及对地高度或者说云地间的电场强度。

云地间放电形成的先导是从云层内的电荷中心伸向地面，这叫作向下先导。其最大电场强度出现在云体的下边缘或地上高耸的物体顶端。雷电先导也可能是从接地体向云层推进的向上先导。因此，可以把闪分成两类：只沿着先导方向发生电荷中和的闪电叫无回击闪电；当发生先导放电之后还出现逆先导方向放电的现象，称为有回击闪电。

一次雷击大多数分成 3～4 次放电，经观测表明，一般是第一次放电的电流最大，正闪电的电流比负闪电的电流大。

电流上升率数据对避雷保护问题极其重要，最大电流上升率出现在紧靠峰值电流之前。习惯上用电流波形起始时刻至幅值下降为半幅值的时间间隔来表征雷电流脉冲部分的波长。雷电流的大小在各地区有很大区别，一般平原地区比山地雷电流大，正闪电比负闪电大，第一闪击比随后闪击大。

二、闪电的电荷量

闪电电荷是指一次闪电中正电荷与负电荷中和的数量。这个数量直接反映一次闪电放出的能量，也就是一次闪电的破坏力。闪电电荷的多少是由雷云带电情况决定的，所以它又与地理条件和气象条件有关，也存在很大的随机性。从大量观测数据表明，一次闪电放电电荷 Q 可从零点几库仑到 1000 多库仑。然而在一次雷击中，在同一地区它们的数量分布符合概率的正态分布。

一块雷云是否会向大地发生闪击，由几个基本因素决定，其一是云层带电荷多少，其二是把云层与大地之间形成的电容模拟为平板电容时，它对大地的电容是多少。当然这个模拟电容两极之间的电压就是由电容和带电量决定的。当这个模拟电容内的电位梯度达到闪击值时就会发生闪击。当闪击一旦发生，云地之间即发生急剧的电荷中和。

雷电之所以破坏性很强，主要是因为它把雷云蕴藏的能量在短短的几十微秒中释放出来，从瞬间功率来讲，它是巨大的。

三、雷电波的频谱分析

雷电波频谱是研究避雷的重要依据。从雷电波频谱结构可以获悉雷电波电压、电流的能量在各频段的分布，根据这些数据可以估算通信系统频带范围内雷电冲击的幅度和能量大小，进而确定避雷措施。在电力系统中，了解雷电波频谱分析在避雷工程中的作用，也可以根据其分析结果，用最小的投资，达到足够安全的效果。

虽然各种雷电波总体的轮廓相似，但是每一次雷电闪击的电流(电压)波形仍然存在很大的随机性。现代研究表明，在大自然中每次闪电的波形是复杂的，绝对不是单一的频谱。

雷云向大地或雷云之间剧烈放电的现象称为闪击(这里以讨论雷云向大地放电为主),带负电荷的雷云向大地放电为负闪击,带正电荷的雷云向大地放电为正闪击,雷云对大地放电多为负闪击,其电流峰值以 20～50 kA 居多。正闪击比负闪击猛烈,其电流幅值往往在 100 kA 以上,我国黑龙江省近年曾有过 300 kA 正电荷闪击记录(通常 200 kA 以上属少见)。

第四节　雷电的基本形式

雷电是雷云接近大地时,地面感应出相反电荷,当电荷积聚到一定程度,产生云和云间以及云和大地间放电,迸发出光和声的现象。根据雷电的不同形状,大致可分为片状、线(带)状、枝状和球状四种。

(一)片状闪电

片状闪电是一种比较常见的闪电形式看起来好像是在云面上有一片闪光。这种闪电可能是云后面看不见的火花放电的回光,或者是云内闪电被云滴遮挡而造成的漫射光,也可能是出现在云上部的一种丛集的或闪烁状的独立放电现象。片状闪电常在云的强度已减弱、降水趋于停止时出现,是一种较弱的放电现象,多数是云中放电。

(二)线状闪电

最常见的闪电是线状闪电,呈现出一些非常明亮的白色、粉红色或淡蓝色的亮线。线状闪电的"脾气"早已被科学工作者摸透,用连续高速的照相机可以完整地记录线状闪电的全过程,并能在实验室成功地进行模拟实验。

(三)枝状闪电

枝状闪电也是常见的闪电。它多是分岔的枝条状而非平直的线条状,其中的奥妙很多人都不了解。有科学家最近解释说,大气放电过程中存在两种气体,因而放电时如同两种不同黏度的液体混合,最终会产生分岔的枝条形状。科学家解释说,这一现象类似两种不同黏度的液体互相渗透出现的结果。还有科学家解释说,大气中的放电过程是否会出现分枝现象取决于电场的强度。如果电场强度大,即使阴极和阳极气体之间只是相隔数毫米,也可能迅速形成"枝繁叶茂"的闪电现象。

(四)球状闪电

球状闪电一般发生在线状闪电之后,它是一个直径为 20 cm 左右的火球,发出红色或橘黄色的光,偶然发出美丽的绿色,一般维持几秒钟。火球在空中随风飘移,喜欢沿物体边缘滑行,还能穿过缝隙进入室内,当它行将消失时会发生震耳的爆炸声。由于球状闪电的生命周期异常短暂,观察到并拍摄下其"真容"的实例非常少。据有关文献介绍,武当山"火龙洗金殿"的奇观,就是球形雷所为。关于其形成的原因一般认为是:雷电残余、静电引起、特殊地形地貌。

第五节 雷电对人类的贡献

人们认识雷电，首先想到的是它会给人民生命财产造成严重损失。自古以来，人们对雷电现象怀有一种深深的恐惧心理。雷电是地球上很常见的自然现象，全球平均每天约发生800万次，每秒就有近100次闪电。如果每次闪电可以用金钱计算，每天发生的闪电其价值可就是个天文数字了。目前人类尚未找到破解雷电宝库的保险锁密码，这笔惊人的财富还只属于大自然所有，人类暂时无权享用。

事实上，雷电对人类进步的贡献也是功不可没的。大家知道，地球表面的大气层中含有约78%的氮气、20%以上的氧气和少量水蒸气、二氧化碳以及其他微量气体。当空中发生雷电放电时，处于强大电场中的空气温度会迅速升高至10000 ℃以上。空气因突然受热膨胀而产生很高的压力。正常大气环流中性质稳定且难溶于水的氮气分子，在雷电造成的高温、高压、放电环境中被激活了，它与氧气、水蒸气和二氧化碳等发生一系列无机和有机化学反应，生成氨、二氧化碳、一氧化碳、甲烷和氰化物等化合物，这些气体混合物在闪电作用下有可能合成一系列的有机化合物，包括氨基酸、核苷酸、单糖等。

第一，在生命起源的过程中，雷电起到了重要作用。洪荒时期的地球周围存在着由火山喷发出的大量气体——甲烷、氨气、氢气和水蒸气，这些气体在紫外线、宇宙空间辐射的作用和强烈的雷击下，产生了构成生命有机体的“基本元件”——氨基酸，从而使具有自我复制和繁殖能力的原始生命慢慢地产生了。雷电常伴随着雷雨，它俩是积雨云孕育的孪生兄弟。每当雷电过后，大量雨水就会携带着雷电制造出来的各种化合物，落到地面，融入土壤中的含氮化合物就成了植物生长必需的氮肥。由于每天发生雷电的次数极大，因此，雷电给予人类的氮肥数量也是非常可观的。因为氨基酸等有机化合物是构成蛋白质乃至生命体的基本物质，所以把雷电看作创造生命之神也不为过。

第二，雷电给人类带来了火。在从猿到人的演变过程中，由于雷击引起森林起火，启发了人类的祖先学会用火，因森林起火被烧死的动物躯体，比生吞活剥的动物吃起来有滋有味，使远古人类习惯了吃熟食。富有营养的火烧食品的长期食用，促进了人体肌肉和大脑的发育，使人类在进化旅途中跨越了一大步。因为雷电，人类发现了火、发现了电，从而发明了一系列电气设备。人类文明得到了快速进步。

第三，雷电能净化环境。雷电发生时，强烈的电化学、光化学作用，会使空气中的部分氧气发生化学反应，生成具有杀菌作用的臭氧。因此，一场雷电过后，空气中弥漫着少量臭氧，加之雷雨时空气又得到了“清洗”，使人会感到格外的清新舒适。

第四，雷电在农业上的隐形功劳则更大。雷电会使空气中的氧气和氮气化合生成二氧化氮。二氧化氮被雨水溶解落地后便成为农田必需的天然氮肥。有人估算，每年因雷电生成的氮肥约4亿吨。在常有雷电发生的地区作物生长茂盛，就是雷电制肥的证明。雷电不但生成大量氮化物，肥化了土壤，养育了地面上的植物，科学家还发现，雷电还可引起高空和地面间的电压。这个电压越大，植物的光合作用和呼吸本领就越强。有人曾观察对比，雷电后1～2天内，植物的生长和新陈代谢特别旺盛，如果在作物的生长期内有5～6次雷电发生，作物的成熟期将提前一周左右。

第五，地球上每天会有约800万次雷电。闪电时云和大地间的电压可达1亿V，电流

强度可达 10 万 A，闪电的长度可达 1 万 m，电火花直径也有十几厘米，闪电的功率可达 100 亿 kW，是我国三峡大坝水电站发电功率的几千倍。虽然目前人们还未想出利用雷电造福人类的方法，但可以想象，雷电的确是一种强大的能源。

第六节 雷电灾害

一、雷电危害的形式

雷电一般产生于对流发展旺盛的积雨云中，常伴有强烈的阵风和暴雨，有时还伴有冰雹和龙卷风。积雨云顶部一般较高，可达 20 km，云中电荷的分布较复杂，但总体而言，云的上部以正电荷为主，下部以负电荷为主。因此，云的上、下部之间形成一个电位差。当电位差达到一定程度后，就会产生放电，这就是我们常见的闪电现象。放电过程中，由于闪道中温度骤增，使空气体积急剧膨胀，从而产生冲击波，导致强烈的雷鸣。带有电荷的雷云与地面的突起物接近时，它们之间就发生激烈的放电。在雷电放电地点会出现强烈的闪光和爆炸的轰鸣声。这就是人们见到和听到的闪电雷鸣。

雷电危害的形式主要有以下三种。①直接雷击的危害：地面上的人、畜、建筑物、电气设备等直接被雷电击中，叫作直接雷击。发生直接雷击时，特大的雷电流（几十至几百千安）通过被击物，在被击物内部产生高温，使被击物起火燃烧，使架空导线熔化等。②感应雷的危害：雷云对地放电时，在雷击点主放电的过程中，位于雷击点附近的导线上，将产生感应过电压，过电压幅值一般可达几十万伏至几百万伏，它能使电力设备绝缘发生闪落或击穿，造成电力系统停电事故、电力设备的绝缘损坏，使高电压窜入低压系统，威胁低压用电设备和人员的安全，还可能发生火灾和爆炸事故。③雷电波侵入的危害：是指落在架空线路上的雷，沿着线路侵入变电所（站）或配电室内，致使设备或人遭受雷击。

从危害角度考虑，雷电可分为直击雷、感应雷（包括静电感应和电磁感应）和球形雷。

直击雷是带电积雨云接近地面至一定程度时，与地面目标之间的强烈放电。直击雷的每次放电含有先导放电、主放电、余光三个阶段。大约 50% 的直击雷有重复放电特征。每次雷击有三四个冲击至数十个冲击。一次直击雷的全部放电时间一般不超过 500 ms。通常所说的“打雷”是指一部分带电的云层与另一部分带异种电荷的云层，或者是带电的云层与大地之间的迅猛放电现象。这就是说，带电的云层与大地上的某一点之间发生的放电现象，称为直击雷，即雷电直接击中地面上的某一物体，如建筑物、人、畜或其他物体等。可见，直击雷是云层与地面凸出物之间的放电形成的。直击雷可在瞬间击伤、击毙人畜，同时也会毁坏发电机、变压器等电气设备。

感应雷也称作雷电感应，分为静电感应雷和电磁感应雷。静电感应雷是由于带电积雨云接近地面，在架空线路导线或其他导电凸出物顶部感应出大量电荷引起的。它将产生很高的电位。电磁感应雷是由于雷电放电时，巨大的冲击雷电流在周围空间产生迅速变化的强磁场引起的，这种迅速变化的磁场能在邻近的导体上感应出很高的电动势。雷电感应引起的电磁能量若不及时泄入地下，可能产生放电火花，引起火灾、爆炸或造成触电事故。静电感应雷是由于带电积云在架空线路导线或其他导电凸出物顶部感应出大量电荷，在带电积云与其他客体放电后，感应电荷失去束缚，以大电流、高电压冲击波的形式，沿线路导线或导电凸出物的传播。电磁感应雷是由于雷电放电时，巨大的冲击雷电流在周围空间产生迅速变化的强磁场在邻近的导体上产生的很高的感应电动势。一般会引起燃烧、爆炸、击毁电气设备和生命伤害。

球形雷是雷电放电时形成的发红光、橙光、白光或其他颜色光的火球。从电学角度考虑，球形雷应当是一团处在特殊状态下的带电气体。此外，直击雷和感应雷都能在架空线路或在空中金属管道上产生沿线路或管道的两个方向迅速传播的雷电冲击波，形成球形雷。球形雷一般会引起爆炸、灼伤、电击等灾害。

雷电一般通过三种效应对人类生命财产造成危害。

(1)机械效应：雷电流流过建筑物时，使被击建筑物缝隙中的气体剧烈膨胀，水分充分汽化，导致被击建筑物破坏或炸裂甚至击毁，以致伤害人畜及设备。

(2)热效应：雷电流通过导体时，在极短的时间内产生大量的热能，可烧断导线，烧坏设备，引起金属熔化、飞溅而造成火灾及停电事故。

(3)电气效应：雷电引起大气过电压，使得电气设备和线路的绝缘破坏，产生闪烁放电，以致开关掉闸、线路停电，甚至高压窜入低压，造成人身伤亡。

二、雷电灾害的电效应

由于雷电流很大，通过的时间又短，如果雷电击在树上或建筑物构件上，被雷击的物体瞬间将产生大量热，又来不及散发，以致物体内部的水分大量变成蒸汽，并迅速膨胀，产生巨大的爆炸力，造成破坏。雷电通道产生的超高温使空气受热急剧膨胀，并以超声速度向四周扩散，其外围附近的冷空气被强烈压缩，形成“激波”。被压缩空气层的外界称为“激波波前”。“激波波前”到达的地方，空气的密度、压力和温度都会突然增加。“激波波前”过去后，该区压力下降，直到低于大气压力。这种“激波”在空气中传播，会使其附近的建筑物、人、畜受到破坏和伤亡。这种雷电流冲击波的破坏作用就跟炸弹爆炸时附近的物体和人、畜受损害一样。

三、雷电灾害的机械效应

在发生雷击时，雷电的机械效应所产生的破坏作用表现为两种形式：①雷电流流过金属物体时产生的电动力；②雷电流注入树木或建筑构件时在它们内部产生的内压力。

由电磁学可知，载流导体周围的空间存在着磁场，在磁场中的载流导体又会受到电磁力的作用。两根载有相同方向雷电流的长直导体，导体 A 上的电流在其周围空间产生磁场，导体 B 在这一磁场中将受到一个电磁力的作用，其方向垂直指向导体 A。同理，载流导体 A 也受到一个电磁力的作用，方向垂直指向导体 B。两根平行载流导体之间就存在着电磁力的相互作用，这种作用力称为电动力。在这种电动力的作用下，两根导体之间将相互吸引，有靠拢的趋势。同理，如果第 1 根导体电流与第 2 根导体电流反向，则两根导体在电动力的作用下就会相互排斥，有分离的趋势。因此，在雷电流的作用下，载流导体就有可能会变形，甚至会被折断。按安培定律，两根长直平行载流导体之间的电动力计算公式，凡含有拐弯部分的载流导体或金属构件，其拐弯部分将受到电动力的作用，拐弯处的夹角越小，受到的电动力就越大。拐弯夹角为锐角时，所受到的电动力相对较大，而当拐弯处的夹角为钝角时，所受到的电动力相对较小。因此，在防雷施工中布设成平行，锐角或绕直角的避雷引下线会受到雷电的机械效应的

损坏。

被击物体内部产生内压力是雷电流机械效应破坏作用的另一种表现形式。由于雷电流幅值很高且作用时间又很短，当雷击于树木或建筑构件时，在它们的内部将瞬时地产生大量热量。在短时间内热量来不及散发出去，以致使这些内部的水分被大量蒸发成水蒸气，并迅速膨胀，产生巨大的内压力。这种内压力是一种爆炸力，能够使被击树木劈裂和使建筑构件崩塌。

雷暴云对地放电时，强大的雷电流的机械效应表现为击毁杆塔和建筑物、劈裂电力线路的电杆和树干等(图 1.6.1)。

图 1.6.1　被击中的树木

四、雷电灾害的热效应

在雷暴云对地放电时，强大的雷电流从雷击点注入被击物体，由于雷电流幅值高达数十至数百千安，其热效应可以在雷击点局部范围内产生高达 6000～10000 ℃，甚至更高的温度，能够使金属熔化，树木、草堆被引燃；当雷电波侵入建筑物内低压供配电线路时，可以将线路熔断。例如，《梦溪笔谈》曾记载，雷击宝刀时，宝刀在鞘而刀化为铁水。这些由雷电流的巨大能量使被击物体燃烧或金属材料熔化的现象都属于典型的雷电流的热效应破坏作用，如果防护不当，就会造成灾害。

第七节　人类进入电子社会的雷电

电子的发现打开了现代物理学研究领域的大门，标志着人类对物质结构的认识进入了一个新阶段。这不仅是物理学发展史上的一项划时代的重大发现，而且具有极其深远的哲学意义。

电子信号的工作原理是把含有信息的电压(一般是电信号)加到光信号上，改变光信号的状态(如改变强度、相位、偏振等)一般可以应用电光效应，把光信号发出去，另一方接到信号后再把电信号提取出来。即电信号(如电压变化)转变成光信号(光强变化)，发送-传输-接收，光信号转变成电信号。电子通信则通过集成电路和计算机来实现。然而，只要是通过电来传递，不可避免地会受到雷电的侵害。

电子的发现带来科技进步和人类生活的便利，但同时雷电也成了电子时代的第一“杀手”。防御雷电造成的灾害是电子时代不能回避的重大问题。

由于雷电的强大，人类发现（发明）的其他电的形式相对于雷电来说就是“弱电”，甚至“弱不禁轰”。上万伏的高压输电线路屡遭雷击，铁路信号、卫星接收系统、微波发射与接收系统、计算机信息系统、通信基站、各种指挥平台、户外大屏幕、各类户外信息采集系统、石油石化系统、化工易燃易爆场所、智能建筑系统等，无一例外都有遭到过雷电袭击损失惨重的案例。建设成本越高，损失就越大，所以说，把雷电灾害当成电子时代的第一“杀手”，丝毫没有夸大其词。

第八节 雷电领域的展望

一、雷电研究进展

根据近年来国际雷电研究上的进展，现代雷电研究与防御技术主要从雷电观测、雷电物理与机理研究、雷电电磁暂态效应分析、雷害风险评估与防护四个方面取得进展。

（一）雷电观测

雷电观测研究涉及雷电定位和雷电测量，随着高速摄像技术和光电阵列观测技术时间分辨率已达纳米级，被广泛应用于雷电观测。雷电观测研究已获取了大量雷电活动规律和特性参数，并初步揭示了雷电发展中的高能物理过程。上行雷得到越来越多的关注，因为超特高压输电线路雷击风险与上行先导密切相关。

（二）雷电物理与机理研究

雷电物理现象涉及雷电起始过程、下行先导发展、雷电回击和雷电连接。近年来雷电物理现象的研究多基于人工引雷试验和光学手段等。雷电过程中若干物理现象的解释仍未达成共识，雷电和实验室长间隙放电中高能射线和逃逸电子的观测使得雷电放电机理有了新的研究突破点。

高能射线与逃逸电子的研究中，众多的理论、模型被提出，例如，热逃逸电子产生、相对论逃逸电子崩（RREA）、相对论正反馈机制等（Dwyer et al.，2014）。高能射线的观测与机理、高能射线对雷电的影响等问题目前还有待更为深入的研究和探讨。

（三）雷电电磁暂态效应分析

雷电电磁暂态效应分析包括雷电电磁脉冲及其效应分析方法和防雷接地。雷电电磁脉冲（Lightning Electromagnetic Impulses，LEMP）是指伴随雷电放电发生的电流的瞬变和强电磁辐射，属于雷电的二次效应，是常见的天然强电磁脉冲干扰源之一。LEMP 会产生静电感应、电磁感应、高电位反击、电磁波辐射等效应，而 LEMP 及其感应效应的研究方法目前主要有两种：电路仿真和电磁计算。

（四）雷害风险评估与防护

雷电保护包括电力系统雷电保护和非电力系统雷电保护。电力系统雷电保护研究主要通过试验观测与暂态仿真对电力系统的过电压与波过程进行研究。而新能源中风力发电、太阳

能发电及储能技术不断成熟，大型风力发电和光伏发电储能互补、并网传输已成为电力供应的重要手段，新能源系统的雷电防护问题引起了大量关注，成为防雷领域的热点问题，其中风力发电等新领域的雷电防护问题仍处于发展阶段。

二、未来展望

在防雷研究上，未来的主要研究方向：

(1)在观测上以提高雷电检测精度和时空分辨率逐渐成为主流；

(2)模糊数学的进展开始在雷电起始、先导起始、先导阶梯发展以及雷电连接的参数观测、机理分析和理论上建立模型研究；

(3)空间天气的进展带动了雷电长间隙放电过程中的高能射线与逃逸电子的机理及其在形成和发展中的作用研究；

(4)新能源、智能电网、新材料等新领域的发现与创新，带动雷电保护装置研究。

由于自然闪电发生的随机性非常大，不知道它什么时候在哪个地方会发生。这也使雷电研究受到阻碍，因为不知道如何去追踪观测它。目前人们主要还是在雷电的多发区或者在高大的建筑物等待自然雷电发生，这种对雷电的认识方法极其有限。

传统的避雷系统还是由避雷针、避雷带、引下线、接地体等构成的，但随着新型避雷装置的研究，需要进行更加实际的雷击试验。因此，“人工引雷”不但可以用于雷电物理研究，还能对雷电防护装置的性能进行综合试验和评估。对雷电防护设备的检测，过去只能在高压实验室内进行。而“人工引雷”提供了最接近真实的自然雷电模拟源，可对防雷设备机理及效果进行检验，结果可能更为可靠。

防雷减灾事业方兴未艾。

第九节　雷电学科的形成

雷电研究分散在建筑、电气、大气物理等不同学科，真正成为独立的学科，得益于二十多年防雷减灾事业的发展。

20 世纪 90 年代，我国防雷减灾事业开始起步，进入探索阶段，其主要特征：防雷减灾法规体系尚未建立、社会公众防雷认知程度低、雷电科学及防护技术体系尚未建立；从《中华人民共和国气象法》正式实施(2000 年)到 2009 年专门成立防雷减灾机构，我国防雷减灾事业进入快速发展阶段，其主要特征：初步建立防雷减灾法规框架和技术标准框架、公众防雷减灾意识普遍增强、围绕防雷减灾产业基本形成、经济社会效益显著提升、社会影响显著提升；2010 年 9 月全国气象局长工作研讨会召开以后，我国的防雷减灾事业进入科学发展阶段，全国气象部门形成了防雷减灾事业是安全气象的有机组成部分的共识，树立了社会服务是公共气象服务的有机组成部分的理念。经过了二十多年的发展，防雷减灾以需求为牵引，以科技为支撑，以人才为核心，得到了较大的发展，防雷工作产生了显著的效益。已由单一的建筑物检测，发展到建筑物、易燃易爆场所、计算机信息系统、通信设备的检测和防雷设施的安装施工及新建建筑物的审核、验收等，可概括为四大块：一是“警”，即向社会提供雷电预警信息服务；二是“政”，即行使社会管理职能；三是“事”，即防雷中心是社会服务事业机构；四是“企”，即防雷企业实体。进入新时代，防雷减灾开始了社会力量共同防御灾害的新阶段，如何做好“放管服”是摆在各级气象主管机构的新课题。

郄秀书等(2013)对20多年来雷电物理学研究的主要成果进行了系统总结，同时，对早期在雷电研究史上有重要影响的科学事件和探测技术进行了回顾。主要内容包括雷暴云电荷结构和起电机制，负地闪放电物理过程，正地闪、云闪和其他类型闪电，人工引发雷电、雷电探测和定位技术，雷电的天气气候学特征，雷暴云上方的中高层大气瞬态发光事件，以及雷暴或雷电诱发的高能辐射现象等问题。他们2013年编著出版的《雷电物理学》，成为雷电科学、大气科学、绝缘与高电压等专业的本科生教材，同时也是从事雷电防护工程技术人员的重要参考书。

雷电科学专业主要研究方向：雷电物理与成灾机理、雷暴监测与预警技术、雷电防护技术与接地技术、LEMP对信号线路设备的影响及防雷技术措施研究、计算机信息系统中的电磁兼容性研究、SPD研制试验方法与应用技术研究、雷电灾害风险评估方法及应用研究。

雷电科学专业主要课程：微分方程选讲、雷电物理学、雷电监测与预警、电磁兼容原理和设计技术、现代电子技术、浪涌保护器件原理设计、通信及信息系统防雷、高电压与绝缘及测试技术、防雷工程设计、雷电灾害风险评估、遥感信息处理、应用泛函分析等。

雷电研究及其防护逐渐成为一门新兴学科，南京信息工程大学、成都信息工程大学、中山大学、华北电子大学等大专院校也开设了相关课程，从中可以看出：要掌握防雷减灾科学技术，还需要学习大气科学、电工电磁学实用基础知识、计算机及网络、材料科学、建筑学、测量测绘科学、试验与检验科学、化工科学、安全与应急科学等。为了便于考生复习，本书将在第二章将对上述基础知识进行介绍。

复习与思考

1. 简要描述雷电的形成。
2. 简述雷电产生几种假说。
3. 雷电产生假说的不同点和相同点有哪些？
4. 人们是怎样发现雷电的？
5. 雷电流的基本特征有哪些？
6. 什么叫雷电波频谱，怎么分析？
7. 雷电的特点有哪些？
8. 雷电危害的形式和特征是什么？
9. 雷电的形状分哪几种？
10. 简述雷电对人类的贡献。
11. 简述人类进入电子社会防御雷电灾害的重要性。
12. 展望雷电研究前沿领域。
13. 简述雷电学科形成的历程和包含领域。

思维导图

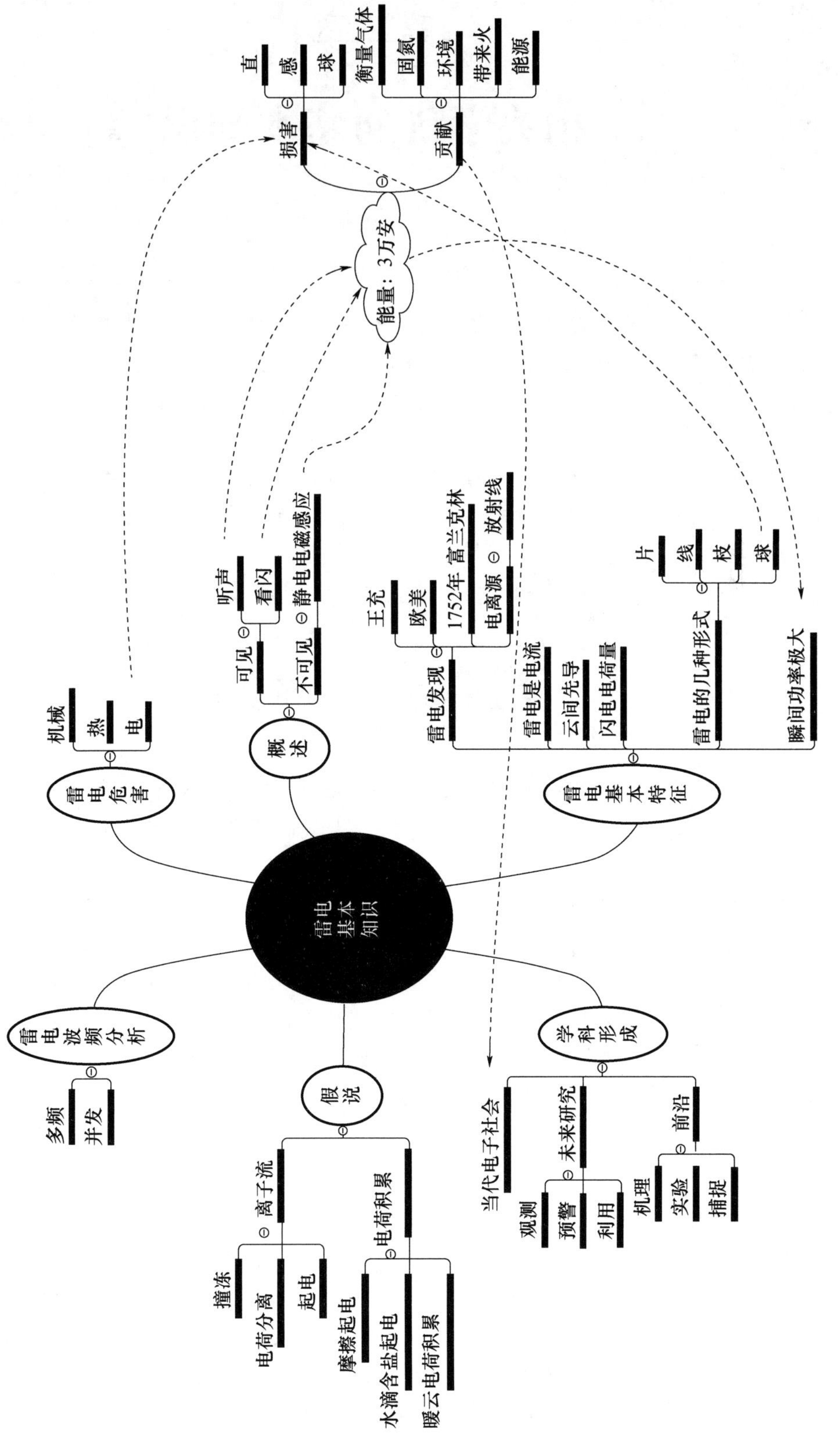

- 雷电基本知识
  - 雷电危害
    - 机械
    - 热
    - 电
  - 概述
    - 可见
      - 听声
      - 看闪
    - 不可见
      - 静电电磁感应
  - 能量：3万安
    - 损害
      - 直
      - 感
      - 球
    - 贡献
      - 衡量气体
      - 固氮
      - 环境
      - 带来火
      - 能源
  - 雷电基本特征
    - 雷电发现
      - 王充
      - 欧美
      - 1752年 富兰克林
      - 电离源
        - 放射线
    - 雷电是电流
    - 云间先导
    - 闪电电荷量
    - 雷电的几种形式
      - 片
      - 线
      - 枝
      - 球
    - 瞬间功率极大
  - 学科形成
    - 当代电子社会
    - 未来研究
      - 观测
      - 预警
      - 利用
    - 前沿
      - 机理
      - 实验
      - 捕捉
  - 假说
    - 离子流
      - 撞冻
      - 电荷分离
      - 起电
    - 电荷积累
      - 摩擦起电
      - 水滴含盐起电
      - 暖云电荷积累
  - 雷电波频分析
    - 多频
    - 并发

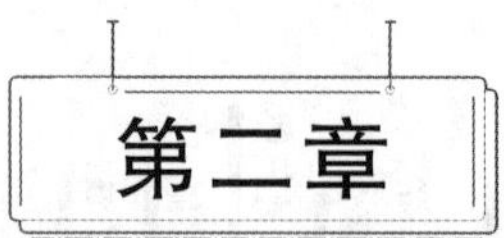

第二章

相关学科的基本知识

通过本章的学习，熟悉防雷减灾相关的学科知识，掌握大气科学中有关雷电的基本概念、基本知识、基本术语，能够熟练应用雷暴日数计算雷暴发生概率；熟练掌握电工学与电磁兼容的基本概念、基本知识、基本术语；了解相关学科和雷电的关系，掌握相关学科的知识在防雷减灾中的应用。

本章重点：天气、气候、产生雷暴的条件、雷暴日、雷击概率、空间天气；交流电、直流电、欧姆定律、法拉第电磁感应定律、电磁兼容；计算机网络；新材料；建筑学；测量方法；化工科学；安全管理与应急。

第一节 大气科学

大气科学是研究大气的各种现象（包括人类活动对它的影响）和这些现象的演变规律，以及如何利用这些规律为人类服务的一门学科。大气科学是地球科学的一个组成部分。在20世纪50年代以前，大气科学的研究还处于定性、半定性阶段，随着计算机的使用和不断采用新的探测技术，大气科学的研究呈现宏观愈宏、微观愈微的态势，大气科学进入了高速发展阶段。在大气科学的学科发展中，产生了诸多分支学科，如大气物理、大气探测、大气动力学、天气学、气候学、大气遥感、大气化学、大气边界层、数值预报等。研究内容包括大气概述，大气辐射学，大气热力学，大气运动，云、雾和降水物理基础，天气和天气预报，气候变化，大气化学和大气污染等。雷电物理学是大气科学的一个分支，是一门新兴的交叉学科。下面讲述大气科学中的几个基本概念。

一、天气

天气是大气运行的状态。它具有不确定性，时间尺度为0～24 h（或0～48 h）。以“冷、暖、晴、雨、雷、风、霜、雪、雾、霾、能见度”等特征来描述。在天气预报中通常用一定区域内某一瞬间或某一较短时段内的上述特征来表述。例如，“明天有雷暴”就是用“有雷暴天气”这个特征来描述预报结论。研究天气的学科是“天气学”。虽然每天太阳都是东升西落，其实每天大气运行的状态都不一样，所以表现出来的天气特征也不一样。也正是因为每天天气的不确定性，激发了人类不断探索天气变化奥秘的热情。

二、气候

气候是大气运行特征的长期平均状态，与天气不同，它具有稳定性。时间尺度为月、季、年、数年到数百年以上。气候以冷、暖、干、湿这些特征来衡量，通常由某一时期的平均值和离差值表征。研究气候的学科是“气候学”。气候是一定时间尺度内的平均状态，是无数个“天气”累积的结果。因为每天都不一样，每月、每年、每百年的气候注定也是不一样的。

三、大气层

大气层又称大气圈，是因重力关系而围绕着地球的一层混合气体，是地球最外部的气体圈层，包围着海洋和陆地，大气圈没有确切的上界，探测表明，在离地表 2000～16000 km 高空仍有稀薄的气体和基本粒子，在地下，土壤和某些岩石中也会有少量气体，它们也可认为是大气圈的一个组成部分。大气层的成分主要有氮气，占 78.1%；氧气占 20.9%；氩气占 0.93%；还有少量的二氧化碳、稀有气体（氦气、氖气、氩气、氪气、氙气、氡气）和水蒸气。大气层的空气密度随高度而减小，高度越高空气越稀薄。一般认为，大气层的厚度大约在 1000 km 以上，但没有明显的界线。

大气中组成成分是不稳定的，无论是自然产生（如火山喷发、雷电电离），还是人类活动影响（如石油、化工、燃烧等人为排放），都会使大气中出现新的物质，或某种成分的含量过多地超出了自然状态下的平均值，或某种成分含量减少，都会影响生物的正常发育和生长，给人类造成不确定的危害。整个大气层随高度不同而表现出不同的特点，以地球表面为基点自下往上分为对流层、平流层、中间层、热层和外逸层，再上面就是星际空间了（图 2.1.1）。

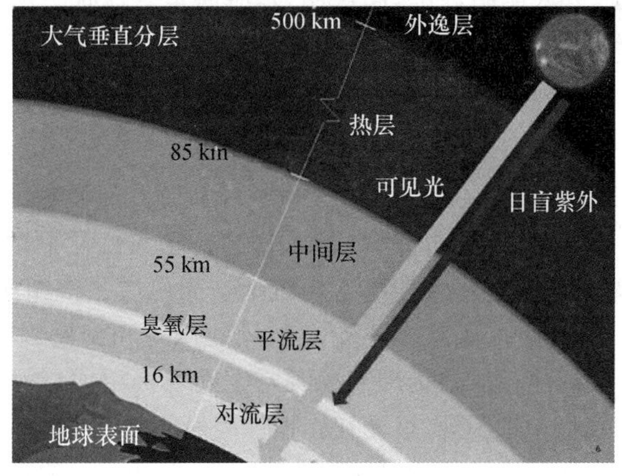

图 2.1.1　大气层示意图

四、下垫面

下垫面是大气与其下界的固态地面或液态水面的分界面，是大气的主要热源和水汽源，也是低层大气运动的边界面。因此，下垫面的性质对大气物理状态与化学组成的影响很大。不同下垫面的粗糙度、辐射平衡、热量平衡和辐射差额等差别较大，对空气流动的影响也大不一样，常常形成不同的小气候。空气流动总是受下垫面的影响，其影响方式有两方面：一是动力作用，如小地形起伏改变粗糙度可增加机械湍流，大地形起伏可改变局地流场和气流路径，从而改变烟雾的扩散稀释条件;二是下垫面的热力作用,因地形起伏或水陆分布,使得受热和散热不均匀,从而引起温度场和风场的变化,进而影响大气的运动方向和速度。下垫面在气象学中是一个大范围的地理地貌概念,如沙漠、洋面、高山、城市热岛、大面积森林和湿地等,对雷电发生发展的影响尚无研究报道,但不同的自然环境对雷电的吸收(导电率)是不同的。

五、对流层

对流层位于大气的最底层,集中了约75%的大气质量和90%以上的水汽质量。其下界与地面相接,上界高度随地理纬度和季节而变化,它的高度因纬度而不同,在低纬度地区平均高度为17~18 km,在中纬度地区平均为10~12 km,极地平均为8~9 km,并且夏季高于冬季。对流层从地球表面开始向高空伸展,直至对流层顶,即平流层的起点为止。由于受地表影响较大,气象要素(气温、湿度等)的水平分布不均匀。空气有规则的垂直运动和无规则的乱流混合都相当强烈。上下层水汽、尘埃、热量发生交换混合。由于90%以上的水汽集中在对流层中,所以云、雾、雷电、雨、雪等众多天气现象都发生在对流层。

六、积雨云

积雨云也叫雷暴云,是积状云的一种。积状云是由于空气对流运动造成绝热冷却,使水汽饱和凝结而成,其中包括淡积云、浓积云、积雨云、碎积云。积雨云浓而厚,云体庞大如高耸的山岳,呈馒头状,其中有上升气流,使得形状如同底平顶突的馒头。积雨云常产生雷暴、阵雨(雪),或有雨(雪)幡下垂。有时产生飑或降冰雹,云底偶有龙卷产生。积雨云云体浓厚而庞大,垂直发展极其旺盛,远看很像耸立的高山。云顶由冰晶组成,有白色毛丝般光泽的丝缕结构,常呈铁砧状或马鬃状,云底阴暗混乱,起伏明显,有时呈悬球状结构。积雨云既可产生于气团内部,也可形成在锋面上。在积雨云的顶部开始冻结,轮廓模糊,有纤维结构,底部十分阴暗,常有雨幡及碎雨云。积雨云是产生雷电的主要云体。

七、空间天气

空间天气是一个近地空间环境变化的概念。它与行星大气层内的天气截然不同,涉及空间等离子、磁场和辐射等现象。空间天气通常与近地空间磁层紧密相连,但也涉及行星际空间的变化。在我们的太阳系内,空间天气主要受太阳风的风速和密度以及太阳等离子体带来的行星际磁场三者的影响。各种各样的物理现象都与空间天气相关,包括地磁风暴和亚暴、在范艾伦辐射带的电流、电离层扰动和闪烁、极光和在地球表面的磁场变化诱导的电流等。相对于地面天气而言,空间天气发生在距离地面30 km以上。空间天气涉及的物理参数与大气天气有很大不同。太阳每时每刻都在往外喷射着高速带电粒子流,人们称之为太阳风。当太阳风十分强劲时,即产生名副其实的太阳风暴。当太阳风暴袭击地球时,便使地球磁场产生强烈的扰动——磁暴。磁暴会在人类的供电网中诱发强大的冲击电流,从而造成输电网络瘫痪。

其实,我们能够感受到的阴晴冷暖,都是发生在对流层之内。而在此之外存在于地球与太阳之间的空间天气,同样发生着剧烈的活动,并且与人类的生存、发展息息相关。

八、雷暴日

雷暴日是指某地区一年中有雷电的天数,一天中只要听到一次以上的雷声或看到一次闪

电就算一个雷暴日。根据雷电活动的频度和雷害的严重程度，依据《建筑物电子信息系统防雷技术规范》(GB 50343—2012)中第 3.1.3 条规定，我国把年平均雷暴日数 $T>90$ 的地区叫作强雷区，$40<T\leqslant 90$ 的地区为多雷区，$25<T\leqslant 40$ 的地区为中雷区，$T\leqslant 25$ 的地区为少雷区。

雷暴日分布与指定的统计区域有关，单位为：天数/一定区域内，比较科学的方法是采用 10 km×10 km 网格为标准统计区域，但这和现在的雷暴日计算方法有差异，目前我国以气象观测站听到雷声为统计依据，国外科学家研究认为，听力好的人可以听到 20 km 以外的雷声，听力不好的人连 5 km 处发生的雷电都听不到，另外也和雷声大小、背景噪声及传播路径上有无障碍有关。我国目前基本是 1 个行政县设 1 个气象观测站，可以依县级行政区域为雷暴日统计单位。依据不同的统计方法，得出来的结论相差很大，有待进一步研究和统一规范。

九、雷雨季节

雷雨大多发生在每年降水量比较集中的季节，由于南北气候不同，南方雷雨天气一般发生在 3—11 月，北方在 5—10 月。气象学上一般规定：从第一次闻雷到最后一次雷声结束，此期间就是一个雷雨季节。但由于气候变化不同，每年在雷雨季节之外仍有雷电的发生。

第二节　电工、电磁学实用基础知识

电工学(Electrotechnics)是研究电磁现象在工程中应用的技术科学，又称电工技术。工科高等院校多将其设为各类非电专业技术基础课。它包括电磁能量和信息在产生、传输、控制、应用这一全过程中所涉及的各种手段和活动。作为一门技术基础课，它的内容包括：电路和磁路理论、电磁测量、电机与继电接触控制，安全用电、模拟电子电路、数字电路、自动控制系统等。19 世纪被称为“科学的世纪”，电工学的诞生为它增添了异彩。1800 年伏特发明了伏特电堆，使人类首次获得持续稳定的电源，促进了电学的研究转向电流，并且开始了电化学、电弧放电及照明、电磁铁等电能应用的研究。19 世纪中期电报的发明，促进了近代大型技术工程的诞生，推动了社会经济和公共事务的交流，促进了电工基础理论与实验技术的发展，带动了电工制造业以及近代管理企业，提出了新型技术人才培养的要求，是电工发展史中重要的一页。

1831 年法拉第发现电磁感应定律，开始了电磁科学与技术的重大飞跃。这一定律的发现不仅使静电、动电(电流)、电流与磁场的相互感生等一系列电磁现象达到了更加全面的统一认识，而且奠定了机电能量转换的原理基础。1873 年，麦克斯韦导出描述电磁场理论的基本方程——麦克斯韦方程组，成为整个电工领域的理论基础。发电机的发明实现了机械能转换为电能的发电方式，冲破了化学电源功率小、成本高、难以联网等限制，征服了自然界蕴藏的神奇动力，预告了电气化时代的来临。

发电和用电是一个连续生产的整体，必须扩大用电范围才能使发电从社会需要获得发展动力。与发电机的发明过程同时，电照明、电镀、电解、电冶炼、电动力等工业生产技术纷纷成熟，孕育了发电、变电、输电、配电、用电联为一体的电力系统的诞生。19 世纪 90 年代三相交流输电技术的发明成功，使电力工业以基础产业的地位跨入了现代化大工业的行列，迎来了 20 世纪电气化的新时代。

现代科学技术和工业的发展是基础理论研究、应用研究、技术开发紧密结合的过程。科学技术综合化的发展趋向日益明显,必须使个体研究转向集体研究,正是电工学的发展,率先踏上这一必由之路。1876 年,爱迪生创办了世界上第一个工业应用研究实验室。在这个被人们赞誉的"发明工厂"里,他组织一批专门人才分工负责,共同致力于同一项发明,打破了以往只是由科学家单独从事研究发明的传统。这一与近代科学技术和生产力发展水平相适应的技术研究和开发的正确道路,显示出巨大的活力,推动了电力生产与电工制造业的迅猛发展,也开创了基础科学、应用科学、技术开发三者紧密结合、协同发展的先河。

早在 1883 年电能开发的萌芽时期,恩格斯就曾经评价了它的意义:"这实际上是一次巨大的革命。蒸汽机教我们把热变成机械运动,而电的利用将为我们开辟一条道路,使一切形式的能——热、机械运动、电、磁、光——互相转化,并在工业中加以利用。德普勒的最新发现,在于能够把高压电流在能量损失较小的情况下通过普通电线输送到迄今连想也不敢想的远距离,并在那一端加以利用,这一发现使工业几乎彻底摆脱地方条件所规定的一切界限,并且使极遥远的水力利用成为可能,如果在最初它只是对城市有利,那么到最后它终将成为消除城乡对立的最强有力的杠杆。"一个世纪以来的人类社会发展历程,充分说明了这一预见的正确性。电磁是自然界物质普遍存在的一种基本物理属性。因此,研究电磁规律及其应用的电工科学技术对物质生产和社会生活的各个方面,包括能源、信息、材料等现代社会的支柱都有着深刻的影响。电能作为一种二次能源,便于与各种一次能源进行转换,从多种途径获得来源(如水力发电、火力发电、核能发电、太阳能发电等);同时又便于转换为其他能量形式,以满足社会生产和人类生活的种种需要(如电动力、电热、电化学能、电光源等)。与其他能源相比,电能在生产、传送、使用中更易于调控。这一系列优点使电能成为最理想的二次能源,格外受到人们关注。电能的开发及其广泛应用成为继蒸汽机发明之后,近代史上第二次技术革命的核心内容。20 世纪出现的大电力系统构成工业社会传输能量的大动脉,以电磁为载体的信息与控制系统则组成了现代社会的神经网络。各种新兴电工材料的开发、应用丰富了现代材料科学的内容,它们既得益于电工的发展,又为电工的技术进步提供物质条件。

电工学基础理论的成就极大地丰富了人类思维的宝库。物质世界统一性的认识、近代物理学的诞生以及系统控制论的发展等,都直接或间接地受到电工学发展的影响。反过来,各相邻学科的成就也不断促进电工学向更高的层次发展。19 世纪末在电工学发展的进程中形成了许多技术基础理论分支。交流电路理论、磁路理论、电机与变压器理论、电能传输理论、电工材料理论、电介质理论、气体放电理论等都发展成为系统的科学知识。20 世纪 50 年代以来,计算机技术、电子技术以及工程控制论等一系列新兴的科学技术理论蓬勃发展,基础科学、应用科学和技术开发之间的知识结构更加紧密,各门学科与专业之间互相渗透、互相交叉,使科学技术和社会生产形成一个既深入分化又高度综合的庞大复杂的整体,同时也促进了电工理论的发展。静电场、电磁场等结构复杂又包括多种媒质的三维物理场求解方法的研究取得新进展。矩量法、变分原理、函数空间等都引入了电工理论。基于等效模型的概念发展了虚拟的磁荷与磁流模型,研究了多种动态位及不同的规范选择,提出了有关广义能量的定理等。由于系统与元件相结合而扩大了元件的内涵,包括了逻辑门、可控源、回转器以及大规模集成块等。各类工程系统的发展形成了共同的网络理论基础,使网络扩展成为研究某种特定空间结构和运动状态的一般性理论方法。广义网络理论又将"场"与"路"结合起来,出现新的边缘理论领域,如物理场论的网络模拟、辐射场的网络方法、等离子体的网络图解等;引用系统论的研究成果,将系统的整体性能和行为与系统结构、参数及局部物理量结合起来,进一步丰富了网络问题的内容。系统稳定性分析、多维系统的研究、状态空间的拓扑等、动态系统的反馈理论

和渐近性问题，以及网络故障的自动侦察、诊断等，都成为引人注意的研究课题。在人类历史发展的漫长岁月里，技术革命是强大的推动力。取火使人类摆脱了原始蒙昧；金属工具帮助人类建立起农业文明；动力，特别是电能，扩大了人类体力劳动能力，出现了现代化的大工业生产。今天，以电子和计算机技术为特征的新技术又在延伸人类的智力功能。正是电磁规律在能源、信息、控制等领域的技术应用，描绘出现代化社会的蓝图，形成新技术革命的主流。它冲击着社会生产和生活的每一个角落，不仅大幅度地提高了社会生产力，创造出丰富的物质财富，而且改变着人们的生活方式、社会行为、教育训练、思维方法，促进了社会精神文明的发展。电工学正在与现代科学技术相结合，继续发挥着社会支柱的作用。

一、光生伏特效应

光生伏特效应(photovoltaic effect)简称“光伏效应”。光伏效应指光照使不均匀半导体或半导体与金属结合的不同部位之间产生电位差的现象。它首先是由光子(光波)转化为电子、光能量转化为电能量的过程；其次是形成电压过程，有了电压，就像筑高了大坝，如果两者之间连通，就会形成电流的回路。光伏材料能将太阳能直接转换成电能的材料。光伏材料又称太阳能电池材料，只有半导体材料具有这种功能。可做太阳能电池材料的有单晶硅、多晶硅、非晶硅、砷化镓(GaAs)、砷化镓铝(GaAlAs)、磷化铟(InP)、锑化镉(CdTe)等。用于空间的有单晶硅、砷化镓(GaAs)、磷化铟(InP)。用于地面已批量生产的有单晶硅、多晶硅、非晶硅。其他尚处于开发阶段。目前致力于降低材料成本和提高转换效率，使太阳能电池的电力价格与火力发电的电力价格竞争，从而为更广泛、更大规模应用创造条件。

二、高压输电线路

发电厂发出的电，并不是只供附近的人们使用，还要传输到很远的地方，满足更多的需要。这些电不能直接通过普通的电线传输出去，而是要用高压输电线路传送。一般称 220 kV 以下的输电电压叫作高压输电，330～765 kV 的输电电压叫作超高压输电，1000 kV 以上的输电电压叫作特高压输电。当电输送到用电的地方后，要把电压降低下来才能使用。高压输电线路分为电缆输电线路和架空输电线路(图 2.2.1)。

图 2.2.1　架空输电线路

三、交流电

交流电(Alternating Current,AC)是指电流方向随时间做周期性变化的电流,在一个周期内的运行平均值为零。不同于直流电,它的方向是会随着时间发生改变的,而直流电没有周期性变化。通常波形为正弦曲线。交流电可以有效传输电力,但实际上还有应用其他的波形,如三角形波、正方形波。生活中使用的市电就是具有正弦波形的交流电。

四、直流电

直流电(Direct Current,DC)又称“恒流电”,恒定电流是直流电的一种,是大小和方向都不变的直流电。它是由爱迪生发现的。1747 年,美国的富兰克林根据实验提出电荷守恒定律,并且定义了正电和负电的术语。恒定电流是指大小(电压高、低)和方向(正、负极)都不随时间(相对范围内)而变化,比如干电池。脉动直流电是指方向(正负极)不变,但大小随时间变化,例如,我们把 50 Hz 的交流电经过二极管整流后得到的就是典型脉动直流电,半波整流得到的是 50 Hz 的脉动直流电,如果是全波或桥式整流得到的就是 100 Hz 的脉动直流电,它们只有经过滤波(用电感或电容)以后才变成平滑直流电,当然其中仍存在脉动成分(称纹波系数),大小视滤波电路的滤波效果。

五、变压器

变压器(transformer)是利用电磁感应的原理来改变交流电压的装置,主要构件是初级线圈、次级线圈和铁芯(磁芯)。主要功能有电压变换、电流变换、阻抗变换、隔离、稳压(磁饱和变压器)等。按用途可以分为电力变压器和特殊变压器(电炉变压器、整流变压器、工频试验变压器、调压器、矿用变压器、音频变压器、中频变压器、高频变压器、冲击变压器、仪用变压器、电子变压器、电抗器、互感器等)。电路符号常用 T 当作编号的开头,如 T01、T201 等。

变压器由铁芯(或磁芯)和线圈组成,线圈有两个或两个以上的绕组,其中接电源的绕组叫初级线圈,其余的绕组叫次级线圈。变压器可以变换交流电压、电流和阻抗。最简单的铁芯变压器由一个软磁材料做成的铁芯及套在铁芯上的两个匝数不等的线圈构成,如图 2.2.2 所示。

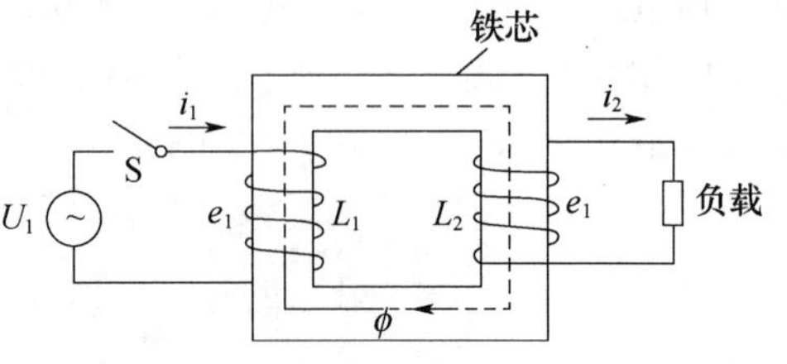

图 2.2.2　变压器原理

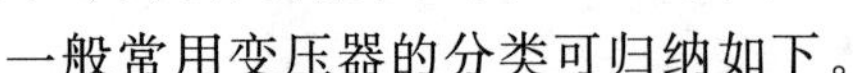

一般常用变压器的分类可归纳如下。

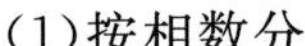

(1)按相数分

① 单相变压器:用于单相负荷和三相变压器组。

② 三相变压器:用于三相系统的升、降电压。

(2)按冷却方式分

① 干式变压器:依靠空气对流进行自然冷却或增加风机冷却,多用于高层建筑、高速收费站点用电及局部照明、电子线路等小容量变压器。

② 油浸式变压器:依靠油作为冷却介质,如油浸自冷、油浸风冷、油浸水冷、强迫油循环等。

(3)按用途分

① 电力变压器:用于输配电系统的升、降电压。

② 仪用变压器：如电压互感器、电流互感器，用于测量仪表和继电保护装置。

③ 试验变压器：能产生高压，对电气设备进行高压试验。

④ 特种变压器：如电炉变压器、整流变压器、调整变压器、电容式变压器、移相变压器等。

(4)按绕组形式分

① 双绕组变压器：用于连接电力系统中的两个电压等级。

② 三绕组变压器：一般用于电力系统区域变电站中，连接三个电压等级。

③ 自耦变电器：用于连接不同电压的电力系统，也可作为普通的升压或降后变压器用。

(5)按铁芯形式分

① 芯式变压器：用于高压的电力变压器。

② 非晶合金变压器：非晶合金铁芯变压器是用新型导磁材料，空载电流下降约80%，是节能效果较理想的配电变压器，特别适用于农村电网等负载率较低的地方。

③ 壳式变压器：用于大电流的特殊变压器，如电炉变压器、电焊变压器；或用于电子仪器及电视、收音机等的电源变压器。

六、欧姆定律

欧姆定律是指在同一电路中，通过某段导体的电流跟这段导体两端的电压成正比，跟这段导体的电阻成反比。该定律是由德国物理学家欧姆提出的。物理学界将电阻的单位命名为欧姆，以符号Ω表示。

标准式：

$$I=\frac{U}{R}$$

变形公式：

$$U=IR$$

$$R=\frac{U}{I}$$

式中：I（电流）的单位是安培（A），U（电压）的单位是伏特（V），R（电阻）的单位是欧姆（Ω）。

欧姆定律成立时，以导体两端电压为横坐标，导体中的电流 I 为纵坐标，所做出的曲线称为伏安特性曲线。这是一条通过坐标原点的直线，它的斜率为电阻的倒数。具有这种性质的电器元件叫线性元件，其电阻叫线性电阻或欧姆电阻。

欧姆定律不成立时，伏安特性曲线则不是过原点的直线，而是不同形状的曲线。把具有这种性质的电器元件，叫作非线性元件。

全电路公式：

$$I=E/(R+r)$$

式中：E 为电源电动势，单位为伏特（V）；R 是负载电阻；r 是电源内阻，单位均为欧姆（Ω）；I 的单位是安培（A）。

七、法拉第电磁感应定律

法拉第电磁感应定律也叫电磁感应定律，电磁感应现象是指因磁通量变化产生感应电动势的现象。例如，闭合电路的一部分导体在磁场里做切割磁感线运动时，导体中就会产生电流，产生的电流称为感应电流，产生的电动势（电压）称为感应电动势。

电磁感应定律中电动势的方向可以通过楞次定律或右手定则来确定。右手定则为:伸平右手使拇指与四指垂直,手心向着磁场的N极,拇指的方向与导体运动的方向一致,四指所指的方向即为导体中感应电流的方向(感应电动势的方向与感应电流的方向相同)。楞次定律指出:感应电流的磁场要阻碍原磁通的变化。简而言之,就是磁通量变大,产生的电流有让其变小的趋势;而磁通量变小,产生的电流有让其变大的趋势。

后来,人们根据确定感应电流方向的楞次定律以及描述电磁感应定量规律的法拉第电磁感应定律,并按产生原因的不同,把感应电动势分为动生电动势和感生电动势两种,前者起源于电磁感应现象,是电磁学中最重大的发现之一,它描述了电、磁现象之间的相互转化,对其本质的深入研究所揭示的电、磁场之间的联系,对麦克斯韦电磁场理论的建立具有重大意义。电磁感应现象在电工技术、电子技术以及电磁测量等方面都有广泛的应用。

电磁感应现象不应与静电感应相混淆。电磁感应将电动势与通过电路的磁通量联系起来,而静电感应则是使用另一带电荷的物体使物体产生电荷的方法。

八、三相四线制

在低压配电网中,输电线路一般采用三相四线制,其中三条线路分别代表A、B、C三相,另一条是中性线N或PEN(如果该回路电源侧的中性点接地,则中性线也称为零线——老式叫法,应逐渐避免,因为如果不接地,则从严格意义上来说,中性线不能称为零线)。在进入用户的单相输电线路中,有两条线,一条称为相线L,另一条称为中性线N,中性线正常情况下要通过电流以构成单相线路中电流的回路。而三相系统中,三相平衡时,中性线(零线)是无电流的,故称三相四线制。

三相四线制是带电导体系统分类中的一种,和接地系统分类无任何关系,应注意避免"三相五线制"这种错误的叫法。TN-S系统也不是三相五线制。任一带电导体系统都可采用任一接地系统。例如,三相四线带电导体系统,可采用TN-S接地系统,也可采用TN-C-S或TT接地系统。这三种接地系统的末端都是五根线,都可称作三相五线制,那又如何将它们加以区分呢?因此,三相五线制是一个混淆接地系统和带电导体系统两个互不关联的系统的错误名词,在编制电气规范和设计文件时应注意避免采用。GB 16895.1—2008里没有三相五线制的提法,只有三相四线制。三相四线制属于带电导体系统分类中的一种,TN-S系统属于接地系统分类中的一种。

九、电缆线

电缆线(electric cable/power cable)通常是由几根或几组导线(每组至少两根)绞合而成的类似绳索的电缆,每组导线之间相互绝缘,并常围绕着一根中心绕成,整个外面包有高度绝缘的覆盖层。电线电缆是指用于电力、通信及相关传输用途的材料。

电缆线主要包括裸线、电磁线及电机电器用绝缘电线、电力电缆、通信电缆与光缆。电线电缆是指用于电力、通信及相关传输用途的材料。电线和电缆并没有严格的界限。通常将芯数少、产品直径小、结构简单的产品称为电线,没有绝缘的称为裸电线,其他的称为电缆;导体截面积较大的(大于6 mm^2)称为大电线,较小的(小于或等于6 mm^2)称为小电线,绝缘电线又称为布电线。

电缆有电力电缆、控制电缆、补偿电缆、屏蔽电缆、高温电缆、计算机电缆、信号电缆、同轴

电缆、耐火电缆、船用电缆等。它们都是由多股导线组成，用来连接电路、电器等。

十、电磁脉冲

电磁脉冲(Electromagnetic Pulses，EMP)是由核爆炸和非核电磁脉冲弹(高功率微波弹)爆炸而产生的现象。核爆炸产生的电磁脉冲称为核电磁脉冲，任何在地面以上爆炸的核武器都会产生电磁脉冲，能量大约占核爆炸总能量的百万分之一，频率从几百赫到几兆赫；核电磁脉冲频率宽，几乎包括所有长短波，危害范围广，覆盖半径可达数百到上千千米，对无线通信威胁最大。

电磁脉冲的防护方法与雷电防护方法基本相同。用 9.5 mm 厚钢板或 4 mm 厚铜板做成的屏蔽罩，可以提供很高的总体屏蔽效能。但是，这种屏蔽会由于存在检修门和供电缆、连接器、开关等使用的小孔而减弱，这样就必须用衬垫密封孔隙。如果必须开孔通气，则应使用各种屏蔽栅(如蜂窝状隔板、多孔金属板和金属丝网屏栅)把大孔分成许多小孔，孔与孔之间相交的地方必须熔合，以便确保最佳的屏蔽效果。电缆必须使用整体防护材料，最好的电缆防护材料是管道之类的导电固体材料。

十一、集成电路

顾名思义，集成电路(Integrated Circuit，IC)就是把一定数量的常用电子元器件，如电阻、电容、晶体管等，以及这些元器件之间的连线，通过半导体工艺集成在一起的具有特定功能的电路。

为什么会产生集成电路？任何发明创造背后都是有驱动力的，而驱动力往往来源于问题。那么集成电路产生之前的问题是什么呢？世界上第一台电子计算机，它是一个占地 150 m^2、重达 30 t 的庞然大物，里面的电路使用了 17468 只电子管、7200 只电阻、10000 只电容、50 万条线，耗电量 150 kW。显然，占用面积大、无法移动是它最直观和突出的问题；如果能把这些电子元器件和连线集成在一小块载体上该有多好！我们相信，有很多人思考过这个问题，也提出过各种想法。目前，集成电路的含义已经远远超过了其刚诞生时的定义范围，但其最核心的部分仍然没有改变。集成电路具有体积小、重量轻、引出线和焊接点少、寿命长、可靠性高、性能好等优点，同时成本低，便于大规模生产。用集成电路来装配电子设备，其装配密度比晶体管可提高几十倍至几千倍，设备的稳定工作时间也可大大提高。

集成电路不仅在工、民用电子设备如收录机、电视机、计算机(手机)、高铁、通信、遥感、卫星、交通运输、航海、航空航天等衣食住行方面得到广泛的应用，同时在军事、政治、经济、社会、文化、生态等方面也得到广泛的应用。

了解电子与电子设备的原理与性能，对做好防雷安全至关重要。

第三节　计算机及网络

计算机(computer)俗称电脑，是现代一种用于高速计算的电子计算机器，可以进行数值计算，又可以进行逻辑计算，还具有存储记忆功能，是能够按照程序运行，自动、高速处理海量数据的现代化智能电子设备。

计算机由硬件系统和软件系统所组成，没有安装任何软件的计算机称为裸机。可分为超级计算机、工业控制计算机、网络计算机、个人计算机、嵌入式计算机五类，较先进的计算机有生物计算机、光子计算机、量子计算机等。

计算机是20世纪最先进的科学技术发明之一，对人类的生产活动和社会活动产生了极其重要的影响，并以强大的生命力飞速发展。它的应用领域从最初的军事科研应用扩展到社会的各个领域，已形成了规模巨大的计算机产业，带动了全球范围的技术进步，由此引发了深刻的社会变革，计算机已遍及一般学校、企事业单位，进入寻常百姓家，成为信息社会中必不可少的工具。

一、计算机的组成

计算机是由硬件系统（hardware system）和软件系统（software system）两部分组成的。

传统计算机系统的硬体单元一般可分为输入单元、输出单元、算术逻辑单元、控制单元及记忆单元，其中算术逻辑单元和控制单元合称中央处理单元（Center Processing Unit，CPU）。

（一）硬件系统

1. 电源

电源是计算机不可缺少的供电设备，它的作用是将220 V交流电转换为计算机中使用的5 V、12 V、3.3 V直流电，其性能的好坏直接影响到其他设备工作的稳定性，进而会影响整机的稳定性。自带的锂电池可为手提电脑提供有效电源。

2. 主板

主板是计算机各个部件工作的一个平台，它把计算机的各个部件紧密连接在一起，各个部件通过主板进行数据传输。也就是说，计算机中重要的“交通枢纽”都在主板上，它工作的稳定性影响着整机工作的稳定性。

3. CPU

CPU即中央处理器，是一台计算机的运算核心和控制核心。其功能主要是解释计算机指令以及处理计算机软件中的数据。CPU由运算器、控制器、寄存器、高速缓存及实现它们之间联系的数据、控制及状态的总线构成。作为整个计算机系统的核心，CPU也是整个系统最高的执行单元，因此CPU成为决定计算机性能的核心部件，很多用户都以它为标准来判断电脑的档次。

4. 内存

内存又叫内部存储器或者是随机存储器（RAM），分为DDR内存和SDRAM内存（由于SDRAM容量低、存储速度慢、稳定性差，已经被DDR淘汰了）。内存属于电子式存储设备，它由电路板和芯片组成，特点是体积小、速度快，有电可存，无电清空，即电脑在开机状态时内存中可存储数据，关机后将自动清空其中的所有数据。内存有DDR、DDRⅡ、DDRⅢ三大类。

5. 硬盘

硬盘属于外部存储器，机械硬盘由金属磁片制成，而磁片有记忆功能，所以存储到磁片上

的数据，不论开机，还是关机，都不会丢失。硬盘容量很大，已达TB级，尺寸有3.5、2.5、1.8、1.0英寸等，接口有IDE、SATA、SCSI等，SATA最普遍。移动硬盘是以硬盘为存储介质，强调便携性的存储产品。市场上绝大多数的移动硬盘都是以标准硬盘为基础的，而只有很少部分的是以微型硬盘(1.8英寸硬盘等)为基础，但价格因素决定着主流移动硬盘还是以标准笔记本硬盘为基础。因为采用硬盘为存储介质，因此移动硬盘在数据的读写模式与标准IDE硬盘是相同的。移动硬盘多采用USB、IEEE1394等传输速度较快的接口，可以较高的速度与系统进行数据传输。固态硬盘是用固态电子存储芯片阵列而制成的硬盘，由控制单元和存储单元(FLASH芯片)组成。固态硬盘在产品外形和尺寸上也完全与普通硬盘一致，但是固态硬盘比机械硬盘速度更快。

6. 声卡

声卡是组成多媒体电脑必不可少的一个硬件设备，其作用是当发出播放命令后，声卡将电脑中的声音数字信号转换成模拟信号发送到音箱上发出声音。

7. 显卡

显卡在工作时与显示器配合输出图形、文字，作用是将计算机系统所需要的显示信息进行转换驱动，并向显示器提供行扫描信号，控制显示器的正确显示，是连接显示器和个人电脑主板的重要元件，是“人机对话”的重要设备之一。

8. 网卡

网卡是工作在数据链路层的网络组件，是局域网中连接计算机和传输介质的接口，不仅能实现与局域网传输介质之间的物理连接和电信号匹配，还涉及帧的发送与接收、帧的封装与拆封、介质访问控制、数据的编码与解码以及数据缓存的功能等。网卡的作用是充当电脑与网线之间的桥梁，它是用来建立局域网并连接到互联网的重要设备之一。

在整合型主板中常把声卡、显卡、网卡部分或全部集成在主板上。

9. 调制解调器

调制解调器英文名为“Modem”，俗称“猫”。有内置式和外置式，以及线式和无线式之分。调制解调器是通过电话线上网时必不可少的设备之一。它的作用是将电脑上处理的数字信号转换成电话线传输的模拟信号。随着ADSL宽带网的普及，内置式调制解调器逐渐退出了市场。

10. 光驱

光驱的英文名为“optical disk driver”，主要用来读写光碟内容，也是在台式计算机和笔记本便携式电脑里比较常见的一个部件。

11. 显示器

显示器的英文名为“monitor”，显示器有大有小，有薄有厚，品种多样，其作用是把电脑处理完的结果显示出来。它是一个输出设备，是电脑必不可少的部件之一。分为CRT、LCD、LED三大类。

12. 键盘

键盘英文名为“keyboard”，分为有线和无线，通常为104或105键，用于把文字、数字等输到电脑上，以及电脑操控。

13. 鼠标

鼠标英文名为“mouse”，当人们移动鼠标时，电脑屏幕上就会有一个箭头指针跟着移动，并可以很准确指到想指的位置，快速地在屏幕上定位，它是人们使用电脑不可缺少的部件之一。键盘鼠标接口有PS/2和USB两种。硬件的鼠标分为光电和机械两种（机械已被光电淘汰）。

14. 音箱

音箱英文名为“loud speaker”，通过音频线连接到功率放大器，再通过晶体管把声音放大，输出到扬声器上，从而使扬声器发出计算机的声音。一般的计算机音箱可分为2、2.1、3.1、4、4.1、5.1、7.1这几种，音质也各有差异。

15. 打印机

打印机英文名为“printer”，通过它可以把计算机中的文件打印到纸上，它是重要的输出设备之一。在打印机领域形成了针式打印机、喷墨打印机、激光打印机三足鼎立的主流产品，各自发挥其优点，满足各类用户不同的需求。

16. 视频设备

视频设备包括摄像头、扫描仪、数码相机、数码摄像机、电视卡等，用于处理视频信号。

17. 闪存盘

闪存盘英文名为“flash disk”，闪存盘通常也被称作优盘、U盘、闪盘，是一个通用串行总线USB接口的无须物理驱动器的微型高容量移动存储产品，它采用的存储介质为闪存（flash memory）存储介质。闪存盘一般包括闪存、控制芯片和外壳。闪存盘具有可多次擦写、速度快而且防磁、防震、防潮的优点。闪存盘采用流行的USB接口，体积只有大拇指大小，重量约20克，不用驱动器，无须外接电源，即插即用，可在不同电脑之间进行文件交流，满足不同的需求。

18. 移动存储卡及读卡器

存储卡是利用闪存技术达到存储电子信息的存储器，一般应用在数码相机、掌上电脑、MP3、MP4等小型数码产品中作为存储介质，样子小巧，犹如一张卡片，称之为闪存卡。根据不同的生产厂商和不同的应用，闪存卡有Smart Media（SM卡）、Compact Flash（CF卡），Multi Media Card（MMC卡），Secure Digital（SD卡）、Memory Stick（记忆棒）、TF卡等多种类型，这些闪存卡虽然外观、规格不同，但是技术原理都是相同的。由于闪存卡本身并不能直接被电脑辨认，读卡器就是一个两者的沟通桥梁。读卡器（card reader）可使用很多种存储卡，如Compact Flash、Smart Media、Microdrive存储卡等，作为存储卡的信息存取装置。读卡器使用USB1.1/USB2.0的传输界面，支持热拔插。与普通USB设备一样，只须插入电脑的USB

端口，然后插用存储卡就可以使用了。按照速度来划分有 USB1.1、USB2.0 以及 USB3.0；按用途来划分，有单一读卡器和多合一读卡器。

（二）软件系统

所谓软件是指为方便使用计算机和提高使用效率而组织的程序以及用于开发、使用和维护的有关文档。软件系统可分为系统软件和应用软件两大类。

1. 系统软件

系统软件（system software），由一组控制计算机系统并管理其资源的程序组成，其主要功能包括：启动计算机，存储、加载和执行应用程序，对文件进行排序、检索，将程序语言翻译成机器语言等。实际上，系统软件可以看作用户与计算机的接口，它为应用软件和用户提供了控制、访问硬件的手段，这些功能主要由操作系统完成。此外，编译系统和各种工具软件也属此类，它们从另一方面辅助用户使用计算机。下面分别介绍它们的功能。

（1）操作系统（Operating System，OS）

操作系统是管理、控制和监督计算机软、硬件资源协调运行的程序系统，由一系列具有不同控制和管理功能的程序组成，它是直接运行在计算机硬件上的、最基本的系统软件，是系统软件的核心。操作系统是计算机发展中的产物，它的主要目的有两个：一是方便用户使用计算机，是用户和计算机的接口，例如，用户键入一条简单的命令就能自动完成复杂的功能，这就是操作系统帮助的结果；二是统一管理计算机系统的全部资源，合理组织计算机工作流程，以便充分、合理地发挥计算机的效率。操作系统通常应包括下列五大功能模块。

① 处理器管理：当多个程序同时运行时，解决处理器（CPU）时间的分配问题。

② 作业管理：完成某个独立任务的程序及其所需的数据组成一个作业。作业管理的任务主要是为用户提供一个使用计算机的界面使其方便地运行自己的作业，并对所有进入系统的作业进行调度和控制，尽可能高效地利用整个系统的资源。

③ 存储器管理：为各个程序及其使用的数据分配存储空间，并保证它们互不干扰。

④ 设备管理：根据用户提出使用设备的请求进行设备分配，同时还能随时接收设备的请求（称为中断），如要求输入信息。

⑤ 文件管理：主要负责文件的存储、检索、共享和保护，为用户提供文件操作的方便。

操作系统的种类繁多，依其功能和特性分为分批处理操作系统、分时操作系统和实时操作系统等；依同时管理用户数的多少分为单用户操作系统和多用户操作系统；以及适合管理计算机网络环境的网络操作系统。

微机操作系统随着微机硬件技术的发展而发展，从简单到复杂。微软（Microsoft）公司开发的 DOS 是一单用户单任务系统，而 Windows 操作系统则是一多用户多任务系统，经过十几年的发展，已从 Windows 3.1 发展到 Windows NT、Windows 2000、Windows XP、Windows Vista、Windows 7、Windows 8、Windows 10 等，它是当前计算机广泛使用的操作系统之一。Linux 是一个源码公开的操作系统，程序员可以根据自己的兴趣和灵感对其进行改变，这让 Linux 吸收了无数程序员的精华，不断壮大，已被越来越多的用户所采用，是 Windows 操作系统强有力的竞争对手。

（2）语言处理系统（翻译程序）

人和计算机交流信息使用的语言称为计算机语言或称程序设计语言。计算机语言通常分

为机器语言、汇编语言和高级语言三类。如果要在计算机上运行高级语言程序就必须配备程序语言翻译程序(简称翻译程序)。翻译程序本身是一组程序,不同的高级语言都有相应的翻译程序。翻译的方法有两种。

一种称为"解释"。早期的 BASIC 源程序的执行都采用这种方式。它调用机器配备的 BASIC 解释程序,在运行 BASIC 源程序时,逐条把 BASIC 的源程序语句进行解释和执行,它不保留目标程序代码,即不产生可执行文件。这种方式速度较慢,每次运行都要经过"解释",边解释边执行。

另一种称为"编译",它调用相应语言的编译程序,把源程序变成目标程序(以 .OBJ 为扩展名),然后再用连接程序,把目标程序与库文件相连接形成可执行文件。尽管编译的过程复杂一些,但它形成的可执行文件(以 .exe 为扩展名)可以反复执行,速度较快。运行程序时只要键入可执行程序的文件名,再按〈Enter〉键即可。

对源程序进行解释和编译任务的程序,分别叫作编译程序和解释程序。如 FORTRAN、COBOL、PASCAL 和 C 等高级语言,使用时须有相应的编译程序;BASIC、LISP 等高级语言,使用时须用相应的解释程序。

(3)服务程序

服务程序能够提供一些常用的服务性功能,它们为用户开发程序和使用计算机提供了方便,像计算机上经常使用的诊断程序、调试程序、编辑程序均属此类。

(4)数据库管理系统

数据库是指按照一定联系存储的数据集合,可为多种应用共享。数据库管理系统(Data Base Management System,DBMS)则是能够对数据库进行加工、管理的系统软件。其主要功能是建立、消除、维护数据库及对库中数据进行各种操作。数据库系统主要由数据库(DB)、数据库管理系统(DBMS)以及相应的应用程序组成。数据库系统不但能够存放大量的数据,更重要的是能迅速、自动地对数据进行检索、修改、统计、排序、合并等操作,以得到所需的信息。这一点是传统的文件柜无法做到的。

数据库技术是计算机技术中发展最快、应用最广的一个分支。可以说,在今后的计算机应用开发中大都离不开数据库。因此,了解数据库技术尤其是微机环境下的数据库应用是非常必要的。

2. 应用软件

为解决各类实际问题而设计的程序系统称为应用软件。从其服务对象的角度,又可分为通用软件和专用软件两类。

二、计算机的主要特点

(一)运算速度快

计算机内部电路组成可以高速、准确地完成各种算术运算。当今计算机系统的运算速度已达到每秒万亿次,使大量复杂的科学计算问题得以解决。例如,早些年卫星轨道的计算、大型水坝的计算、24 h 天气预报模式计算需要几年甚至几十年,而现在仅用计算机只需几分钟就可完成。

(二)计算精确度高

科学技术的发展特别是尖端科学技术的发展,需要高度精确的计算。计算机控制的导弹之所以能准确地击中预定的目标,是与计算机的精确计算分不开的。一般计算机可以有十几位甚至几十位(二进制)有效数字,计算精度可由千分之几到百万分之几,是任何计算工具所望尘莫及的。

(三)逻辑运算能力强

计算机不仅能进行精确计算,还具有逻辑运算功能,能对信息进行比较和判断。计算机能把参加运算的数据、程序以及中间结果和最后结果保存起来,并能根据判断的结果自动执行下一条指令以供用户随时调用。

(四)存储容量大

计算机内部的存储器具有记忆特性,可以存储大量的信息,这些信息不仅包括各类数据信息,还包括加工这些数据的程序。

(五)自动化程度高

由于计算机具有存储记忆能力和逻辑判断能力,所以人们可以将预先编好的程序组纳入计算机内存,在程序控制下,计算机可以连续、自动地工作,不需要人的干预。

(六)性价比高

几乎每家每户都会有计算机,越来越普遍化、大众化,21 世纪计算机成为每家每户不可缺少的电器之一。

三、计算机的主要分类

(一)超级计算机

超级计算机(super computers)通常是指由数百数千甚至更多的处理器(机)组成的、能计算普通个人计算机和服务器不能完成的大型复杂运算的计算机。超级计算机是计算机中功能最强、运算速度最快、存储容量最大的一类计算机,是国家科技发展水平和综合国力的重要标志。

(二)网络计算机

1. 服务器

服务器专指某些高性能计算机,能通过网络对外提供服务。

相对于普通电脑来说,稳定性、安全性、性能等方面都要求更高,因此在 CPU、芯片组、内存、磁盘系统、网络等硬件和普通电脑有所不同。服务器是网络的节点,存储、处理网络上80%的数据、信息,在网络中起到举足轻重的作用。它们是为客户端计算机提供各种服务的高性能计算机,其高性能主要表现在高速度的运算能力、长时间的可靠运行、强大的外部数据吞吐能力等方面。服务器的构成与普通电脑类似，也有处理器、硬盘、内存、系统总线等，但因为它是针对具体的网络应用特别制定的，因而服务器与微机在处理能力、稳定性、可靠性、安全性、可扩展性、可管理性等方面存在差异很大。服务器主要有网络服务器（DNS、DHCP）、打印服务器、终端服务器、磁盘服务器、邮件服务器、文件服务器等。

2. 工作站

工作站是一种以个人计算机和分布式网络计算为基础，主要面向专业应用领域，具备强大的数据运算与图形、图像处理能力，为满足工程设计、动画制作、科学研究、软件开发、金融管理、信息服务、模拟仿真等专业领域而设计开发的高性能计算机。工作站最突出的特点是具有很强的图形交换能力，因此在图形图像领域特别是计算机辅助设计领域得到了迅速应用。

3. 集线器

集线器（HUB）是一种共享介质的网络设备，它的作用可以简单地理解为将一些机器连接起来组成一个局域网。

4. 交换机

交换机（switch）是按照通信两端传输信息的需要，用人工或设备自动完成的方法，把要传输的信息送到符合要求的相应路由上的技术统称。广义的交换机就是一种在通信系统中完成信息交换功能的设备，它是集线器的升级换代产品，外观上与集线器非常相似，其作用与集线器大体相同。

5. 路由器

路由器（router）是一种负责寻径的网络设备，它在互联网络中从多条路径中寻找通信量最少的一条网络路径提供给用户通信。

（三）工业控制计算机

工业控制计算机是一种采用总线结构，对生产过程及其机电设备、工艺装备进行检测与控制的计算机系统总称，简称工控机。

1. IPC

即基于 PC 总线的工业电脑。

2. 可编程逻辑控制器(PLC)

可编程逻辑控制器（Programmable Logic Controller，PLC）是一种数字运算操作的电子系统，专为在工业环境应用而设计。

3. 分散型控制系统(DCS)

DCS 工控机，即分布式控制系统，是一种高性能、高质量、低成本、配置灵活的分散控制系统系列产品，可以构成各种独立的控制系统、分散型控制系统（DCS）、监控和数据采集系统（SCADA），能满足各种工业领域对过程控制和信息管理的需求。系统的模块化设计、合理的

软硬件功能配置和易于扩展的能力，能广泛用于各种大、中、小型电站的分散型控制、发电厂自动化系统的改造以及钢铁、石化、造纸、水泥等工业生产过程控制。

4. 现场总线系统(FCS)

现场总线系统(FCS)是全数字串行、双向通信系统。

5. 数控系统(CNC)

现代数控系统是采用微处理器或专用微机的数控系统，由事先存放在存储器里系统程序(软件)来实现控制逻辑，实现部分或全部数控功能，并通过接口与外围设备进行连接，称为计算机数控，简称 CNC 系统。

数控机床是以数控系统为代表的新技术对传统机械制造产业的渗透形成的机电一体化产品。其技术范围覆盖很多领域，例如：机械制造技术，信息处理、加工、传输技术，自动控制技术，伺服驱动技术，传感器技术，软件技术等。

（四）个人电脑

1. 台式机(desktop)

台式机也叫桌面机，相对于笔记本和上网本体积较大，主机、显示器等设备一般都是相对独立的，一般需要放置在电脑桌或者专门的工作台上，因此命名为台式机。多数人家里和公司用的机器都是台式机。

2. 电脑一体机

电脑一体机是由一台显示器、一个电脑键盘和一个鼠标组成的电脑。它的芯片、主板与显示器集成在一起，显示器就是一台电脑，因此只要将键盘和鼠标连接到显示器上，机器就能使用。有的电脑一体机还具有电视接收、AV 功能，也整合专用软件，可用于特定行业专用机。

3. 笔记本电脑(notebook 或 laptop)

笔记本电脑也称手提电脑或膝上型电脑，是一种小型、可携带的个人电脑，通常重 1～3 kg。笔记本电脑除了键盘外，还提供了触控板(touchpad)或触控点(pointing stick)，提供了更好的定位和输入功能。

4. 掌上电脑(PDA)

掌上电脑是一种运行在嵌入式操作系统和内嵌式应用软件之上的小巧、轻便、易携带、实用、价廉的手持式计算机设备。它无论在体积、功能和硬件配备方面都比笔记本电脑简单轻便。掌上电脑除了用来管理个人信息(如通讯录、计划等)，还可以上网浏览页面，收发电子邮件，甚至还可以当作手机来用，此外还具有录音机功能、英汉汉英词典功能、全球时钟对照功能、提醒功能、休闲娱乐功能、传真管理功能等。掌上电脑的电源通常采用普通的碱性电池或可充电锂电池。掌上电脑的核心技术是嵌入式操作系统，各种产品之间的竞争也主要在此。

在掌上电脑基础上加上手机功能，就成了智能手机(smartphone)。智能手机除了具备手机的通话功能外，还具备特别是个人信息管理以及基于无线数据通信的浏览器和电子邮件功能。智能手机为用户提供了足够的屏幕尺寸和带宽，既方便随身携带，又为软件运行和内容服务提供了广阔的舞台，很多增值业务可以就此展开，如股票、新闻、天气、交通、商品、应用程序下载、音乐图片下载等。

5. 平板电脑

平板电脑是一款无须翻盖、没有键盘、大小不等、形状各异，却功能完整的电脑。其构成组件与笔记本电脑基本相同，但它是利用触笔在屏幕上书写，而不是使用键盘和鼠标输入，并且打破了笔记本电脑键盘与屏幕垂直的J型设计模式。它除了拥有笔记本电脑的所有功能外，还支持手写输入或语音输入，移动性和便携性更胜一筹。

（五）嵌入式

嵌入式即嵌入式系统（embedded systems），是一种以应用为中心、以微处理器为基础，软硬件可裁剪的，适应应用系统对功能、可靠性、成本、体积、功耗等综合性严格要求的专用计算机系统。它一般由嵌入式微处理器、外围硬件设备、嵌入式操作系统以及用户的应用程序等四个部分组成。嵌入式系统几乎包括了生活中的所有电器设备，如掌上电脑、计算器、电视机顶盒、手机、数字电视、多媒体播放器、汽车、微波炉、数字相机、家庭自动化系统、电梯、空调、安全系统、自动售货机、蜂窝式电话、消费电子设备、工业自动化仪表与医疗仪器等。

四、计算机的应用领域

（一）信息管理

信息管理是以数据库管理系统为基础，辅助管理者提高决策水平，改善运营策略的计算机技术。信息处理具体包括数据的采集、存储、加工、分类、排序、检索和发布等一系列工作。信息处理已成为当代计算机的主要任务，是现代化管理的基础。据统计，80％以上的计算机主要应用于信息管理，成为计算机应用的主导方向。信息管理已广泛应用于办公自动化、企事业计算机辅助管理与决策、情报检索、图书管理、电影电视动画设计、会计电算化等各行各业。

科学计算是计算机最早的应用领域，是指利用计算机来完成科学研究和工程技术中提出的数值计算问题。在现代科学技术工作中，科学计算的任务是大量的和复杂的。利用计算机的运算速度高、存储容量大和连续运算的能力，可以解决人工无法完成的各种科学计算问题。例如，工程设计、地震预测、气象预报、火箭发射等都需要由计算机承担庞大而复杂的计算量。

（二）过程控制

过程控制是利用计算机实时采集数据、分析数据，按最优值迅速地对控制对象进行自动调节或自动控制。采用计算机进行过程控制，不仅可以大大提高控制的自动化水平，而且可以提高控制的时效性和准确性，从而改善劳动条件、提高产量及合格率。因此，计算机过程控制已在机械、冶金、石油、化工、电力等部门得到广泛的应用。

（三）辅助技术

计算机辅助技术包括计算机辅助设计、计算机辅助制造、计算机辅助教学。

1. 计算机辅助设计

计算机辅助设计(Computer Aided Design,CAD)是利用计算机系统辅助设计人员进行工程或产品设计,以实现最佳设计效果的一种技术。CAD技术已应用于飞机设计、船舶设计、建筑设计、机械设计、大规模集成电路设计等。采用计算机辅助设计可缩短设计时间,提高工作效率,节省人力、物力和财力,更重要的是提高设计质量。

2. 计算机辅助制造

计算机辅助制造(Computer Aided Manufacturing,CAM)是利用计算机系统进行产品的加工控制过程,输入的信息是零件的工艺路线和工程内容,输出的信息是刀具的运动轨迹。将CAD和CAM技术集成,可以实现设计产品生产的自动化,这种技术被称为计算机集成制造系统。有些国家已把CAD和计算机辅助制造、计算机辅助测试(Computer Aided Test)及计算机辅助工程(Computer Aided Engineering)组成一个集成系统,使设计、制造、测试和管理有机地组成为一体,形成高度的自动化系统,因此产生了自动化生产线和“无人工厂”。

3. 计算机辅助教学

计算机辅助教学(Computer Aided Instruction,CAI)是利用计算机系统进行课堂教学。教学课件可以用PowerPoint或Flash等制作。CAI不仅能减轻教师的负担,还能使教学内容生动、形象逼真,能够动态演示实验原理或操作过程,激发学生的学习兴趣,提高教学质量,为培养现代化高质量人才提供了有效方法。

(四)翻译

机器翻译消除了不同文字和语言间的隔阂,堪称高科技造福人类之举。但机器翻译的译文质量长期以来一直是个问题,离理想目标仍相差甚远。在人类尚未明了大脑是如何进行语言的模糊识别和逻辑判断的情况下,机器翻译要想达到“信、达、雅”的困难程度仍然很高。这是制约译文质量的瓶颈所在。

(五)多媒体应用

随着电子技术特别是通信和计算机技术的发展,人们已经有能力把文本、音频、视频、动画、图形和图像等各种媒体综合起来,构成一种全新的概念——“多媒体”(multimedia)。在医疗、教育、商业、银行、保险、行政管理、军事、工业、广播、交流和出版等领域中,多媒体的应用发展很快。

(六)计算机网络

计算机网络是由一些独立的和具备信息交换能力的计算机互联构成,以实现资源共享的系统。计算机在网络方面的应用使人类之间的交流跨越了时间和空间障碍,已成为人类建立信息社会的物质基础,它给我们的工作带来极大的方便和快捷。

五、计算机的发展趋势

随着科技的进步,各种计算机技术、网络技术飞速发展,计算机的发展已经进入了一个快

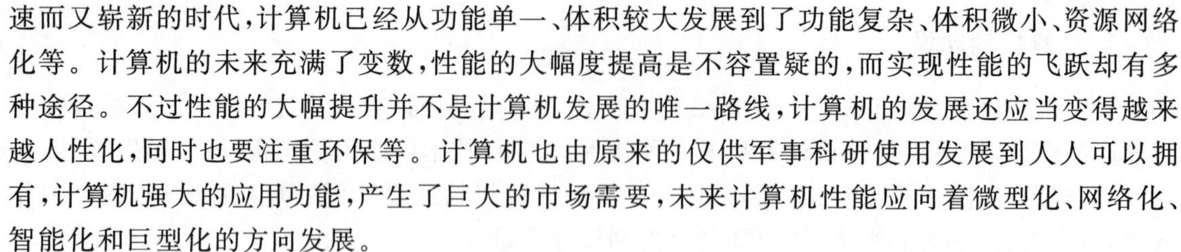

速而又崭新的时代，计算机已经从功能单一、体积较大发展到了功能复杂、体积微小、资源网络化等。计算机的未来充满了变数，性能的大幅度提高是不容置疑的，而实现性能的飞跃却有多种途径。不过性能的大幅提升并不是计算机发展的唯一路线，计算机的发展还应当变得越来越人性化，同时也要注重环保等。计算机也由原来的仅供军事科研使用发展到人人可以拥有，计算机强大的应用功能，产生了巨大的市场需要，未来计算机性能应向着微型化、网络化、智能化和巨型化的方向发展。

（一）巨型化

巨型化是指为了适应尖端科学技术的需要，发展高速度、大存储容量和功能强大的超级计算机。随着人们对计算机的依赖性越来越强，特别是在军事和科研教育方面对计算机的存储空间和运行速度等要求也会越来越高。此外，计算机的功能更加多元化。

（二）微型化

随着微型处理器（CPU）的出现，计算机中开始使用微型处理器，使计算机体积缩小，成本降低。软件行业的飞速发展提高了计算机内部操作系统的便捷度，计算机外部设备也趋于完善。计算机理论和技术上的不断完善，促使微型计算机很快渗透到全社会的各个行业和部门中，并成为人们生活和学习的必需品。四十多年来，计算机的体积不断缩小，台式电脑、笔记本电脑、掌上电脑、平板电脑体积逐步微型化，为人们提供便捷的服务。因此，未来计算机仍会不断趋于微型化，体积将越来越小。

（三）网络化

互联网将世界各地的计算机连接在一起，从此进入了互联网时代。计算机网络化彻底改变了人类世界，人们通过互联网进行沟通、交流，以及教育资源共享、信息查阅共享等，特别是无线网络的出现，极大地提高了人们使用网络的便捷性，未来计算机将会进一步向网络化方面发展。

（四）人工智能化

计算机人工智能化是未来发展的必然趋势。现代计算机具有强大的功能和运行速度，但与人脑相比，其智能化和逻辑能力仍有待提高。人类不断在探索如何让计算机能够更好地反映人类思维，使计算机能够具有人类的逻辑思维判断能力，可以通过思考与人类沟通交流，抛弃以往的依靠通过编码程序来运行计算机的方法，直接对计算机发出指令。

（五）多媒体化

传统的计算机处理的信息主要是字符和数字。事实上，人们更习惯的是图片、文字、声音、图像等多种形式的多媒体信息。多媒体技术可以集图形、图像、音频、视频、文字为一体，使信息处理的对象和内容更加接近真实世界。

（六）技术结合

计算机微型处理器（CPU）以晶体管为基本元件，随着处理器的不断完善和更新换代的速度加快，计算机结构和元件也会发生很大的变化。光电技术、量子技术和生物技术的发展，对新型计算机的发展具有极大的推动作用。

第四节　材料科学

材料科学(materials science)是研究、开发、生产和应用金属材料、无机非金属材料、高分子材料和复合材料的工程领域；是研究材料的组织结构、性质、生产流程和使用效能以及它们之间的相互关系，集物理学、化学、冶金学等于一体的科学。材料科学是一门与工程技术密不可分的应用科学。

材料是人类用来制造机器、构件、器件和其他产品的物质，但并不是所有物质都可称为材料，如燃料和化工原料、工业化学品、食物和药品等，一般都不算作材料。材料可按多种方法进行分类。按物理化学属性分为金属材料、无机非金属材料、有机高分子材料和复合材料。按用途分为电子材料、宇航材料、建筑材料、能源材料、生物材料等。实际应用中又常分为结构材料和功能材料。结构材料是以力学性质为基础，用以制造以受力为主的构件。结构材料也有物理性质或化学性质的要求，如光泽、热导率、抗辐照能力、抗氧化、抗腐蚀能力等，根据材料用途不同，对性能的要求也不一样。功能材料主要是利用物质的物理、化学性质或生物现象等对外界变化产生的不同反应而制成的一类材料，如半导体材料、超导材料、光电子材料、磁性材料等。

材料是人类赖以生存和发展的物质基础。20 世纪 70 年代，人们把信息、材料和能源作为社会文明的支柱。80 年代，随着高技术群的兴起，又把新材料与信息技术、生物技术并列作为新技术革命的重要标志。现代社会，材料已成为国民经济建设、国防建设和人民生活的重要组成部分。

人类社会的发展历程，也是以材料运用为主要标志的。100 万年以前，原始人以石头作为工具，称旧石器时代。1 万年以前，人类对石器进行加工，使之成为器皿和精致的工具，从而进入新石器时代。新石器时代后期，出现了利用黏土烧制的陶器。人类在寻找石器过程中认识了矿石，并在烧陶生产中发展了冶铜术，开创了冶金技术。公元前 4000 年左右，人类进入青铜器时代。公元前 1200 年，人类开始使用铸铁，从而进入了铁器时代。随着技术的进步，又发展了钢的制造技术。18 世纪，钢铁工业的发展成为产业革命的重要内容和物质基础。19 世纪中叶，现代平炉和转炉炼钢技术的出现，使人类真正进入了钢铁时代。

与此同时，铜、铅、锌也大量得到应用，铝、镁、钛等金属相继问世并得到应用。直到 20 世纪中叶，金属材料在材料工业中一直占有主导地位。20 世纪中叶以后，科学技术迅猛发展，作为“发明之母”和“产业粮食”的新材料又出现了划时代的变化。首先是人工合成高分子材料问世，并得到广泛应用。先后出现尼龙、聚乙烯、聚丙烯、聚四氟乙烯等塑料，以及维尼纶、合成橡胶、新型工程塑料、高分子合金和功能高分子材料等。仅半个世纪时间，高分子材料已与有上千年历史的金属材料并驾齐驱，成为国民经济、国防尖端科学和高科技领域不可缺少的材料。其次是陶瓷材料的发展。陶瓷是人类最早利用自然界所提供的原料制造而成的材料。20 世纪 50 年代，合成化工原料和特殊制备工艺的发展，使陶瓷材料产生了一个飞跃，出现了从传统陶瓷向先进陶瓷的转变，许多新型功能陶瓷形成了产业，满足了电力、电子技术和航天技术的发展和需要。

结构材料的发展，推动了功能材料的进步。20 世纪初，开始对半导体材料进行研究。50 年代，研制出锗单晶，后又研制出硅单晶和化合物半导体等，使电子技术领域由电子管发展

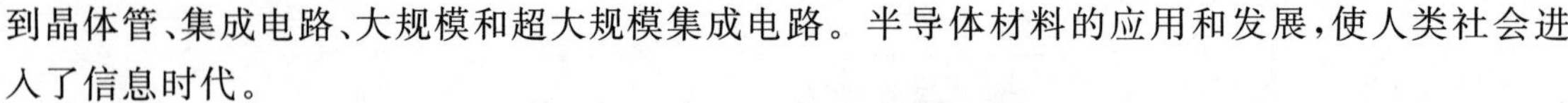

到晶体管、集成电路、大规模和超大规模集成电路。半导体材料的应用和发展，使人类社会进入了信息时代。

现代材料科学技术的发展，促进了金属、非金属无机材料和高分子材料之间的密切联系，从而出现了一个新的材料领域——复合材料。复合材料以一种材料为基体，另一种或几种材料为增强体，可获得比单一材料更优越的性能。复合材料作为高性能的结构材料和功能材料，不仅用于航空航天领域，而且在现代民用工业、能源技术和信息技术方面不断扩大应用。

一、金属材料

金属材料是指具有光泽、延展性、容易导电、传热等性质的材料。一般分为黑色金属和有色金属两种。黑色金属包括铁、铬、锰等。其中钢铁是基本的结构材料，称为“工业的骨骼”。由于科学技术的进步，各种新型化学材料和新型非金属材料的广泛应用，使钢铁的代用品不断增多，对钢铁的需求量相对下降。但迄今为止，钢铁在工业原材料构成中的主导地位还是难以取代的。金属材料的性能决定着材料的适用范围及应用的合理性。金属材料的性能主要分为四个方面，即机械性能、化学性能、物理性能、工艺性能。

二、无机非金属材料

无机非金属材料(inorganic nonmetallic materials)是以某些元素的氧化物、碳化物、氮化物、卤素化合物、硼化物以及硅酸盐、铝酸盐、磷酸盐、硼酸盐等物质组成的材料，是除有机高分子材料和金属材料以外的所有材料的统称。无机非金属材料的提法是在 20 世纪 40 年代以后，随着现代科学技术的发展从传统的硅酸盐材料演变而来的。无机非金属材料是与有机高分子材料和金属材料并列的三大材料之一。常见的有二氧化硅气凝胶、水泥、玻璃、陶瓷。在防雷装置中多用于绝缘体或导体。

无机非金属材料品种和名目极其繁多，用途各异，因此，目前还没有一个统一而完善的分类方法。通常把它们分为普通的(传统的)和先进的(新型的)无机非金属材料两大类。传统的无机非金属材料是工业和基本建设所必需的基础材料，例如，水泥是一种重要的建筑材料；耐火材料与高温技术，尤其与钢铁工业的发展关系密切；各种规格的平板玻璃、仪器玻璃和普通的光学玻璃以及日用陶瓷、卫生陶瓷、建筑陶瓷、化工陶瓷和电瓷等与人们的生产、生活息息相关，它们产量大，用途广。其他产品，如搪瓷、磨料(碳化硅、氧化铝)、铸石(辉绿岩、玄武岩等)、碳素材料、非金属矿(石棉、云母、大理石等)也都属于传统的无机非金属材料。新型无机非金属材料是 20 世纪中期以后发展起来的，具有特殊性能和用途的材料。它们是现代新技术、新产业、传统工业技术改造、现代国防和生物医学所不可缺少的物质基础。主要有先进陶瓷(advanced ceramics)、非晶态材料(noncrystal material)、人工晶体(artificial crystal)、无机涂层(inorganic coating)、无机纤维(inorganic fibre)等。

三、有机高分子材料(又称聚合物或高聚物)

一类由一种或几种分子或分子团(结构单元或单体)以共价键结合成具有多个重复单体单元的大分子，其分子量高达 $10^4 \sim 10^6$。它们可以是天然产物如纤维、蛋白质和天然橡胶等，也可以是用合成方法制得的，如合成橡胶、合成树脂、合成纤维等非生物高聚物等。聚合物的特

点是种类多、密度小(仅为钢铁的1/8～1/7)、强度大、电绝缘性、耐腐蚀性好、加工容易等,可满足多种特种用途的要求。包括塑料、纤维、橡胶、涂料、黏合剂等领域,可部分取代金属、非金属材料。在防雷装置中多用于制作耐压器件和绝缘体。

四、复合材料

复合材料是人们运用先进的材料制备技术将不同性质的材料优化组合而成的新材料。一般定义的复合材料需满足以下条件:①复合材料必须是人造的,是人们根据需要设计制造的材料;②复合材料必须由两种或两种以上化学、物理性质不同的材料组分,以所设计的形式、比例、分布组合而成,各组分之间有明显的界面存在;③它具有结构可设计性,可进行复合结构设计;④复合材料不仅保持各组分材料性能的优点,而且通过各组分性能的互补和关联可以获得单一组成材料所不能达到的综合性能。复合材料的基体材料分为金属和非金属两大类。金属基体常用的有铝、镁、铜、钛及其合金。非金属基体主要有合成树脂、橡胶、陶瓷、石墨、碳等。增强材料主要有玻璃纤维、碳纤维、硼纤维、芳纶纤维、碳化硅纤维、石棉纤维、晶须、金属。

复合材料使用的历史可以追溯到古代。从古至今沿用的稻草或麦秸增强黏土和已使用上百年的钢筋混凝土均由两种材料复合而成。20世纪40年代,因航空工业的需要,发展了玻璃纤维增强塑料(俗称玻璃钢),从此出现了复合材料这一名称。50年代以后,陆续发展了碳纤维、石墨纤维和硼纤维等高强度和高模量纤维。70年代出现了芳纶纤维和碳化硅纤维。这些高强度、高模量纤维能与合成树脂、碳、石墨、陶瓷、橡胶等非金属基体或铝、镁、钛等金属基体复合,构成各具特色的复合材料。

功能复合材料一般由功能体组元和基体组元组成,基体不仅起到构成整体的作用,而且能产生协同或加强功能的作用。功能复合材料是指除机械性能以外而提供其他物理性能的复合材料,如导电、超导、半导、磁性、压电、阻尼、吸波、透波、摩擦、屏蔽、阻燃、防热、吸声、隔热等凸显某一功能,统称为功能复合材料。功能复合材料主要由功能体和增强体及基体组成。功能体可由一种或一种以上功能材料组成。多元功能体的复合材料可以具有多种功能,同时,还有可能由于复合效应而产生新的功能。多功能复合材料将是防雷器材的发展方向。

五、导电材料

导电材料是指专门用于输送和传导电流的材料,一般分为良导体材料和高电阻材料两类。导电材料包含导电塑料和导电橡胶。导电橡胶是将玻璃镀银、铝镀银、银等导电颗粒均匀分布在硅橡胶中,通过压力使导电颗粒接触,达到良好的导电效果。有大量在电场作用下能够自由移动的带电粒子,因而能很好地成为传导电流的材料,包括导体材料和超导材料。其主要功能是传输电能和电信号,此外,广泛用于电磁屏蔽、制造电极、电热材料、仪器外壳等(当有电磁屏蔽和安全接地要求时)。随着科学技术的发展,其用途尚在不断增加。

六、绝缘材料

绝缘材料是在允许电压下不导电的材料,但不是绝对不导电的材料,在一定外加电场强度作用下,也会发生导电、极化、损耗、击穿等过程,而长期使用还会发生老化。它的电阻率很高。如在电机中,导体周围的绝缘材料将匝间隔离并与接地的定子铁芯隔离开来,以保证电机的安全运行。纳米技术可以应用于许多领域,包括绝缘材料领域。将纳米级(范围在1～

100 nm)粉料均匀地分散在聚合物树脂中，也可以采取在聚合物内部形成或外加纳米级晶粒或非晶粒物质，还可形成纳米级微孔或气泡。由于纳米级粒子的结构特征使复合型材料表现出一系列独特而又奇异的性能，使纳米材料发展成极有前景的新材料领域。

七、磁性材料

能对磁场做出某种方式反应的材料称为磁性材料。按照物质在外磁场中表现出的磁性的强弱，可将其分为抗磁性物质、顺磁性物质、铁磁性物质、反铁磁性物质和亚铁磁性物质。大多数材料是抗磁性或顺磁性的，它们对外磁场反应较弱。铁磁性物质和亚铁磁性物质是强磁性物质，通常所说的磁性材料即指强磁性材料。铁磁性材料一般是铁(Fe)、钴(Co)、镍(Ni)元素及其合金，稀土元素及其合金，以及一些锰的化合物。磁性材料按照其磁化的难易程度，一般分为软磁材料及硬磁材料。

八、半导体材料

半导体材料(semiconductor material)是一类具有半导体性能(导电能力介于导体与绝缘体之间，电阻率在 1 mΩ·cm～1 GΩ·cm 范围内)、可用来制作半导体器件和集成电路的电子材料。半导体材料可按化学组成来分，再将结构与性能比较特殊的非晶态与液态半导体单独列为一类。按照这样分类方法可将半导体材料分为元素半导体、无机化合物半导体、有机化合物半导体和非晶态与液态半导体。其结构稳定，拥有卓越的电学特性，而且成本低廉，被广泛用于制造现代电子设备中。

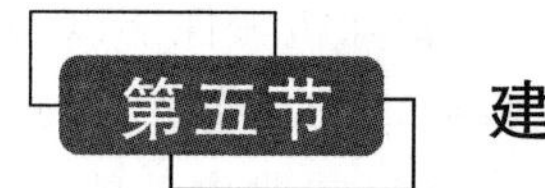

第五节 建筑学基础

从广义上来说，建筑学是研究建筑及其环境的学科。建筑学是一门跨工程技术和人文艺术的学科。建筑学所涉及的建筑艺术和建筑技术所包括的美学的一面和实用的一面，它们虽有明确的不同但又密切联系，并且美学分量随具体情况和建筑物的不同而大不相同。

建筑类专业包括：建筑学专业、城乡规划专业、风景园林等专业。建筑学服务的对象不仅是自然的人，而且也是社会的人，不仅要满足人们物质上的要求，而且要满足他们精神上的要求。因此，社会生产力和生产关系的变化，政治、文化、宗教、生活习惯等的变化，都密切影响着建筑技术和艺术。

如上所述，古希腊建筑以端庄、典雅、匀称、秀美见长，既反映了城邦制国民特色，也反映了当时兴旺的经济以及灿烂的文化艺术和哲学思想；罗马建筑的宏伟壮丽，反映了国力雄厚、财富充足以及统治集团巨大的组织能力、雄心勃勃的气魄和奢华的生活；拜占庭教堂和西欧中世纪教堂在建筑形制上的不同，原因之一是由于基督教东、西两派在教义解释和宗教仪式上有差异；西欧中世纪建筑的发展和哥特式建筑的形成是同封建生产关系有关的。

建筑是建筑物与构筑物的总称，是人们为了满足社会生活需要，利用所掌握的物质技术手段，并运用一定的科学规律、环境理念和美学法则创造的人工环境。有些分类为了明确表达使用性，会将建筑物与人们不长期占用的非建筑物区别，另外有些建筑学者也为了避免混淆，而刻意在其中把外形经过人们具有意识创作出来的建筑物细分为“建筑”(architecture)。须注

意的是，有时建筑物也可能会被扩展到包含“非建筑构筑物”，诸如桥梁、电塔、隧道等。

建筑物有广义和狭义两种含义。广义的建筑物是指人工建筑而成的所有东西，既包括房屋，又包括构筑物。狭义的建筑物是指房屋，不包括构筑物。房屋是指有基础、墙、顶、门、窗，能够遮风避雨，供人在内居住、工作、学习、娱乐、储藏物品或进行其他活动的空间场所。建筑相关专业多是指狭义的建筑物含义。最能够说明建筑相关专业学习建筑物概念的是老子的“埏埴以为器，当其无，有器之用。凿户牖以为室，当其无，有室之用”。这也无疑是对狭义建筑物概念最清晰、最直接的表述。

有别于建筑物，构筑物是没有可供人们使用的内部空间的，人们一般不直接在内进行生产和生活活动，如烟囱、水塔、桥梁、水坝、雕塑等。

一、建筑设计

建筑设计(architectural design)是指建筑物在建造之前，设计者按照建设任务，把施工过程和使用过程中所存在的或可能发生的问题，事先做好通盘的设想，拟定好解决这些问题的办法、方案，用图纸和文件表达出来。作为备料、施工组织工作和各工种在制作、建造工作中互相配合协作的共同依据，便于整个工程得以在预定的投资限额范围内，按照周密考虑的预定方案，统一步调，顺利进行，并使建成的建筑物充分满足使用者和社会所期望的各种要求及用途。

二、城市设计

城市设计(urban design)又称都市设计，在建筑界通常是指以城市作为研究对象的设计工作，介于城市规划、景观建筑与建筑设计之间的一种设计。相对于城市规划的抽象性和数据化，城市设计更具有具体性和图形化；但是，因为20世纪中叶以后实务上的都市设计多半是为景观设计或建筑设计提供指导、参考架构，因而与具体的景观设计或建筑设计有所区别。

三、室内设计

室内设计是根据建筑物的使用性质、所处环境和相应标准，运用物质技术手段和建筑设计原理，创造功能合理、舒适优美、满足人们物质和精神生活需要的室内环境。这一空间环境既具有使用价值，满足相应的功能要求，同时也反映了历史文脉、建筑风格、环境气氛等精神因素，明确地把“创造满足人们物质和精神生活需要的室内环境”作为室内设计的目的。

四、工程施工

工程施工是建筑安装企业按照相应的资质能力承接建设任务时，根据建设工程设计文件的要求，对建设工程进行新建、扩建、改建的活动。工程施工科目下设人工费、材料费、机械费、其他直接费四个明细。

五、工程监理

工程监理是指具有相关资质的监理单位受甲方的委托，依据国家批准的工程项目建设文件、有关工程建设的法律、法规和工程建设监理合同及其他工程建设合同，代表甲方对乙方的

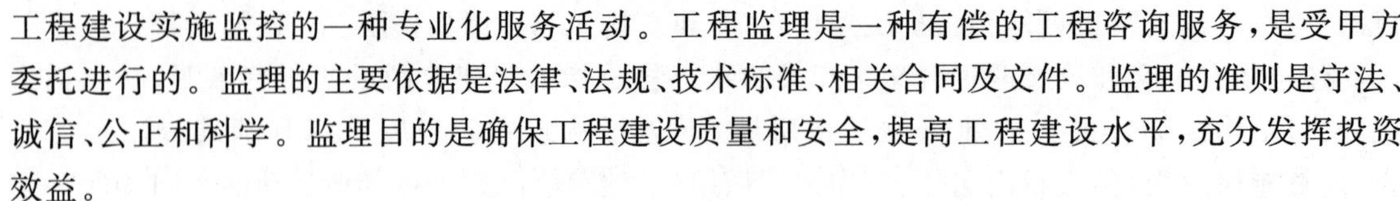

工程建设实施监控的一种专业化服务活动。工程监理是一种有偿的工程咨询服务，是受甲方委托进行的。监理的主要依据是法律、法规、技术标准、相关合同及文件。监理的准则是守法、诚信、公正和科学。监理目的是确保工程建设质量和安全，提高工程建设水平，充分发挥投资效益。

六、工程检测

为保障已建、在建、将建的建筑工程安全，在建设全过程中具有专业资质的队伍对与建筑物有关的地基、建筑材料、施工工艺、建筑结构、防雷设施、电器设施、物质（气体）成分等进行测试的一项重要工作。工程检测的主要依据是法律、法规、规范和技术标准、相关合同及其文件。检测的准则是守法诚信、客观公正、科学可靠。

七、隐蔽工程

隐蔽工程是指建筑物、构筑物在施工期间将建筑材料或构配件埋于物体之中后被覆盖，外表看不见的实物，如房屋基础、钢筋、水电构配件、设备基础、防雷设施基础等部分工程。由于隐蔽工程在隐蔽后，如果发生质量问题，还得重新覆盖和掩埋，会造成返工等非常大的损失，为了避免资源的浪费和当事人各方的损失，保证工程的质量和工程顺利完成，承包人在隐蔽工程隐蔽以前，应当通知发包人检查、检测，发包人检查、检测合格的，方可进行隐蔽工程施工。

八、工程竣工验收

工程竣工验收是指建设工程依照国家有关法律、法规及工程建设规范、标准的规定，完成工程设计文件要求和合同约定的各项内容。建设单位已取得政府有关主管部门（或其委托机构）出具的工程施工质量、消防、规划、环保、城建、防雷等验收文件或准许使用文件后，组织工程竣工验收并编制完成《建设工程竣工验收报告》。工程竣工验收是施工全过程的最后一道程序，也是工程项目管理的最后一项工作。它是建设投资成果转入生产或使用的标志，也是全面考核投资效益、检验设计和施工质量与安全的重要环节。

九、建筑物改建扩建

建筑物改建扩建是指在现有建筑物（构筑物）的基础上，对原有建筑和设施进行扩充性建设或大规模改造，因而增加或改变建筑物（构筑物）的原有用途的工程建设活动。建筑物改建后，防雷环境发生了变化，原有防雷设施遭到损坏或不能满足新建的需要，因此，必须进行防雷设施的改建或重建。

第六节 测量与测绘基础知识

测绘就是测量和绘图。以计算机技术、光电技术、网络通信技术、空间科学、信息科学为基础，以全球导航卫星定位系统（GNSS）、遥感（RS）、地理信息系统（GIS）为技术核心，将地面已有的特征点和界线通过测量手段获得反映地面现状的图形和位置信息，供工程建设的规划设

计和行政管理之用。

防雷设施的检查检测会用到很多测量、测绘知识和工具。学习一定的测绘、测量知识很有必要。

测绘是指对自然地理要素或者地表人工设施的形状、大小、空间位置及其属性等进行测定、采集并绘制成图。

测绘学研究测定和推算地面点的几何位置、地球形状及地球重力场，据此测量地球表面自然形状和人工设施的几何分布，并结合某些社会信息和自然信息的地理分布，编制全球和局部地区各种比例尺的地图和专题地图的理论和技术学科，又称测量学。测绘学在经济建设和国防建设中有广泛的应用。在城乡建设规划、国土资源利用、环境保护等工作中，必须进行土地测量和测绘各种地图，供规划和管理使用。在地质勘探、矿产开发、水利、交通等建设中，必须进行控制测量、矿山测量、路线测量和绘制地形图，供地质普查和各种建筑物设计施工用。在军事上需要军用地图，供行军、作战用，还要有精确的地心坐标和地球重力场数据，以确保远程武器精确命中目标。

测绘学主要研究对象是地球及其表面形态。在发展过程中形成大地测量学、普通测量学、摄影测量学、工程测量学、海洋测绘和地图制图学等分支学科。测绘和我们日常生活紧密相关，小到目测距离、判断方向的日常生活经验，大到国家建设、武器制导的重要科技手段，无一不与测绘联系紧密。

一、工程测量

工程测量是研究工程建设中设计、施工和管理各阶段测量工作的理论、技术和方法。为工程建设提供精确的测量数据和大比例尺地图，保障工程选址合理，按设计施工和进行有效管理。在工程运营阶段对工程进行形变观测和沉降监测以保证工程运行正常。按研究的对象可以分为：建筑工程测量、水利工程测量、矿山工程测量、铁路工程测量、公路工程测量、输电线路与输油管道测量、桥梁工程测量、隧道工程测量、军事工程测量等。

二、三维激光扫描技术

三维激光扫描技术又被称为实景复制技术，是测绘领域继 GPS 技术之后的一次技术革命。它突破了传统的单点测量方法，具有高效率、高精度的独特优势。三维激光扫描技术利用激光测距的原理，通过记录被测物体表面大量的密集的点的三维坐标、反射率和纹理等信息，可快速复建出被测目标的三维模型及线、面、体等各种图件数据；能够提供扫描物体表面的三维点云数据，因此可以用于获取高精度、高分辨率的数字地形模型。

三、水准仪

水准仪(level)是建立水平视线测定地面两点间高差的仪器。原理为根据水准测量原理测量地面点与点之间的高差。主要部件有望远镜、管水准器(或补偿器)、垂直轴、基座、脚螺旋。按结构分为微倾水准仪、自动安平水准仪、激光水准仪和数字水准仪(又称电子水准仪)。按精度分为精密水准仪和普通水准仪。

水准仪是在 17—18 世纪发明了望远镜和水准器之后出现的。20 世纪初，在制造出内调焦望远镜和符合水准器的基础上生产出微倾水准仪。20 世纪 50 年代初出现了自动安平水准仪;60 年代研制出激光水准仪;90 年代出现电子水准仪或数字水准仪。

四、经纬仪

经纬仪是一种根据测角原理设计的测量水平角和竖直角的测量仪器,分为光学经纬仪和电子经纬仪两种,目前最常用的是电子经纬仪。

五、求积仪

求积仪是测定图形面积的仪器,常用的为极点求积仪。使用时将底部具有小针的重物压于图纸上作为极点,然后将针尖沿着图形的轮廓线移动一周,在记数盘与测轮上读得分划值,从而算出图形的面积。求积仪分数字型和指针型两种。

六、测距仪

测距仪是一种测量长度或者距离的工具,同时可以和测角设备或模块结合测量出角度、面积等参数。测距仪的形式很多,通常是一个长形圆筒,由物镜、目镜、显示装置(可内置)、电池等部分组成。

七、万用表

万用表又称为复用表、多用表、三用表、繁用表等,是电力电子等部门不可缺少的测量仪表,一般以测量电压、电流和电阻为主要目的。万用表按显示方式分为指针万用表和数字万用表,是一种多功能、多量程的测量仪表。一般万用表可测量直流电流、直流电压、交流电流、交流电压、电阻和音频电平等,有的还可以测交流电流、电容量、电感量及半导体的一些参数等。

八、摇表

摇表又名兆欧级电阻表,是为了避免事故发生,用于测量各种电器设备的绝缘电阻,既方便又可靠,广泛用于煤矿安装和检修,用于检查电机、电器及线路的绝缘情况和测量高值电阻。

使用摇表时要注意以下事项:

① 禁止在雷电时或高压设备附近测绝缘电阻,只能在设备不带电,也没有感应电的情况下测量。

② 摇测过程中,被测设备上不能有人工作。

③ 测量设备的绝缘电阻时,必须先切断设备的电源。对含有电感、电容的设备(如电容器、变压器、电机及电缆线路),必须先进行放电。

④ 摇表应水平放置,未接线之前,应先摇动摇表,观察指针是否在“∞”处;再将 L 和 E 两接线柱短路,慢慢摇动摇表,指针应在零处;经开、短路试验,证实摇表完好方可进行测量。

⑤ 摇表的引线应用多股软线,且两根引线切忌绞在一起,以免造成测量数据不准确。

⑥ 摇表测量完毕,应立即使被测物放电,在摇表未停止转动和被测物未放电之前,不可用手去触及被测物的测量部位或进行拆线,以防止触电。

⑦ 被测物表面应擦拭干净,不得有污物(如漆等),以免造成测量数据不准确。

⑧ 测量结束时,对于大电容设备要放电。

⑨ 要定期校验其准确度。

另外，在防雷装置检测中还经常用到下列仪器或工具：望远镜、皮卷尺、照相机、卡尺、钢锉、油漆、射钉枪等。

第七节　实验与检验基础知识

科学实验是指根据一定目的，运用一定的仪器、设备等物质手段，在人工控制的条件下，观察、研究自然现象及其规律性的社会实践形式，是获取经验事实和检验科学假说、理论真理性的重要途径。它不仅包括仪器、设备、实验的物质对象，还包括背景知识、理论假设、数据分析、科学解释，以及实验者之间的协商、交流和资金的获取等相关社会因素。其性质不只是物质性的，还是文化性的和社会性的。在实验活动中，隔离、介入、追迹、仪器操作、实验对象形态改造、实验条件控制以及资源利用等，都表明实验者是自然和社会的参与者。科学实验的范围和深度，随着科学技术的发展和社会的进步而不断扩大和深化。

检验是对检验项目中的性能进行量测、检查、试验等，并将结果与标准规定要求进行比较，以确定每项性能是否合格所进行的活动。检验从广义上说是科学实验的一部分，包括检查和验证，即为确定某一物质的性质、特征、组成等而按照“标准和规程”进行的一系列试验，或根据一定的要求和标准来检查试验对象品质的优劣程度。

实验方法大概有观察法、控制变量法、对照法、比较法、排除法、代入法、特殊值法等。

从研究过程的大体步骤来看，实验方法与一般实证研究（即经验研究）相类似，通常可分以下几个步骤：

① 在对现实经济生活中各种现象做观察思考并对有关文献进行回顾分析的基础上，确定研究问题；

② 根据理论，做出合乎逻辑的推测，提出假设命题；

③ 设计研究程序和方法；

④ 搜集有关数据资料；

⑤ 运用这些数据资料对前面提出的假设命题进行检验；

⑥ 解释数据分析的结果，提出研究结论对现实或理论的意义以及可以进一步研究或改进的余地。

在实验研究中特别引人注目的是第③步骤，它是实验研究的核心。实验研究用以检验假设的数据是对实验现象观察得到的，因此实验的设计如何，直接关系研究成败。仔细观察已有的实验研究成果，可以发现，在以上步骤的具体实施上，实验方法与经验研究方法还是有所不同的。这一点在第②步骤中就已经显示出来。将假设命题具体化为可以检验的模型，与实验设计有直接关系，研究者在对研究结果做出理论预期（即假设）时，必须考虑实验的可实施性；在建立可证伪的检验模型时必须考虑变量的值可以通过实验取得。研究的第④步骤是数据资料收集，在实验研究中就是实施实验并记录实验情况。实验研究中用于假设检验的数据来自研究者自己设计的实验，而经验研究应用的数据来自经验，如统计资料或报纸杂志（即现实世界中存在的数据），这个差别在方法定义时就已经明确。

建立以上思维，将会在今后的雷电科学实验、防雷产品检验以及防雷工程设计施工和检测中事半功倍。

一、实验室

实验室(laboratory/lab)即进行试验的场所。实验室是科学的摇篮,是科学研究的基地、科技发展的源泉,因此,实验室的设立对科技发展起着非常重要的作用。

国际实验室采取认可制度,称为国际实验室认可合作组织(International Laboratory Accreditation Cooperation,ILAC)。其宗旨是通过提高对获认可的实验室出具的检测和校准结果的接受程度,以便在促进全球同行业建立国际合作。1996 年 ILAC 成为一个正式的国际组织,目前已在国际上能够履行其宗旨的认可机构中建立了一个相互承认的协议,即国际互认协议。

目前,我国国家实验室认可是指由政府授权或法律规定的一个权威机构(中国合格评定国家认可委员会,即 CNAS),对检测/校准实验室和检查机构有能力完成特定任务做出正式承认的程序,是对检测/校准实验室进行类似于应用在生产和服务的"质量体系认证"的一种评审,但要求更为严格,属于自愿性认证体系,它由中国实验室国家认可委员会组织进行。通过认可的实验室出具的检测报告可以加盖 CNAS 和 ILAC 的印章,所出具的数据国际互认。

我国实验室按照隶属关系可分为三类:第一类是从属于大学或者是由大学代管的实验室;第二类实验室属于国家机构,有的甚至是国际机构;第三类实验室直接归属于工业、企业部门,为工业技术的开发与研究服务。目前,按照我国法律法规规定,实验室要达到相应的资质要求才能被认可。

(一)国家级实验室

国家级实验室是指国家科技创新体系中重要的实验室,由科学技术部(以下简称科技部)评估批准成立,是国家组织高水平基础研究和应用基础研究、聚集和培养优秀科技人才、开展高水平学术交流、科研装备先进的重要基地。其主要任务是针对学科发展前沿和国民经济、社会发展及国家安全的重要科技领域和方向,开展创新性研究。

国家级实验室由国家直接投资建立,按国际一流标准建立,规模非常大,代表国家最高水平,基本包括本学科领域所有研究方向,而且人员配备上要求面向国内外招聘最优秀的研究人员,直接参与国际竞争,往往是多学科交叉的创新平台。

(二)国家重点实验室

2008 年 8 月由科学技术部、财政部颁布的《国家重点实验室建设与运行管理办法》规定:"重点实验室实行分级分类管理制度,坚持稳定支持、动态调整和定期评估。""重点实验室是依托大学和科研院所建设的科研实体,实行人财物相对独立的管理机制和'开放、流动、联合、竞争'运行机制。"国家重点实验室经各部门各系统组织申报,由科技部评定。

国家级实验室和国家重点实验室是两个完全不同的概念,虽不在一个重量级上,但也是国家科研的重要梯次。由此可见,我们要建立世界领先水平的雷电物理科学实验室任重而道远。

二、检验检测标准

检验检测标准是指检验机构从事检验工作在实体和程序方面所遵循的尺度和准则,是评定检验对象是否符合规定要求的准则。按照标准化对象,通常把标准分为技术标准、管理标准

和工作标准三大类。

(1)技术标准,对标准化领域中需要协调统一的技术事项所制定的标准。包括基础标准、产品标准、工艺标准、检测试验方法标准,以及安全、卫生、环保标准等。防雷设施检测标准就是属于此类标准。

(2)管理标准,对标准化领域中需要协调统一的管理事项所制定的标准。

(3)工作标准,对工作的责任、权利、范围、质量要求、程序、效果、检查方法、考核办法所制定的标准。

我国标准的层级分为国家标准、行业标准、地方标准和企业标准,并将标准分为强制性标准、推荐性标准以及指导性标准等。

其他的分类方法可以在工标网(http://www.csres.com/sort/index.jsp)查询得到。例如,把标准分成中国标准、行业标准、ICS标准、国外标准。另外也可以根据行业进行分类。

常用的检测标准代号如下。

① 国家标准:GB;

② 推荐性国家标准:GB/T;

③ 建材行业标准:JC;

④ 建筑行业标准:JG、JGJ;

⑤ 交通行业标准:JT、JTJ;

⑥ 水利行业标准:SL、SLJ;

⑦ 铁路运输行业标准:TB、TBJ;

⑧ 冶金行业标准:YB、YBJ;

⑨ 地方标准:DB;

⑩ 气象行业标准:QX。

这10类标准是我们从事防雷工程与检测工作过程中常遇到的标准,当然还有一些其他不常用到的标准等。

三、产品检验

产品检验指用工具、仪器或其他分析方法检查各种原材料、半成品、成品是否符合特定的技术标准、规格的工作过程,或对产品及其加工制造的工序过程中的实体,进行度量、测量、检查和实验分析,并将结果与规定值进行比较和确定是否合格所进行的活动。从事产品检验的机构按照有关法律法规规定应当取得CMAS认证。

四、防雷装置

防雷装置是指接闪器、引下线、接地装置、电涌保护器(SPD)及其他连接导体的总和,是由若干个“产品”根据不同的防雷减灾要求的特殊组合。各种防雷设施虽然原理相近,但形式各异。显然,防雷装置的检测不同于“产品”的检验。从事防雷工程与检测的机构属于资质管理范畴。是否还需要取得CMAS认证问题,作者认为:根据《中华人民共和国气象法》《中华人民共和国计量法》《气象灾害防御条例》《雷电防护装置检测资质管理办法》以及《最高人民法院关于雷电防护设施检测机构是否应当进行计量认证问题的答复》(〔2003〕行他字第13号)规定,防雷装置检测机构的资质认定后不再需要计量认证。因此,要求防雷装置检测机构在取得

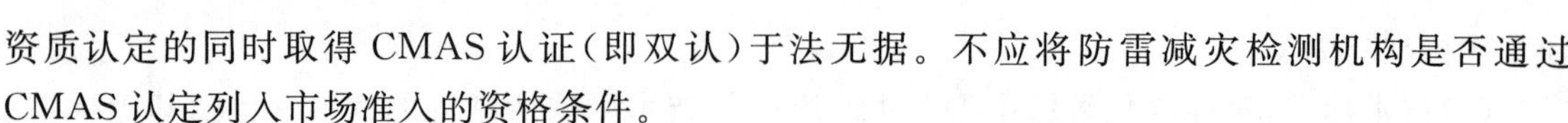

资质认定的同时取得 CMAS 认证(即双认)于法无据。不应将防雷减灾检测机构是否通过 CMAS 认定列入市场准入的资格条件。

五、防雷减灾个人能力认定

防雷减灾个人能力认定是指对从事防雷减灾工程技术人员承担雷电防护技术能力的综合评价。当代防雷减灾工作不仅仅是技术工程,而且还成为终身追究的安全责任工程。为了达到"专业的事要由专业人员干"的目标,2005 年 4 月 1 日,中国气象局公布的《防雷工程专业资质管理办法》规定,从事防雷工程技术人员必须取得《防雷施工设计资格证》,防雷工程技术人员的个人资格认定工作,由省以上气象学会承担。随着改革的进一步深入,国务院接连取消了 5 批次的行政审批项目,公布了个人资格证的清单。在政府清单中防雷个人资格证被取消,由原来的"准入资格"改为"水平评价类"的个人能力评定,仍由省以上气象学会组织实施。防雷装置竣工仍列为"国务院确需保留的行政审批"项目,充分体现了党和政府以人民为中心,保障人民群众生命财产安全的执政情怀。根据《中国气象局关于做好取消防雷专业技术人员职业资格许可和认定事项后续工作的通知》(气办发〔2016〕34 号)文件精神要求,2017 年中国气象局组织有关专家编写了《防雷减灾技术人员能力认定标准》,2018 年 5 月 1 日开始实施。目前,全国从事防雷减灾人员的能力认定工作按此规范开展。

第八节 化工科学基础知识

化工科学是"化学工艺""化学工业""化学工程"等的简称。凡运用化学方法改变物质组成、结构或合成新物质的技术,都属于化学生产技术,也就是化学工艺,所得产品被称为化学品或化工产品。起初,生产这类产品的是手工作坊,后来演变为工厂,并逐渐形成了一个特定的生产行业即化学工业。化学工程是研究化工产品生产过程共性规律的一门科学。人类与化工的关系十分密切,有些化工产品在人类发展历史中起着划时代的重要作用,它们的生产和应用甚至代表着人类文明的一定历史阶段。

人类为了求得生存和发展,不断地与大自然做斗争,逐步地加深了对周围世界的认识,从而掌握了征服自然、改造世界的本领。经过漫长的历史实践,人类越发善于利用自然条件,并且为自己创造了丰富的物质世界。古代人们的生活更多地依赖于直接利用,或从中提取所需要的东西。由于这些物质的固有性能满足不了人们的需求,便产生了各种加工技术,把天然物质转变成具有多种性能的新物质,并且逐步在工业生产的规模上付诸实现。随着生产力的发展,有些生产部门,如冶金、炼油、造纸、制革等,已作为独立的生产部门从化学工业中划分出来。当大规模石油炼制工业和石油化工蓬勃发展之后,以化学、物理学、数学为基础并结合其他工程技术,研究化工生产过程的共同规律,解决规模较大和大型化工中出现的诸多工程技术问题的学科——化学工程进一步完善了。它把化学工业生产提高到一个新水平,从经验或半经验状态进入理论和预测的新阶段,使化学工业以其更大规模生产的创造能力,为人类增添大量物质财富,加快了人类社会发展的进程。

同样,化工行业具有的高污染性、高毒性和易燃易爆的特征,使得其成为雷电防御的重点领域。

第九节　应急科学基础知识

一、学科概述

应急管理科学是公共行政学、管理学等交叉学科知识，初步形成了应急管理知识体系，是管理学的一个重要分支。

学科主要课程有高等数学、经济学概论、组织行为学、社会学概论、统计学、公共财政学、管理信息系统、应急管理法律法规、公共政策分析、基础会计学、公共管理学、灾害学概论、系统分析与协调、应急管理的理论与实践、社会保障学、公共关系学、运筹学基础、危机心理干预、危机信息管理与发布、应急运作管理、风险评估与管理等。

应急管理就是依托现代信息和其他先进技术，利用经济、人文等手段，对出现的危机或可能出现的危机进行研判、规划、计划、预警、组织、指挥、协调、控制、转化，从而带来积极社会效益的特殊管理活动。应急管理是文明国家人文关怀的体现，是国家行为。应急管理的过程主要包括：突发事件(危机)的事前预防、事发应对、事中处置和善后恢复。

应急管理的主要对象是“天灾人祸”，包括突发自然灾害(气象灾害和地震灾害、火山爆发与海啸、衍生灾害等不可抗力的灾害)和人为灾害(火灾、劳动事故、矿山事故、陆海空交通事故、社会群体事件等通过管控可以少发生或不发生的灾害)。

二、应急管理与防雷工作的联系

第一，从应急管理的范围来看，雷电灾害防御本身是应急管理的一部分。雷电是自然灾害的一种，做好雷电防护，并对雷电灾害可能引起的次生灾害(如爆轰、爆炸、燃烧等)进行预案(包括观测、预警、防御)，就是做好应急管理工作。第二，应急管理的关键在于信息的准确性。雷电灾害的观测、预警、检测、评估、规划等信息是应急管理的基础信息，必须要以“责任重于泰山”的精神对待防雷的每一项工作，提供翔实可靠的雷电灾害防御信息。第三，电子化、网络化在应急管理中广泛应用，信息管理平台本身的防雷安全问题日益突出，防雷工作者要加强研究，与时俱进，确保应急信息平台的安全运行。

三、应急科学名词解释

(一)自然灾害

自然灾害是指给人类生存带来危害或损害人类生活环境的自然现象，包括干旱、高温、低温、寒潮、洪涝、山洪、台风、冰雹、风雹、霜冻、暴雨、暴雪、冻雨、酸雨、雾、大风、结冰、霾、地震、海啸、泥石流、浮尘、扬沙、沙尘暴、雷电、雷暴、闪电等。地球上的自然变异，包括人类活动诱发的自然变异，自然灾害孕育于由大气圈、岩石圈、水圈、生物圈、冰冻圈共同组成的地球表面环境中，无时无地不在发生，当这种变异给人类社会带来危害时，即构成自然灾害。因为它给人类的生产和生活带来了不同程度的损害，包括以劳动为媒介的人与自然之间，以及与之相关的人与人之间的关系。灾害都是起到消极的或破坏的作用。所以说，自然灾害是人与自然矛盾的一种表现形式，具有自然和社会两重属性，是人类过去、现在、将来所面对的最严峻的挑战之一。影响自然灾害灾情大小的因素有三个：一是孕育灾害的环境（孕灾环境），二是导致灾害发生的因子（致灾因子），三是承受灾害的客体（受灾体）。

（二）人为灾害

人为灾害指主要由人为因素引发的灾害。其种类很多，主要包括自然资源衰竭灾害、环境污染灾害、火灾、交通灾害、生物灾害及核灾害等。

森林资源的衰竭将给人类和人类社会带来多方面的危害，成为一种后果严重的灾害。森林的丧失将使人类取得木材、药材、薪柴等生产和生活原料变得极其困难。森林的大面积丧失使生物圈初级生产力大大降低，次级生产力也随之降低，从而大大削弱了人类生存和发展的物质基础。森林的大面积丧失将严重危害人们的健康，使气候恶化，干旱、洪涝加剧，水土流失和土地沙漠化更为严重。

物种资源衰竭灾害，破坏了生态平衡，地球自出现生命以来，到现今形成了约1000万种动物、植物和微生物。特别是进入近代社会以来，这一趋势更加明显。人类的活动使物种灭绝速度加快，造成了物种资源的衰竭。

水资源是一种有限的资源，是指在目前经济技术条件下可以被人类利用的那一部分水。只有淡水储量的0.34%才是水资源，其中主要是浅层地下水及河流、湖泊水。进入20世纪以来，人口高速增长，工农业生产迅速发展，城市规模急剧增加、扩大，水的消耗量增长很快。在用水量剧增的同时，工业废水、农业废水及生活废水大量排入水体，引起水质普遍恶化。耗水量的剧增与水污染的加剧，导致全球性的水资源危机。水资源的分布不均匀和用水浪费在相当程度上引发和加剧了水荒。

土地资源是人类生活和生产已经开发利用和尚未开发利用的土地数量和质量的总和。由于土地具有承载、滋育、供给等基本功能，人类自存在以来就与土地结成了不可分离的依存关系。人类的产生、生存和发展，都是以土地资源为依存基础的。

环境污染灾害包括大气污染灾害、土壤污染灾害、水体污染灾害、海洋污染灾害、城市环境污染灾害、能源利用污染灾害。

火灾包括森林大火和生活工业用火灾害。火灾产生的原因和雷电安全有很大的关系。

交通事故包括陆上交通事故、水上交通事故和空中交通事故。随着电子化程度加快，人们交通出行的方式、管理方式日益电子化、智能化和多样化。电气化程度越高，遭受雷击的可能性就越大。研究新型交通防雷措施也就越来越紧迫。包括交通材料耐受程度、交通信号防雷措施、交通指挥平台防雷系统等。

（三）安全生产

《中华人民共和国安全生产法》是为了加强安全生产工作，防止和减少生产安全事故，保障人民群众生命和财产安全，促进经济社会持续健康发展制定的。安全生产是我国的一项长期的基本国策，是有效保护劳动者安全及其健康和国家财产安全以及促进社会生产力发展、促进社会和谐稳定的基本保证。安全生产是保障“人-机-环境”和谐运作，使社会生产劳动中危及劳动者生命安全和身体健康的各种事故风险和伤害因素始终处在可控状态。

（四）安全教育

安全教育是安全管理工作中的一个重要的组成部分，对广大劳动者进行安全生产教育是提高他们素质和防范灾害能力、防止事故发生、保护安全生产的重要手段。发生伤亡事故，不外乎人的不安全行为和物的不安全状态两种原因。根据我国历年职工因工伤亡事故分析，由于人的不安全行为所导致的事故造成的死亡人数占因事故死亡总人数的70%以上，可见控制人为的不安全行为对减少伤亡事故是极为重要的。安全教育是控制人的不安全行为最有效的一种方法。因此，安全教育对减少伤亡事故来说，是最直接、最有效的措施。通过安全教育，可以使广大劳动者正确地按客观规律办事，严格执行安全操作规程，加强对设备的维护检修，认识和掌握不安全、不卫生因素和伤亡事故规律，并正确运用科学技术知识加以治理和预防，及时发现和消除隐患，把事故消灭在萌芽状态，保证安全生产。

安全教育的内容大致包括安全生产方针、政策和法制教育，新工人入厂三级安全教育，特种作业人员的安全技术教育，日常安全教育，一般安全生产知识教育，以及改变工艺和变换岗位的安全教育等。

雷电灾害防御的一项重要工作就是防雷科学知识的普及教育。使民众了解雷电知识，熟悉工作和社会环境的防雷设施，掌握雷击后自救和抢救的措施，降低雷电灾害损失。

（五）安全生产责任制

为实现安全生产目标，强化各级管理机构和人员的安全生产责任，保障安全生产，根据《中华人民共和国安全生产法》等相关法律法规，结合每个工作单元的安全实际情况，以“安全第一、预防为主、综合治理”方针，依据“生产经营单位的主要负责人对本单位的安全生产工作全面负责，各级生产经营单位的管理部门和人员依法履行安全生产责任义务”的原则，实行“统一管理，层层落实”和“谁主管，谁负责”而制定的具体到人的安全责任制度。

安全生产责任制内容一般包括法定负责人责任和义务、主管人责任和义务、班组责任和义务、操作人员责任和义务。

（六）安全评估

为防控在生产经营中可能导致人员伤亡、财产损失和环境污染破坏的安全风险，对其进行预判与评估，并确定风险等级，为风险控制提供预案而开展的一项工作。一般包括安全生产责任制、可能出现的灾害种类、不安全因素列举、危险源警示、规范操作程序、人的不安全行为列举、设备性能、安全等级划分、安全区域设置、紧急突发事项预案等。

（七）生产安全事故

生产安全事故是指生产经营单位在生产经营活动（包括与生产经营有关的活动）中突然发生的伤害人身安全和健康，或者损坏设备设施，或者造成经济损失的，导致原生产经营活动（包括与生产经营活动有关的活动）暂时中止或永远终止的意外事件。为了降低生产安全事故的发生，国家实行生产安全事故责任追究制度。

（八）生产安全事故调查

生产安全事故调查指事故发生后应急部门依照有关法律法规组织对事故发生的原因、性

质、类(级)别、损害(伤亡)程度、应急处置情况、责任认定等一系列的调查活动。调查的关键是证据收集。事故调查的步骤一般为事故情况通报(时间、地点、级别、伤亡、采取措施)、成立事故调查小组、事故现场紧急处理、物证收集、事故材料(信息)收集、人证材料收集、现场影像材料(信息)、现场模拟绘图、事故原因分析、事故调查报告撰写、责任初步认定、提出处理建议、提出安全建议、其他需要说明事项、事故材料归档。

(九)灾害管理

灾害管理就是通过对灾害的系统观测(察)和分析,研究灾害发生发展的规律,改善有关灾害的防御、减轻、预案、预警、恢复等对策的方式方法。通过政治、经济、法律、教育和科学技术等手段,调整人类发展与自然环境和谐共生,达到人类可持续发展的目的。灾害管理是基本活动之一,从广义上讲,防雷减灾工作是灾害管理的重要组成部分。

复习与思考

1. 雷电产生的假说有哪些?
2. 雷电一般会产生在哪些云层?
3. 天气现象和气候事件是一回事吗?两者有哪些区别和联系?
4. 什么是雷暴日和雷电季?
5. 计算机由哪些部分组成?
6. 举例说明计算机网络系统的应用。
7. 简要说明计算机网络系统的防雷关键部位。
8. 简要叙述建筑物防雷的要点。
9. 建筑物防雷隐蔽工程是怎么一回事?
10. 防御雷电灾害为什么要掌握电工基础知识?
11. 掌握电磁脉冲基本概念。
12. 举例说明 10 种以上和防雷有关的材料。
13. 简述新材料在防雷减灾中的应用。
14. 简要说明材料在防雷系统的成本关系。
15. 防雷检测一般需要哪些仪器仪表?
16. 防雷检测和一般实验室测量的联系与区别有哪些?
17. 实验室的要求有哪些?
18. 为什么说防雷装置的设计安装与化工关系密切?
19. 安全责任制是怎么一回事?
20. 简要说明防雷安全评价如何开展。
21. 为什么说防雷减灾是灾害管理的重要组成部分?

思维导图

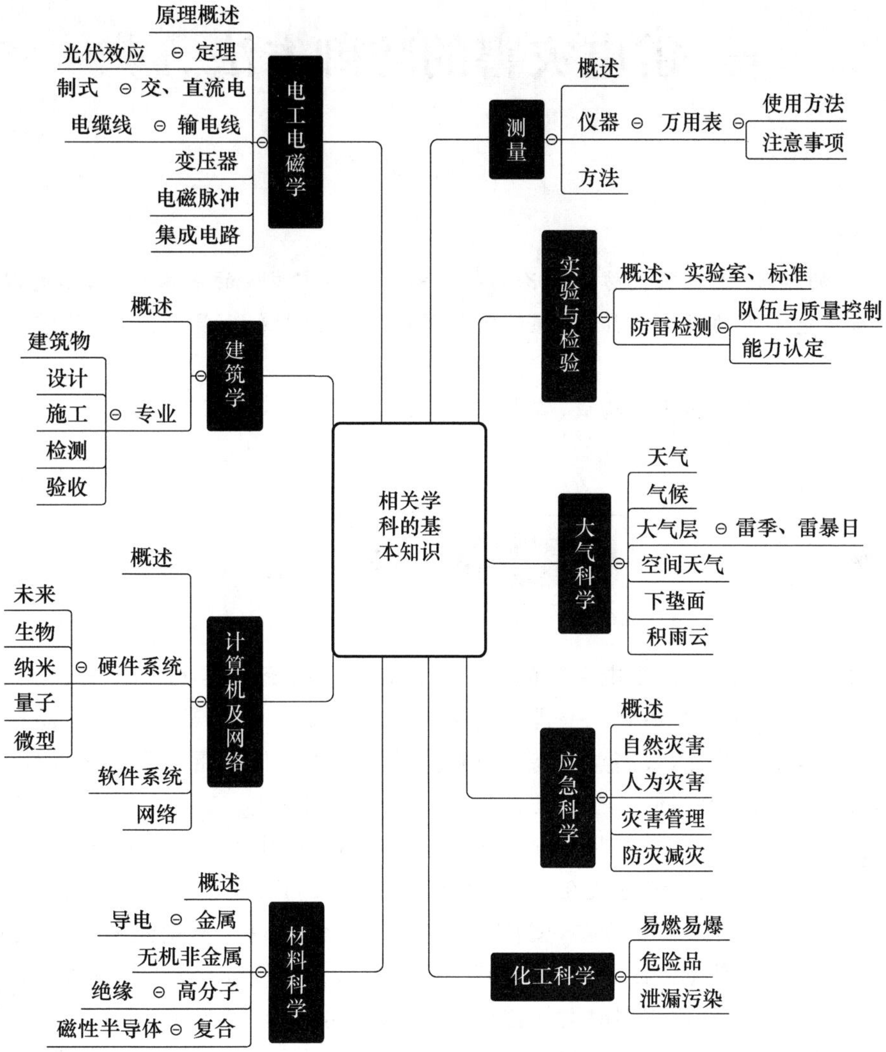

- 相关学科的基本知识
  - 电工电磁学
    - 原理概述
    - 定理
      - 光伏效应
    - 交、直流电
      - 制式
    - 输电线
      - 电缆线
    - 变压器
    - 电磁脉冲
    - 集成电路
  - 建筑学
    - 概述
    - 专业
      - 建筑物
      - 设计
      - 施工
      - 检测
      - 验收
  - 计算机及网络
    - 概述
    - 硬件系统
      - 未来
      - 生物
      - 纳米
      - 量子
      - 微型
    - 软件系统
    - 网络
  - 材料科学
    - 概述
    - 金属
      - 导电
    - 无机非金属
    - 高分子
      - 绝缘
    - 复合
      - 磁性半导体
  - 测量
    - 概述
    - 仪器
      - 万用表
        - 使用方法
        - 注意事项
    - 方法
  - 实验与检验
    - 概述、实验室、标准
    - 防雷检测
      - 队伍与质量控制
      - 能力认定
  - 大气科学
    - 天气
    - 气候
    - 大气层
      - 雷季、雷暴日
    - 空间天气
    - 下垫面
    - 积雨云
  - 应急科学
    - 概述
    - 自然灾害
    - 人为灾害
    - 灾害管理
    - 防灾减灾
  - 化工科学
    - 易燃易爆
    - 危险品
    - 泄漏污染

第三章

雷电灾害的防御方法

通过本章的学习，了解现代防雷理论的基本概念和防雷减灾的基本思路，熟悉雷电灾害防御方法，了解雷电灾害的侵入路径，掌握防雷装置的基本构成和主要功能，熟练掌握防雷工程的设计与施工。

本章重点：防雷设施的基本构成、雷电侵入方式、防雷装置、系统防雷。

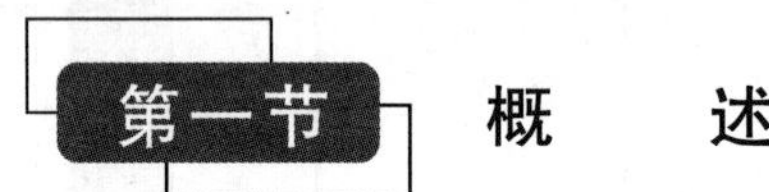

第一节 概 述

根据现代防雷技术理念，雷电灾害的防护应作为一个系统工程，强调全方位保护，综合防雷。具体采取以下五种防护措施。一是安装接闪器，即“躲”。接闪器是一个容易接收雷电的金属装置，低端与地网相连，最高点要高过所在建筑物顶端。依据雷电具有选择性的特点，把接闪器最好做成针状、带状，便于在雷雨天气中最先接收到雷电，通过防雷装置将雷电流传导到大地，使被保护的建筑物“躲过”雷电的袭击，起到防雷电的作用。二是等电位连接，即“联”。就是把各种被保护设备用导线连接在一起，使各种电气接地连成一个整体，使得电气的金属表面处在同一电位水平。消除电位差，就像站在高压线上的小鸟，不论这些金属物电位有多高，都不会有危险。三是避雷器分流，即“分”。把室外多条导线连接到“某种避雷器”，其作用是把传入的雷电波在流经避雷器时瞬间进行分流处理，达到分流雷电波的效果，缓冲雷电压和电流带来的压力。四是格栅阻拦，即“拦”。在雷电容易侵入的路径上进行格栅阻拦，通过防雷设施把雷电灾害阻隔在被保护对象之外。五是屏蔽，即“围”。用金属导体把需要保护的对象包围起来，形成一个“法拉第笼”，有效地阻隔闪电脉冲从不同路径入侵。

建立“综合防雷”的概念非常重要。因为进入后工业化社会，电子技术与集成电路的大量应用，使得防御雷电灾害不仅仅是单纯的保护建筑物，必须要考虑建筑物的用途、建筑物内部的设备和功能、建筑物内人们活动的情况与分布，综合分析、采取不同的方式综合防御。上述“躲、联、分、拦、围”措施根据保护对象的不同，可以单独使用，也可以综合使用。新技术、新材料、新工艺的发展有力提高了雷电灾害防御的可靠性。在当今技术水平下，如果不考虑防雷工程建设成本，保护现有设施避免雷电灾害完全可以做得到。当然，由于人类对雷电机理尚不完全清楚，加之防雷建设成本与效益的限制，以及新设备、新建筑、新业态不断涌现，按照现有规范，进行设计、施工、检测的防雷设施也不能保证被保护对象百分之百不遭受雷击。因此，防雷技术也要与时俱进，只有不断探索雷电发生发展规律、研究新方法、使用新技术、采用新材料、

掌握新规范，才能不断满足社会发展和人类防雷减灾的需求。

第二节 雷电灾害侵入方式

雷电流被形象地称为“流”，是因为雷电流具有方向性，有从高电位“流向”低电位的特性。所谓雷电侵入是指由于雷电对保护对象的作用，导致雷电波沿着管线（或通道）进入室内，对保护对象造成损害。研究雷电灾害的侵入方式，就是要弄清楚雷电流从“哪里来”、经“哪些地方”泄入大地。根据雷电的特性，试图弄清雷电波流经（传导）的地点、设备、冲击的强度，从而进行有针对地设防，对于防雷减灾至关重要。一次雷击事故的方式、雷电波冲击的形式往往是综合性的，直击、侧击、感应雷会同时发生，但不是杂乱无章，是有迹可循的。

一、直击雷侵入

雷电波直接击中被保护对象的侵入方式，称为直击雷侵入。防雷安全的保护对象主要有三种：人（生命）、建（构）筑物、设备。直击雷防护是防止云地间的雷闪直接击在保护物（建筑物、构筑物、电气网络或电气装置）上。传统的直击雷防护的主体主要是保护物本身不受雷电损害，以及减弱雷击时产生的巨大雷电流并快速泄入大地的过程中，对保护物本身和内部空间产生影响的防护技术。进入电子社会，这种只考虑建筑物的直击雷保护是不全面的。

二、感应雷击侵入

因为附近发生雷闪，雷闪并没有直接击中保护对象，而导致被保护对象遭到雷击损坏，称为感应雷击侵入。感应雷击的产生主要有三种。一是静电感应，由于天空云的移动和变化，或是远处发生雷闪，导致本地的大气电场产生变化，在雷云覆盖下的物体表面聚集电荷而产生电动势，在有触发机制的情况下发生放电现象。有研究报道，北方春季“干雷暴”的产生和静电感应有关。二是电磁感应，由于在发生雷击时，雷击电流在雷电通道周围的空间产生磁场，磁场的变化会产生次级电动势，产生电流，有的学者也称其为二次雷击，是由雷电流产生的衍生灾害。三是电磁脉冲辐射，在雷闪放电时，雷击电流随时间的变化而非均匀变化，一次雷击放电往往是由多个脉冲组成，因此脉冲电流向外辐射电磁波，对电子设备产生了危害。

（1）闪电感应。在附近有闪电放电时，在导体上产生的雷电静电感应和雷电电磁感应，它可能使金属部件之间产生火花放电，叫闪电感应。

（2）闪电静电感应。由于雷云的作用，使附近导体上感应出与雷云符号相反的电荷，雷云主放电时，先导通道中的电荷迅速中和，在导体上的感应电荷得到释放，如没有就近泄入地中就会产生很高的电位。

（3）闪电电磁感应。由于雷电流迅速变化，在其周围空间产生瞬变的强电磁场，使附近导体上感应出很高的电动势。

（4）由于雷电流有极大峰值和陡度，在它周围的空间出现瞬变电磁场，根据电磁感应定律，可以是在闭合的金属回路产生感应电流；也可以是在不闭合的导体回路产生感应电动势。

三、输电线路侵入

远端的输电线路遭到雷击，雷电波通过输电线路击中末端的设备或生命，造成的雷击损坏，称为雷击的输电线路侵入。现代社会能源和动力离不开“电”，电力的输送离不开“线路”。当雷电在输电线路附近发生或直接“击”到线路上，在雷电波的作用下，瞬间增强的雷电波就会沿线路进行传导，一直到设备的末端，形成雷击。雷云直接对电器设备或电力线路放电，雷电流流过这些设备时，在雷电流流通路径的阻抗（包括接地电阻）上产生冲击电压，引起过电压。这种过电压称为直接雷击过电压。过电压大小和雷电流大小和被击物体冲击电阻大小有关。雷云对电力架空线路的杆塔顶部或避雷线放电，这是雷电流流经杆塔进入地时，在杆塔阻抗和接地装置阻抗上存在电压降。如果雷电流很大，接地阻抗很大，则电压降也很大，杆塔出现对地高电位。这个高电位可能将导线绝缘端子击穿，对导线放电，由此引起的事故称为雷电反击过电压事故。将接地电阻尽可能降低，可以降低雷电反击过电压，从而减少事故发生。在电气设备的附近发生闪电，虽然雷电没有直接击中电气设备，但电气设备的导体上会感应出大量和雷云极性相反的束缚电荷，形成过电压，这就是感应雷过电压。此外，在雷电击中地面物体对地放电时，强大的雷电流产生强大的电磁场，在这个磁场中的导体会产生巨大的感应电动势，形成过电压。这些都是雷电感应过电压。因直接雷击或感应雷击在架空线路导线上形成的迅速流动的雷电波称为雷电进行波。雷电进行波对其前进道路上的电气设备构成威胁。根据有关试验数据和雷击现场分析，雷电进行波在线路上行进时，如遇到处于分闸状态的开关闸口，则会产生波的全反射，反射波与进行波叠加，强度增加一倍，极易引起击穿事故。

四、天馈系统侵入

雷电通过天馈系统传导，击中末端设备，由此导致雷击，称为雷电的天馈系统侵入。无线电在现代社会的广泛应用，使得在城市“森林”出现天线林立的现象。微波天线、卫星天线、电视天线、太阳能等林林总总，人们在享受现代化带来便利的同时，不知不觉地把雷击灾害也引入室内。从雷电调查情况反馈，因馈线雷击而对天线及收发设备和人员造成的损害的实例呈多发趋势。天馈系统雷击已经成为雷电侵入的主要路径。防止雷电波从天馈系统侵入的主要方式有：加装驻波比小、插入损耗低、传输速率高、使用频率范围大的（同轴）天馈避雷器；采用等电位连接，分流雷电波；采用光纤信号接收传送，截断雷电波传输路径的新材料新技术等。

五、弱电设备的雷电波侵入

在雷云天气下，由于大气电场电荷的变化，以微弱雷电波的传导而导致弱电设备损坏的雷击，称为弱电设备的雷电波侵入。随着信息化程度加快，电脑、自动控制设备的大量应用，弱电设备的防雷问题逐渐显现，一个小小的雷电波浪涌，也常常引起设备的损坏，所以在完善建筑物外部防雷的同时，加强弱电设备的防护非常重要。首先要完善弱电外部雷电防护，将绝大部分雷电流直接引入地下泄散；其次要阻塞沿电源线或数据、信号线引入的过电压波；最后要钳制被保护设备上浪涌过电压过电流幅值在设备可承受的范围。这三道防线相互配合，各行其责，缺一不可。

六、手(对讲)机信号侵入

通过手(对讲)机无线信号传导引起的雷击,称为手(对讲)机信号雷击。这个问题存在争议,但在实际生活中,打手机遭雷击的报道屡见报端。例如,广州有媒体报道,当地一名木工打手机遭雷击身亡;同行的工友也受伤;《山西晚报》也报道,定襄县一名男子在接听电话时不幸遭雷击身亡;黑龙江《生活报》也报道过有人在火车站广场打手机遭遇雷击身亡的事例。于是,有人得出一个结论,下雨打雷时不要使用固定电话和手机,容易招致雷击。支持"手机引雷"观点的学者认为,打雷时云层中积累了大量正电荷,地面产生大量负电荷,手机产生的电磁波给它们之间提供了一个通道,让正、负电荷相接,引发雷击;还有学者认为,手机含有金属,所以容易招致雷击。但是,也有学者提出质疑,除了手机外,通信站、转播台、雷达等都能发射电磁波,但遭受雷击时,雷电都是击在这些设施的避雷针上,并没有击中发射电磁波的设施上。对于手机的金属引来雷击一说,也有学者认为,打手机时是因为其处于一个空旷的位置,人手中即使没有手机,雷电也会直接从人的头部接闪。国外有一档节目曾做过相关实验,实验数据表明"在雷雨天打手机"并不会增加雷击概率,反而是打固定电话容易遭雷击。也有学者认为,现在没有相关的科学实验来支持"打手机容易遭雷击"这种说法。所以说,对于"雷雨天手机引雷"这个问题不必过分焦虑,当自己所处的环境很安全时,可以放心使用手机。如果是在空旷的野外,或者在没有防雷装置保护的地方,还是尽量不要使用手机。尤其是在雷雨天气时,用正在充电的手机打电话遭到雷击的可能性会大大增加。

第三节　雷电灾害的形式

一、雷电的破坏作用

雷电具有很大的破坏力,其破坏力是多方面的。例如,雷电可烧毁或损坏各种电气设备设施,造成大规模停电,可击毁建(构)筑物;可引起易燃、易爆物发生火灾、爆炸等事故,可伤及人畜,其危害表现在雷电放电时所存在的各种物理效应和作用上。

二、雷电流的热效应作用

在雷云对地放电时,强大的雷电流从雷击点注入被击物体,由于雷电流幅值高达数十至数百千安,其热效应可以在雷击点局部范围内产生高达 6000～10000 ℃,甚至更高的温度,能够使金属熔化,树木、草堆引燃;当雷电波侵入建筑物内低压供配电线路时,可以将线路熔断。直击雷电流峰值达几十千安培至几百千安培,峰值时间只有几秒到十几秒,其能量巨大,可损坏建筑物,中断通信,伤及人畜。这些由雷电流的巨大能量使被击物体燃烧或金属材料熔化的现象都属于典型的雷电流的热效应破坏作用,如果防护不当,就会造成灾害。

三、雷电流冲击波的作用

雷电通道的温度高达几千摄氏度至几万摄氏度,空气受热急剧膨胀,并以超声速度向四周扩散，其外围附近的冷空气被强烈压缩，形成“激波”。被压缩空气层的外界称为“激波波前”。“激波波前”到达的地方，空气的密度、压力和温度都会突然增加。“激波波前”过去后，该区压力下降，直到低于大气压力。这种“激波”在空气中传播，会使其附近的建筑物、人、畜受到破坏和伤亡。这种冲击波的破坏作用就跟炸弹爆炸时附近的物体和人、畜受到损害一样。与冲击波相似的另一种冲击形式是次声波。庞大体积的雷雨云因迅速放电而突然收缩，当电应力(典型值为 100 V/cm)突然解除时，在一部分带电雷雨云中的流体压力将减小到 0.3 mm 汞柱的程度，这样形成稀疏区和压缩区，它们以零点几赫兹到十几赫兹的频率向外传播，这就形成次声波。这两种冲击波都会对人或动物造成不同程度的影响甚至死亡。

四、雷电流的机械效应(电动力)的作用

在发生雷击时，雷电的机械效应所产生的破坏作用主要表现为两种形式：

(1)雷电流流过金属物体时产生的电动力。

(2)雷电流注入树木或建筑构件时在它们内部产生的内压力。

由于雷电流的峰值很大、作用时间短，产生的电动力有巨大的冲力。

当雷电流通过多条平行的导体或带有小角度转角的导体时，因电磁力的作用会使两条导体向中间靠拢，或是在导体的转角两侧会受到另外一侧的电磁力的影响而使导体折断。

五、球形雷的破坏作用

在雷电频繁的雷雨天，有时会有紫色、殷红色、灰红色、蓝色的“火球”产生。这些火球有时从天空降落，然后在空中或沿地面水平方向移动，有时平移，有时滚动。这些“火球”直径一般为十至几十厘米，也有直径超过 1 m 的。生存时间从几秒到几分钟，一般为几秒到十几秒居多。这种“火球”能通过烟囱，开着的窗户、门和其他缝隙进入室内，或者无声地消失，或者发出丝丝的声音，或者发生剧烈的爆炸。这种“火球”碰到人畜会造成严重的烧伤和死亡事故；碰到建筑物会造成严重损坏。

六、闪电感应的破坏作用

在建筑物区域，常可以见到一些顶部有大面积金属体的建筑物，例如，半球形金属装饰成的圆顶楼、彩钢屋面，用铜材或铁皮包装屋顶的建筑物。当这种建筑物上空有雷云生成并向下发展下行先导时，由于雷云和先导通道中电荷的感应作用，在建筑物顶部的金属体上将出现反极性的感应电荷，图 3.3.1 所示是常见的负雷云对地放电，雷云及下行先导通道中的电荷为负，而在建筑物金属屋顶上感应出的电荷为正。

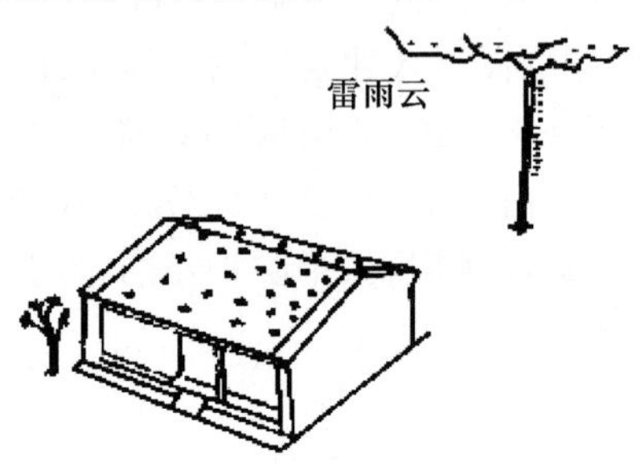

图 3.3.1　金属屋面建筑物静电感应

这些感应正电荷在屋顶上的聚集速度取决于先导发展的速度,因为先导发展的速度约比回击速度小得多,所以在先导发展阶段,金属屋顶上有足够的时间来聚集大量正电荷。这些正电荷受到先导通道中负电荷的束缚,不能自由运动。当先导发展到附近地面时,回击过程便开始,先导通道中携带的负电荷将被地面上的正电荷自上而下地迅速中和,伴随着负电荷的消失,金属屋顶上的正电荷将失去束缚,变为自由电荷,但由于屋顶金属体与地之间的电荷流散路径上存在着数值可观的电阻,这些被释放的正电荷不能以与回击发展同样的速度来消散。在回击后的短时间内,可以近似认为金属体上仍有大量正电荷存在,于是金属体与地之间将构成一个电容器,金属体对地将具有一个高电位。

如果建筑物金属屋顶或顶部金属对地绝缘,则在静电感应所引起的高电压作用下,金属体对其下方的某些接地物体将会造成火花放电,导致设备和人员的损坏和伤亡,还可能会引发火灾。如果顶部金属体的接地引下线在某个部位断开或电阻过大,则在这些部位也将出现高电压,造成局部火花放电,危及建筑物内设备与人员的安全。

很明显,要减小雷电静电感应的危害程度,就必须设法减少在建筑物顶部金属体上的感应电荷,这就需要将金属体良好地接地,以尽可能快地将感应电荷泄放入地。

在架空线路上也会产生静电感应。在各种架空线路上,同样会因雷云对地放电而产生静电感应电荷。现仍以常见的负雷云对地放电为例,来说明架空线路上感应过电压形成。

如图 3.3.2 所示,先导放电过程中,先导通道中聚集负电荷,大地感应正电荷,形成电场,在电场作用下,线路导线中的负电荷被排斥到远方,且逐渐泄入大地,导线聚集起受束缚的正电荷。

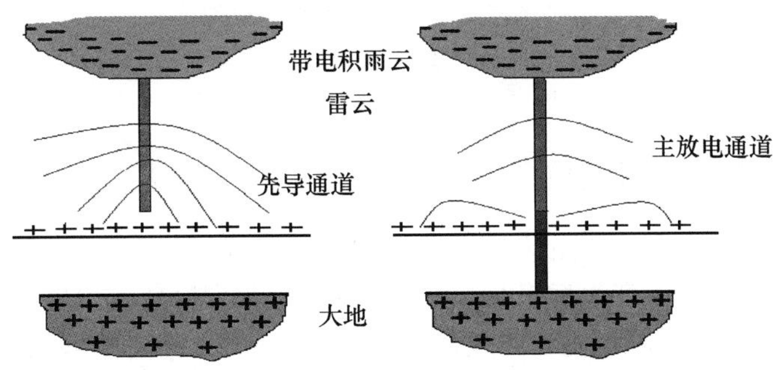

图 3.3.2 在架空线路上的静电感应

在主放电过程中,先导通道负电荷与大地正电荷迅速中和,电场发生突变,导线受束缚的正电荷获得释放,被释放的电荷沿导线以电磁波的速度向两侧移动,使所到之处电压升高(感应过电压)。当它沿线路进入建筑物内时,将会对建筑物内的信息系统和电气设备造成损坏。这种沿线路进入建筑物内的感应过电压波常称为雷电侵入波,它是一种典型的雷电暂态过电压。

七、闪电电磁感应的破坏作用

闪电电磁感应是以电磁波的形式在空中以雷击点为中心向四周传播,影响范围较静电感应大,影响程度也大于静电感应的危害。产生的主要原因是电-磁-电的相互转换,使雷击电流的能量一部分转换为瞬变的磁场能量,变化的磁场中的磁力线与磁场中的金属物体形成切割磁力线的运动,在金属物中产生感应电动势而形成过电压或过电流(视金属物是闭合或是开路)。这样,对电子电气设备来说,电磁波是无孔不入的,从与设备连接的各种导线到设备内部

的电路板、集成电路都有可能被电磁波感应而产生高出正常工作电压数十倍甚至更高的电压,从而使设备部分电路失效或永久损坏。

由于雷电流有极大峰值和陡度,在它周围的空间出现瞬变电磁场,根据电磁感应定律,可以是在闭合的金属回路产生感应电流,也可以是在不闭合的导体回路产生感应电动势。由于网络系统在建筑物内布设各种导体线路(如电源线、数据通信线、天馈线),如图 3.3.3 所示,这些线路网络结构在建筑物内的不同空间位置上构成许多回路,当建筑物遭雷击或邻近雷击时,将在建筑物内部空间产生脉冲暂态磁场,这种快速变化的磁场交链这些回路后,将在回路中感应出暂态过电压,危及与这回路相接的电子设备。由于其瞬变时间极短,所以感应电压可以很高,发生空气电离以致产生电火花。

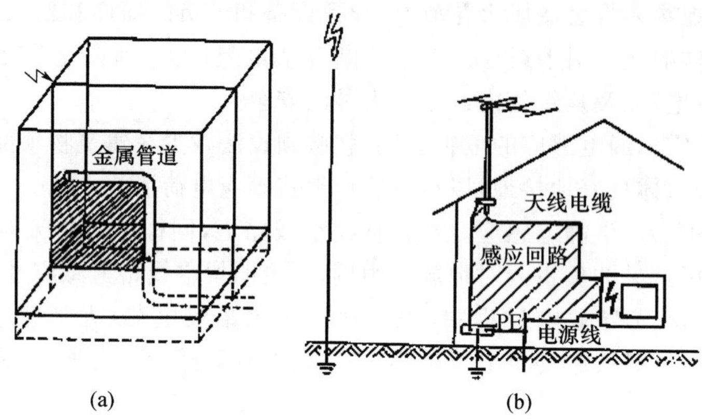

图 3.3.3　闭合金属回路示意图

(a)室内金属管道;(b)建筑物内线路系统

八、雷电反击和引入高电位

建筑物在遭受直接雷击时,雷电流将沿建筑物防雷系统中各引下线和接地体入地,在此过程中,雷电流将在防雷系统中产生暂态高电压,即闪击地电位抬高。如果引下线与周围网络设备绝缘距离不够且设备与防雷系统不共地,将在两者之间出现很高的电压(电位差有时可达数百千伏的瞬时冲击电压),并会发生放电击穿,导致网络设备严重损坏,甚至人身安全。这种由于接地技术处理不当引起地电位的反击,造成整个网络系统设备全部击毁。地电位暂态高电位危及相邻建筑物内网络设备,如网络系统建筑物没有遭雷击又无采取过电压保护措施,附近建筑物遭雷击后,暂态高电位将沿地下管道传至网络设备接地系统中对线路发生反击,使得与这些线路相连接的设备受到暂态高电位的损害。

九、雷电对人的伤害方式

雷电对人的伤害方式,归纳起来有四种形式。

(一)直接雷击

在雷电现象发生时,雷电可以直接袭击到人体,因为人也是一个导体,高达几万到十几万安培的雷电电流,由人的头顶部一直通过人体到两脚,流入大地。人因此而遭到雷击,受到雷电的击伤,严重的甚至死亡。

(二)旁侧闪击

当雷电击中一个物体时，强大的雷电电流，通过物体泄放到大地。一般情况下，电流是最容易通过电阻小的通道穿流的。人体的电阻很小，如果人就在这雷击中的物体附近，雷电电流就会在人头顶高度附近将空气击穿，再经过人体泄放下来，使人遭受袭击。例如，雷击大树产生的高压击穿空气闪击到人体，若人在雷击点 2 m 范围内，则雷电流可通过人体流入大地(图 3.3.4)。

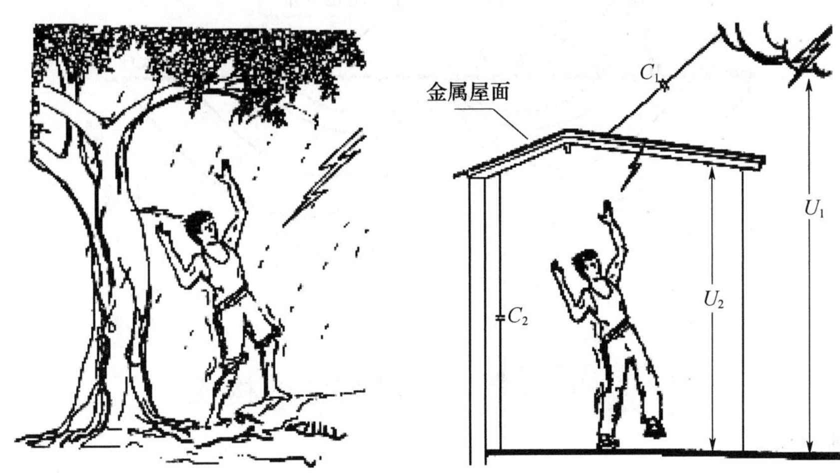

图 3.3.4　旁侧闪击示意图

(C_1 是由于雷云或雷电先导高电位形成的分布电容;C_2 是附近建(构)筑物的结构电容
U_1 是雷电先导对地产生的高电位;U_2 是遭到雷击的建(构)筑物金属屋面对地形成的高电位)

(三)接触电压

当雷电电流通过高大的物体，如高的建筑物、树木、金属构筑物等泄放下来时，强大的雷电电流会在高大导体上产生高达几万到几十万伏的电压。人不小心触摸到这些物体时，则会受到这种触摸电压的袭击，发生触电事故。

(四)跨步电压

当雷电从云中泄放到大地时，由于土壤散流电阻的存在，使地表面电位分布不均匀，就会产生一个电位场。电位的分布是越靠近地面雷击点的地方电位越高，远离雷击点的电位就越低。如果在雷击时，人的两脚站立地点的电位不同，这种电位差在人的两脚间就产生电压，两脚跨步间(一般取 0.8 m)出现的电位差称“跨步电压”。如图 3.3.5 所示，人在雷击点周围步子迈得越大，跨步电压就高，也就越危险。

十、雷电引起的衍生灾害

雷电的发生具有随机性、局域性、分散性、突发性、瞬时性、三维性的特点。由于它具有强大的电流、极高的电压、炽热的高温、猛烈的冲击波、剧变的电磁场和强烈的电磁辐射等物理效应，一次雷电灾害往往会伴随其他衍生灾害。雷电造成的衍生灾害的类型有：雷击火灾、雷击伤亡、雷击建(构)筑物、雷击供电系统、雷击弱电电子设备等。

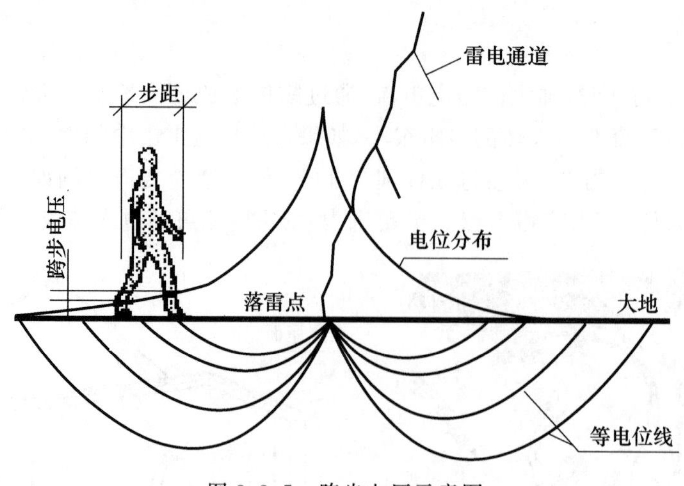

图 3.3.5 跨步电压示意图

第四节 防雷装置的构成

针对不同的保护对象，防雷装置各不相同。没有一模一样的建筑，也没有一模一样的防雷装置。但是，雷电的特性决定了防御雷电装置的原理是一样的。细节不同，原理相通，材料不同，构成相似，尺寸不同，作用相同。掌握被保护对象的防雷装置构成至关重要。限于篇幅，本节仅讨论防雷装置的常见几种构件，随着防雷技术的不断发展，防雷装置的新型构件还会不断出现和被发明。

一、接闪器（避雷针、避雷带）

接闪器就是专门用来接收直接雷击（雷闪）的金属物体。接闪器的金属杆称为避雷针。接闪器的金属线称为避雷线或架空地线。接闪器的金属带（网）称为避雷带（网）。接闪器必须经过接地引下线与接地装置相连，才能有效地把雷电流引入大地，起到防直击雷的作用。接闪器位于防雷装置的顶部，其作用是利用其高出被保护物的突出部位把雷电引向自身，承接直击雷放电。

接闪器由下列各形式之一或任意组合而成：独立避雷针，直接装设在建筑物上的避雷针、避雷带或避雷网，屋顶上的永久性金属物及金属屋面，混凝土构件内钢筋。

除利用混凝土构件内钢筋外，接闪器应镀（浸）锌，焊接处应涂防腐漆。在腐蚀性较强的场所，还应适当加大其截面或采取其他防腐措施。

接闪器的保护范围为半径为 R 的球与接闪器和地面相切，绕接闪器滚动所形成的阴影区域即为接闪器的保护范围，R 称为滚球半径。R 根据不同的防雷类别分别选为 30 m、45 m、60 m；在保护范围内并不是没有雷击，只是雷击能量较小，滚球半径 R 越小，进入保护范围的雷击能量也越小，也就是说，接闪器的防雷效果越好。

有学者认为，接闪器并非越高越好，超过 60 m 的接闪器在技术上是没有多大意义的。理论上任何良好接地的金属物体都可以作为接闪器。因此，随着经济的发展，人们对接闪器的外

形提出了要求，希望能与美观的现代建筑相协调，出现了一些形状各异、五彩缤纷的接闪器，但其防雷原理并没有改变。由于传统接闪器并没有消除雷击，而只是将雷电流引向自身，并尽快地泄入大地，这样会带来地电位升高、侧击、雷电流电磁干扰等问题。

二、引下线

防雷引下线是指由金属材料制成，将接闪器接收的雷电流引向接地装置的导电体的总称。按照材料可以分为镀锌接地引下线和镀铜接地引下线、铜材引下线、绝缘引下线。也有学者这样分类：断接卡（或接线端子）以上的部分叫作防雷引下线，断接卡（或接线端子）以下的部分叫作接地引下线。

为了建筑物的外形美观，现代防雷引下线采用隐蔽工程施工，防雷引下线用建筑物内钢筋混凝土中的钢筋代替防雷引下线。防雷设施需要随着建筑物建设的进度进行分层跟踪检测，以保证防雷引下线与接地体的有效连接。检测的要点是形状尺寸、捆扎方式、连接阻值（电气通畅性能）等。

三、接地体

由金属材料制成，埋入土中与大地紧密接触并形成电气有效连接的一个或一组金属导体称为防雷接地体。可分为人工接地体和自然接地体两种。建筑物的地网是接地体的特殊形式。人工接地体是根据防雷保护对象的特殊需要，专门制作埋设的防雷接地体。不同的防雷需要，其使用的材料、尺寸、导电性能、地埋深度、拉力韧度不一样，有相应的规范要求。自然接地体是利用建筑物已有的金属底板、钢筋或基础地网做防雷接地体。自然接地体的要点是要保证电气的联通（阻值有效），接地体雷电流通道无障碍（接地体不能连接其他设施如上下水管道、取暖、洗浴等民用设施），应常进行检测等。

四、电涌保护器（SPD）

为过滤雷电击中架空线上产生的雷电波，防止雷电过电压和过电流对末端生命财产造成损失而设计制造的防雷产品，统称为电涌保护器，也叫浪涌保护器（Surge Protection Device，SPD）。浪涌保护器的作用是把窜入电力线、信号传输线的瞬时过电压限制在设备或系统所能承受的电压范围内，或将强大的雷电流泄流入地，保护被保护的对象不受冲击而遭到损坏或伤亡。

按电涌保护器工作原理可以分为三大类。

（1）开关型。其工作原理是当没有瞬时过电压时呈现为高阻抗，但一旦响应雷电瞬时过电压时，其阻抗就突变为低值，允许雷电流通过。用作此类装置的器件有放电间隙、气体放电管、闸流晶体管等。

（2）限压型。其工作原理是当没有瞬时过电压时为高阻扰，但随电涌电流和电压的增加其阻抗会不断减小，其电流电压特性为强烈非线性。用作此类装置的器件有氧化锌、压敏电阻、抑制二极管、雪崩二极管等。

（3）分流型或扼流型。分流型是与被保护的设备并联，对雷电脉冲呈现为低阻抗，而对正常工作频率呈现为高阻抗。扼流型是与被保护的设备串联，对雷电脉冲呈现为高阻抗，而对正常的工作频率呈现为低阻抗。

按电涌保护器的用途可以分为两种,即电源保护器和信号保护器。电涌保护器的类型和结构按不同的用途有所不同,但它至少应包含一个非线性电压限制元件。

五、接地降阻剂

为改善雷电接地装置附近土壤导电性能,降低接地电阻、辅助接地装置达到电气性能的专用产品,统称为接地降阻剂。按性质可以分为化学降阻剂和物理降阻剂。我国是从 20 世纪 70 年代就开始研究、生产降阻剂,到目前为止已有数十种产品问世。由于新材料的不断发现,物理降阻剂以性质稳定、环境友好、导电率高的优势逐渐成为降阻剂的主流。

六、均压环

在输电线路中为改善绝缘子串电压分布的环状金具称为均压环。均压环的作用是防侧击雷,适用于电压形式为交流,可将高压均匀分布在物体周围,保证在环形各部位之间没有电位差,从而达到均压的效果。在高层建筑中用环绕建筑物周边的水平避雷带以保证建筑物结构圈梁的各点电位相同,防止出现电位差的设施,也称均压环。在《建筑物防雷设计规范》(GB 50057—2010)中已把"均压环"更名为"等电位连接环"。在建筑设计中,按照《建筑物防雷设计规范》规定,第一类防雷建筑物 30 m 起每个不大于 6 m 沿建筑物四周设水平接闪带;而对第二类和第三类防雷建筑物没有做出要求。但在《民用建筑电气设计规范》中对第二类和第三类防雷建筑物做出了要求,分别是超过 45 m、60 m 的建筑结构圈梁中的钢筋应每三层连成闭合回路,并应同防雷装置引下线连接。

电力均压环按用处不同,可分为避雷器均压环、防雷均压环、绝缘子均压环、互感器均压环、高压试验设备均压环、输变电线路均压环等。均压环按材质不同,可分为铝制均压环、不锈钢均压环、铁制均压环等。与均压环名称相似的有屏蔽环、均压屏蔽环,可在防雷减灾实践中辨识使用。

七、提前放电接闪器

提前放电接闪器又名预放电避雷针,垂直安装在被保护体顶部的防止雷击的接地金属棒系统。其原理是,当雷电云形成时,云层与地面之间产生一个电场,此电场强度可达到 10 kV/m 甚至更高,从而使地面凸起部分或金属部件上开始出现电晕放电。当雷电云层内部形成一个下行先导时,闪电电击便开始了。下行先导电荷以阶梯形式向地面移动。当下行先导接近地面时,会从地面较突出的部分发出向上的迎面先导。当迎面先导与下行先导相遇时,就产生了强烈的"中和"过程,出现极大的电流(数十到数百千安),这就是雷电的主放电阶段,伴随着雷鸣和闪光出现。地面上的其他建筑物可能会生成好几个迎面先导,与下行先导会合的第一个迎面先导决定了闪电雷击的地点。提前放电接闪器的工作原理就是产生一个比普通避雷针更快的迎面先导。在自然的迎面先导形成前,提前放电接闪器会率先产生一个先导,迅速地向雷电方向传播直至捕获雷电,并将其导入大地。实验室中证实:比普通避雷针更早产生迎面先导的这个启动抢先时间称为 ΔT,赋予了提前放电接闪器更加有效的防雷保护功能。其优点是抢先放电时间以微秒(μs)计算,即优先引雷入地;在相同的安装高度下,比普通避雷针的保护半径大数倍;其特点是外形美观,可安装于环境恶劣场所;重量轻,荷载要求低,但是有容易老化,维护成本高的缺憾。

八、独立避雷塔

独立避雷塔是一种常见的铁塔型的防雷电的保护装置。也叫避雷针塔、钢结构避雷针、塔式避雷针。避雷塔有四种规格:GFL 四柱角钢避雷塔、GJT 三柱圆钢避雷塔、GH 钢管杆避雷塔、GFW 避雷线塔。是根据被保护对象的特殊需要而独立设置的防雷装置。

独立避雷塔的保护范围也要按照滚球法来计算保护半径和保护范围。独立避雷塔主要起拦截作用,特别是炼油厂、加油站、化工厂、煤矿、炸药库、武器库、易燃易爆车间等重要场所,应该安装独立避雷塔,及时拦截雷电的侵入,减少雷击的发生。

九、防雷格栅

防雷格栅主要用于防御侧击雷和球形雷的侵入,用金属制成的网状格栅并与大地有效连接的防雷设施。按敷设方式可以分为水平格栅和垂直格栅。水平格栅主要用于屋顶和地网,垂直格栅主要用于门窗等。

十、铜带

铜带是防雷防静电接地体的一种形式,是敷设在各类机房并与接地体有效连接的防雷设施。其形状类别有导电铜排、异形铜排、铜板、铜棒、铜带、铜管、方铜及各种规格的锻打铜,其材料类别有纯紫铜(红铜)、黄铜、青铜、磷青铜、锡青铜、铝青铜、铬铜、铍铜、钨铜、合金铜、镀铜等。

十一、铠装电缆

铠装电缆是用于连接防爆电器有接地性能的金属外保护的电缆线,是由不同导体材料装在有绝缘材料的金属套管中,被加工成可弯曲的组合体。使用铠装电缆的关键是要接地,应注意避免在铠装与等电位系统间存在电位差而产生放电。任何情况下,铠装与等电位系统应至少有一个电气连接。

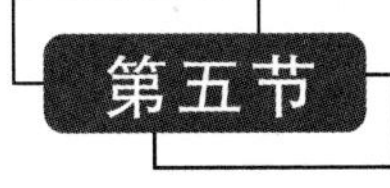

防雷技术措施

防雷装置是各类防雷器件的不同组合。根据防护对象不同,防雷装置各不相同,只是防御的重点不同,分而治之。可采取接闪、分流、屏蔽、等电位、接地以及合理布线等手段综合施策,达到防灾的目的。

一、接闪措施

接闪器是由拦截闪击的接闪杆、接闪带、接闪线、接闪网以及金属屋面、金属构件等组成。主要采取的措施是引导雷云对防雷装置进行放电,使雷电流迅速流入(传导)大地,从而使建(构)筑物免受雷击。

同样,接闪杆在引导闪电入地的导线流有巨大电流,会产生感应电磁场,也可能损坏设备。

所以在防雷设计时，不能只考虑接闪部分的功能，还应根据建（构）筑物的结构形式及建（构）筑物内系统等实际情况进行综合设计。全面考虑建（构）筑物防雷的各种相关因素及其规律，以达到接闪后的功能效果。

二、分流措施

设置防雷引下线的数量，是关系到建（构）筑物被击后是否产生扩大事故的重要因素。每根引下线所承受的电流越小，则其反击的机会和感应范围的影响就越小，所以引下线的根数应适当多些，且其位置应当均匀合适。

在使用分流措施时为节约材料，应注意到，有许多可以兼作防雷用的其他金属装置，如建（构）筑物内剪力墙中的钢筋，已经接地的金属门窗、金属构件及其他所有连接导体等，将建（构）筑物和建（构）筑物内系统（带电导体除外）的所有导电性物体互相连接组成的一个网，再将这个等电位连接网络和接地装置连在一起形成一个完整的系统，共同起到分流的作用。

从建筑物外来引入的导体（电源、信号等）在入户处，应加装相应的电涌保护器（SPD）。在每个需要做防雷保护的仪器设备的前端也要安装相应的 SPD，它的作用是把沿导线入侵的闪电电涌通过 SPD 分流入地，可以多级设防。

三、屏蔽措施

建筑物的屏蔽是使建筑物内的各种电子设备、精密仪器、电子计算机、通信设备等受到保护，在建筑物上增加屏蔽措施，以防止直击雷、侧击雷及闪电静电感应等对电子设备等的破坏作用。

屏蔽就是用金属网、箔、壳、管等导体把需要保护的对象包裹起来，从物理意义上讲，就是把闪电的脉冲电磁场从空间入侵的通道阻隔起来。

四、等电位连接措施

等电位连接措施即将分开的诸金属物体直接用连接导体或经电涌保护器连接到防雷装置上，以减小雷电流引发的电位差。

雷电流的峰值非常大，相对大地而言，流过之处都立即升至很高的电位，因此对于周围尚处于低电位的金属物会产生旁侧闪络放电，又使后者的电位骤然升高，如果建（构）筑物内有易燃、易爆物，就必引起爆炸和大火。

这种放电产生的脉冲电磁场则会对室内的电子仪器设备产生作用，等电位连接也包括物体和结构件之间或者同一物体的各部分金属外套之间做导电性的连接。因为结构连接处如不是良好的电气连通，接触电阻所产生的电位降常常可以引起电火花放电，导致火灾。

为保证不产生反击，不产生接触电压和跨步电压，应当使建筑物的地面、墙面和人们能接触到的部位的金属设备及管、线路能达到同一个电位（均衡电位）。完善的等电位连接也可以消除因低电位骤然升高而产生的“反击”现象。

五、接地措施

接地是闪电能量的泄放入地，在防雷措施中如果没有它，等电位连接、接闪、分流等防雷措施就不可能达到预期的效果，因此它是防雷措施的基础，为使雷电电涌电流泄入大地，使被保

护物免遭直击雷或闪电感应等过电压、过电流的危害，所有建(构)筑物、电气设备、线路、网络等不带电金属部分、金属护套、电涌保护器(SPD)，以及一切水、气管道等均应与防雷接地装置做等电位连接。

接地装置的好坏也是防雷安全的重要保证，对每个建(构)筑物都要考虑采用哪些接地方式效果最好及电位差的陡度最小，并应尽可能达到均衡电位的条件。接地装置既要适用、经济，又要耐久(要充分考虑金属耐腐蚀的年限)，同时必须达到规定接地电阻的要求。

六、合理布线

各种金属管线都和防雷系统有直接或间接的关系，因此必须考虑建筑物内部的电力系统、电信系统、照明系统、电子系统和各种金属管线的布线位置、走向和防雷系统的距离之间的关系，也包括建(构)筑物内部的各种金属设备、电子设备和防雷装置之间的距离。因此，重要建(构)筑物内的各种电气线路都必须穿金属管或采用金属屏蔽电缆。

以上是建(构)筑物防雷中应采取的 6 个主要措施，在设计防雷装置时，应当根据建(构)筑物的构造和内部设备的布置全面考虑这些因素，从而确定采取哪些防雷措施。

复习与思考

1. 简要回答现代防雷的基本思路。
2. 为什么说防雷装置“千人千面”?
3. 简要回答雷电侵入建(构)筑物的主要路径。
4. 简要回答雷电发生的几种形式。
5. 简要回答雷电防御的难度。
6. 什么是跨步低压?
7. 什么是雷电的衍生灾害?
8. 防雷装置由哪几部分构成?
9. 建(构)筑物防雷措施有哪些?
10. 简述计算机系统防雷装置构成。
11. 如何构建“综合防雷”的思路?

思维导图

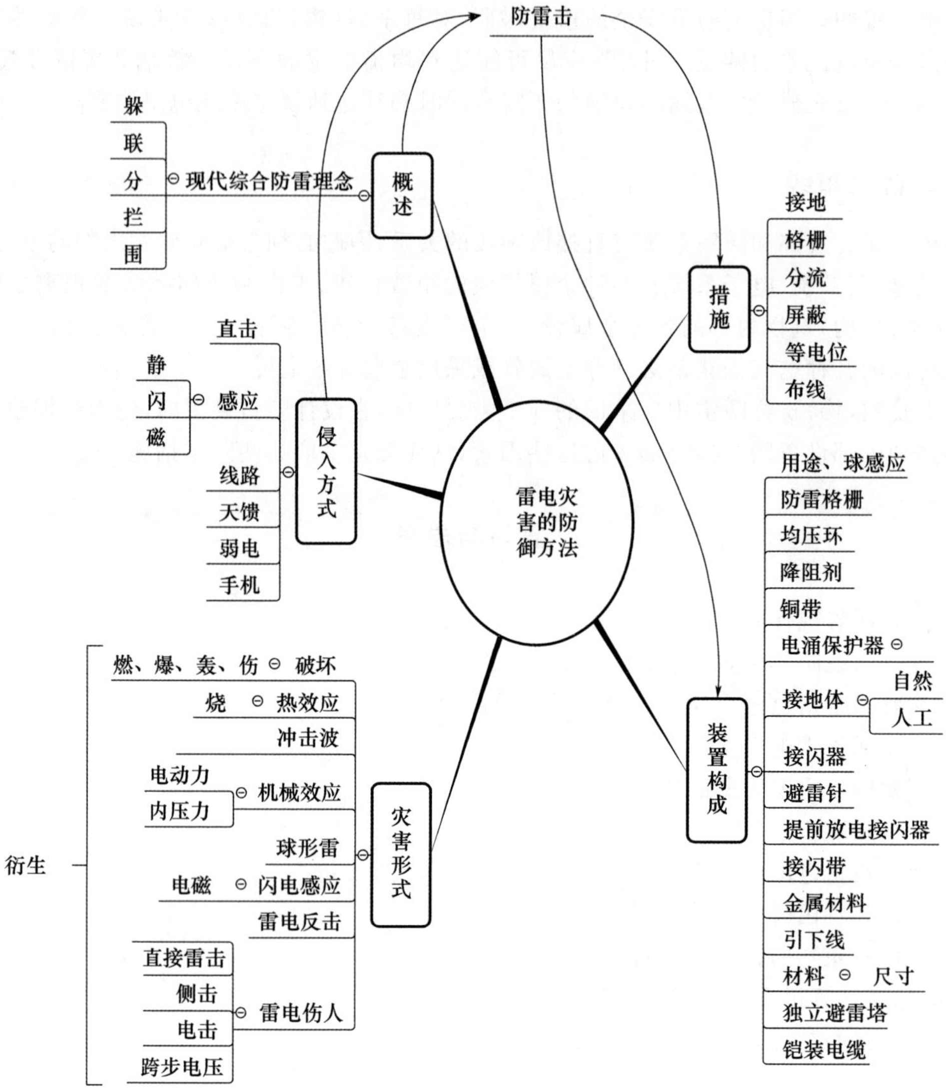

- 雷电灾害的防御方法
  - 概述
    - 现代综合防雷理念
      - 躲
      - 联
      - 分
      - 拦
      - 围
  - 侵入方式
    - 直击
    - 感应
      - 静
      - 闪
      - 磁
    - 线路
    - 天馈
    - 弱电
    - 手机
  - 灾害形式
    - 破坏：燃、爆、轰、伤
    - 热效应：烧
    - 冲击波
    - 机械效应
      - 电动力
      - 内压力
    - 球形雷
    - 闪电感应：电磁
    - 雷电反击
    - 雷电伤人
      - 直接雷击
      - 侧击
      - 电击
      - 跨步电压
    - 衍生
  - 措施
    - 接地
    - 格栅
    - 分流
    - 屏蔽
    - 等电位
    - 布线
  - 装置构成
    - 用途、球感应
    - 防雷格栅
    - 均压环
    - 降阻剂
    - 铜带
    - 电涌保护器
    - 接地体
      - 自然
      - 人工
    - 接闪器
    - 避雷针
    - 提前放电接闪器
    - 接闪带
    - 金属材料
    - 引下线
    - 材料
      - 尺寸
    - 独立避雷塔
    - 铠装电缆
  - 防雷击

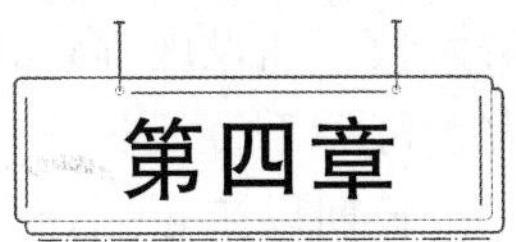

相关法律法规以及雷电与电磁兼容知识

通过本章的学习，使考生建立防雷能力的知识系统，全面了解防雷领域的覆盖面。由于内容繁杂，本章只给出相应概念，详细内容还要参照本书的其他章节进行学习。为方便考试学习，本章黑体字部分为大纲原文，其他为说明或解释。

相关法律规章和制度

通过本节的学习，考核考生了解、熟悉、掌握国家和地方有关防雷减灾管理的法律规章和制度的程度，提高考生对相关法律法规的知识水平和法律意识。

一、了解《中华人民共和国气象法》中关于雷电灾害防御的条款、意义

《中华人民共和国气象法》(以下简称《气象法》)是我国第一部规范涉及气象领域活动的法律，属于国家的一般法律之一，是气象活动的根本法。它高度概括了党和国家发展气象事业的一系列方针、政策和新中国成立以来，特别是我国气象事业在改革开放和气象现代化建设中取得的一系列成功经验，并使之规范化、法制化。因此，《气象法》的发布与实施对于依法发展气象事业、规范气象活动具有十分重要的意义。该法于1999年10月31日第九届全国人民代表大会常务委员会第十二次会议通过，现行版本2016年11月7日第十二届全国人民代表大会常务委员会第二十四次会议第三次修正。

《气象法》第五章“气象灾害防御”中单独列出一条来规定防雷减灾工作。即第三十一条第一款规定：“各级气象主管机构应当加强对雷电灾害防御工作的组织管理，并会同有关部门指导对可能遭受雷击的建筑物、构筑物和其他设施安装的雷电灾害防护装置的检测工作。”第二款规定：“安装的雷电灾害防护装置应当符合国务院气象主管机构规定的使用要求。”仔细阅读法律条文，实际规定了以下三方面的内容。

一是规定了各级气象主管机构应当加强对雷电灾害防御工作的组织管理。雷电灾害是“国际减灾十年”公布(“国际减灾二十年”又再次公布)的10种最严重的自然灾害之一。全球每年因雷击造成的人员伤亡、财产损失不计其数，导致火灾、爆炸、建筑物、各类讯号设施损坏等事故频繁发生，从卫星、通信、导航、计算机网络、化工设施、石油设施、原始森林到每个家庭的住宅甚至家用电器都会遭到雷电灾害的严重威胁。我国又是世界上雷电灾害危害最为严重的国家之一。尤其是随着我国社会经济、生态文明建设的发展，高层建筑、智能化住宅、通信网

络、计算机网络、森林生态、高速铁路、大型石油设施、高压输电线路、智能化道桥、大型矿体、野外作业等都面临雷电灾害的巨大压力。每年千万元损失的实例不胜枚举，雷电灾害在我国已成为破坏性日趋严重的气象灾害之一。长期以来，尽管雷电灾害防御得到了各级政府和有关部门的高度重视，雷电防御工作也取得了进展，但也反映了许多亟待解决的问题，如职责不清、多头管理、法律缺失等。为了明确职责、理顺关系、完善法治、强化依法管理，《气象法》规定了“各级气象主管机构应当加强对雷电灾害防御工作的组织管理”，这是国家法律赋予各级气象主管机构的权利、义务和使命担当，法律要求气象部门对全社会防雷减灾活动各个方面进行依法管理。

二是规定了各级气象主管机构会同有关部门指导对可能遭受雷击的建筑物、构筑物和其他设施安装的雷电灾害防护装置的检测工作。为了防御雷电灾害造成的损失，对可能遭受雷击的建筑物、构筑物和其他设施应按规定安装雷电防护装置。防护装置是否有效，并能否真正起到防雷避险的作用，需要定期对其进行功能性检测。为了保证雷电灾害防护装置检测的顺利进行，本条强调了“气象主管机构应当会同有关部门对可能遭受雷击的建筑物、构筑物和其他设施安装的雷电灾害防护装置的检测工作”。随着行政改革的进一步深入，更加体现了“会同”的意义，为做好防雷减灾的工作、放开市场、进一步引入社会力量共同参与公益事业、气象主管机构做好“放、管、服”提供了法律依据。

三是规定了安装的雷电灾害防护装置应当符合国务院气象主管机构规定的使用要求。雷电防护装置是指接闪器、引下线、接地装置、电涌保护器及其他连接导体等防雷产品和设施的总称。防雷装置“千人千面”，根据不同用途各不相同。法律明确规定了“国务院气象主管机构”的责任义务。组织雷电装置的标准编制、产品的选用，以及组织防雷装置的竣工验收。

《气象法》第七章“法律责任”第三十七条规定：“违反本法规定，安装不符合使用要求的雷电灾害防护装置的，由有关气象主管机构责令改正，给予警告。使用不符合使用要求的雷电灾害防护装置给他人造成损失的，依法承担赔偿责任。”

法律规定了安装不符合使用要求的雷电灾害防护装置所应承担的法律责任。设定了两种法律责任形式，即行政责任和民事责任。

一是行政责任。实施行政处罚的主体是有关气象主管机构（县以上各级气象主管机构）；对于“安装使用不符合国务院主管机构使用要求的雷电灾害防护装置”的行为，县以上气象主管机构行政处罚的种类只是警告，同时按照权限对违法行为提出责令改正的要求。如果执法主体超越了规定的行政处罚种类（警告）作出行政处罚决定（警告以上），行政管理相对人有权拒绝接受。行政处罚不是目的，目的是引导社会使用符合要求的防雷装置，真正起到防雷减灾的作用。

二是民事责任。使用不符合要求的防雷装置，给他人（包括公民、法人和其他组织）造成损失的，应当依照民事法律、法规的规定，承担民事责任。承担民事责任的方式是赔偿损失。这里涉及责任认定、损失评估等法律和技术问题，请参照《防雷减灾管理办法》执行。

《气象法》第八章“附则”第四十四条规定：“中华人民共和国缔结或者参加的有关气象活动的国际条约与本法有不同规定的，适用该国际条约的规定；但是中华人民共和国声明保留的条款除外。”这里体现了两个方面的含义。

一是我国尊重和履行国际条约的责任和义务，体现大国担当，按照我国法律的一般原则，承担国际条约义务应当优先我国国内法的义务。国际条约是指国家与国家或国际组织之间缔结的关于“确立、变更或者终止它们之间权利义务关系”的协议。一定程度上体现国家意

志，也是国家开展国际经济、科技、文化交流的需要。尤其是在国家进一步扩大改革开放的情况下，国际条约中有中国声音、中国方案更具重要性。其地位优于国内法，在诚信方面更有必要。目前，我国缔结的或者参加的与气象活动有关的国际条约主要有《联合国气候变化公约》(FCCC)、《保护臭氧层维也纳公约》、《生物多样性公约》(CBD)、《防治沙漠化国际公约》(INCD)。涉及防雷减灾的《国际电工组织》(IEC)、《联合国国际减灾 20 年行动指南》等。

二是按照我国社会经济发展不同阶段的现实情况，在条约中声明保留的条款除外，体现了发展平等与国家安全。法律规定了气象活动在国际交流中的红线。

二、熟悉《国务院对确需保留的行政审批项目设定行政许可的决定》（以下简称 412 号令）中的内容

依照《中华人民共和国行政许可法》和行政审批制度改革的有关规定，国务院对所属各部门的行政审批项目进行了全面清理。由法律、行政法规设定的行政许可项目，依法继续实施；对法律、行政法规以外的规范性文件设定，但确需保留且符合《中华人民共和国行政许可法》第十二条规定事项的行政审批项目，根据《中华人民共和国行政许可法》第十四条第二款的规定，决定予以保留并设定行政许可，共 500 项。其中第 377 项：防雷装置检测，防雷工程专业设计，施工单位资质认定；第 378 项：防雷装置设计审核和竣工验收，两项予以保留。但在 2016 年 6 月国务院发布《国务院关于优化建设工程防雷许可的决定》(国发〔2016〕39 号）整合了气象部门对新建雷电防护装置设计审核、竣工验收许可，取消了气象主管机构对雷电防护装置专业工程设计、施工单位资质许可。同时，要求相关部门按程序修改《气象灾害防御条例》，并对涉及防雷减灾的部门规章等进行清理修订。

2017 年 10 月 7 日，国务院发布《国务院关于修改部分行政法规的决定》687 号令，将《气象灾害防御条例》第二十三条修改为："各类建(构)筑物、场所和设施安装雷电防护装置应当符合国家有关防雷标准的规定。新建、改建、扩建建(构)筑物、场所和设施的雷电防护装置应当与主体工程同时设计、同时施工、同时投入使用。

新建、改建、扩建建设工程雷电防护装置的设计、施工，可以由取得相应建设、公路、水路、铁路、民航、水利、电力、核电、通信等专业工程设计、施工资质的单位承担。

油库、气库、弹药库、化学品仓库和烟花爆竹、石化等易燃易爆建设工程和场所，雷电易发区内的矿区、旅游景点或者投入使用的建(构)筑物、设施等需要单独安装雷电防护装置的场所，以及雷电风险高且没有防雷标准规范、需要进行特殊论证的大型项目，其雷电防护装置的设计审核和竣工验收由县级以上地方气象主管机构负责。未经设计审核或者设计审核不合格的，不得施工；未经竣工验收或者竣工验收不合格的，不得交付使用。

房屋建筑、市政基础设施、公路、水路、铁路、民航、水利、电力、核电、通信等建设工程的主管部门，负责相应领域内建设工程的防雷管理。"

取消了防雷工程设计、施工资质管理。保留了防雷检测资质管理，保留了防雷装置设计审核和竣工验收。转变工作方式，修改后的法规再次确认了县以上气象主管机构行政执法权力，建立了由气象主管机构牵头，建设、电力、应急、石化、通信等部门参与的防雷减灾联席会议制度。

三、掌握《黑龙江省实施〈中华人民共和国气象法〉办法》有关防雷减灾的地方法律规定

2003 年 6 月 20 日，黑龙江省第十届人民代表大会常务委员会第三次会议通过了《黑龙江

省实施〈中华人民共和国气象法〉办法》(以下简称《办法》)。为了从源头上抓好防雷电灾害的预防工作,《办法》在仅有的三十一条的情况下,有五条是规范防雷减灾工作的。

(一)《办法》第二十二条

"县级以上气象主管机构负责本行政区雷电灾害防御的组织管理工作,组织开展雷电灾害的科学技术研究、监测、预警、鉴定,会同有关部门指导防雷电装置的检测工作。

专业从事防雷电装置设计、安装、检测的人员应当具备国家规定的资格条件;专业从事防雷电装置设计、安装、检测的单位应当具备国家规定的资质等级。但按国家规定取得的建筑设计、建筑安装资质等级和资格条件的单位和人员除外。

使用强制检定工作的计量仪器和人员,应当按照国家和省的有关规定进行计量检定和持证上岗。"

《办法》第二十二条共三款,规定了五个方面的内容。

(1)规定了县级以上各级气象主管机构对雷电灾害防御工作的主体责任。根据《气象法》(上位法)的规定,"县级以上气象主管机构负责本行政区雷电灾害防御的组织管理工作",既是赋予各级气象主管机构的行政管理权力,也是各级气象主管机构应尽的职责,是对全省防雷减灾活动各个方面和环节的管理。主要包括组织制定防雷减灾方面的规范性办法、程序;编制全省防雷减灾规划、计划;组织建立全省雷电监测网;组织对雷电灾害的研究、监测、预警,灾情调查与鉴定;对防雷电装置的设计、施工、检测工作的监督及资质管理,从业人员的(资格)能力评估等。

(2)明确规定了气象主管机构对专业从事防雷电装置设计、安装、检测的人员,实行资格管理制度;对从事防雷电装置设计、安装、检测的单位实行资质等级制度。确保"专业的事情专业人员干",雷电灾害防御责任制制度。为了防御雷电灾害造成的损失,对建筑物、构筑物,易燃易爆场所、电力、石油化工、计算机信息系统、广播电视设施等安装的防雷电装置是否合格,是否真正起到防雷作用,需要定期对其进行"适用性"检测。为了充分调动社会各个方面的力量,对各个行业的一些大中型企事业单位,自愿要求组织力量对本单位的防雷装置进行自检的,气象主管机构应会同其有关部门,通过资质管理、资格认定等市场化管理方式,确定雷电检测第三方机构的参与条件,划分责任领域,进行雷电灾害防御的归口管理和责任制管理。并根据有关规定和技术标准的要求,组织指导该第三方检测机构开展防雷装置的周期检测工作。气象主管机构对其工作质量和工作行为进行评估和监督。

(3)明确了防雷工作的资格和资质实行国家规定的管理制度。"国家规定"是指中国气象局依据国务院的规定,制定的《防雷减灾管理办法》中规定的个人资格水平和单位资质等级。雷电灾害的防御,涉及社会、经济、文化、生态建设的各行各业,雷电防护的设计施工与检测要求,既有单独的标准规范,也有分别含在其他标准规范当中,涉及上百个规范标准之多。从事防雷减灾工作,应当熟练掌握所有涉及防雷电要求的标准和规范。其获得的资格和资质等级,在一定程度上体现了其承担防雷减灾的能力和水平。

(4)根据国务院有关部门的分工,工程设计资格分为电力、水利、通信、石油、化工、建筑、地震、测绘等 30 多个行业,获得这些行政主管部门颁发的"特种防雷专业资质",可以在资质等级范围内从事雷电装置的设计、安装、检测。责任划分是"谁主管颁发,谁负责"。各级气象主管机构负责会同有关部门监督检查。

(5)为保证防雷电装置检测的安全,规定了使用的仪器、仪表、设备属于国家强制检定

的，应当按照计量的要求，进行计量检定。防雷器材的计量检定人员，做到持证上岗。

（二）《办法》第二十三条

“国家防雷电设计规范中规定的需要强制安装防雷电装置的建（构）筑物或者场所，以及电力、通信、广播电视设施，应当安装防雷电装置。

安装防雷电装置必须符合国务院气象主管机构规定的使用要求。已安装防雷电装置的单位应当按照有关规定委托防雷电装置检测机构进行检测。

新建、改建和扩建工程中安装的防雷电装置，经检测合格后，方可投入使用。”

本条共三款，规定了以下六个方面的内容。

（1）规定了应当安装防雷电装置的范围。凡是在涉及防雷电标准规范中，是国家强制性标准的，都必须按要求安装防雷电装置。其他行业、地方、企业标准高于国家标准的，也应当按要求安装相应的防雷电装置。

（2）规定了安装的防雷电装置应当符合国务院气象主管机构的使用要求。这是因为防雷电工程涉及领域广泛，技术规范标准有上百个，同一个器件，在不同领域有不同使用目的，社会需求急剧增加，防雷装置（器件）生产厂家参差不齐，加之随着进一步的开放，国外产品大量进入，标准不一，质量不等，很难从单一器件判断防雷装置的适用性。因此，规定合成的防雷电装置应当符合国务院气象主管机构的使用要求。

（3）规定了已安装防雷电装置的单位应当按照规定委托防雷电装置检测机构进行检测。本款规定了三个层面的含义：一是安装防雷电装置的单位本着“安全第一”的原则，按照法律规定有义务维护其防雷电装置的可靠性，主动邀请第三方检测机构进行检测，不得拒检；二是被委托的第三方检测机构是技术委托关系，防雷装置管辖单位可以委托具备防雷电装置检测资质等级的任何机构，依照规范标准开展检测；三是按照中国气象局规定即《防雷减灾管理办法》以及黑龙江省气象主管机构发布文件公告，进行周期检测，确保每个雷雨季节防雷装置的有效使用，使防雷装置起到防雷避险的作用。

（4）规定了新建、改建和扩建工程中安装的防雷电装置，经检测合格后方可投入使用。防雷电装置是在被保护对象的空间结构、用途、地理、地质、所处环境等基础上，按照规范要求综合考虑而形成的防雷电装置的系统设计。新建工程应本着经济、高效、安全的原则，依照规范可利用建（构）筑物屋面、梁、柱、基础内钢筋构成防雷装置的一部分。用作防雷电装置的材料规格、空间分布、捆扎要求、构件间的电气要求等必须满足防雷电装置的要求才能起到作用。由于这部分工程随着土建的进度形成了“隐蔽工程”，无法重复检测，因此防雷装置检测必须在建（构）筑物施工过程中跟踪检测，同步施工，同步检测，确保工程竣工时防雷电装置（包括隐蔽和显性工程）也合格有效。

改、扩建工程在一定程度上使防雷环境发生了变化，改变了上述防雷击条件的“基础”，防雷工程必须进行新的设计与施工，并应当检测合格后投入使用。

（5）规定了防雷电装置是指接闪器、引下线、接地装置、电涌保护器及其他连接导体等防雷产品和设施的总称。防雷装置系统是由若干个防雷产品组成，不是一般产品的概念，是因为根据被保护对象的不同，防雷装置组成不同，技术指标不同，防御重点不同，不可能“用同一产品包打天下”。因此，对防雷电装置的检测是按照规范的要求，检查被保护对象是否符合防“直击雷、侧击雷、雷电波侵入、雷电感应、静电与电磁脉冲”的设计要求。检查各器件间的连接是否正确、选用防雷器件是否匹配。因此，防雷装置检测并不是对某一批量产品进行质量检验。

(6)规定了防雷电装置检测机构应当接受气象主管机构的管理和监督。其单位属性为社会独立法人，是按要求取得相应资质等级的第三方防雷减灾技术服务机构。

(三)《办法》第二十四条

“县级以上气象主管机构参加建设行政主管部门组织的本办法第二十三条规定的防雷电装置的图纸设计审查。”

本条规定了安装防雷电装置审批的范围、内容及图纸设计审查的办法。主要释义如下。

(1)图纸审查的范围和内容：防雷电装置的图纸设计审查是对防雷电工程设计、施工行使监督管理的环节和主要手段。审查的范围是新、改、扩建工程中安装的防雷电装置。审查的内容包括两类，一是行政审批性质的，二是属于技术审查性质的。

(2)跟踪检测程序：按照“三同时的要求”和相应规范要求进行。

(3)图纸审查的办法：县以上气象主管机构参加行政审批大厅，实行“一站式服务”。

(四)《办法》第二十八条

“违反本办法规定，未按规定安装、使用防雷电装置和产品或已安装防雷电装置未经检测或者检测不合格投入使用的，由当地县级以上气象主管机构责令限期改正，可以并处应当安装、检测防雷电装置所需费用的 1 倍至 2 倍的罚款；给他人造成人身伤害或财产损失的，依法承担赔偿责任。”

本条规定了防雷减灾工作行政执法主体、防雷领域违法的行为以及行为人应当承担的法律责任。主要释义如下。

(1)执法主体的行政权力和义务

① 防雷减灾工作的行政执法主体是县以上气象主管机构。《办法》赋予了县以上气象主管机构对需要强制安装防雷电装置的行为人行政执法权，要求县以上气象主管机构必须针对所指对象(强制安装的防雷电装置符合使用要求)。严格按照《办法》规定的“使用要求”查处违法行为。国务院气象主管机构对安装防雷电装置的使用要求是明确的(见《防雷减灾管理办法》)，不能改变和扩大执法内容。

② 严格执行《办法》规定的处罚标准。本办法规定两种行政处罚，一是责令限期改正，这和上位法《气象法》是一致的；二是罚款。在罚款的数额上规定了上下限和罚款数额的基数(可以并处应当安装、检测防雷电装置所需费用的 1 倍至 2 倍的罚款)，县级以上气象主管机构应当严格执行，防止出现任意裁量、显失公正的情况。

③ 处理好处罚和法治教育的关系。处罚不是目的，提升公民法治意识，促进防雷减灾工作的依法发展才是根本。各级气象主管机构要严格执行《中华人民共和国行政处罚法》的规定，模范遵守，合法适度，不断提升行政执法能力。

(2)规定了行为人三种违法行为

① 未按规定“安装、使用防雷电装置和产品”的违法行为。包括两方面的含义：一是应当安装防雷电装置的场所没有安装；二是安装的防雷电装置不符合使用要求的。两者都构成了违法行为。

② “已安装防雷电装置未经检测投入使用”的违法行为。包括已安装的防雷电装置“未检测”和“未按有关规定委托有资质的防雷电检测机构”进行检测的，都构成了违法行为。

③ “已安装防雷电装置经检测不合格投入使用”的违法行为。对已安装的防雷电装置虽经

检测，但经检测后确定防雷电装置不合格，在投入使用前又不加以改正的，也构成了违法行为。

(3)规定了行为人应当承担的法律责任

《办法》规定行为人构成违法要承担两种法律责任，即行政责任和民事责任。

① 行政责任：《办法》规定"未按规定安装，使用防雷电装置和产品或已安装防雷电装置未经检测或者检测不合格投入使用的，由当地县级以上气象主管机构责令限期改正，可以并处应当安装、检测防雷电装置所需费用的1倍至2倍的罚款"。县以上气象主管机构对行政相对人作出责令限期改正的同时可以按上下限及其数额并处以罚款(按当时防雷设施实际造价计算)。

② 民事责任：主要是赔偿责任。按照上位法(《气象法》)的规定"凡是未按规定安装、使用防雷电装置和产品或已安装防雷电装置未经检测或检测不合格投入使用的，给他人造成人身伤害或财产损失的"，应当承担民事赔偿责任。

赔偿责任也称损害赔偿责任，是承担民事法律责任的主要形式之一。《办法》规定，承担赔偿责任的条件：第一，使用"不符合使用要求或者检测不合格的防雷电装置和产品"；第二，"给他人造成人身伤害或者财产损失的"；第三，这两者(使用"不符合使用要求或者检测不合格的防雷电装置和产品"与给他人造成人身伤害或者财产损失)之间有着必然的因果关系，即"他人的伤害或者财产损失"，是由于使用了"不符合使用要求或者检测不合格的防雷电装置和产品"造成的。上述三个条件完全具备，才构成民事损害赔偿责任。三者缺一不可，缺失一个条件，都不应当承担赔偿责任。

(五)《办法》第二十九条

"违反本办法规定，有下列行为之一的，由县级以上气象主管机构或者法律、法规规定的其他有关部门责令改正，有违法所得的，没收违法所得，可以并处一万元以上三万元以下的罚款；情节严重的，吊销资质等级证书和从业人员的资格证书；给他人造成人身伤害或者财产损失的，依法承担赔偿责任。

(一)安装防雷电装置不合格导致雷击安全事故的；

(二)没有资质或者超越资质等级范围从事防雷电装置设计、安装、检测的；

(三)转让、伪造防雷电装置设计、安装、检测资质等级证书的；

(四)出具虚假防雷电装置检测报告的。"

本条是"关于从事防雷电装置设计、安装、检测的单位和个人"规定的权利和义务以及必须遵守的专业操守规则。通过罚则的形式，规定防雷减灾从业人员若违反法律法规的规定所应当承担的法律责任。主要释义如下。

(1)规定了行政主体有两个：一是"县以上气象主管机构"，二是"法律、法规规定的其他有关部门"，作为《办法》的实施主体，县以上气象主管机构是责无旁贷的执法主体；但是按照"全民参与防雷减灾"原则，其他法律、法规规定的其他有关部门也向本领域发放特殊防雷电资质，如建筑、通信、石化等，本着"谁主管、谁负责"的精神，这些部门在具有行政执法权力的情况下，也可以在本省行政区域内，按照本《办法》规定，对"上述四项违法"行为作出行政处罚。

(2)明确规定了行为人主体：从事防雷电装置设计、安装、检测的单位和个人。

(3)明确规定了四种违法行为：安装防雷电装置不合格导致雷击安全事故的；没有资质或者超越资质等级范围从事防雷电装置设计、安装、检测的；转让、伪造防雷电装置设计、安装、检测资质等级证书的；出具虚假防雷电装置检测报告的。

(4)明确规定了行为人违法所要承担的法律责任。其承担的行政责任有三种。一是责令限期改正。出现上述四项违法行为其中之一,由县以上气象主管机构责令行为人立即停止违法行为,责令限期改正。例如:立即撤换不合格防雷电装置;责令限期补办相关手续取得相应的资质证书;停止超越资质的违法行为;收回资质转让,消除影响;收回虚假报告、重新提供真实可靠的检测报告、采取措施消除影响等都是限期改正的行政处罚。二是"有违法所得的,没收违法所得,可以并处一万元以上三万元以下的罚款"。对责令限期整改不作为;继续加剧违法行为;给他人造成损失的;涂改伪造资质证书的;造成重大影响;情节严重的等情形。三是吊销资质等级证书和从业人员资格证书。这是最严厉的行政处罚,因为行为人确实已经到了不可能正常行使资质证书所授予的权利的情况下,气象主管机构在一定时期内取消行为人从事防雷减灾的权益,才作出这种行政处罚决定。

其民事赔偿责任有四种情况,分别如下。

一是由于"安装防雷电装置不合格导致雷击事故,给他人造成人身伤害或财产损失的"赔偿责任。依照《中华人民共和国民法》的规定,因安装防雷电装置不合格造成他人财产、人身损害的,其从事防雷电装置设计、安装、检测的单位和个人的行为构成了违法,又是这种违法行为给"他人财产、人身造成了损害",事故责任人应当按照规定承担赔偿责任。

二是由于没有资质或者超越资质等级范围从事防雷电装置设计、安装、检测的单位,其本身就具有违法性,其与委托单位签订的承揽合同应作为无效合同予以终止。因合同无效而终止后的损失赔偿,应当遵照《中华人民共和国合同法》和《中华人民共和国民法》规定,有过错的一方应当赔偿另一方的损失。

三是由于转让、伪造防雷电装置设计、安装、检测资质等级证书,给他人造成人身伤害或者财产损失的赔偿责任。

四是由于出具虚假防雷电装置检测报告,给他人造成人身伤害或者财产损失的赔偿责任。根据《中华人民共和国民法》和《中华人民共和国合同法》的规定,从事防雷电装置设计、安装、检测的单位,与委托方签订的承揽合同应按照约定,提供真实、可靠的检测报告。如果主观故意,向委托方出具虚假防雷电检测报告,并给他人造成人身伤害或者财产损失的,应当承担赔偿责任。

四、熟悉和掌握《防雷减灾管理办法》

《防雷减灾管理办法》是中国气象局部门规章,以部门首长令的形式公布执行。2005 年初次发布,2011 年修改后发布,2013 年再次修改发布。由于部门规章是针对出现的新情况、新问题有不断修改,在这里作为附件供学习参考,并随时注意修订动态。

附件:

中国气象局第 24 号令

现公布《中国气象局关于修改〈防雷减灾管理办法〉的决定》,自 2013 年 6 月 1 日起施行。

局长　郑国光

二〇一三年五月三十一日

中国气象局关于修改《防雷减灾管理办法》的决定

中国气象局决定对《防雷减灾管理办法》作如下修改：

一、将第十二条第三款修改为："防雷工程专业设计或者施工资质分为甲、乙、丙三级，由省、自治区、直辖市气象主管机构认定。"

二、将第二十条修改为："防雷装置检测机构的资质由省、自治区、直辖市气象主管机构负责认定。"

三、本决定自 2013 年 6 月 1 日起施行，《防雷减灾管理办法》根据本决定作相应的修订，重新公布。

防雷减灾管理办法

第一章　总　　则

第一条　为了加强雷电灾害防御工作，规范雷电灾害管理，提高雷电灾害防御能力和水平，保护国家利益和人民生命财产安全，维护公共安全，促进经济建设和社会发展，依据《中华人民共和国气象法》、《中华人民共和国行政许可法》和《气象灾害防御条例》等法律、法规的有关规定，制定本办法。（制定《防雷减灾管理办法》的法律依据及目的）

第二条　在中华人民共和国领域和中华人民共和国管辖的其他海域内从事雷电灾害防御活动的组织和个人，应当遵守本办法。（遵守《防雷减灾管理办法》的主体）

本办法所称雷电灾害防御（以下简称防雷减灾），是指防御和减轻雷电灾害的活动，包括雷电和雷电灾害的研究、监测、预警、风险评估、防护以及雷电灾害的调查、鉴定等。（防雷减灾的主要活动）

第三条　防雷减灾工作，实行安全第一、预防为主、防治结合的原则。（防雷减灾工作方针）

第四条　国务院气象主管机构负责组织管理和指导全国防雷减灾工作。

地方各级气象主管机构在上级气象主管机构和本级人民政府的领导下，负责组织管理本行政区域内的防雷减灾工作。

国务院其他有关部门和地方各级人民政府其他有关部门应当按照职责做好本部门和本单位的防雷减灾工作，并接受同级气象主管机构的监督管理。（防雷减灾工作的组织管理机构）

第五条　国家鼓励和支持防雷减灾的科学技术研究和开发，推广应用防雷科技研究成果，加强防雷标准化工作，提高防雷技术水平，开展防雷减灾科普宣传，增强全民防雷减灾意识。（防雷减灾鼓励项目与政策）

第六条　外国组织和个人在中华人民共和国领域和中华人民共和国管辖的其他海域从事防雷减灾活动，应当经国务院气象主管机构会同有关部门批准，并在当地省级气象主管机构备案，接受当地省级气象主管机构的监督管理。（涉外条款）

第二章　监测与预警

第七条　国务院气象主管机构应当组织有关部门按照合理布局、信息共享、有效利用的原则，规划全国雷电监测网，避免重复建设。（防雷减灾监测预警建设方针）

地方各级气象主管机构应当组织本行政区域内的雷电监测网建设，以防御雷电灾害。（地

方气象主管机构在防雷减灾监测预警的任务）

第八条 各级气象主管机构应当加强雷电灾害预警系统的建设工作，提高雷电灾害预警和防雷减灾服务能力。（雷电预警建设主体）

第九条 各级气象主管机构所属气象台站应当根据雷电灾害防御的需要，按照职责开展雷电监测，并及时向气象主管机构和有关灾害防御、救助部门提供雷电监测信息。

有条件的气象主管机构所属气象台站可以开展雷电预报，并及时向社会发布。（防雷减灾信息共享制度）

第十条 各级气象主管机构应当组织有关部门加强对雷电和雷电灾害的发生机理等基础理论和防御技术等应用理论的研究，并加强对防雷减灾技术和雷电监测、预警系统的研究和开发。（责任主体机构的科学研究义务）

第三章 防雷工程

第十一条 各类建(构)筑物、场所和设施安装的雷电防护装置(以下简称防雷装置)，应当符合国家有关防雷标准和国务院气象主管机构规定的使用要求，并由具有相应资质的单位承担设计、施工和检测。

本办法所称防雷装置，是指接闪器、引下线、接地装置、电涌保护器及其连接导体等构成的，用以防御雷电灾害的设施或者系统。（防雷工程设计施工实行资质管理）

第十二条 对从事防雷工程专业设计和施工的单位实行资质认定。

本办法所称防雷工程，是指通过勘察设计和安装防雷装置形成的雷电灾害防御工程实体。

防雷工程专业设计或者施工资质分为甲、乙、丙三级，由省、自治区、直辖市气象主管机构认定。（防雷工程设计、施工资质类别与管辖）

第十三条 防雷工程专业设计或者施工单位，应当按照有关规定取得相应的资质证书后，方可在其资质等级许可的范围内从事防雷工程专业设计或者施工。具体办法由国务院气象主管机构另行制定。（资质等级制度）

第十四条 防雷工程专业设计或者施工单位，应当按照相应的资质等级从事防雷工程专业设计或者施工。禁止无资质或者超出资质许可范围承担防雷工程专业设计或者施工。（资质使用范围）

第十五条 防雷装置的设计实行审核制度。

县级以上地方气象主管机构负责本行政区域内的防雷装置的设计审核。符合要求的，由负责审核的气象主管机构出具核准文件；不符合要求的，负责审核的气象主管机构提出整改要求，退回申请单位修改后重新申请设计审核。未经审核或者未取得核准文件的设计方案，不得交付施工。（防雷装置的设计审核制度）

第十六条 防雷工程的施工单位应当按照审核同意的设计方案进行施工，并接受当地气象主管机构监督管理。

在施工中变更和修改设计方案的，应当按照原申请程序重新申请审核。（防雷工程施工管理制度）

第十七条 防雷装置实行竣工验收制度。

县级以上地方气象主管机构负责本行政区域内的防雷装置的竣工验收。

负责验收的气象主管机构接到申请后，应当根据具有相应资质的防雷装置检测机构出具的检测报告进行核实。符合要求的，由气象主管机构出具验收文件。不符合要求的，负责验收的气象主管机构提出整改要求，申请单位整改后重新申请竣工验收。未取得验收合格文件的

防雷装置，不得投入使用。（防雷装置竣工验收制度）

第十八条 出具检测报告的防雷装置检测机构，应当对隐蔽工程进行逐项检测，并对检测结果负责。检测报告作为竣工验收的技术依据。（防雷工程中隐蔽工程的要求）

第四章 防雷检测

第十九条 投入使用后的防雷装置实行定期检测制度。防雷装置应当每年检测一次，对爆炸和火灾危险环境场所的防雷装置应当每半年检测一次。（周期检测制度）

第二十条 防雷装置检测机构的资质由省、自治区、直辖市气象主管机构负责认定。（防雷装置检测机构资质分级管理制度）

第二十一条 防雷装置检测机构对防雷装置检测后，应当出具检测报告。不合格的，提出整改意见。被检测单位拒不整改或者整改不合格的，防雷装置检测机构应当报告当地气象主管机构，由当地气象主管机构依法作出处理。（法律责任）

防雷装置检测机构应当执行国家有关标准和规范，出具的防雷装置检测报告必须真实可靠。（对检测机构的职业要求）

第二十二条 防雷装置所有人或受托人应当指定专人负责，做好防雷装置的日常维护工作。发现防雷装置存在隐患时，应当及时采取措施进行处理。（防雷装置的日常维护责任）

第二十三条 已安装防雷装置的单位或者个人应当主动委托有相应资质的防雷装置检测机构进行定期检测，并接受当地气象主管机构和当地人民政府安全生产管理部门的管理和监督检查。（对防雷装置所有权单位报检要求）

第五章 雷电灾害调查、鉴定

第二十四条 各级气象主管机构负责组织雷电灾害调查、鉴定工作。（雷电灾害调查、鉴定制度）

其他有关部门和单位应当配合当地气象主管机构做好雷电灾害调查、鉴定工作。

第二十五条 遭受雷电灾害的组织和个人，应当及时向当地气象主管机构报告，并协助当地气象主管机构对雷电灾害进行调查与鉴定。（受害单位和个人协助调查义务）

第二十六条 地方各级气象主管机构应当及时向当地人民政府和上级气象主管机构上报本行政区域内的重大雷电灾情和年度雷电灾害情况。（灾害上报制度）

第二十七条 大型建设工程、重点工程、爆炸和火灾危险环境、人员密集场所等项目应当进行雷电灾害风险评估，以确保公共安全。（风险评估制度）

各级地方气象主管机构按照有关规定组织进行本行政区域内的雷电灾害风险评估工作。

第六章 防雷产品

第二十八条 防雷产品应当符合国务院气象主管机构规定的使用要求。（产品要求）

第二十九条 防雷产品应当由国务院气象主管机构授权的检测机构测试，测试合格并符合相关要求后方可投入使用。（产品测试要求）

申请国务院气象主管机构授权的防雷产品检测机构，应当按照国家有关规定通过计量认证、获得资格认可。

第三十条 防雷产品的使用，应当到省、自治区、直辖市气象主管机构备案，并接受省、自治区、直辖市气象主管机构的监督检查。（产品备案制度）

第七章 罚 则

第三十一条 申请单位隐瞒有关情况、提供虚假材料申请资质认定、设计审核或者竣工验

收的，有关气象主管机构不予受理或者不予行政许可，并给予警告。申请单位在一年内不得再次申请资质认定。（违法行为之一）

第三十二条 被许可单位以欺骗、贿赂等不正当手段取得资质、通过设计审核或者竣工验收的，有关气象主管机构按照权限给予警告，可以处 1 万元以上 3 万元以下罚款；已取得资质、通过设计审核或者竣工验收的，撤销其许可证书；被许可单位三年内不得再次申请资质认定；构成犯罪的，依法追究刑事责任。（行为人违法行为之二及其承担法律责任）

第三十三条 违反本办法规定，有下列行为之一的，由县级以上气象主管机构按照权限责令改正，给予警告，可以处 5 万元以上 10 万元以下罚款；给他人造成损失的，依法承担赔偿责任；构成犯罪的，依法追究刑事责任：

（一）涂改、伪造、倒卖、出租、出借、挂靠资质证书、资格证书或者许可文件的；

（二）向负责监督检查的机构隐瞒有关情况、提供虚假材料或者拒绝提供反映其活动情况的真实材料的。（处罚条款）

第三十四条 违反本办法规定，有下列行为之一的，由县级以上气象主管机构按照权限责令改正，给予警告，可以处 5 万元以上 10 万元以下罚款；给他人造成损失的，依法承担赔偿责任：

（一）不具备防雷装置检测、防雷工程专业设计或者施工资质，擅自从事相关活动的；

（二）超出防雷装置检测、防雷工程专业设计或者施工资质等级从事相关活动的；

（三）防雷装置设计未经当地气象主管机构审核或者审核未通过，擅自施工的；

（四）防雷装置未经当地气象主管机构验收或者未取得验收文件，擅自投入使用的。（处罚条款）

第三十五条 违反本办法规定，有下列行为之一的，由县级以上气象主管机构按照权限责令改正，给予警告，可以处 1 万元以上 3 万元以下罚款；给他人造成损失的，依法承担赔偿责任；构成犯罪的，依法追究刑事责任：

（一）应当安装防雷装置而拒不安装的；

（二）使用不符合使用要求的防雷装置或者产品的；

（三）已有防雷装置，拒绝进行检测或者经检测不合格又拒不整改的；

（四）对重大雷电灾害事故隐瞒不报的。（处罚条款）

第三十六条 违反本办法规定，导致雷击造成火灾、爆炸、人员伤亡以及国家财产重大损失的，由主管部门给予直接责任人行政处分；构成犯罪的，依法追究刑事责任。（行为人违法承担的行政和刑事责任）

第三十七条 防雷工作人员由于玩忽职守，导致重大雷电灾害事故的，由所在单位依法给予行政处分；致使国家利益和人民生命财产遭到重大损失，构成犯罪的，依法追究刑事责任。（从事防雷减灾人员违法承担的行政和刑事责任）

第八章 附 则

第三十八条 从事防雷专业技术的人员应当取得资格证书。

省级气象学会负责本行政区域内防雷专业技术人员的资格认定工作。防雷专业技术人员应当通过省级气象学会组织的考试，并取得相应的资格证书。

省级气象主管机构应当对本级气象学会开展防雷专业技术人员的资格认定工作进行监督管理。（个人资格制度及其取得方式）

第三十九条 本办法自 2011 年 9 月 1 日起施行。2005 年 2 月 1 日中国气象局公布的《防雷减灾管理办法》同时废止。（规章生效开始日期）

五、熟悉和掌握《气象灾害防御条例》有关防雷减灾的条款

《气象灾害防御条例》是国务院法规。出台的背景是：我国自然灾害多发、频发，是世界上受自然灾害影响最为严重的国家之一，几乎每年都发生多次重特大自然灾害，诸如新疆等地寒潮冰雪、西南旱灾、玉树地震、南方暴雨洪涝和泥石流等重特大自然灾害，严重危害了人民群众生命财产安全和生产生活秩序。据民政部统计，近 20 年来，我国因遭受各类自然灾害每年平均死亡约 4300 人，倒塌民房约 300 万间。特别是 2008 年汶川特大地震，死亡和失踪人数达 8.8 万余人。党中央、国务院历来高度重视自然灾害救助工作，中央每年安排自然灾害救助资金，专门用于受灾群众紧急转移安置、因灾倒塌民房恢复重建、冬春救助以及临时生活救助，平均每年救助 6000 万到 8000 万人次。在自然灾害救助工作实践中，也遇到一些亟待解决的问题，主要是：灾害救助准备措施不足，应急响应机制不完善，灾后救助制度缺乏，救助款物监管不严等。这就需要通过制定自然灾害救助方面的法规，规范自然灾害救助工作，保障受灾人员的基本生活。国务院制定《气象灾害防御条例》，非常及时，也非常必要。

《气象灾害防御条例》于 2010 年 1 月 27 日国务院令第 570 号发布，自 2010 年 4 月 1 日起施行。

为了进一步深化政府行政职能改革，国务院对部分不适应新形势、新要求的法规进行了修改。2017 年 10 月 23 日，国务院总理李克强签署国务院令，公布《国务院关于修改部分行政法规的决定》，通过修改了《气象灾害防御条例》的条款。删去第二十四条第一款中的“专门”和“设计、施工”。删去第二款中的“依法取得建设工程设计、施工资质的单位，可以在核准的资质范围内从事建设工程雷电防护装置的设计、施工。”删去第四十三条第三项中的“设计、施工”。删去第四十五条第一项中的“设计、施工”。增加一项，作为第三项：“（三）违反本条例第二十三条第三款的规定，雷电防护装置未经设计审核或者设计审核不合格施工的，未经竣工验收或者竣工验收不合格交付使用的。”

此次修改保留了防雷装置竣工验收审批和防雷检测机构资质管理内容，体现了简政放权、减少审批环节的思想，更体现了党中央、国务院对防灾减灾高度负责与执政为民的情怀。现将修改后《气象灾害防御条例》的有关防雷减灾的规定内容介绍如下。

（一）《气象灾害防御条例》第二十三条

各类建（构）筑物、场所和设施安装雷电防护装置应当符合国家有关防雷标准的规定。新建、改建、扩建建（构）筑物、场所和设施的雷电防护装置应当与主体工程同时设计、同时施工、同时投入使用。

新建、改建、扩建建设工程雷电防护装置的设计、施工，可以由取得相应建设、公路、水路、铁路、民航、水利、电力、核电、通信等专业工程设计、施工资质的单位承担。

油库、气库、弹药库、化学品仓库和烟花爆竹、石化等易燃易爆建设工程和场所，雷电易发区内的矿区、旅游景点或者投入使用的建（构）筑物、设施等需要单独安装雷电防护装置的场所，以及雷电风险高且没有防雷标准规范、需要进行特殊论证的大型项目，其雷电防护装置的设计审核和竣工验收由县级以上地方气象主管机构负责。未经设计审核或者设计审核不合格的，不得施工；未经竣工验收或者竣工验收不合格的，不得交付使用。

房屋建筑、市政基础设施、公路、水路、铁路、民航、水利、电力、核电、通信等建设工程的主管部门，负责相应领域内建设工程的防雷管理。

主要含义有如下几个方面。

一是重申了各类建(构)筑物、场所和设施安装雷电防护装置应当符合国家有关防雷标准的规定。国家强制安装防雷电装置的场所应当安装防雷电装置,安装的防雷电装置必须符合国务院气象主管机构的使用要求。

二是规定了需要安装防雷电装置的设施,和主体建筑物建设要遵循“三同时”的原则,即新建、改建、扩建建(构)筑物、场所和设施的雷电防护装置应当与主体工程同时设计、同时施工、同时投入使用。避免重复建设,多头管理。强调协调并进,多快好省。

三是规定了“谁主管、谁负责”分工原则,避免重复设置审批环节,进一步放开防雷电设计、施工资质管理的权限。即“新建、改建、扩建建设工程雷电防护装置的设计、施工,可以由取得相应建设、公路、水路、铁路、民航、水利、电力、核电、通信等专业工程设计、施工资质的单位承担。”取得行政执法权限的上述部门,可以依照本条例开展执法检查,规范防雷电设计、施工的行为主体(即取得防雷电装置设计施工资质的单位)。

四是规定了气象主管机构防雷电装置设计审核和竣工验收的范围和权限。即“油库、气库、弹药库、化学品仓库和烟花爆竹、石化等易燃易爆建设工程和场所,雷电易发区内的矿区、旅游景点或者投入使用的建(构)筑物、设施等需要单独安装雷电防护装置的场所,以及雷电风险高且没有防雷标准规范、需要进行特殊论证的大型项目,其雷电防护装置的设计审核和竣工验收由县级以上地方气象主管机构负责。”防雷电设施属于公共安全范畴,涉及广大人民群众的生命和财产安全,必须经过审核和竣工验收,合格后才能使用,才能起到防雷电避险的作用。这也是各级气象主管机构责无旁贷的义务和责任。

五是规定了“未经设计审核或者设计审核不合格的,不得施工;未经竣工验收或者竣工验收不合格的,不得交付使用。”如果违反规定,未经审核或审核不合格就施工的,或者未经验收以及验收不合格就投入使用的,都构成了违法行为,行为人应当承担相应的法律后果。

六是规定了房屋建筑、市政基础设施、公路、水路、铁路、民航、水利、电力、核电、通信等建设工程的主管部门,负责相应领域内建设工程的防雷管理。进一步体现了公共安全全民参与、各部门联席协作,动员社会各界力量开展防雷减灾工作的宗旨。

(二)《气象灾害防御条例》第二十四条

从事雷电防护装置检测的单位应当具备下列条件,取得国务院气象主管机构或者省、自治区、直辖市气象主管机构颁发的资质证:

(一)有法人资格;

(二)有固定的办公场所和必要的设备、设施;

(三)有相应的专业技术人员;

(四)有完备的技术和质量管理制度;

(五)国务院气象主管机构规定的其他条件。

从事电力、通信雷电防护装置检测的单位的资质证由国务院气象主管机构和国务院电力或者国务院通信主管部门共同颁发。

本条规定了防雷电装置检测机构实行资质等级证书制度,包括获得资质证书的条件和程序,主要含义如下。

一是规定了从事防雷电装置检测的行为主体实施资质管理。原则上讲资质管理是对符合资质条件的任何组织都可以申请资质。法规体现了检测机构的第三方地位,要求防雷电装置

检测机构必须本着“公平、公正、公开、科学”原则开展检测，提供真实有效的检测报告。

二是规定了防雷电装置检测资质的认定与发放机关。规定了国务院气象主管机构或者省、自治区、直辖市气象主管机构开展防雷电装置检测机构资质的认定和颁发；同时本着“谁主管、谁负责”、开放市场、共同监管的原则，法规允许从事电力、通信雷电防护装置检测的单位的资质证书由国务院气象主管机构和国务院电力或者国务院通信主管部门共同颁发。气象主管机构单独颁发的资质证书以及和电力与通信部门共同颁发的资质证书具有同等效力。在共同颁发资质证书的法律行为中，法规只规定了国务院电力和国务院通信部门和国务院气象主管机构共同颁发。即国务院气象主管机构单独颁发、国务院气象主管机构与国务院电力部门共同颁发、国务院气象主管机构与国务院通信主管部门共同颁发的三种形式是合法的。除此之外，其他部门颁发的应视为无效。

三是规定了五条申请防雷电装置检测资质证书的条件。(一)(二)(四)条比较具体。(三)(五)条参照中国气象局颁布的第31号令(部门规章)《雷电防护装置检测资质管理办法》的要求执行。

(三)《气象灾害防御条例》第四十三条

违反本条例规定，地方各级人民政府、各级气象主管机构和其他有关部门及其工作人员，有下列行为之一的，由其上级机关或者监察机关责令改正；情节严重的，对直接负责的主管人员和其他直接责任人员依法给予处分；构成犯罪的，依法追究刑事责任：

(一)……

(二)……

(三)向不符合条件的单位颁发雷电防护装置检测资质证的；

(四)……

本条规定了违规发放防雷电装置证书的法律后果与承担的法律责任。行为主体是：地方各级人民政府、各级气象主管机构和其他有关部门及其工作人员(即气象、电力、通信的主管机构中，有权力认定防雷电装置检测资质的单位和个人)，向不符合条件的资质申请单位颁发雷电防护装置检测资质证书的行为，构成了违法。承担行政责任，构成犯罪的承担刑事责任。执法执纪的主体是各自的上级机关和监察机关。

(四)《气象灾害防御条例》第四十五条

违反本条例规定，有下列行为之一的，由县级以上气象主管机构或者其他有关部门按照权限责令停止违法行为，处5万元以上10万元以下的罚款；有违法所得的，没收违法所得；给他人造成损失的，依法承担赔偿责任：

(一)无资质或者超越资质许可范围从事雷电防护装置检测的；

(二)在雷电防护装置设计、施工、检测中弄虚作假的。

(三)违反本条例第二十三条第三款的规定，雷电防护装置未经设计审核或者设计审核不合格施工的，未经竣工验收或者竣工验收不合格交付使用的。

该条规定了从事防雷减灾中的违法行为，以及承担的行政和民事责任。主要有以下四个方面的含义。

一是规定了行政执法的主体，即县以上气象主管机构和其他涉及防雷减灾的管理部门。作为国务院法规，各级气象主管机构是依法管理防雷减灾工作的主体，防雷执法是气象行政执法的重要内容，是执政为民的重要载体，责无旁贷。涉及防雷减灾的其他部门分工协作，做好“放、管、服”，分头把好关，“谁主管、谁负责”，共同推进防雷减灾工作。有责任，也有抓手，法规同样也赋予了这些部门相应的行政执法权。

二是法规设定了行政处罚的种类，限定了行政执法的自由裁量。本条例规定了三种形式的行政处罚。①责令停止违法行为。对发现“无资质或超越资质进行防雷电装置检测的；对在雷电防护装置设计、施工、检测中弄虚作假的；对雷电防护装置未经设计审核或者设计审核不合格施工的，未经竣工验收或者竣工验收不合格交付使用的”三种违法行为，县以上气象主管机构首先要责令其停止违法行为，即违法终止，不能让违法行为继续进行。②对违法行为人处以 5 万元以上 10 万元以下的罚款。要求各级气象主管机构在相应的法院和财政部门(或相关银行)建立“行政执法罚没款账号专户”，对违法行为人课以罚款处罚。罚款裁量区间为 5 万～10 万元(人民币)。低于或超出自由裁量，处罚相对人有权拒绝处罚。③对有违法所得的，没收违法所得。违法所得要严格甄别，做到“以事实为依据，以法律为准绳”，恰当运用。

三是规定了违法行为人的民事责任。因行为人违法，“给他人造成损失的，依法承担赔偿责任”。损失的计算应当按照《中华人民共和国民法典》执行，必要时可以申请第三方进行损失评估。

四是规定了三种违法行为。①无资质或者超越资质许可范围从事雷电防护装置检测的；包括“无防雷电装置检测资质”和“超越防雷电装置检测资质范围”两类。防雷电装置是公共安全设施，技术含量较高，从事防雷安全的从业人员和机构必须取得资质证书。“专业的事情专业人员干”，无证经营属于“无证驾驶”，所“设计、安装、检测的防雷设施”不但起不到防御作用，有可能引发或诱发雷电灾害的发生与加重，对公众构成非常严重的危害，从对人民高度负责的角度出发，必须严格管理。②规定了行为人“在雷电防护装置设计、施工、检测中弄虚作假的”违法行为。强调了行为人在主观上故意，在防雷电装置设计、施工、检测中弄虚作假。注意区分科学技术的局限性与主观故意的区别。防雷减灾毕竟是新兴的、综合性、交叉性的科学技术的综合运用，而且人们对雷电发生发展规律的认识有局限性，技术上存在缺陷在所难免。各级气象主管机构在执法实践中要认真区分“主观故意”和“技术缺陷”。③规定了“违反本条例第二十三条第三款的规定，雷电防护装置未经设计审核或者设计审核不合格施工的，未经竣工验收或者竣工验收不合格交付使用的。”强调了本条例第二十三条第三款的规定，就是国家强制安装防雷装置的场所，必须进行设计审核和竣工验收。包括强制场所“不安装、不审核、不竣工验收或审核不合格与竣工验收不合格投入使用的”，行为人都构成了违法行为，都要受到法律的追究，并承担相应的法律责任。

六、熟悉和了解《雷电防护装置检测资质管理办法》中的相关条款

《雷电防护装置检测资质管理办法》是中国气象局部门规章，以部门首长令的形式公布执行。由中国气象局于 2016 年 4 月 7 日发布，自 2016 年 10 月 1 日起施行。根据 2020 年 11 月 29 日《中国气象局关于修改〈雷电防护装置检测资质管理办法〉的决定》修订。部门规章是我们国家法治体系建设中的“轻骑兵”，以立法周期短，针对出现的新情况、新问题出台较快而广为采用。国务院各个职能部门都有大量规章出台。有的在运行一段时间内上升为法律法规，有的不适合发展的需要而被废止。因其效力比较低，又不断修改，在这里作为附件供学习参考，不做进一步解释。为了便于学习，在附件中括号内的提示是《防雷个人能力考试复习大纲》的要求。在实际防雷减灾工作中注意规章的条款修改与适用范围。

附件：

雷电防护装置检测资质管理办法

（2016年4月7日中国气象局令第31号公布，自2016年10月1日起施行。根据2020年11月29日《中国气象局关于修改〈雷电防护装置检测资质管理办法〉的决定》修订。）

第一章　总　　则

第一条　为了加强雷电防护装置检测资质管理，规范雷电防护装置检测行为，保护人民生命财产和公共安全，依据《中华人民共和国气象法》《气象灾害防御条例》等法律法规，制定本办法。（立法的目的意义）

第二条　申请雷电防护装置检测资质，实施对雷电防护装置检测资质的监督管理，适用本办法。（规章适用的范围）

本办法所称雷电防护装置检测是指对接闪器、引下线、接地装置、电涌保护器及其连接导体等构成的，用以防御雷电灾害的设施或者系统进行检测的活动。

第三条　国务院气象主管机构负责全国雷电防护装置检测资质的监督管理工作。（资质管理主体）

省、自治区、直辖市气象主管机构负责本行政区域内雷电防护装置检测资质的管理和认定工作。（各地防雷电装置检测资质管理权限）

第四条　雷电防护装置检测资质等级分为甲、乙两级。（实行资质等级制度及其检测范围）

甲级资质单位可以从事《建筑物防雷设计规范》规定的第一类、第二类、第三类建(构)筑物的雷电防护装置的检测。

乙级资质单位可以从事《建筑物防雷设计规范》规定的第三类建(构)筑物的雷电防护装置的检测。

第五条　《雷电防护装置检测资质证》分正本和副本，由国务院气象主管机构统一印制。资质证有效期为五年。（资质日常管理和有效期设定）

第六条　雷电防护装置检测资质的认定应当遵循公开、公平、公正和便民、高效、信赖保护的原则。（资质认定原则）

第二章　资质申请条件

第七条　申请雷电防护装置检测资质的单位应当具备以下基本条件：

（一）独立法人资格；

（二）具有满足雷电防护装置检测业务需要的经营场所；

（三）从事雷电防护装置检测工作的人员应当具备雷电防护装置检测能力；在具备雷电防护装置检测能力的人员中，应当有一定数量的与防雷、建筑、电子、电气、气象、通信、电力、计算机相关专业的高、中级专业技术人员，并在其从业单位参加社会保险；

（四）具有雷电防护装置检测质量管理体系，并有健全的技术、档案和安全管理制度；

（五）具有与所申请资质等级相适应的技术能力和良好信誉；

（六）用于雷电防护装置检测的专用仪器设备应当经法定计量检定机构检定或者校准，并在有效期内。（资质申请条件）

第八条　申请甲级资质的单位除了符合本办法第七条的基本条件外，还应当同时符合以下条件：

（一）具备雷电防护装置检测能力的人员，其中具有高级技术职称的不少于二名，具有中级技术职称的不少于六名；技术负责人应当具有高级技术职称，从事雷电防护装置检测工作四年以上，并具备甲级资质等级要求的雷电防护装置检测专业知识和能力；

（二）近三年内开展的雷电防护装置检测项目不少于二百个，且未因检测质量问题引发事故；雷电防护装置检测项目通过省、自治区、直辖市气象主管机构组织的质量考核合格率达百分之九十以上；

（三）具有满足相应技术标准的专业设备（附表1）；

（四）取得乙级资质三年以上。（申请甲级资质条件）

第九条 申请乙级资质的单位除了符合本办法第七条的基本条件外，还应当同时符合以下条件：

（一）具备雷电防护装置检测能力的人员，其中具有高级技术职称的不少于一名，具有中级技术职称的不少于三名；技术负责人应当具有高级技术职称，从事雷电防护装置设计、施工、检测等工作两年以上，并具备乙级资质等级要求的雷电防护装置检测专业知识和能力；

（二）具有满足相应技术标准的专业设备（附表1）。（申请乙级资质条件）

第三章 资质申请与受理

第十条 申请雷电防护装置检测资质的单位，应当向法人登记所在地的省、自治区、直辖市气象主管机构提出申请。（资质申请与受理单位）

第十一条 满足本办法第七条和第九条相应条件的，可以申请雷电防护装置检测的乙级资质。申请单位应当提交以下材料：

（一）《雷电防护装置检测资质申请表》（附表2）；

（二）《专业技术人员简表》（附表3），具备雷电防护装置检测能力的专业技术人员技术职称证书、身份证明、劳动合同；

（三）雷电防护装置检测质量管理手册；

（四）经营场所产权证明或者租赁合同；

（五）仪器、设备及相关设施清单，以及检定或者校准证书；

（六）安全生产管理制度。（乙级资质申请条件和程序）

第十二条 符合本办法第七条和第八条相应条件的，可以申请雷电防护装置检测的甲级资质。申请单位除了提交本办法第十一条所规定的材料外，还应当提交以下材料：

（一）《近三年已完成雷电防护装置检测项目表》（附表4）；

（二）近三年二十个以上雷电防护装置检测项目的相关资料。（申请甲级资质的条件和程序）

第十三条 省、自治区、直辖市气象主管机构应当在收到全部申请材料之日起五个工作日内，作出受理或者不予受理的书面决定。（受理答复与凭证）

申请材料齐全且符合法定形式的，应当受理，并出具加盖本行政机关专用印章和注明日期的书面凭证。对不予受理的，应当书面说明理由。

申请材料不齐全或者不符合法定形式的，气象主管机构应当当场或者在收到申请材料之日起五个工作日内一次告知申请单位需要补正的全部内容，逾期不告知的，自收到申请材料之日起即视为受理。

第四章 资质审查与评审

第十四条 省、自治区、直辖市气象主管机构受理后，可以根据工作需要指派两名以上工

作人员到申请单位进行现场核查。（资质申请受理后现场审查）

第十五条　省、自治区、直辖市气象主管机构受理后，应当委托雷电防护装置检测资质评审委员会评审，并对评审结果进行审查。评审委员会评审时应当以记名投票方式进行表决，并提出评审意见。

省、自治区、直辖市气象主管机构应当建立雷电防护装置检测资质评审专家库，报国务院气象主管机构备案。

雷电防护装置检测资质评审委员会的委员应当从雷电防护装置检测资质评审专家库中随机抽取确定，并报国务院气象主管机构备案。（认定方式设定）

第十六条　省、自治区、直辖市气象主管机构应当自受理行政许可申请之日起二十个工作日内作出认定，专家评审所需时间不计入许可审查时限，但应当在作出受理决定时书面告知申请单位。

通过认定的，认定机构颁发《雷电防护装置检测资质证》，并在作出认定后三十个工作日内报国务院气象主管机构备案。

未通过认定的，认定机构在十个工作日内书面告知申请单位，并说明理由。（资质申请时间与答复要求）

第五章　监督管理

第十七条　雷电防护装置检测单位及其人员从事雷电防护装置检测活动，应当遵守国家有关技术规范和标准。（取得防雷电装置资质检测机构法律法规要求）

第十八条　雷电防护装置检测单位应当遵循客观、公平、公正、诚信原则，确保其出具的雷电防护装置检测数据、结果的真实、客观、准确，并对雷电防护装置检测数据、结果负责。（取得防雷电装置资质检测机构职业操守要求）

第十九条　雷电防护装置检测单位不得与其检测项目的设计、施工、监理单位以及所使用的防雷产品生产、销售单位有隶属关系或者其他利害关系。（防雷装置检测机构第三方要求）

第二十条　雷电防护装置检测资质管理实行年度报告制度。

雷电防护装置检测单位应当从取得资质证后次年起，在每年的第二季度向资质认定机构报送年度报告。年度报告应当包括持续符合资质认定条件和要求、执行技术标准和规范情况、分支机构设立和经营情况、检测项目表以及统计数据等内容。

资质认定机构对年度报告内容进行抽查，将抽查结果纳入信用管理，同时记入信用档案并公示。（各级气象主管机构资质日常管理方式）

第二十一条　取得雷电防护装置检测资质的单位，应当在资质证有效期满三个月前，向原认定机构提出延续申请。原认定机构根据年度报告、信用档案及资质申请条件，在有效期满前作出准予延续、降低等级或者注销的决定。逾期未提出延续申请的，资质证到期自动失效。（资质延续降低、注销设定）

第二十二条　取得雷电防护装置检测资质的单位在资质证有效期内名称、地址、法定代表人等发生变更的，应当在法人登记机关变更登记后三十个工作日内，向原资质认定机构申请办理资质证变更手续。

雷电防护装置检测资质的单位发生合并、分立以及注册地跨省、自治区、直辖市变更的，应当按照下列规定及时向所在地的省、自治区、直辖市气象主管机构申请核定资质。

（一）取得雷电防护装置检测资质的单位合并的，合并后存续或者新设立的单位可以承继合并前各方中较高等级的资质，但应当符合相应的资质条件；

(二)取得雷电防护装置检测资质的单位分立的,分立后资质等级根据实际达到的资质条件重新核定;

(三)取得雷电防护装置检测资质的单位跨省、自治区、直辖市变更注册地的,由新注册所在地的省、自治区、直辖市气象主管机构核定资质。(资质变更、合并、分立设定)

第二十三条 雷电防护装置检测单位设立分支机构或者跨省、自治区、直辖市从事雷电防护装置检测活动的,应当及时向开展活动所在地的省、自治区、直辖市气象主管机构报告,并报送检测项目清单,接受监管。

第二十四条 取得雷电防护装置检测资质的单位,应当按照资质等级承担相应的雷电防护装置检测工作。禁止无资质证或者超出资质等级承接雷电防护装置检测,禁止转包或者违法分包。(资质等级承揽业务范围设定)

从事雷电防护装置检测活动的专业技术人员,不得同时在两个以上雷电防护装置检测资质单位兼职从业。(个人能力证书使用规定)

第二十五条 任何单位不得以欺骗、弄虚作假等手段取得资质,不得伪造、涂改、出租、出借、挂靠、转让《雷电防护装置检测资质证》。(资质使用禁止设定)

第二十六条 省、自治区、直辖市气象主管机构应当组织或者委托第三方专业技术机构对雷电防护装置检测单位的检测质量进行考核。(检测业绩质量考核设定)

第二十七条 县级以上地方气象主管机构对本行政区域内的雷电防护装置检测活动进行监督检查,可以采取下列措施:

(一)要求被检查的单位或者个人提供有关文件和资料,进行查询或者复制;

(二)就有关事项询问被检查的单位或者个人,要求作出说明;

(三)进入有关雷电防护装置检测现场进行监督检查。

气象主管机构进行监督检查时,有关单位和个人应当予以配合。(执法主体的责任义务和权利)

第二十八条 取得雷电防护装置检测资质的单位不再符合相应资质条件的,由原资质认定的气象主管机构责令限期整改,逾期不整改或者整改后仍达不到资质条件的,予以降低等级或者撤销资质。(资质降级与撤销设定)

第二十九条 国务院气象主管机构应当建立全国雷电防护装置检测单位信用信息、资质等级情况公示制度。省、自治区、直辖市气象主管机构应当对在本行政区域内从事雷电防护装置检测活动单位的监督管理情况、信用信息等及时予以公布。

省、自治区、直辖市气象主管机构应当对本行政区域内取得雷电防护装置检测资质的单位建立信用管理制度,将雷电防护装置检测活动和监督管理等信息纳入信用档案,并作为资质延续、升级的依据。(检测机构信用评级管理)

第三十条 雷电防护装置检测单位有下列情形之一的,县级以上气象主管机构视情节轻重,责令限期整改:

(一)雷电防护装置检测标准适用错误的;

(二)雷电防护装置检测方法不正确的;

(三)雷电防护装置检测内容不全面、达不到相关技术要求或者不足以支持雷电防护装置检测结论的;

(四)雷电防护装置检测结论不明确、不全面或错误的。(主管机构法律责任与义务)

第三十一条 鼓励防雷行业组织对雷电防护装置检测活动实行行业自律管理,并接受省、

自治区、直辖市气象主管机构的政策、业务指导和行业监管。（鼓励防雷电装置检测行业自律制度）

第六章　罚　　则

第三十二条　国家工作人员在雷电防护装置检测资质的认定和管理工作中玩忽职守、滥用职权、徇私舞弊的，依法给予处分；构成犯罪的，依法追究刑事责任。（资质认定人员责任、义务与处罚）

第三十三条　申请单位隐瞒有关情况、提供虚假材料申请资质认定的，有关气象主管机构不予受理或者不予行政许可，并给予警告。申请单位在一年内不得再次申请资质认定。（失信申请处理）

第三十四条　被许可单位以欺骗、贿赂等不正当手段取得资质的，有关气象主管机构按照权限给予警告，撤销其资质证，可以并处三万元以下的罚款；被许可单位在三年内不得再次申请资质认定；构成犯罪的，依法追究刑事责任。（主观故意违法处罚）

第三十五条　雷电防护装置检测单位违反本办法规定，有下列行为之一的，由县级以上气象主管机构按照权限责令限期改正，拒不改正的给予警告，《雷电防护装置检测资质证》到期后不予延续，处罚结果纳入全国雷电防护装置检测单位信用信息系统并向社会公示：

（一）与检测项目的设计、施工、监理单位以及所使用的防雷产品生产、销售单位有隶属关系或者其他利害关系的；

（二）使用不符合条件的雷电防护装置检测人员的。（处罚事项列举）

第三十六条　雷电防护装置检测单位违反本办法规定，有下列行为之一的，按照《气象灾害防御条例》第四十五条的规定进行处罚：

（一）伪造、涂改、出租、出借、挂靠、转让雷电防护装置检测资质证的；

（二）向监督检查机构隐瞒有关情况、提供虚假材料或者拒绝提供反映其活动情况的真实材料的；

（三）转包或者违法分包雷电防护装置检测项目的；

（四）无资质或者超越资质许可范围从事雷电防护装置检测的。（无资质或超越资质处罚）

第七章　附　　则

第三十七条　电力、通信雷电防护装置检测资质管理办法由国务院气象主管机构和国务院电力或者国务院通信主管部门共同制定，另行公布。（会同颁发资质设定）

第三十八条　在本办法施行前，已取得各省、自治区、直辖市气象主管机构颁发的防雷装置检测资质的单位，应当在 2017 年 9 月 30 日前，按照本办法规定重新核定资质。（规章追溯力与法规衔接设定）

第三十九条　各省、自治区、直辖市气象主管机构可以根据本办法制定实施细则，并报国务院气象主管机构备案。（各地设立实施细则的权力设定）

第四十条　本办法自 2016 年 10 月 1 日起施行。（规章生效日期）

附表：1. 雷电防护装置检测专业设备表（略）

2. 雷电防护装置检测资质申请表（略）

3. 专业技术人员简表（略）

4. 近三年已完成雷电防护装置检测项目表（略）

七、熟悉和了解《雷电防护装置设计审核和竣工验收规定》

《防雷装置设计审核和竣工验收规定》也是部门规章，以部门首长令的形式发布。由于行政审批改革进一步深入，不符合现行规定的还要修改。在这里作为附件供学习参考，不做进一步解释。为了便于学习，在附件中括号内的提示是《防雷个人能力考试复习大纲》的要求。在实际防雷减灾工作中注意规章的条款修改与适用范围。

附件：

《雷电防护装置设计审核和竣工验收规定》

中国气象局令第 37 号公布。《雷电防护装置设计审核和竣工验收规定》已经 2020 年 11 月 13 日中国气象局局务会议审议通过，现予公布，自 2021 年 1 月 1 日起施行。

第一章　总　　则

第一条　为了规范雷电防护装置设计审核和竣工验收工作，维护国家利益，保护人民生命财产和公共安全，依据《中华人民共和国气象法》《中华人民共和国行政许可法》和《气象灾害防御条例》等有关规定，制定本规定。（立法的目的意义）

第二条　县级以上地方气象主管机构负责本行政区域职责范围内雷电防护装置的设计审核和竣工验收工作。未设气象主管机构的县（市、区），由上一级气象主管机构负责雷电防护装置的设计审核和竣工验收工作。（主管机构和执法主体）

第三条　雷电防护装置的设计审核和竣工验收工作应当遵循公开、公平、公正以及便民、高效和信赖保护的原则。（设计审核与竣工验收原则）

第四条　本规定适用于下列建设工程、场所和大型项目的雷电防护装置设计审核和竣工验收：

（一）油库、气库、弹药库、化学品仓库和烟花爆竹、石化等易燃易爆建设工程和场所；

（二）雷电易发区内的矿区、旅游景点或者投入使用的建（构）筑物、设施等需要单独安装雷电防护装置的场所；

（三）雷电风险高且没有防雷标准规范、需要进行特殊论证的大型项目。（防雷设计审核与竣工验收的范围）

第五条　雷电防护装置未经设计审核或者设计审核不合格的，不得施工。雷电防护装置未经竣工验收或者竣工验收不合格的，不得交付使用。（禁止条款）

第六条　雷电防护装置设计审核和竣工验收的程序、文书等应当依法予以公示。（公开原则）

第二章　雷电防护装置设计审核

第七条　建设单位应当向当地气象主管机构提出雷电防护装置设计审核申请。（设计审核与竣工验收申请制度）

申请雷电防护装置设计审核应当提交以下材料：

（一）《雷电防护装置设计审核申请表》（附表 1）；

（二）雷电防护装置设计说明书和设计图纸；

(三)设计中所采用的防雷产品相关说明。(初审报审内容)

第八条 气象主管机构应当在收到全部申请材料之日起五个工作日内,作出受理或者不予受理的书面决定。

申请材料齐全且符合法定形式的,应当受理,并出具《雷电防护装置设计审核受理回执》(附表 2)。对不予受理的,应当书面说明理由。

申请材料不齐全或者不符合法定形式的,气象主管机构应当当场或者在收到申请材料之日起五个工作日内一次告知申请单位需要补正的全部内容,并出具《雷电防护装置设计审核资料补正通知》(附表 3)。逾期不告知的,自收到申请材料之日起即视为受理。(补正制度)

第九条 气象主管机构受理后,应当委托有关机构开展雷电防护装置设计技术评价。

有关机构开展雷电防护装置设计技术评价应当遵守国家有关标准、规范和规程,出具雷电防护装置设计技术评价报告,并对评价报告负责。

雷电防护装置设计技术评价报告结论应当包含雷电防护装置设计文件是否符合国家有关标准和国务院气象主管机构规定的使用要求。

第十条 雷电防护装置设计审核内容:

(一)申请材料的合法性;

(二)雷电防护装置设计技术评价报告。(气象主管机构审核内容)

第十一条 气象主管机构应当在受理之日起十个工作日内完成审核工作。

雷电防护装置设计文件经审核符合要求的,气象主管机构应当颁发《雷电防护装置设计核准意见书》(附表 4)。施工单位应当按照经核准的设计图纸进行施工。在施工中需要变更和修改雷电防护装置设计的,应当按照原程序重新申请设计审核。

雷电防护装置设计经审核不符合要求的,气象主管机构出具《不予许可决定书》(附表 5)。(气象主管机构审核时限要求)

第三章 雷电防护装置竣工验收

第十二条 雷电防护装置实行竣工验收制度。建设单位应当向气象主管机构提出申请,并提交以下材料:

(一)《雷电防护装置竣工验收申请表》(附表 6);

(二)雷电防护装置竣工图纸等技术资料;

(三)防雷产品出厂合格证和安装记录。(竣工验收申报内容)

第十三条 气象主管机构应当在收到全部申请材料之日起五个工作日内,作出受理或者不予受理的书面决定。

申请材料齐全且符合法定形式的,应当受理,并出具《雷电防护装置竣工验收受理回执》(附表 7)。对不予受理的,应当书面说明理由。

申请材料不齐全或者不符合法定形式的,气象主管机构应当当场或者在收到申请材料之日起五个工作日内一次告知申请单位需要补正的全部内容,并出具《雷电防护装置竣工验收资料补正通知》(附表 8)。逾期不告知的,自收到申请材料之日起即视为受理。(竣工验收补正制度)

第十四条 气象主管机构受理后,应当委托取得雷电防护装置检测资质的单位开展雷电防护装置检测。

取得雷电防护装置检测资质的单位开展检测应当遵守国家有关标准、规范和规程,出具雷电防护装置检测报告并对检测报告负责。出具的雷电防护装置检测报告必须全面、真实、可靠。

雷电防护装置检测报告结论应当包含安装的雷电防护装置是否按照核准的施工图施工完成;是否符合国家有关标准和国务院气象主管机构规定的使用要求。

第十五条 雷电防护装置竣工验收内容:

(一)申请材料的合法性;

(二)雷电防护装置检测报告。(气象主管机构防雷装置竣工验收内容)

第十六条 气象主管机构应当在受理之日起十个工作日内作出竣工验收结论。

雷电防护装置经验收符合要求的,气象主管机构应当出具《雷电防护装置验收意见书》(附表9)。

雷电防护装置验收不符合要求的,气象主管机构应当出具《不予验收决定书》(附表10)。(验收时限要求及答复)

第四章 监督管理

第十七条 申请单位不得以欺骗、贿赂等手段提出申请或者通过许可;不得涂改、伪造雷电防护装置设计审核和竣工验收有关材料或者文件。(验收活动禁止条款)

第十八条 县级以上地方气象主管机构应当加强对雷电防护装置设计审核和竣工验收的监督与检查,建立健全监督制度,履行监督责任。(行政与执法主体责任要求)

第十九条 上级气象主管机构应当加强对下级气象主管机构雷电防护装置设计审核和竣工验收工作的监督检查,及时纠正违规行为。(县气象局上级行政责任主体的责任)

第二十条 县级以上地方气象主管机构进行雷电防护装置设计审核和竣工验收的监督检查时,不得妨碍正常的生产经营活动,不得索取或者收受任何财物,不得谋取其他利益。(行政纪律要求)

第二十一条 单位或者个人发现违法从事雷电防护装置设计审核和竣工验收活动时,有权向县级以上地方气象主管机构举报,县级以上地方气象主管机构应当及时核实、处理。(执法主体接受监督规定)

第二十二条 县级以上地方气象主管机构履行监督检查职责时,有权采取下列措施:

(一)要求被检查的单位或者个人提供雷电防护装置设计图纸等文件和资料,进行查询或者复制;

(二)要求被检查的单位或者个人就有关雷电防护装置的设计、安装、检测、验收和投入使用的情况作出说明;

(三)进入有关建(构)筑物和场所进行检查。(执法主体行政权力范围规定)

第二十三条 县级以上地方气象主管机构进行雷电防护装置设计审核和竣工验收监督检查时,有关单位和个人应当予以支持和配合,并提供工作方便,不得拒绝与阻碍依法执行公务。(行政相对人的义务与禁止)

第五章 罚 则

第二十四条 申请单位隐瞒有关情况、提供虚假材料申请设计审核或者竣工验收许可的,有关气象主管机构不予受理或者不予行政许可,并给予警告。(诚信制度)

第二十五条 申请单位以欺骗、贿赂等不正当手段通过设计审核或者竣工验收的,有关气象主管机构按照权限给予警告,撤销其许可证书,可以并处三万元以下罚款;构成犯罪的,依法追究刑事责任。(违法行为人罚则一)

第二十六条　违反本规定，有下列行为之一的，按照《气象灾害防御条例》第四十五条规定进行处罚：

（一）在雷电防护装置设计、施工中弄虚作假的；

（二）雷电防护装置未经设计审核或者设计审核不合格施工的，未经竣工验收或者竣工验收不合格交付使用的。（*违法行为人罚则二*）

第二十七条　县级以上地方气象主管机构在监督检查工作中发现违法行为构成犯罪的，应当移送有关机关，依法追究刑事责任。（*执法行为人罚则一*）

第二十八条　国家工作人员在雷电防护装置设计审核和竣工验收工作中由于滥用职权、玩忽职守，导致重大雷电灾害事故的，由所在单位依法给予处分；构成犯罪的，依法追究刑事责任。（*执法行为人罚则二*）

第二十九条　违反本规定，导致雷击造成火灾、爆炸、人员伤亡以及国家或者他人财产重大损失的，由主管部门给予直接责任人处分；构成犯罪的，依法追究刑事责任。（*各方行为人违法应承担的法律责任*）

第六章　附　　则

第三十条　各省、自治区、直辖市气象主管机构可以根据本规定制定实施细则，并报国务院气象主管机构备案。（*授权各地办法实施细则与报备制度*）

第三十一条　本规定自2021年1月1日起施行。2011年7月22日公布的中国气象局第21号令《防雷装置设计审核和竣工验收规定》同时废止。（*规章实施日期与追溯力*）

附表：1. 雷电防护装置设计审核申报表（略）

2. 雷电防护装置设计审核受理回执（施工图设计）（略）
3. 雷电防护装置设计审核资料补正通知（施工图设计）（略）
4. 雷电防护装置设计核准意见书（略）
5. 雷电防护装置设计审核不予许可决定书（略）
6. 雷电防护装置竣工验收申请表（略）
7. 雷电防护装置竣工验收受理回执（略）
8. 雷电防护装置竣工验收资料补正通知（略）
9. 雷电防护装置验收意见书（略）
10. 雷电防护装置不予验收决定书（略）

八、熟悉《雷电防护装置专业检测技术人员职业能力评价》

《雷电防护装置专业检测技术人员职业能力评价》（QX/T 407—2017）是中国气象局按照相关法律法规的要求，制定的对防雷减灾人员专业技术能力认定的制度。以行业标准的形式下发。

该标准在2017年12月29日发布，2018年4月1日起实施。各省、自治区、直辖市气象学会按照行业标准制定了符合本地特点的“防雷装置检测专业人员认定办法”，大同小异。这里只介绍该标准的骨干部分。

《雷电防护装置专业检测技术人员职业能力评价》共分11个部分，分别是前言、引言、正文（七部分）、附录A和参考部分等。

标准正文：

(1)范围。本标准规定了雷电防护装置检测专业技术人员职业能力评价的基本规定、评价实施、信息公开和档案管理等要求。本标准适用于雷电防护装置检测专业技术人员职业能力评价。

(2)规范性引用文件。即 QX/T 407—2017,并注意其修改。

(3)术语和定义。该标准只规定了一个术语,即“雷电防护装置”或“防雷装置”。英文缩写LPS。中文含义:用于减少闪击击于建(构)筑物上或建(构)筑物附近造成的物质性损害或人身伤亡,由外部防雷电装置和内部防雷电装置组成。

(4)基本规定。规定了人员能力评价的原则,即公平、公正、公开;规定了个人能力证书的有效期是五年;规定了评价机构开展评价工作应接受社会各界监督。

(5)评价实施。规定了如下流程:由省以上气象学会发布通知,(包括理论考试时间、地点、考试范围);申请评价人员提交报名表(分为两步网上报名和现场确认);开展能力评价,例如:“按黑龙江省气象学会规定:包括进行理论考试(理论考试 60 分以上)和业务实际操作技能(60 分以上)”,无异议即可办理能力认定证书,有异议进行处理,确认或者终止。理论考试时间不低于 120 分钟,考试试题在题库中随机抽取。考试范围是法律法规知识、安全生产知识、防雷减灾理论知识、业务实际操作技能四个方面。其中防雷减灾理论和业务技能题量不少于40%,出题范围在 QX/T 407—2017 规定的范围内,即防雷考试大纲要求。题型(及其卷面权重)分为:填空题(30%)、选择题(20%)、判断题(10%)、简述题(20%)、计算题及综合题(20%)。

(6)公示。规定了省以上气象学会在其网站上公示评价结果。公示时间不少于 10 天。规定了争议纠错制度。在争议期内,相关人可以对评价结果提出异议,并提交相关材料(谁主张、谁举证)。如有违反法律法规规定,依照程序进行纠错,评价活动终止或撤销,并由相关部门追究相应的法律责任。公示日期届满,无异议,由省以上气象学会,颁发《防雷装置检测个人能力证书》。原则上《防雷装置检测个人能力证书》在中华人民共和国境内有效,不需要在本人所在地重新取得。但由于各省(自治区、直辖市)实际情况不同,另有规定的,依照其规定执行。

(7)信息公开。即省以上气象学会应在相关的网站向社会公开取得《防雷装置检测个人能力证书》的个人信息,包括持证人姓名、编号、有效期。有关网站应做好个人信息的保密工作。

(8)档案管理。规定了防雷电个人能力考核认定档案归档管理,个人报名表和考试试卷保存期应不低于五年。

第二节 雷电与电磁兼容的基本知识

通过本节的学习,使考生了解雷电的形成,熟悉或掌握雷电的分类,云地闪发生过程,雷电流参数,电磁耦合过程;了解电磁兼容(EMC)的基本知识,提高考生的防雷基本知识水平。

一、雷击的形成

大纲要求:了解雷云形成的物理过程;了解雷云的电结构;了解雷云起电机制。

(一)雷云形成的物理过程

产生雷电的条件是雷雨云中有积累并形成极性。科学家们对雷雨云的带电机制及电荷有

规律分布,进行了大量的观测和试验,积累了许多资料,并提出各种各样的解释,有些论点至今还有争论。主要有对流云初始阶段的“离子流”假说,冷云的电荷积累假说、暖云的电荷积累假说。按科学传播学的说法是:一部分带电的云层与另一部分带异种电荷的云层,或者是带电的云层对大地之间迅猛地放电,这种迅猛的放电过程产生强烈的闪电并伴随巨大的声音,这就是我们所看到的闪电和雷鸣。

(二)雷云的电结构

雷电发生时通常云体会产生电荷,下层为负,上层就为正,由于感应和摩擦的作用,在地面产生相反极性的电荷。随着云体的移动,正电荷和负电荷彼此相吸,但空气却不是良好的传导体,云体和大地之间就形成了“类电容”,电荷在云体和地表面越聚越多,在适合放电的时刻(遇到突出物或触发物体)形成巨大的电流,沿着一条传导通道而引发了放电,也就是通常说的“闪电”。雷电的热效应引发局部空气急剧膨胀,产生“空爆”从而出现巨大雷声。

(三)雷云起电机制

强雷电一般出现在雷雨云中。电荷放电一般是在雨形成的前期,其放电强度一般也是从大到小逐级次减少,这也是随其空气湿度的不断增加和云层电荷不断释放而构成的梯度变化。平时我们看到的由强雷电放电所产生的弧光辐射和巨大的空气冲击波大部分是在雷雨形成的初期阶段。在雨到来的前期,空气湿度较低,按击穿 1 cm 空间距离所需要的 10000 V 电压来计算,1000 m 间距的电场电压则需要 1 亿 V 电压。雷雨云层的电荷量越大,电压场就会越高,另外,雷雨云层距离地面的高度越低,所形成的放电电流也就越大,这是一正比关系。雨季的雷暴声也是由弧光放电产生的空气冲击波放大形成的,雷暴的声音分贝系数越高,则雷雨云层电场放电的强度也就越大。

二、雷击(电)的分类

大纲要求:了解雷电的基本分类(形状分类、空间位置分类);了解向下闪击的四种组合形式;了解向上闪击的五种组合形式;了解云地闪(直击雷)的发生过程,掌握利用外部防雷装置拦截雷电的原理,重点掌握击距(滚球半径)与雷电流大小的关系式。

(一)雷电的基本分类

按空间分布可分为地闪和云内(际)闪电,雷云与大地之间发生的雷电称为地闪,雷云与雷云或雷云内部发生的雷电称为云内(际)闪电。按形状分类可分为线(带)状、片状、枝状、球状。

(二)向下闪击的四种组合

开始于雷云向大地产生的向下先导,对大地和建(构)筑物典型的向下闪击的四种组合是:首次短时雷击;长时间雷击;后续不间断短时雷击;短时雷击叠加长时间雷击。

(三)向上闪击的五种组合

雷电通道开始于接地的地面物体向雷云产生的向上先导。五种组合是:首次长时间(或叠加的多次短时)雷击与后续短时雷击组合;首次长时间(或叠加的多次短时)雷击与后续长时间雷击组合;首次长时间雷击与后续不间断短时雷击;首次长时间(或叠加的多次短时)雷击与长时间(或叠加的多次短时)雷击;单一长时间雷击。其后可能有多次短时雷击并可能含有一次或多次长时间雷击。

(四)直击雷发生过程

带电积云与地面目标之间的强烈放电称为直击雷。按现有文献介绍:直击雷发生过程一般有三个阶段:第一个冲击,以跳跃式光导放电为主,时间维持 5～10 ms;第二个冲击,紧接着(0.05～0.1 ms)第一阶段光导放电余光以箭式光导(较高脉冲)放电为主,时间维持 30～150 ms;第三个冲击,仍以箭式光导放电的形式在 0.05～0.1 ms 间隔中再次以次梯度低脉冲放电,维持时间约 1 ms。

(五)外部防雷电的原理

防雷电是一个系统的工程,雷电防护一般分为外部防雷和内部防雷两个方面。常规意义上的外部防雷主要是指直击雷的防护。实际应用中,由接闪器、引下线、完善的接地系统构成了外部防雷。

(六)滚球半径与雷电流大小计算

滚球法(rolling ball method)是一种计算接闪器保护范围的方法。它的计算原理为以某一规定半径的球体,在装有接闪器的建筑物上滚过,滚球体由于受建筑物上所安装的接闪器的阻挡而无法触及某些范围,把这些范围认为是接闪器的保护范围。滚球法是国际电工委员会(IEC)推荐的接闪器保护范围计算方法之一,我国目前正在实施的《建筑物防雷设计规范》(GB 50057—2010)也采纳了滚球法。由立体几何的知识即可进行滚球法的计算。借助某些软件在计算机上可以使计算的过程及计算结果的表述变得更加简易。在本书中对滚球法的计算方法有详细具体的说明,这里不再赘述。

三、雷电流参数

大纲要求:了解国内外数十年对雷电流特性观测的研究成果;熟悉雷电流特性,掌握《建筑物防雷设计规范》(GB 50057—2010)中雷电流参数。

(一)雷电流观测

主要通过在雷电多发区布设大气电场仪、闪电定位仪等观测雷电流的发生特性。分析雷电流的强度、陡度、波形、波阻抗等参数,期待找到雷电发生发展的规律。

(二)雷电流特征

雷电流的特征分析是雷电科学的前沿部分,主要通过对雷电流特性的分析,阐述主放电通道的波阻抗、雷电流波形及幅值概率分布和雷电流极性等特点。根据观测到的特点,建立数学等值模型。期望能够进一步揭示雷电流传导与发生发展规律。

(三)雷电流的规定

由于雷电的复杂性,雷电流是多波形共同叠加的结果,给实际运用带来不便。为了方便在实际工作中运用《建筑物防雷设计规范》(GB 50057—2010)只规定了 10/350 μs 和 8/20 μs 两种

波形的雷电流参数。最近10年对多波形的研究取得一定进展，丰富了雷电科学领域的研究。

四、雷电的季节分布和日变化规律

（一）雷电的季节分布

雷电的发生主要是因为暖湿气流活跃，空气潮湿，同时太阳辐射强烈，近地面空气不断受热而上升，形成强烈的上下对流，加之云的移动和下垫面摩擦产生带电粒子而形成。我国属于大陆性季风气候，大部分地区属于“雨热同季”，在春、夏就容易出现这样的天气背景，所以我国大部分地区雷电都集中分散在春、夏两季。而在秋冬季，受大陆冷气团控制，空气寒冷而干燥，加之太阳辐射弱，空气不易形成剧烈对流，很少出现雷电现象。但由于气候变暖加剧，我国雷电周期有加长趋势，早春和冬初也有雷电天气出现。加之我国南北纬度跨度大，雷电的季节性差异很大，海南、台湾毗邻赤道，几乎常年都有雷电发生。防雷电装置工程设计一定要按照当地气象资料的记录进行设防。

（二）雷电日变化规律

一般规律是，在一天时段（24 h）中，对于雷暴云单体，太阳辐射最强、空气上下对流比较旺盛的时候发生雷电天气的概率比较大，太阳辐射较低的时候发生概率较低。也就是说，午后雷雨较多。但对于天气系统（中尺度）的雷雨云，在一天的任何时候都有发生的可能。

五、雷电放电的危害形式和雷击选择性

（一）雷电放电危害形式

主要有三种：一是直击雷，雷电直接击中被保护对象，从而造成损失和伤害；二是感应雷，是指被保护对象周围发生雷击，引起大气电场发生变化，形成新的电磁力场而产生感应电流和电压，对保护对象造成的损失和伤害；三是雷电波侵入（也有人称为雷电流脉冲），雷电击中远端的线路（或低压电器），雷电流通过导线传输到被保护对象，从而造成的损失和伤害。

（二）雷击的选择性

也是雷击点（落雷点）的选择性。雷电雷击时具有选择性，例如，1968年的夏天，某国遭到一场雷雨的袭击，当时，闪电将一群绵羊中的黑羊全部击毙，但白羊却安然无恙。不同性别的人遭遇雷击的可能性也不同，在同一地区内，雷电活动有所不同，有些局部地区，雷击要比邻近地区多得多，这种现象我们称之为雷击选择性。雷电流的路径具有极大的随机性，雷击点的选择也具有随机性，但也有一定的规律。按统计概率得出较容易遭雷的地方有低洼河滩、金属矿区、高大建筑、电磁场异常区域、空旷地区、金属建（构）筑物等。

六、电磁兼容（EMC）

大纲要求：熟悉EMC的定义及其研究内容；了解EMC在现代科技中的地位和重要性；掌握EMC的基本要素（含干扰源、耦合途径、敏感设备等），从理论的学习到对IEC61312-1附录D“电磁耦合过程”的掌握。

(一)EMC的定义

电磁兼容(Electro Magnetic Compatibility,EMC)是指设备或系统在其电磁环境中能正常工作且不对该环境中任何电磁抗扰度(EMS)事物构成不能承受电磁骚扰的能力,实际是研究设备之间电磁抗扰度的适用技术,并非指电与磁之间的兼容,电与磁是不可分割的、相互共存的一种物理现象、物理环境。国际电工委员会(IEC)对EMC的定义:在不损害信号所含信息的条件下,信号和干扰能够共存。研究电磁兼容的目的是为了保证电器组件或装置在电磁环境中能够具有正常工作的能力,以及研究电磁波对社会生产活动和人体健康造成危害的机理和预防措施。

(二)EMC研究的内容

对各种运行的电力设备之间以电磁传导、电磁感应和电磁辐射三种方式彼此关联并相互影响,在一定的条件下会对运行的设备和人员造成干扰、影响和危害,包括地线设计、线路板设计、滤波设计、屏蔽与搭接设计。20世纪80年代兴起的电磁兼容学科以研究和解决这一问题为宗旨,主要是研究和解决干扰的产生、传播、接收、抑制机理及其相应的测量和计量技术,并在此基础上根据技术经济最合理的原则,对产生的干扰水平、抗干扰水平和抑制措施做出明确的规定,使处于同一电磁环境的设备都是兼容的,同时又不向该环境中的任何实体引入不能允许的电磁扰动。

(三)EMC的基本要素

EMC的基本要素包括干扰源、耦合途径、敏感设备。干扰源主要有电磁发射、断续干扰电压、干扰功率、谐波电流、静电放电、浪涌(雷击)、电快速瞬变/脉冲、电压暂降和短时中断等。耦合途径有地线设计、线路板设计、滤波设计、屏蔽与搭接设计。敏感设备就是抗干扰最弱的设备或需要重点保护的系统核心设备。

(四)掌握《IEC61312-1》附录D电磁耦合过程

这是国际电工组织编写的关于对"各种类型的电子信息系统"防雷电电磁脉冲的规范性文件。防雷耦合主要包括合理布线、等电位连接、公用接地、屏蔽、低压电器SPD的选择(这些术语请参阅本书其他章节)。

复习与思考

1. 为什么要取得防雷个人能力?
2. 简要回答取得防雷个人能力证书的途径。
3.《中华人民共和国气象法》怎样作出防雷减灾的规定?
4. 县以上气象主管机构在防雷减灾中承担什么样的法律责任?
5. 从事防雷设计施工安装的机构要承担什么样的民事责任?
6. 从事防雷装置检测机构要承担什么样的民事责任?
7. 简述法律、法规、规章的不同法律效力。
8. 掌握电磁兼容的基本知识。

9. 简述电磁兼容的基本要素。

10. 法律对损毁防雷设施的行为作出怎样的规定？

思维导图

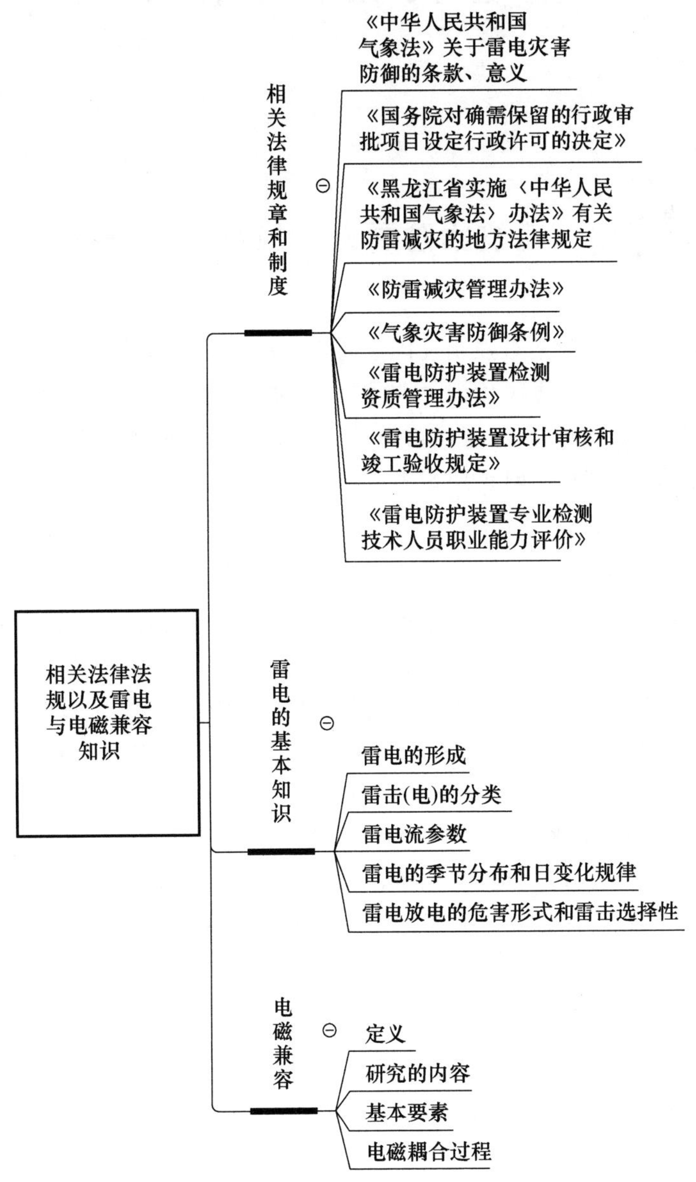

第五章 重要规范详解

第一节 《建筑物防雷设计规范》(GB 50057—2010)

通过本章的学习，考核考生对强制性国家防雷标准的熟悉和掌握程度，以提高从业人员业务知识和技术水平。要求掌握《建筑物防雷设计规范》(GB 50057—2010)(以下简称《规范》)的基本要求，熟悉一般概念，掌握防雷设计、施工、检测的基本方法；掌握应知应会的参数和计算。为了便于系统掌握，同时还要参考本书其他章节的学习。

一、总则

《规范》总则包括防雷设计的目的、适用范围、防雷设计应在哪些基础上确定防雷装置的形式和布置。

(1)防雷设计的目的、意义：为使建(构)筑物防雷设计因地制宜地采取防雷措施，防止或减少雷击建(构)筑物所发生的人身伤亡和文物、财产损失，以及雷击电磁脉冲引发的电气和电子系统损坏或错误运行，做到安全可靠、技术先进、经济合理。

(2)《规范》适用范围：本规范适用于新建、扩建、改建建(构)筑物的防雷设计。

(3)设计基础：应在认真调查地理、地质、土壤、气象、环境等条件和雷电活动规律，以及被保护物的特点等的基础上，详细研究并确定防雷装置的形式及其布置。

二、建筑物的防雷分类

掌握根据哪几项原则进行防雷分类；掌握哪些建(构)筑物应划为第一类防雷建筑物；掌握哪些建(构)筑物应划为第二类防雷建筑物；掌握哪些建(构)筑物应划为第三类防雷建筑物；熟悉爆炸、火灾等危险建筑的环境分类及防雷分类的对应关系。

根据建筑物的重要性、使用性质、发生雷电事故的可能性和后果，建筑物可分为三类。

(一)第一类防雷建筑物

在可能发生对地闪击的地区，遇下列情况之一时，应划为第一类防雷建筑物：凡是制造、使用或贮存火炸药及其制品的危险建筑物，因电火花而引起爆炸、爆轰，会造成巨大破坏和人身伤亡者。具有 0 区和 20 区爆炸危险场所的建筑物。具有 1 区和 21 区爆炸危险场所的建筑物，因电火花而引起爆炸，会造成巨大破坏和人身伤亡者。

(二)第二类防雷建筑物

在可能发生对地闪击的地区,遇下列情况之一时,应划为第二类防雷建筑物:

(1)国家级重点文物保护的建筑物。

(2)国家级的会堂、办公建筑物、大型展览和博览建筑物、大型火车站和飞机场、国宾馆、国家级档案馆、大型城市的重要给水泵房等特别重要的建筑物(注:飞机场不含停放飞机的露天场所和跑道)。

(3)国家级计算中心、国际通信枢纽等对国民经济有重要意义的建筑物。

(4)国家特级和甲级大型体育馆。

(5)制造、使用或贮存火炸药及其制品的危险建筑物,且电火花不易引起爆炸或不致造成巨大破坏和人身伤亡者。

(6)具有 1 区和 21 区爆炸危险场所的建筑物,且电火花不易引起爆炸或不致造成巨大破坏和人身伤亡者。

(7)具有 2 区和 22 区爆炸危险场所的建筑物。

(8)有爆炸危险的露天钢质封闭气罐。

(9)预计雷击次数大于 0.05 次/年的部、省级办公建筑物和其他重要或人员密集的公共建筑物以及火灾危险场所。

(10)预计雷击次数大于 0.25 次/年的住宅、办公楼等一般性民用建筑物或一般性工业建筑物。

(三)第三类防雷建筑物

在可能发生对地闪击的地区,遇下列情况之一时,应划为第三类防雷建筑物:

(1)省级重点文物保护的建筑物和省级档案馆。

(2)预计雷击次数大于或等于 0.01 次/年,且小于或等于 0.05 次/年的部、省级办公建筑物和其他重要或人员密集的公共建筑物,以及火灾危险场所。

(3)预计雷击次数大于或等于 0.05 次/年,且小于或等于 0.25 次/年的住宅、办公楼等一般性民用建筑物或一般性工业建筑物。

(4)在平均雷暴日大于 15 d/a 的地区,高度在 15 m 及以上的烟囱、水塔等孤立的高耸建筑物;在平均雷暴日小于或等于 15 d/a 的地区,高度在 20 m 及以上的烟囱、水塔等孤立的高耸建筑物。

三、建筑物的防雷措施

(一)基本规定

分为外部防雷和内部防雷。

(1)各类防雷建筑物应设防直击雷的外部防雷装置,并应采取防闪电电涌侵入的措施。第一类建筑物和第二类建筑物,还应采取防闪电感应措施。

(2)各类防雷建筑物应设内部防雷装置,并应符合下列规定:

① 在建筑物的地下室或地面层处,建筑物金属体、金属装置、建筑物内系统、进出建筑物的金属管线等应与防雷装置做防雷等电位连接,并和外部防雷装置满足间隔距离的要求。

② 内部防雷按照设备配置要求,以及所处雷击磁场环境和加于设备的闪电电涌无法满足

要求时都要采取防雷击电磁脉冲的措施。

(二)第一类防雷建筑物的防直击雷措施

(1)装设独立接闪杆或架空接闪线或网。架空接闪网的网格尺寸不应大于 5 m×5 m 或 6 m×4 m。

(2)排放爆炸危险气体、蒸气或粉尘的放散管、呼吸阀、排风管等的管口外管帽空间应处于接闪器的保护范围;接闪器与雷闪接触点应与上述管口处的距离(包括水平和垂直方向的立体空间距离)应不低于 5 m(表 5.1.1)。

(3)排放爆炸危险气体、蒸气或粉尘的放散管、呼吸阀、排风管等,当其排放物达不到爆炸浓度、长期点火燃烧、一排放就点火燃烧,以及发生事故时排放物才达到爆炸浓度的通风管、安全阀,接闪器的保护范围应保护到管帽,无管帽时应保护到管口。

表 5.1.1　有管帽的管口外处于接闪器保护范围内的空间

装置内的压力与周围空气压力的压力差(kPa)	排放物对比于空气	管帽以上的垂直距离(m)	距管口处的水平距离(m)
<5	重于空气	1	2
5～25	重于空气	2.5	5
≤25	轻于空气	2.5	5
>25	重或轻于空气	5	5

注:相对密度小于或等于 0.75 的爆炸性气体规定为轻于空气的气体;相对密度大于 0.75 的爆炸性气体规定为重于空气的气体。

(4)独立接闪杆的杆塔、架空接闪线的端部和架空接闪网的每根支柱处应至少设一根引下线。对用金属制成或有焊接、绑扎连接钢筋网的杆塔、支柱,宜利用金属杆塔或钢筋网作为引下线。(注:杆塔管内如暗设有数据传输功能的传输线除外,如气象测风杆塔、公路摄像采集系统、城市交通信号系统。)

(5)独立接闪杆和架空接闪线或网的支柱及其接地装置与被保护建筑物及与其有联系的管道、电缆等金属物之间的间隔距离应当按照所接受的冲击电阻情况进行计算,且不得小于 3 m。

(6)架空接闪线至屋面和各种突出屋面的风帽、放散管等物体之间的间隔距离,不应小于 3 m。

(7)架空接闪网至屋面和各种突出屋面的风帽、放散管等物体之间的间隔距离,不应小于 3m。

(8)独立接闪杆、架空接闪线或架空接闪网应设独立的接地装置,每一引下线的冲击接地电阻不宜大于 10 Ω。在土壤电阻率高的地区,可适当增大冲击接地电阻,但在 3000 Ω·m 以下的地区,冲击接地电阻不应大于 30 Ω。

(三)第一类防雷建筑物的防闪电感应措施

(1)建筑物内的设备、管道、构架、电缆金属外皮、钢屋架、钢窗等较大金属物和突出屋面的放散管、风管等金属物,均应接到防闪电感应的接地装置上。

金属屋面周边每隔 18～24 m 应采用引下线接地一次。

现场浇灌或用预制构件组成的钢筋混凝土屋面,其钢筋网的交叉点应绑扎或焊接,并应每隔 18～24 m 采用引下线接地一次。

(2)平行敷设的管道、构架和电缆金属外皮等长金属物,其净距小于 100 mm 时,应采用金

属线跨接，跨接点的间距不应大于 30 m；交叉净距小于 100 mm 时，其交叉处也应跨接。

当长金属物的弯头、阀门、法兰盘等连接处的过渡电阻大于 0.03 Ω 时，连接处应用金属线跨接。对有不少于 5 根螺栓连接的法兰盘，在非腐蚀情况下，可不跨接。

(3)防闪电感应的接地装置应与电气和电子系统的接地装置共用，其工频接地电阻不宜大于 10 Ω。防闪电感应的接地装置与独立接闪杆、架空接闪线或架空接闪网的接地装置之间的间隔距离应不得小于 3 m。

当屋内设有等电位连接的接地干线时，其与防闪电感应接地装置的连接不应少于 2 处。

(四)第一类防雷建筑物的防闪电电涌侵入措施

(1)室外低压配电线路应全线采用电缆直接埋地敷设，在入户处应将电缆的金属外皮、钢管接到等电位连接带或防闪电感应的接地装置上。

(2)当全线采用电缆有困难时，应采用钢筋混凝土杆和铁横担的架空线，并应使用一段金属铠装电缆或护套电缆穿钢管直接埋地引入。架空线与建筑物的距离不应小于 15 m。

在电缆与架空线连接处，尚应装设户外型电涌保护器。电涌保护器、电缆金属外皮、钢管和绝缘子铁脚、金具等应连在一起接地，其冲击接地电阻不应大于 30 Ω。所装设的电涌保护器应选用Ⅰ级试验产品，其电压保护水平应小于或等于 2.5 kV，其每一保护模式应选冲击电流等于或大于 10 kA；若无户外型电涌保护器，应选用户内型电涌保护器，其使用温度应满足安装处的环境温度，并应安装在防护等级 IP54 的箱内。

当电涌保护器的接线形式为规范附录 J 中的接线形式 2 时，接在中性线和 PE 线间电涌保护器的冲击电流，当为三相系统时不应小于 40 kA，当为单相系统时不应小于 20 kA。

(3)当架空线转换成一段金属铠装电缆或护套电缆穿钢管直接埋地引入时，其埋地长度可按下式计算：

$$l \geqslant 2\sqrt{\rho}$$

式中：l 为电缆铠装或穿电缆的钢管埋地直接与土壤接触的长度(m)；ρ 为埋电缆处的土壤电阻率(Ω·m)。

(4)在入户处的总配电箱内是否装设电涌保护器按照要求选择(参见电涌保护器的选择安装)。

(5)电子系统的室外金属导体线路宜全线采用有屏蔽层的电缆埋地或架空敷设，其两端的屏蔽层、加强钢线、钢管等应等电位连接到入户处的终端箱体上。在终端箱内是否装设电涌保护器应按要求规定选择。

(6)当通信线路采用钢筋混凝土杆的架空线时，应使用一段护套电缆穿钢管直接埋地引入，其埋地长度仍按上述公式计算，且不应小于 15 m。在电缆与架空线连接处，尚应装设户外型电涌保护器。电涌保护器、电缆金属外皮、钢管和绝缘子铁脚、金具等应接在一起接地，其冲击接地电阻不应大于 30 Ω。

(7)架空金属管道，在进出建筑物处，应与防闪电感应的接地装置相连。距离建筑物 100 m 内的管道，宜每隔 25 m 接地一次，其冲击接地电阻不应大于 30 Ω，并应利用金属支架或钢筋混凝土支架的焊接、绑扎钢筋网作为引下线，其钢筋混凝土基础宜作为接地装置。

埋地或地沟内的金属管道，在进出建筑物处应等电位连接到等电位连接带或防闪电感应的接地装置上。

(五)防侧击雷的措施

在建筑物超过 60 m 时要考虑雷电的侧击问题。高于 60 m 的建筑物,闪击到其侧面是可能发生的,特别是建筑物各表面的凸出尖物、墙角和边缘。通常这种侧击的风险是低的,因为它只占高层建筑物遭闪击数的百分之几,而且其雷电流参数显著低于闪电击到屋顶的雷电流参数。然而,装在建筑物外墙上的电器和电子设备,甚至被低峰值雷电流侧击中,也可能损坏。防侧击雷通常的做法有:加设等电位连接环、加设接闪器、做等电位连接。

(六)其他防雷措施

(1)当无金属外壳或保护网罩的用电设备不在接闪器的保护范围内时,其带电体遭雷击的可能性比处在保护范围内的大得多,而带电体遭直接雷击后可能将高电位引入室内。当采用接闪网时,该被保护物应在保护网之内,并不高出接闪网。

(2)穿钢管和两端连接的目的在于起到分流和屏蔽的作用。由于配电箱外壳已与 PE 线相连,PE 线的接地装置与防雷接地装置是共用或直接联系在一起,该保护管实际上与防雷装置的引下线并联,起到分流作用。当防雷装置和设备金属外壳遭雷击时,雷电流是从零开始往上升,这时外壳与带电体之间没有电位差,随后有一部分雷电流经钢管、配电箱、PE 线入地,这部分雷电流从零开始上升,就有 dt/dt 陡度出现,钢管上就有 $L(dt/dt)$ 感应电压降对钢管内的线路感应出电位差,两端连接的目的起到了分流屏蔽作用。

(3)对于节日彩灯,由于白天(或平时)不使用,开关处在关闭状态。当防雷装置、设备金属外壳或带电体遭雷击时,开关电源侧的电线、设备与钢管、配电箱、PE 线之间可能出现危险的电位差而击穿电气绝缘;另外当开关断开时,如果 SPD 安装在负荷侧,从户外经总配电箱传来的过电压电涌可能击坏开关,因此 SPD 应装在开关的电源侧,并注意和配电箱 SPD 能量配合。

(4)航空障碍信号灯的防雷要求。如果物体的顶部高出其周围地面 45 m 以上,必须在其中间层加设障碍信号灯,中间层的距离必须不大于 45 m 并尽可能相等(城市中百米以上的超高建筑物尤其要考虑中间层加设障碍信号灯)。地处城市和居民区附近的建筑物设装中间层障碍灯时,应考虑避免使居民感到不快。一般要求从地面只能看到散逸的光线。航空障碍灯标一般安装在建筑物的顶部,很容易遭受雷击,因而航空障碍灯标必须处在接闪器保护范围内并应与接地网做可靠连接,开关的 SPD 也应和总配电箱做好能量匹配,使灯具置于防雷设施的保护下。

(5)粮、棉及易燃物大量存放的露天场地的防雷电要求。虽然粮、棉及易燃物大量存放的露天场地不属于建筑物,但本规范仍规定“当其年预计雷击次数大于或等于 0.05 次时,应采用独立接闪杆或架空接闪线防直击雷”,以策安全。接闪器的安装,应考虑粮、棉及易燃物大量存放的露天场地的长、宽、高,确保被保护物在保护范围内。

(6)防接闪器接触电压。为保护接闪器附近的人身安全,防止接触电压应做到:①利用建筑物金属构架和建筑物互相连接的钢筋在电气上是贯通且不少于 10 根柱子组成的自然引下线,作为自然引下线的柱子包括位于建筑物四周和建筑物内;②引下线 3 m 范围内地表层的电阻率不小于 50 kΩ·m,或敷设 5 cm 厚沥青层或 15 cm 厚砾石层;③外露引下线,其距地面 2.7 m 以下的导体,应当用耐受 1.2/50 μs 冲击电压 100 kV 的绝缘层隔离,或用至少 3 mm 厚的交联聚乙烯层隔离;④用护栏、警告牌使接触引下线的可能性降至最低限度。

(7)防跨步电压措施。若周围有闪电落到地面上,就会有电流经落地点向四周大地土壤中散流,由于在接地体或接地点附近地面上的电位分布的不均匀性,造成距接地体或接地点越

近，地面电位越高，距接地体或接地点越远，地面电位越低。如果人站在接地体或接地点附近，两个脚之间的电位就不一样，因此两脚之间就有电压（电位差），这个电压就叫作跨步电压（设备电压越高，跨步电压越大）。由于雷电的突发性和随机性，防雷击跨步低压多采取自我保护，单腿跳出或下蹲待援；在雷击多发区设立警示牌、铺设绝缘层和必要的防雷设施。

由于雷击产生的接触电压和跨步低压与 50 Hz 的交流电产生的机制不相同，因此，《建筑物防雷设计规范》（GB 50057—2010）特别强调不能用 50 Hz 交流电的计算式来判断和评估因雷击产生的接触电压和跨步低压。

（8）在防雷装置上严禁悬挂或搭载有线电话线、广播线、电视机收线和其他低压架空线，以防雷电波侵入。

四、建筑物防雷装置

大纲要求：熟练掌握"接闪器、引下线、SPD、接地体、等电位连接系统、屏蔽、格栅"概念和应用。掌握并能熟悉应用各种防雷装置材料，建立综合防雷的概念。

本节是考生重点掌握的内容，考虑到本书在第三章有详细的讲述，为避免重复，这里只介绍其他章节没有讲到的内容。考生在复习时注意参阅第三章和其他章节内容。

（一）接闪器（概念、定义、用途、功能、样式、设计安装检测的注意事项参见其他章节，此处略）

1. 当建筑物太高或其他原因难于装设独立接闪器时，混合组成的接闪器安装在建筑物上应满足的条件

要解决五个问题：当建筑物高度（设为 H）确定时，一是接闪器杆和建筑物的距离（设为 L_1）；二是架空接闪线（网）与建筑物顶部的最短距离（设为 L_2）；三是需加设的架空接闪线（网）杆的高度（h_1）；四是接闪线（网）接地体的冲击接地电阻（设为 R_x）；五是解决两个接闪杆之间的距离问题（设为 L），上述以米（m）为单位来计算。

（1）接闪杆和建筑物的距离 L_1 由下列算法确定：

地上部分计算：

$$当\ H<5R_x\ 时\quad L_1\geqslant 0.4\times(R_x+0.1H)$$

$$当\ H\geqslant 5R_x\ 时\quad L_1\geqslant 0.1\times(R_x+H)$$

地下部分计算：

$$L_1\geqslant 0.4\times R_x$$

架空接闪线离屋顶（突出物如风帽、放散管）的最低距离（L_2）（按规范要求不得低于 3 m），它们之间的算法满足下列关系式：

$$当(h_1+L/2)<5R_x\ 时\quad L_2\geqslant 0.2R_x+0.03x(h_1+L/2)$$

$$当(h_1+L/2)\geqslant 5R_x\ 时\quad L_2\geqslant 0.05R_x+0.06\times(h_1+L/2)$$

（2）如果采用接闪网，架空接闪网与屋顶（突出物如风帽、放散管）的最低距离（L_2）（按规范要求不得低于 3 m）和上面计算有所不同，应引入立体的概念。

$$当(h_1+L_x)<5R_x\ 时\quad L_2\geqslant 1/n[0.4\times R_x+0.06\times(h_1+L_x)]$$

$$当(h_1+L_x)\geqslant 5R_x\ 时\quad L_2\geqslant 1/n[0.1\times R_x+0.12\times(h_1+L_x)]$$

式中：L_x 为从接闪网中间最低点沿导体至接闪架空网最近支柱的距离；n 为从接闪网中间最

低点沿导体至接闪架空网最近不同支柱并有同一距离的 L_x 的个数。

2. 接闪器保护范围的计算方法

"滚球法"是国际电工委员会(IEC)推荐的接闪器保护范围计算方法之一。国家标准《建筑物防雷设计规范》(GB 50057—2010)也把滚球法强制作为计算避雷针保护范围的方法。滚球法是以 h_r 为半径的一个球体沿需要防止雷击的部位滚动，当球体只触及接闪器(包括被用作接闪器的金属物)或只触及接闪器和地面(包括与大地接触并能承受雷击的金属物)，而不触及需要保护的部位时，则该部分就得到接闪器的保护。利用滚球法进行防雷(两支避雷针及以上)设计时，需要确定的因素：防雷类别、避雷针在 h_x 高度的保护半径 r_x 值、避雷针在 h_x 高度联合保护的最小保护宽度 b_x 值。下面将对如何利用滚球法进行防雷设计做简单的阐述。

对于不同类别的防雷建筑物的滚球半径，一般规定：一类为 30 m，二类为 45 m，三类为 60 m。

几何约定：避雷针在 h_x 高度的 xx'(x'为 x 的水平延长线并交于滚球弧线的一点)；r_x 为避雷针在 h_x 高度的 xx'平面上的保护半径(m)；h_r 为滚球半径(m)；h_x 为被保护物的高度(m)；h 为避雷针(接闪杆)的高度(m)；r_o 为接闪杆在地面上的保护半径。

(1)单支接闪杆的保护范围的确定

当接闪杆的高度 h 小于或等于被保护物的高度 h_x 时，接闪杆在 h_x 高度上对保护对象的保护半径(r_x)采用下列公式计算：

$$r_x=\sqrt{h(2h_r-h)}-\sqrt{h_x(2h_r-h_x)}$$

接闪杆在地面上的保护半径(r_o)采用下列公式计算：

$$r_o=\sqrt{h(2h_r-h)}$$

当接闪杆高度 h 大于 h_r 时，接闪杆在地面的保护范围就是滚球半径。在 h_x 高度上的保护半径可简化为：

$$r_x=h_r-\sqrt{h_x(2h_r-h_x)}$$

$$r_o=h_r$$

当接闪杆高度 h 大于或等于 $2h_r$ 时，应无保护范围。

(2)两支等高接闪杆的保护范围

在接闪杆的高度(h)小于或等于滚球半径(h_r)的情况下，当两支杆的距离 D 大于或等于 $2\sqrt{h(2h_r-h)}$ 时，按单支的方法确定。当 D 小于 $2\sqrt{h(2h_r-h)}$ 时，在地面两侧的最小保护宽度应按下列公式计算：

$$b_0=CO=EO=\sqrt{h(2h_r-h)-\left(\frac{D}{2}\right)^2}$$

A 和 B 分别表示两个接闪杆的位置；AB 连线的长度为 D(两杆间的距离)；分别以 A 和 B 为圆心，以接闪杆的高度(h)为半径做两个圆，相交于 C 和 E 两点，CE 相连垂直交于点 O，O 点为两杆间地平线中点。EO 或 CO 的距离就是在地面两侧的最小保护宽度(b_o)。

在 AOB 轴线上，距中心点(O)任意距离 x 处在保护范围上边线上的保护高度应按下式计算：

$$h_x=h_r-\sqrt{(h_r-h)^2+\left(\frac{D}{2}\right)^2-x^2}$$

(3)两支不等高接闪杆的保护范围

在 A 接闪杆的高度 h_1 和 B 接闪杆高度 h_2 均小于或等于建筑物滚球半径(h_r)的情况下：

当两支接闪杆的距离 D(AB 间的连线)大于等于 $\sqrt{h_1(2h_r-h_1)}+\sqrt{h_2(2h_r-h_2)}$ 时，应各按上述单支接闪杆所规定的方法确定。

当两支接闪杆的距离 D(AB 间的连线)小于 $\sqrt{h_1(2h_r-h_1)}+\sqrt{h_2(2h_r-h_2)}$ 时，应按下列公式计算确定：

A 杆离保护建筑物滚球最低点的距离(D_1)：

$$D_1=\frac{(h_1-h_2)^2-(h_r-h_1)^2+D^2}{2D}$$

B 杆离保护建筑物滚球最低点的距离(D_2)：

$$D_2=D-D_1$$

在地面每侧的最小保护宽度(b_o)按下式计算：

$$b_o=CO=EO=\sqrt{h_1(2h_r-h_1)-D^2}$$

在 AB 两杆之间任意一点(x)保护范围的上边线高度位置(h_x)由下列公式计算：

$$h_x=h_r-\sqrt{(h_r-h_1)^2+D_1^2-x^2}$$

(4)矩形分布的四支等高接闪杆的保护范围

在接闪杆的高度(h)小于或等于滚球半径(h_r)的情况下，①当矩形对角线长度 $AC=BE=D_3$(注：为方便计算，假定四支等高接闪杆排列顺序为 $ABCE$，其中 A 在左上，B 在右上，C 在右下，E 在左下)大于等于 $2\sqrt{h(2h_r-h)}$ 时，应按两支等高接闪杆所规定的方法确定；当矩形对角线长度(D_3)小于 $2\sqrt{h(2h_r-h)}$ 时，其保护范围最低点的高度(h_o)应按下式计算：

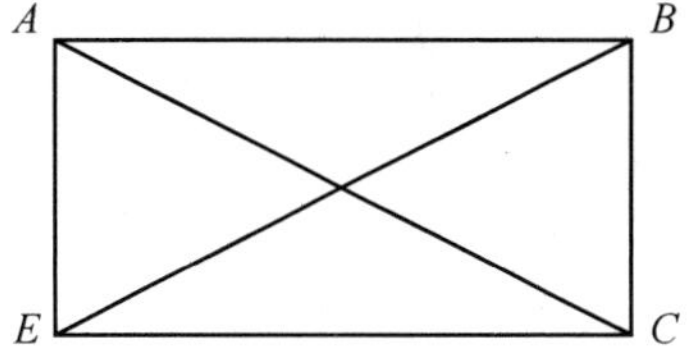

$$h_o=\sqrt{h_r^2-\left(\frac{D_3}{2}\right)^2}+h-h_r$$

四支等高接闪杆的高度 h_x 和离被保护建筑物的距离 x，按下列算法计算：

$$(h_r-h_x)^2=h_r^2-(b_o+x)^2$$

$$(h_r+h_o-h_x)^2=h_r^2-\left(\frac{D_1}{2}-x\right)^2$$

式中：D_1 为两杆之间的距离。

3. 防雷装置使用材料要求

防雷装置使用材料及其应用条件应当符合表 5.1.2 的规定。

表 5.1.2　防雷装置使用材料及其应用条件

材料	使用于大气中	使用于地中	使用于混凝土中	耐腐蚀情况		
				在下列环境中耐腐蚀	在下列环境中增加腐蚀	与下列材料接触形成直流电耦合可能受到严重腐蚀
铜	单根导体，绞线	单根导体，有镀层的绞线，铜管	单根导体，有镀层的绞线	在许多环境中良好	硫化物 有机材料	—

续表

材料	使用于大气中	使用于地中	使用于混凝土中	耐腐蚀情况		
				在下列环境中耐腐蚀	在下列环境中增加腐蚀	与下列材料接触形成直流电耦合可能受到严重腐蚀
热镀锌钢	单根导体，绞线	单根导体，钢管	单根导体，绞线	敷设于大气、混凝土和无腐蚀性的一般土壤中受到的腐蚀是可接受的	高氯化物含量	铜
电镀铜钢	单根导体	单根导体	单根导体	在许多环境中良好	硫化物	—
不锈钢	单根导体，绞线	单根导体，绞线	单根导体，绞线	在许多环境中良好	高氯化物含量	—
铝	单根导体，绞线	不适合	不适合	在含有低浓度硫和氯化物的大气中良好	碱性溶液	铜
铅	有镀铅层的单根导体	禁止	不适合	在含有高浓度硫酸化合物的大气中良好	—	铜 不锈钢

注：①敷设于黏土或潮湿土壤中的镀锌钢可能受到腐蚀；②在沿海地区，敷设于混凝土中的镀锌钢不宜延伸进入土壤中；③不得在地中采用铅。

接闪线(带)、接闪杆和引下线的材料和结构与最小截面应当符合表 5.1.3 的要求。

表 5.1.3　接闪线(带)、接闪杆和引下线的材料和结构与最小截面

材料	结构	最小截面积(mm^2)⑩	备注
铜、镀锡铜①	单根扁铜	50	厚度 2 mm
	单根圆铜⑦	50	直径 8 mm
	铜绞线	50	每股线直径 1.7 mm
	单根圆铜③④	176	直径 15 mm
铝	单根扁铝	70	厚度 3 mm
	单根圆铝	50	直径 8 mm
	铝绞线	50	每股线直径 1.7 mm
铝合金	单根扁形导体	50	厚度 2.5 mm
	单根圆形导体	50	直径 8 mm
	绞线	50	每股线直径 1.7 mm
	单根圆形导体③	176	直径 15 mm
	外表面镀铜的单根圆形导体	50	直径 8 mm，径向镀铜厚度至少 70 μm，铜纯度 99.9%
热浸镀锌钢②	单根扁钢	50	厚度 2.5 mm
	单根圆钢⑨	50	直径 8 mm
	绞线	50	每股线直径 1.7 mm
	单根圆钢③④	176	直径 15 mm

续表

材料	结构	最小截面积(mm^2)⑩	备注
不锈钢⑤	单根扁钢⑥	50⑧	厚度 2 mm
	单根圆钢⑥	50⑧	直径 8 mm
	绞线	70	每股线直径 1.7 mm
	单根圆钢③④	176	直径 15 mm
外表面镀铜的钢	单根圆钢(直径 8 mm)	50	镀铜厚度至少 70 μm,铜纯度 99.9%
	单根扁钢(厚度 2.5 mm)		

注:① 热浸或电镀锡的锡层最小厚度为 1 μm;② 镀锌层宜光滑连贯、无焊剂斑点,镀锌层圆钢至少 22.7 g/m^2,扁钢至少 32.4 g/m^2;③ 仅应用于接闪杆。当应用于机械应力没达到临界值之处,可采用直径 10 mm、最长 1 m 的接闪杆,并增加固定;④ 仅应用于入地之处;⑤ 不锈钢中,铬的含量≥16%,镍的含量≥8%,碳的含量≤0.08%;⑥ 对埋于混凝土中以及与可燃材料直接接触的不锈钢,其最小尺寸宜增大至直径 10 mm 的 78 mm^2(单根圆钢)和最小厚度 3 mm 的 75 mm^2(单根扁钢);⑦ 在机械强度没有重要要求之处,50 mm^2(直径 8 mm)可减为 28 mm^2(直径 6 mm)并应减少固定支架间的间距;⑧ 当温升和机械受力是重点考虑之处,50 mm^2 加大至 75 mm^2;⑨ 避免在单位能量 10 MJ/Ω 下熔化的最小截面是:铜为 16 mm^2、铝为 25 mm^2、钢为 50 mm^2、不锈钢为 50 mm^2;⑩截面积允许误差为−3%。

另外规范特别强调,接闪杆采用热镀锌圆钢或钢管制成时,其直径应当符合以下规定:

杆长在 1 m 以下时,圆钢不应小于 12 mm,钢管不应小于 20 mm;杆长在 1～2 m 时,圆钢不应小于 16 mm,钢管不应小于 25 mm;独立烟囱顶上的杆,圆钢不应小于 20 mm,钢管不应小于 40 mm。

接闪杆的接闪端宜做成半球状,其最小弯曲半径宜为 4.8 mm,最大宜为 12.7 mm。

当独立烟囱上采用热镀锌接闪环时,其圆钢直径不应小于 12 mm;扁钢截面不应小于 100 mm^2,其厚度不应小于 4 mm。

架空接闪线和接闪网宜采用截面不小于 50 mm^2 热镀锌钢绞线或铜绞线。

明敷接闪导体固定支架的高度不宜小于 150 mm。其间距符合表 5.1.4 的规定。

表 5.1.4　明敷接闪导体和引下线固定支架的间距

布置方式	扁形导体和绞线固定支架的间距(mm)	单根圆形导体固定支架的间距(mm)
安装于水平面上的水平导体	500	1000
安装于垂直面上的水平导体	500	1000
安装于从地面至高 20 m 垂直面上的垂直导体	1000	1000
安装在高于 20 m 垂直面上的垂直导体	500	1000

4. 利用建筑物金属屋面做接闪器的规定

为了有效利用建筑材料,规范规定除第一类建筑物外,可以利用建筑物金属屋面做接闪器,但必须符合下列规定。

屋顶板间可采用铜锌合金焊、熔焊、卷边压接、缝接、螺钉或螺栓的连接,使板间保持持久的电气贯通;屋顶金属板下面无易燃物品时,铅板的厚度不应小于 2 mm,不锈钢、热镀锌钢、钛和铜板的厚度不应小于 0.5 mm,铝板的厚度不应小于 0.65 mm,锌板的厚度不应小于

0.7 mm；当屋顶金属板下面有易燃物品时，不锈钢、热镀锌钢、钛板的厚度不应小于 4 mm，铜板的厚度不应小于 5 mm，铝板的厚度不应小于 7 mm；屋顶金属板应无绝缘被覆层（注：薄的油漆保护层或 1 mm 厚沥青层或 0.5 mm 厚聚氯乙烯层均不应属于绝缘被覆层）。近年来，经常采用一种加有非易燃物保温层的双金属板做成的屋面板（彩板）。在这种情况下，只要上层金属板的厚度满足防雷电要求就可以用作建筑物接闪器。但要确定其夹层的物质必须是非易燃物且选用高级别的阻燃类型。

除一类建筑物外，利用建筑物屋顶上保持电气贯通的永久性金属物，借做接闪器也是允许的。但必须符合下列规定：旗杆、栏杆、装饰物、女儿墙上的盖板等做接闪器时，其截面、厚度、机械应力等参数要符合防雷电装置材料的要求；输送和储存物体的钢管和钢罐的壁厚不应小于 2.5 mm，当钢管、钢罐一旦被雷击穿，其内的介质能够对周围环境造成危险时，其壁厚不应小于 4 mm，同时做好防雷电感应的装置处理；利用混凝土构件内钢筋或混凝土内设钢筋做接闪器，应当符合接闪器的材料标准。

除利用混凝土构件钢筋或混凝土内专设钢材接闪器外，其他钢质接闪器应做热镀锌处理，在腐蚀性较强的场所，还要采取加大截面或其他防腐措施。

为了防止雷电流经电视（或其他信号线）侵入室内，规范特别规定了“不得利用安装在接收无线电视广播天线杆顶上的接闪器保护建筑物”。

5. 专门敷设的接闪器规定

布置专门敷设的接闪器时，可单独或任意组合采用接闪杆、接闪带或接闪网。其布置参数应当符合表 5.1.5 的规定。

表 5.1.5　布置专门敷设的接闪器参数(m)

建筑物防雷类别	滚球半径 h_r(m)	接闪网网格尺寸(m)
第一类防雷建筑物	30	≤5×5 或≤6×4
第二类防雷建筑物	45	≤10×10 或≤12×8
第三类防雷建筑物	60	≤20×20 或≤24×16

6. 利用女儿墙上接闪带做建筑物接闪器的要求

在屋面女儿墙已有接闪带的情况下，是否还要另外敷设接闪网保护建筑物？须用下列公式来判断：

$$S > h_r - [h_r^2 - (d/2)^2]^{1/2}$$

式中：h_r 为选择建筑物的滚球半径(m)，d 为女儿墙沿屋面宽度方向的距离(m)，S 为女儿墙上接闪带至屋面中央高处水平面的垂直距离(m)。

当 S 满足上述公式时可以不另敷设，反之，则需要加设接闪网。

7. 接闪杆的设立还要考虑接闪杆材质所承受的风压

试验表明，在同样的风压和长度下，采用钢管做接闪杆所产生的挠度（在受力或非均匀温度变化时，杆件轴线在垂直于轴线方向的线位移或板壳中面在垂直于中间方向的线位移）比圆钢的要小。经计算，如果允许挠度采用 1/50，则接闪杆各尺寸允许的风压可由表 5.1.6 参考。

表 5.1.6　接闪杆各尺寸允许的风压

规格		风压(kN/m²)
1 m 长接闪杆	∅12 圆钢	2.66
	∅20 钢管	12.32
2 m 长接闪杆	∅16 圆钢	0.79
	∅20 钢管	1.54
	∅25 钢管	2.43
	∅40 钢管	5.57

(二)引下线(概念、定义、用途、功能、样式、设计安装检测的注意事项参见其他章节,此处略)

大纲要求:掌握引下线的一般规定;掌握各类防雷建筑物的引下线布设方式和间距、接地电阻值要求;掌握明装和暗装引下线的材料、尺寸和敷设要求。

(1)一般规定。为了减少引下线的电感量,引下线应当沿最短接地路径敷设,对于建筑物外观要求较高的建筑物,引下线可以采用暗敷,考虑到维修的困难,暗敷引下线的截面要加大。引下线的材料、结构和最小截面积、尺寸、防腐措施等应当符合规定,明敷引下线固定支架的间距符合规定;引下线宜采用镀锌圆钢或扁钢,优先采用圆钢。

(2)专设引下线应沿建筑物外墙表面明敷,并应经最短路径接地;对建筑物外观要求较高时可暗敷引下线,引下线圆钢直径不应小于 10 mm,扁钢截面不应小于 80 mm^2。

(3)建筑物的钢梁、钢柱、消防梯等金属构件以及幕墙的金属立柱宜作为引下线,但其各部件之间均应连成电气贯通,可采用铜锌合金焊、熔焊、卷边压接、缝接、螺钉或螺栓连接;其截面应符合防雷电要求的规定;各金属构件可覆有绝缘材料。

(4)采用多根专设引下线时,其间距应符合防雷电要求;为便于拆解维修和避免建筑物因维护防雷装置引起的损坏,应在各引下线上距地面 0.3～1.8 m 处装设断接卡。在易受机械损伤之处,地面上 1.7 m 至地面下 0.3 m 的一段接地线,应采用暗敷或采用镀锌角钢、改性塑料管或橡胶管等加以保护。

(5)当利用混凝土内钢筋、钢柱作为自然引下线并同时采用建筑物基础做接地体时,可不设断接卡。但应在室内外适当的地点设若干连接板。当今利用钢筋做引下线并采用人工接地体时应在每根引下线上距地面不低于 0.3 m 处设接地体连接板。连接板处有明显标志,引下线并设断接卡。断接卡上端应与连接板或钢柱焊接。

(6)第二类或第三类防雷建筑物为钢结构或钢筋混凝土建筑物时,在其钢构件或钢筋之间的连接满足作为防雷引下线的规定,其垂直支柱均起到引下线的作用时,可不要求满足专设引下线之间的间距。

(三)接地装置(概念、定义、用途、功能、样式、设计安装检测的注意事项参见其他章节,此处略)

1. 一般要求

外部防雷的接地装置应围绕建筑物敷设成环形接地体。接地体的长度和当地土壤电阻率以及每根引下线的冲击电阻有关。当引下线的冲击接地电阻大于 10 Ω 时,外部环形接地体按

下列方式敷设。

(1)当土壤电阻率(ρ)小于或等于 500 Ω·m 时,对环形接地体所包围面积的等效圆半径小于 5 m 的情况下,每一引下线处应补加水平接地体或垂直接地体。

补加水平接地体的最小长度(l_r)按下列公式计算:

$$l_r = 5 - \sqrt{A/\pi}$$

式中:A 为环形接地体所包围面积(m^2),$\sqrt{A/\pi}$ 为环形接地体所包围面积的等效圆半径(m)。

补加垂直接地体的最小长度(l_v)按下列公式计算:

$$l_v = (5 - \sqrt{A/\pi})/2$$

(2)当土壤电阻率大于 500 Ω·m、小于或等于 3000 Ω·m,且对环形接地体所包围面积的等效圆半径 $\sqrt{A/\pi} < 11\rho - 3600/380$ 时,每根引下线应补加水平接地体或垂直接地体。

补加水平接地体的最小长度(l_r)按下列公式计算:

$$l_r = (11\rho - 3600)/380 - \sqrt{A/\pi}$$

补加垂直接地体的最小长度(l_v)按下列公式计算:

$$l_v = [(11\rho - 3600)/380 - \sqrt{A/\pi}]/2$$

注:按此公式计算敷设接地体以及环形接地体所包围的面积的等效圆半径等于或大于所规定的值时,每根引下线的冲击接地电阻可不作规定。共用接地装置的接地电阻按 50 Hz 电气装置的接地电阻确定,应为不大于按人身安全所确定的接地电阻值。

2. 接地体的材料、结构与尺寸要求

《规范》严格要求了用作防雷电接地体的材料结构和尺寸截面积要求,见表 5.1.7。

表 5.1.7 接地体的材料、结构和最小尺寸要求

材料	结构	最小尺寸			备注
		垂直接地体直径(mm)	水平接地体(mm^2)	接地板(mm)	
铜、镀锡铜	铜绞线	—	50	—	每股直径 1.7 mm
	单根圆铜	15	50	—	—
	单根扁铜	—	50	—	厚度 2 mm
	铜管	20	—	—	壁厚 2 mm
	整块铜板	—	—	500×500	厚度 2 mm
	网格铜板	—	—	600×600	各网格边截面 25 mm×2 mm,网格网边总长度不少于 4.8 m
热镀锌钢	圆钢	14	78	—	—
	钢管	20	—	—	壁厚 2 mm
	扁钢	—	90	—	厚度 3 mm
	钢板	—	—	500×500	厚度 3 mm
	网络钢板	—	—	600×600	各网格边截面 30 mm×3 mm,网格网边总长度不少于 4.8 m
	型钢	注③	—	—	—

续表

材料	结构	最小尺寸			备注
		垂直接地体直径(mm)	水平接地体(mm^2)	接地板(mm)	
裸钢	钢绞线	—	70	—	每股直径 1.7 mm
	圆钢	—	78	—	—
	扁钢	—	75	—	厚度 3 mm
外表面镀铜的钢	圆钢	14	50	—	镀铜厚度至少 250 μm,铜纯度 99.9%
	扁钢	—	90(厚 3 mm)	—	
不锈钢	圆形导体	15	78	—	—
	扁形导体	—	100	—	厚度 2 mm

注:① 热镀锌钢的镀锌层应光滑连贯、无焊剂斑点,镀锌层圆钢至少 22.7 g/m^2,扁钢至少 32.4 g/m^2;

② 热镀锌之前螺纹应先加工好;

③ 不同截面的型钢,其截面不小于 290 mm^2,最小厚度 3 mm,可采用 50 mm×50 mm×3 mm 的角钢;

④ 当完全埋在混凝土中时才可采用裸钢;

⑤ 外表面镀铜的钢,铜应与钢应结合良好;

⑥ 不锈钢中,铬的含量等于或大于 16%,镍的含量等于或大于 5%,钼的含量等于或大于 2%,碳的含量等于或小于 0.08%;

⑦ 截面积允许误差为-3%。

3. 地埋接地体要求

大纲要求:掌握计算防直击雷的环形接地体所需补加人工水平接地体和人工垂直接地体的条件及方法。

在符合规定的接地体埋入土壤中有以下要求。

(1)人工接地体在土壤中的埋设深度不应小于 0.5 m,并宜敷设在当地冻土层以下,其距墙或基础不宜小于 1 m ,接地体宜远离由于烧窑、烟道等高温影响使土壤电阻率升高的地方,在敷设于土壤中的接地体连接到混凝土基础内起基础接地体作用的钢筋或钢材的情况下。土壤中的接地体宜采用铜质或镀铜或不锈钢导体。接地体地埋长度宜为 2.5 m,其间距为 5 m。受地方限制时可适当减少。接地装置埋在土壤中的部分,其连接宜采用放热焊接,当采用通常的焊接方法时,应在焊接处做防腐处理。接地体与引下线连接处应距出入口或人行道边缘 3 m 以外。

(2)人工垂直接地体宜采用热镀锌角钢、钢管或圆钢。

(3)人工水平接地体宜采用热镀锌扁钢或圆钢。接地线应与水平接地体的截面相同。

(4)在高土壤电阻率的场地,降低防直击雷冲击接地电阻通常采用多支线外引接地装置、埋于较深的低电阻率土壤中、换土、采用降阻剂等方法。

4. 接地装置冲击接地电阻的计算

我们在实际检测中得到接地电阻是指在工频或直流电流流过时的电阻,通常叫作工频(或直流)接地电阻。而对于防雷接地雷电冲击电流流过时的电阻,叫作冲击接地电阻。从物理过程来看,防雷接地与工频接地有两点区别,一是雷电流的幅值大,二是雷电流的等值频率高。雷电流的幅值大,会使地中电流密度增大,因而提高土壤中电场强度,在接地体表面附近的表现尤为显著。当电场强度超过土壤击穿场强时会发生局部火花放电，使土壤电导增大。试验表明，当土壤电阻率为 500 Ω·m，预放电时间为 3～5 μs 时，土壤的击穿场强为 6～12 kV/cm。因此，同一接地装置在幅值很高的雷电冲击电流作用下，其接地电阻要小于工频电流下的数值。这一现象称为“火花”效应；雷电流的等值频率越高，会使接地体本身呈现越明显的电感效应，阻碍电流向接地体的远端流通。对于长度较大的接地体这种影响更显著。结果使接地体得不到充分利用，接地电阻值大于工频接地电阻。这一现象称为电感效应。因此，《规范》规定了接地体的有效长度。

由于上述原因，同一接地装置具有不同的冲击接地电阻值和工频接地电阻值，两者之间的比称为冲击系数 A；$A=R_{\sim}/R_i$，其中 $R_{\sim}$ 为工频接地电阻；R_i 为冲击接地电阻，是指接地体上的冲击电压幅值与冲击电流幅值之比，实际上应是接地阻抗，但习惯上仍称为冲击接地电阻。冲击系数 A 与接地体的几何尺寸、雷电流的幅值和波形以及土壤电阻率等因素有关，多数靠实验确定。一般情况下由于火花效应大于电感影响，故 $A<1$；但对于电感影响明显的情况，则可能 $A\geqslant1$，冲击接地电阻值一般要求小于 10 Ω，见图 5.1.1。

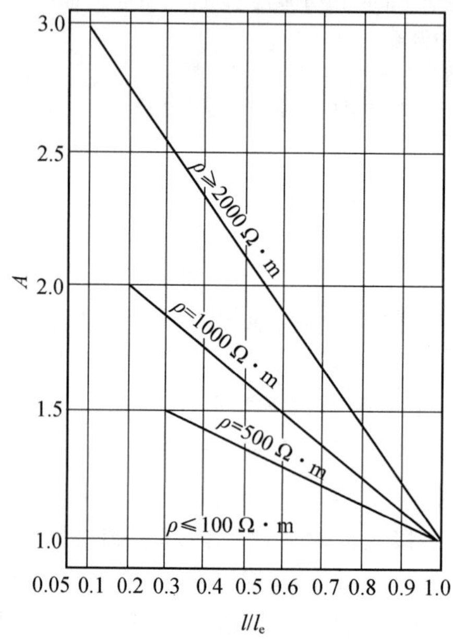

图 5.1.1　土壤电阻率和冲击接地电阻示意

接地体有效长度(l_e)按下列公式计算：

$$l_e=2\sqrt{\rho}$$

式中：l_e 为接地体的有效长度(m)，ρ 为土壤电阻率(Ω·m)。

当环形接地体周长的一半大于或等于接地体的有效长度时，引下线的冲击接地电阻应为从与引下线的连接点起沿两侧接地体各取有效长度的长度算出的工频接地电阻，换算系数应等于 1。

当环形接地体周长的一半小于有效长度时，引下线的冲击接地电阻应为以接地体的实际长度算出的工频接地电阻再除以换算系数。

与引下线连接的基础接地体，当其钢筋从与引下线的连接点量起大于 20 m 时，其冲击接地电阻应为以换算系数等于 1 和以该连接点为圆心、20 m 为半径的半球体范围内的钢筋体的工频接地电阻。

第二节 《建筑物防雷设计规范》中防雷击电磁脉冲

大纲要求：防雷击电磁脉冲的一般规定；掌握防雷击电磁脉冲的规定；掌握在何种情况下，应在建筑物预埋等电位连接板；熟记防雷区的定义，掌握划分防雷区的原则、目的和特征；能熟练地填出磁场环境的相关内容；熟悉屏蔽的目的和基本屏蔽措施；掌握在格栅形大空间屏蔽物附近发生雷击时，屏蔽体内部的磁场强度计算方法；掌握闪电直接击在格栅形大空间屏蔽上时，屏蔽体内磁场强度的计算方法；掌握信息系统的接地除应符合一般建筑物的防雷要求外，还应符合哪些规定。

一、防雷击电磁脉冲的一般规定

雷击电磁脉冲是指雷电流经电阻、电感、电容耦合产生的电磁效应，包含闪电电涌和辐射电磁场。由于现在许多建筑物工程在建设初期甚至建成后仍不知其用途，如供今后出租使用的毛坯房，在防雷击电磁脉冲的措施中，建筑物的自然屏蔽物和各种金属物以及其与以后安装的设备之间的等电位连接是很重要的。若建筑物完成后，再重新实现防雷电要求是非常困难的。因此，《规范》要求，在建筑物工程设计阶段，在不知道电子系统的规模和具体位置的情况下，预计将来会有需要防雷击电磁脉冲的电气系统和电子系统，应在设计时将建筑物的金属支撑物、金属框架或钢筋混凝土的钢筋等自然构件、金属管道、配电的保护接地系统等与防雷装置组成一个接地系统，并在需要之处预埋等电位连接板。这些措施实现后，以后只要合理选用和安装SPD以及做符合要求的等电位连接，整个防雷电设施就完善了，做起来也比较容易。

当电源采用TN系统时，建筑物内必须采用TN-S系统。这是由于正常的负荷电流只沿中线N流回，不应使有的负荷电流沿PE线或与PE线有连接的导体流回，否则，这些电流会干扰正常运行的用电设备。这是强制性的要求。

二、防雷区分区原则和规定

防雷区是根据被保护物重要程度以及雷击的可能与特点，划出雷击电磁环境的不同区域。其目的是将需要保护的空间划分为不同防雷区域，规定各部分空间不同的雷击脉冲磁场强度的严重程度和指明各区交界处的等电位连接点的位置，以便采取不同的防雷电措施。其划分的原则是依据电磁环境有明显改变为特征，改变处即为各区之间的界面。各区之间不一定要有实物界面。如不一定要有墙壁、地板或天花板作为防雷区界面。《规范》划为LPZ0、LPZ1、LPZ2三个区域。通常防雷区的数越高，其电磁场强度越小，区域内需要保护的对象越重要。由于建筑物内电磁场会受到如窗户这样的“洞”的影响以及金属导体上电流的影响或电缆路径的影响，其区域的形状是不确定的，每个区域内也不一定是连续的。一般按图5.2.1的原则，将需要保护的空间划分成不同防雷区。

设计防御雷击对建筑物内的电气系统和电子系统侵害的方案，主要从侵害源、被害物（保护对象）和设备的耐受水平三个方面来考虑。

雷击电磁脉冲的雷电流及其相应磁场是原始侵害源，其磁场的波形与雷电流的相同。涉及建筑物内的保护时，雷击电场的影响通常是次要的，主要考虑雷击电磁脉冲（LEMP）的影

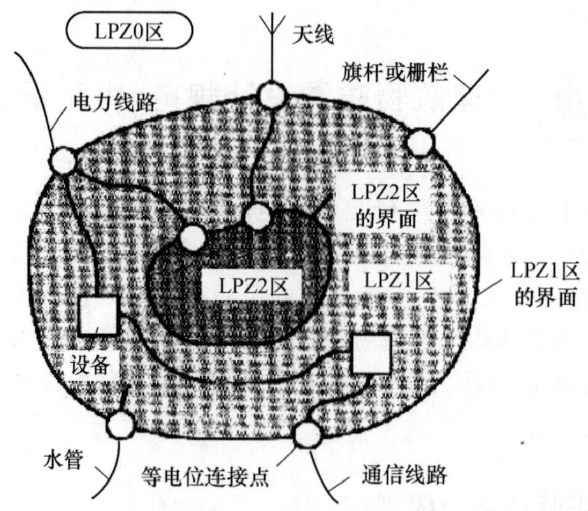

图 5.2.1　将一个需要保护的空间划分为不同防雷区的一般原则

响。根据建筑物的不同类别，选取不同的防御雷电磁脉冲电流的耐受最大值。

设备(被害物)的耐受水平参考设备的产品说明书。

防雷区的划分应符合下列规定：

(1)本区内的各物体都可能遭到直击雷击并导走全部雷电流，以及本区内的雷击电磁场强度没有衰减时，应划分为 $LPZ0_A$ 区；

(2)本区内的各物体不可能遭到大于所选滚球半径对应的雷电流直接雷击，以及本区内的雷击电磁场强度仍没有衰减时，应划分为 $LPZ0_B$ 区；

(3)本区内的各物体不可能遭到直接雷击，且由于在界面处的分流，流经各导体的电涌电流比 $LPZ0_B$ 区内的更小，以及本区内的雷击电磁场强度可能衰减时，衰减程度取决于屏蔽措施时，应划分为 LPZ1 区；

(4)需要进一步减小流入的电涌电流和雷击电磁场强度时，增设的后续防雷区应划分为 LPZ2，…，LPZn 后续防雷区。

三、后续各区磁场环境

安装磁场屏蔽后续防雷区、安装协调配合好的多组电涌保护器，宜按需要保护的设备数量、类型和耐压水平及其所要求的磁场环境选择，如图 5.2.2 所示。

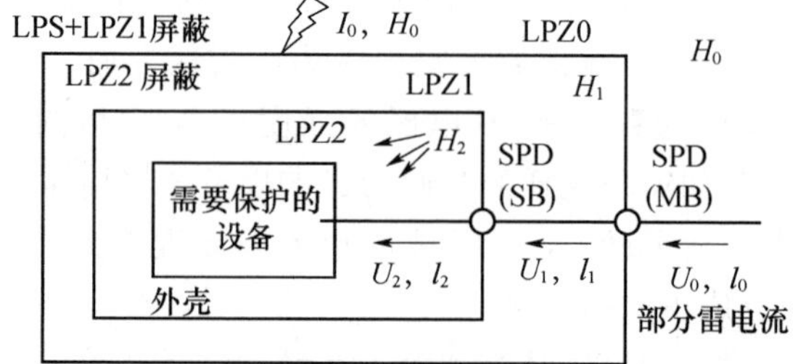

图 5.2.2(a)　采取大空间屏蔽和协调配合好的电涌保护器保护

注：设备得到良好的防导入电涌的保护，U_2 大大小于 U_0 和 I_2 大大小于 I_0，以及 H_2 大大小于 H_0 防辐射磁场的保护

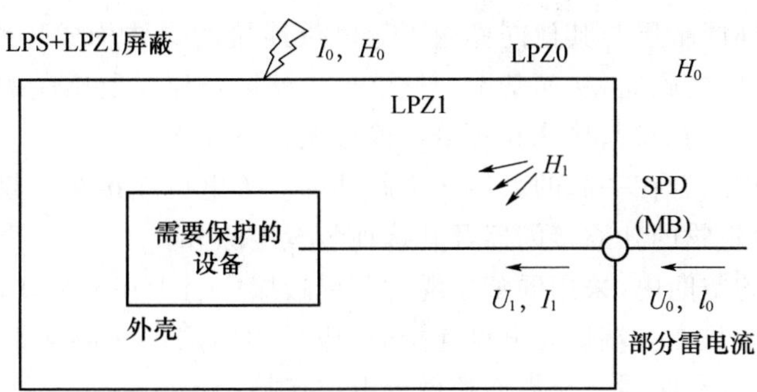

图 5.2.2(b)　采用 LPZ1 的大空间屏蔽和进户处安装电涌保护器的保护

注:设备得到防导入电涌的保护,U_1 小于 U_0 和 I_1 小于 I_0,

以及 H_1 小于 H_0 防辐射磁场的保护

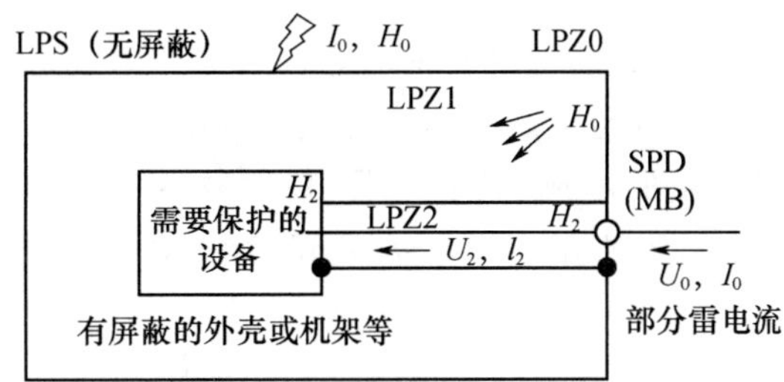

图 5.2.2(c)　采用内部线路屏蔽和在进入 LPZ1 处安装电涌保护器的保护

注:设备得到防线路导入电涌的保护,U_2 小于 U_0 和

I_2 小于 I_0,以及 H_2 小于 H_0 防辐射磁场的保护

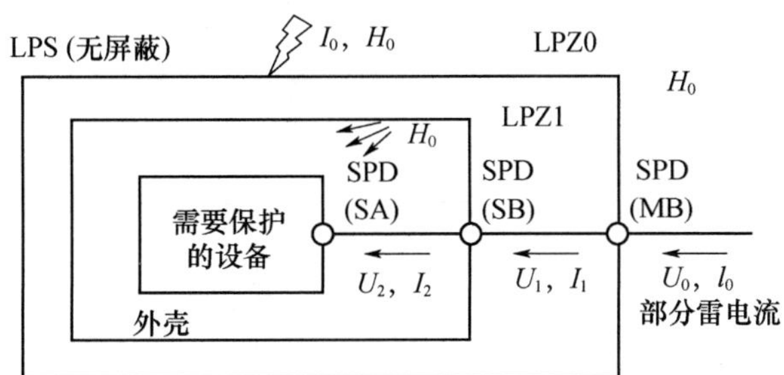

图 5.2.2(d)　仅采用协调配合好的电涌保护器保护

注:设备得到防线路导入电涌的保护,U_2 大大小于 U_0 和 I_2 大大小于 I_0,但不需防 H_0 辐射磁场的保护

(MB—总配电箱;SB—分配电箱;SA—插座)

在两个防雷区的界面上宜将所有通过界面的金属物做等电位连接。当线路能承受所发生的电涌电压时,电涌保护器可安装在被保护设备处,而线路的金属保护层或屏蔽层宜首先于界面处做一次等电位连接。(注:$LPZ0_A$ 与 $LPZ0_B$ 区之间无实物界面。)

四、防雷电电磁脉冲中屏蔽、接地和等电位连接

屏蔽是减少电磁干扰的基本措施。屏蔽层仅一端做等电位连接和另一端悬浮时,它只能防静电感应,防不了磁场强度变化所感应的电压。为减小屏蔽芯线的感应电压,在屏蔽层仅一端做等电位连接的情况下,应采用有绝缘隔开的双层屏蔽,外层屏蔽至少在两端做等电位连

接。在这种情况下，外屏蔽层与其他同样做了等电位连接的导体构成环路，感应出一电流，因此产生减低源磁场强度的磁通，从而基本上抵消掉无外屏蔽层时所感应的电压。因此，《规范》对建筑物防电磁脉冲时的屏蔽、接地和等电位连接做如下要求。

(1)所有与建筑物组合在一起的大尺寸金属件都应等电位连接在一起，并应与防雷装置相连。但第一类防雷建筑物的独立接闪器及其接地装置应除外。

(2)在需要保护的空间内，采用屏蔽电缆时其屏蔽层应至少在两端并宜在防雷区交界处做等电位连接，系统要求只在一端做等电位连接时，应采用两层屏蔽或穿钢管敷设，外层屏蔽或钢管应至少在两端并宜在防雷区交界面处做等电位连接。

(3)分开的建筑物之间的连接线路，若无屏蔽层，线路应敷设在金属管、金属格栅或钢筋成格栅形的混凝土管道内。金属管、金属格栅或钢筋格栅从一端到另一端应是导电贯通，并应在两端分别连到建筑物的等电位连接带上；若有屏蔽层，屏蔽层的两端应连到建筑物的等电位连接带上。

(4)对由金属物、金属框架或钢筋混凝土钢筋等自然构件构成建筑物或房间的格栅形大空间屏蔽，应将穿入大空间屏蔽的导电金属物就近与其做等电位连接。

下面给出两个等电位连接的示例，请在实际工作中参考。图 5.2.3 是钢筋混凝土建筑物等电位连接的例子；图 5.2.4 是对某一办公建筑物设计防雷区、屏蔽、等电位连接和接地的例子。

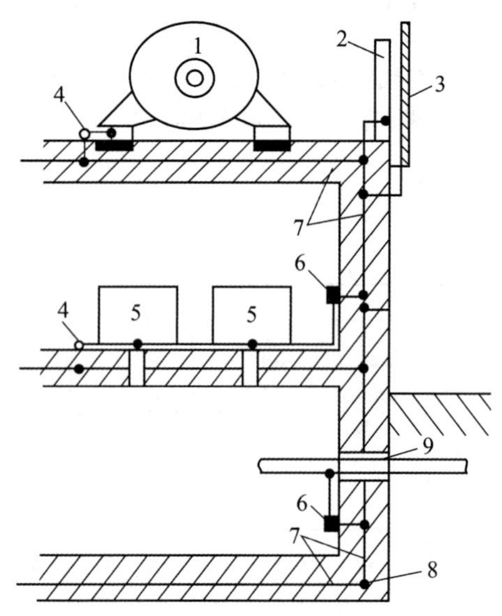

图 5.2.3　对某一钢筋混凝土建筑物内等电位连接示例

(1—电力设备；2—钢支柱；3—立面的金属盖板；4—等电位连接点；5—电气设备；6—等电位连接带；7—混凝土内的钢筋；8—基础接地体；9—各种管线的共用入口)

五、建筑物屏蔽效率未确定的情况下磁场强度的计算

IEC 规定的试验波形是阻尼震荡波，可用于确定设备耐受由首次正极性雷击和后续雷击磁场波头陡度所产生的磁场强度。(注：陡度指在每单位距离的数值变化。通常把坡面的铅直高度 h 和水平宽度 l 的比叫作陡度。雷电流平均陡度是指在指定的时间间隔内，起点与终点雷电流的差值被指定的时间间隔相除所得的数值。)在建筑物防雷实践中，对屏蔽效率未做试

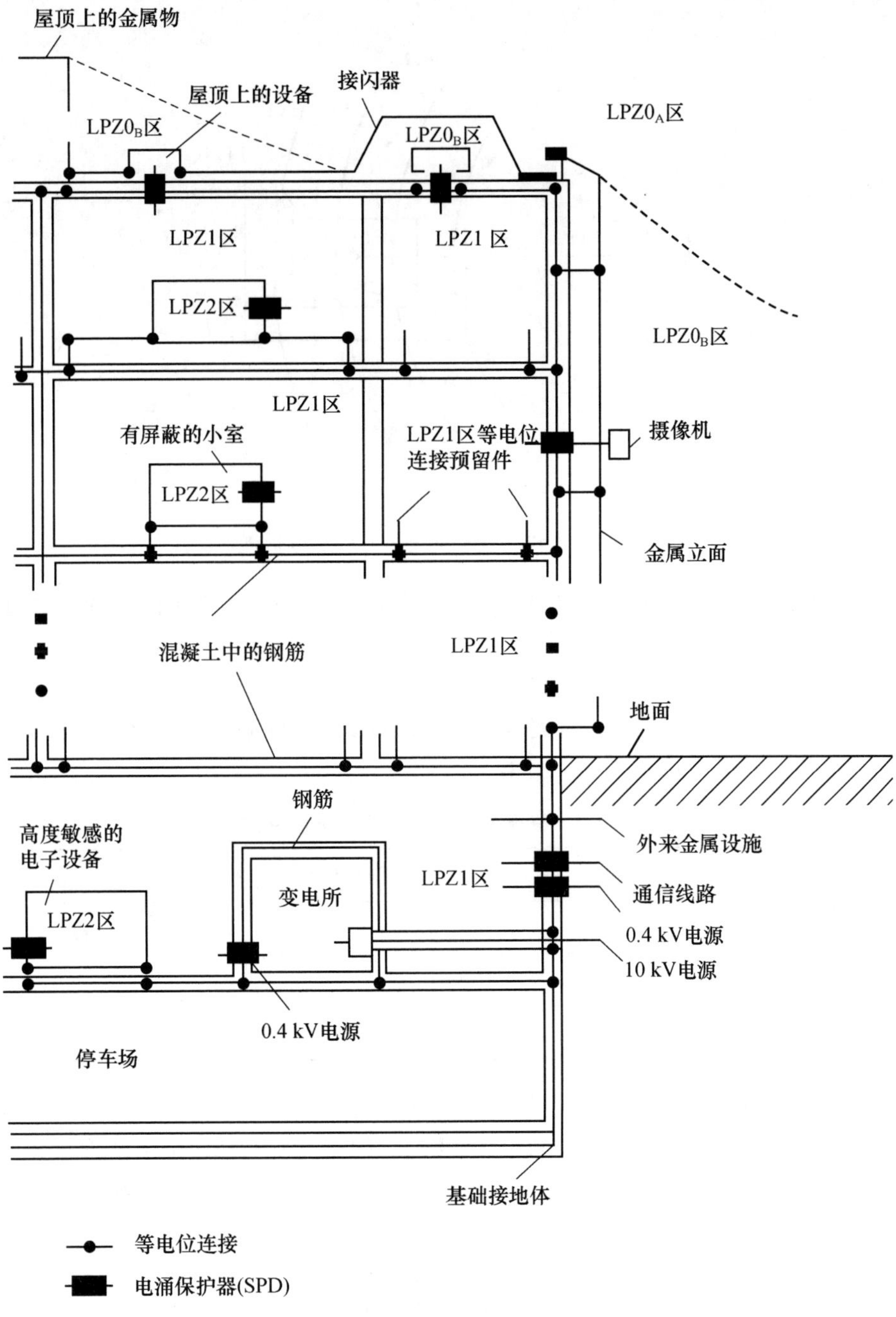

图 5.2.4　对一办公建筑物设计防雷区、屏蔽、等电位连接和接地示例

验和理论研究时，雷击电磁脉冲的磁场强度的衰减分为下列几种情况计算。

(1)闪电击于建筑物以外附近时，磁场强度应按下列公式计算。

① 当建筑物和房间无屏蔽时所产生的无衰减磁场强度，相当于处于 LPZ0$_A$ 和 LPZ0$_B$ 区内的磁场强度：

$$H_0 = i_0/(2\pi S_a)$$

式中：H_0 为无屏蔽时产生的无衰减磁场强度(A/m)，i_0 为最大雷电流(A)，S_a 为雷击点与屏蔽空间之间的平均距离(m)，见图 5.2.5 示意。

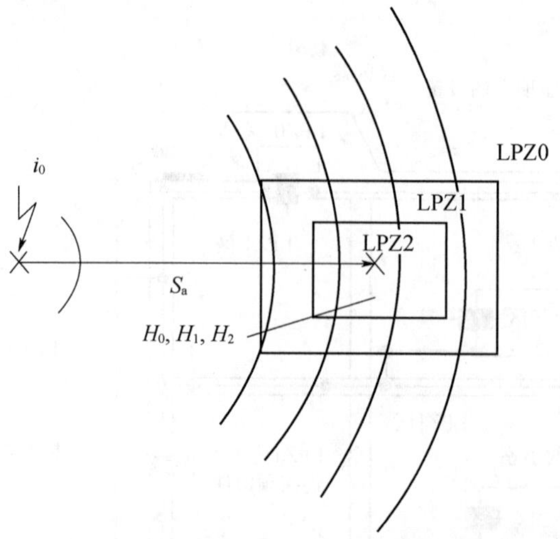

图 5.2.5 建筑物附近雷击时的环境情况

② 当建筑物或房间有屏蔽时，在格栅形大空间屏蔽内，即在 LPZ1 区内的磁场强度，应按下式计算：

$$H_1 = H_0/10^{SF/20}$$

式中：H_1 为格栅形大空间屏蔽内的磁场强度(A/m)；SF 为屏蔽系数(dB)。SF 由其材料不同计算公式而不同，一般采用表 5.2.1 计算。

表 5.2.1 格栅形大空间屏蔽的屏蔽系数

材料	SF(dB)	
	25 kHz	1 MHz 或 250 kHz
铜/铝	$20\times\lg(8.5/w)$	$20\times\lg(8.5/w)$
钢	$20\times\lg\left[(8.5/w)\ /\ \sqrt{1+18\times10^{-6}/r^2}\right]$	$20\times\lg(8.5/w)$

表 5.2.1 中 25 kHz 适用于首次雷击的磁场；1 MHz 适用于后续雷击的磁场，250 kHz 适用于首次负极性雷击的磁场；钢的相对磁导系数 μ_r 约等于 200；w 为格栅形屏蔽的网格宽(m)；r 为格栅形屏蔽网格导体的半径(m)；当计算式得出的值为负数时取 $SF=0$；若建筑物具有网格形等电位连接网络，SF 可增加 6 dB。

(2)表 5.2.1 的计算值应仅对在各 LPZ 区内距屏蔽层有一定安全距离的安全空间内才有效，如图 5.2.6 所示，安全距离($d_{s/1}$)应按下列公式计算：

当 $SF\geqslant10$ 时

$$d_{s/1} = w^{SF/10}$$

当 $SF<10$ 时

$$d_{s/1} = w$$

式中：$d_{s/1}$ 为安全距离(m)；w 为格栅形屏蔽的网格宽(m)；SF 为按表 5.2.1 计算的屏蔽系数(dB)。

(3)在闪电击在建筑物附近磁场强度最大的最坏情况下，按建筑物的防雷类别、高度、宽度或长度可确定可能的雷击点与屏蔽空间之间平均距离的最小值(图 5.2.7)，可按下列方法确定。

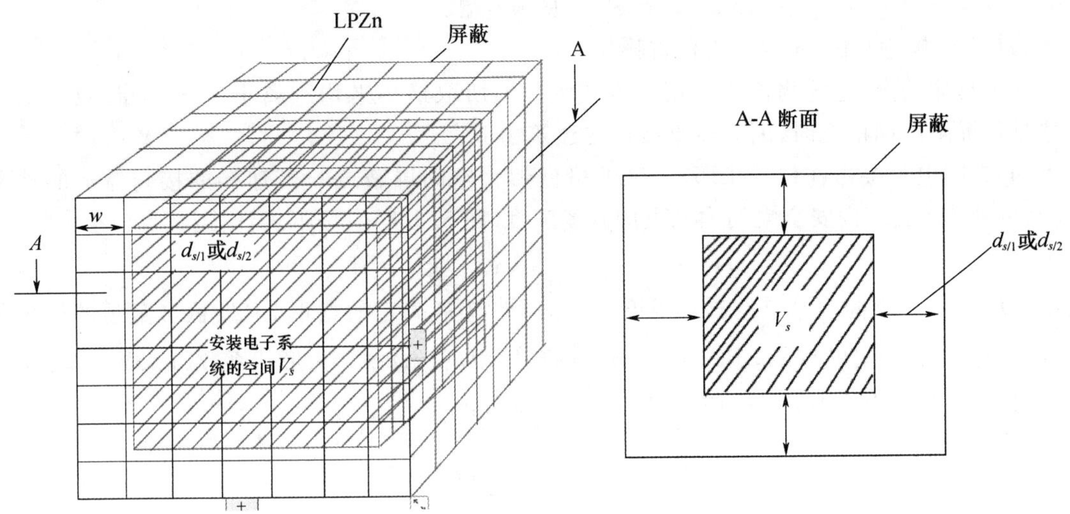

图 5.2.6　在 LPZn 区内共安放电气和电子系统的空间

（空间 V_s 为安全空间）

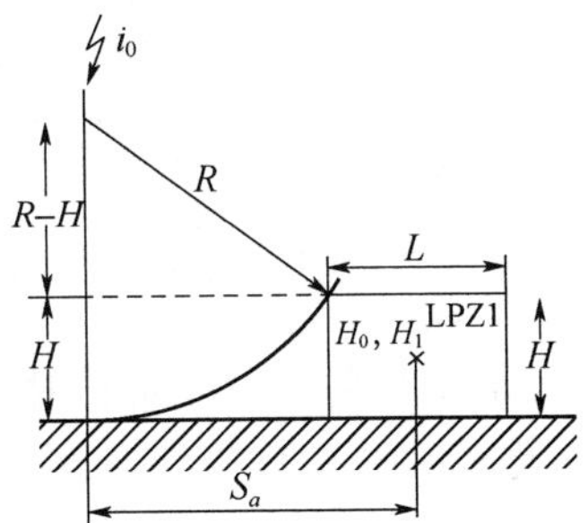

图 5.2.7　屏蔽雷击取决于滚球半径和建筑物尺寸的最小平均

① 对应三类防雷建筑物最大雷电流的滚球半径应符合表 5.2.2 的规定。滚球半径 R 与最大雷电流 i_0 满足下列关系式：

$$R = 10(i_0)^{0.65}$$

表 5.2.2　与最大雷电流对应的滚球半径

防雷建筑物类别	最大雷电流 i_0(kA)			对应的滚球半径 R(m)		
	正极性首次雷击	负极性首次雷击	负极性后续雷击	正极性首次雷击	负极性首次雷击	负极性后续雷击
第一类	200	100	50	313	200	127
第二类	150	75	37.5	260	165	105
第三类	100	50	25	200	127	81

② 雷击点与屏蔽空间之间的最小平均距离 S_a 应按下列公式计算：

当 $H<R$ 时：

$$S_a = \sqrt{H(2R-H)} + L/2$$

当 $H \geqslant R$ 时：

$$S_a = R + L/2$$

式中：H 为建筑物高度(m)；L 为建筑物长度(m)。

根据具体情况，建筑物长度可用宽度代入。但所取最小平均距离小于 S_a 的计算值或小于格栅形屏蔽的网格宽时，闪电将直接击在建筑物上。

(4)在闪电直接击在位于 $LPZ0_A$ 区的格栅形大空间屏蔽或与其连接的接闪器上的情况下，其内部 LPZ1 区内安全空间内某点的磁场强度(图 5.2.8)应按下式计算：

$$H_1 = k_H \times i_0 \times w/(d_w \times \sqrt{d_r})$$

式中：H_1 为安全空间内某点的磁场强度(A/m)；d_r 为所确定的点距 LPZ1 区屏蔽顶的最短距离(m)；d_w 为所确定的点距 LPZ1 区屏蔽壁的最短距离(m)；k_H 为形状系数($1/\sqrt{m}$)，取 $k_H = 0.01(1/\sqrt{m})$；w 为 LPZ1 区格栅形屏蔽的网格宽(m)。

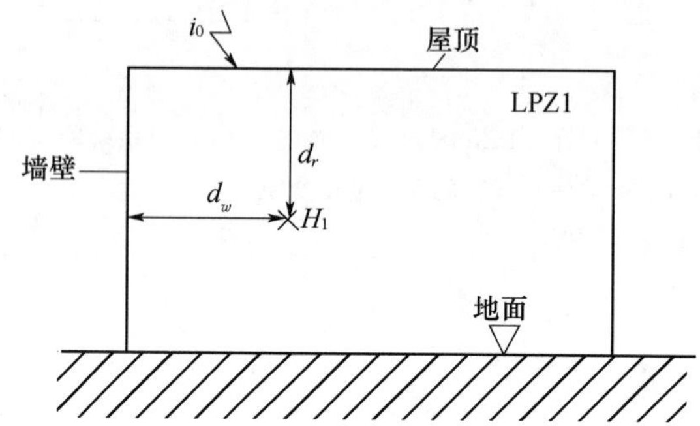

图 5.2.8　闪电直接击于屋顶接闪器时 LPZ1 区内的磁场强度

(5)安全空间内某点的磁场强度的计算值仅对距屏蔽格栅有一安全距离的安全空间内有效，安全距离应按照下列公式计算，电子系统应仅安装在安全空间内。

当 $SF \geqslant 10$ 时：

$$d_{s/2} = w \cdot SF/10$$

当 $SF < 10$ 时：

$$d_{s/2} = w$$

式中：$d_{s/2}$ 为安全距离(m)。

(6)LPZn+1 区内的磁场强度可按下式计算：

$$H_{n+1} = H_n/10^{SF/20}$$

式中：H_n 为 LPZn 区内的磁场强度(A/m)；H_{n+1} 为 LPZn+1 区内的磁场强度(A/m)；SF 为 LPZn+1 区的屏蔽系数。

安全距离按 $d_{s/1} = w^{SF/10}$ 或 $d_{s/1} = w$ 进行计算。

(7)当 $H_{n+1} = H_n/10^{SF/20}$ 中的 LPZn 区内的磁场强度为 LPZ1 区内磁场强度时，LPZ1 区内的磁场强度应按如下方法确定：

① 闪电击在 LPZ1 区附近的情况，应按 $H_0 = i_0/(2\pi S_a)$ 或 $H_1 = H_0/10^{SF/20}$ 确定。

② 闪电直接击在 LPZ1 区大空间屏蔽上的情况，应按 $H_1 = k_H \times i_0 \times w/(d_w \times \sqrt{d_r})$ 确定，但式中所确定的点，距 LPZ1 区屏蔽顶的最短距离和距 LPZ1 区屏蔽壁的最短距离应按图 5.2.9 确定。

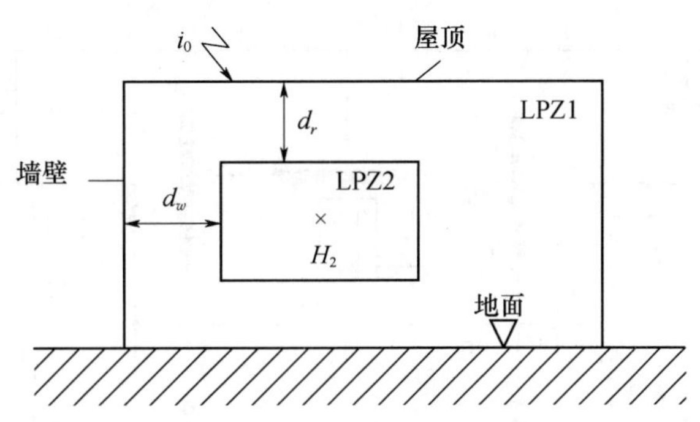

图 5.2.9　LPZ2 区内的磁场强度

第三节　建筑物接地和等电位连接

大纲要求：掌握建筑物接地除应符合一般建筑物的防雷要求外，还应符合哪些规定；掌握 $LPZ0_A$ 或 $LPZ0_B$ 与 LPZ1 区防雷区界面上的等电位连接措施和各种连接导体的最小截面积要求；熟悉 $LPZ0_A$ 与 LPZ1 区界面处做等电位连接的接线夹和电涌保护器所通过的雷电流分流值的计算方法；熟悉 $LPZ0_B$ 与 LPZ1 区界面处等电位连接的接线夹和电涌保护器所通过的雷电流分流值的计算方法；掌握各后续防雷区界面处进行等电位连接的要求；掌握信息系统的各种箱体、壳体、机架等与建筑物共用接地系统的等电位连接方式。

一、建筑物接地和等电位连接的特殊要求

建筑物接地和等电位连接除应符合规范的一般要求外，尚应符合以下规定。

(1)每幢建筑物本身应采用一个接地系统，如图 5.3.1 所示。

(2)当互相邻近的建筑物之间有电气和电子系统的线路连通时，宜将其接地装置互相连接，可通过接地线、PE 线、屏蔽层、穿线钢管、电缆沟的钢筋、金属管道等连接。

二、穿越防雷区时的防护要求

穿过各防雷区界面的金属物和建筑物内系统，以及在一个防雷区内部的金属物和建筑物内系统，均应在界面处附近做符合以下要求的等电位连接。

(1)所有进入建筑物的外来导电物均应在 $LPZ0_A$ 或 $LPZ0_B$ 与 LPZ1 区的界面处做等电位连接。当外来导电物、电气和电子系统的线路在不同地点进入建筑物时，宜设若干等电位连接带，并应将其就近连到环形接地体、内部环形导体或在电气上贯通并连通到接地体或基础接地体的钢筋上。环形接地体和内部环形导体应连到钢筋或金属立面等其他屏蔽构件上，宜每隔 5 m 连接一次。

对各类防雷建筑物，各种连接导体和等电位连接带的截面不应小于表 5.3.1 的规定。

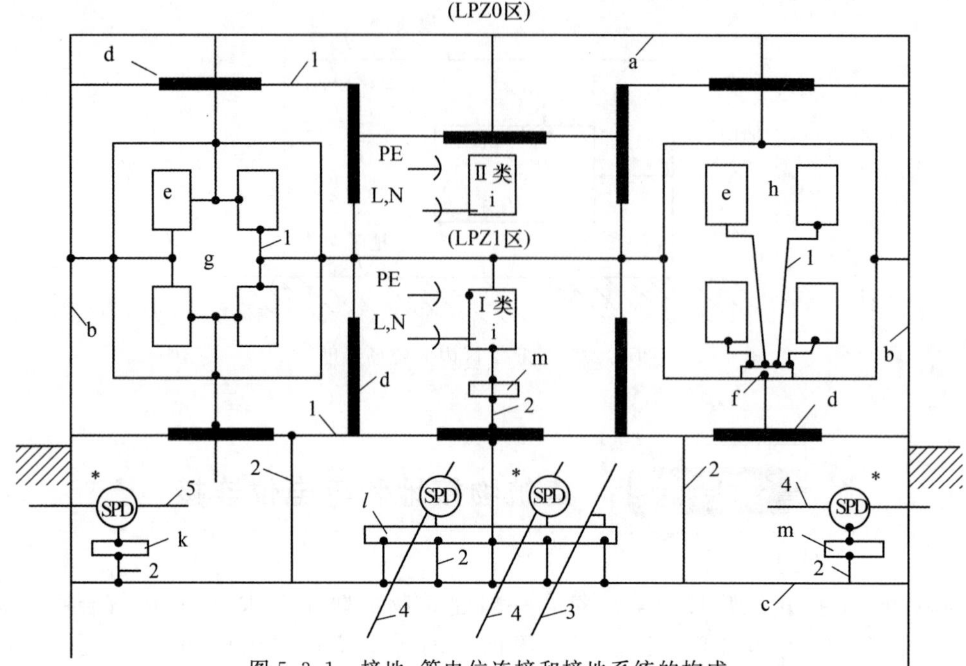

图 5.3.1　接地、等电位连接和接地系统的构成

(a—防雷装置的接闪器及可能是建筑物空间屏蔽的一部分;b—防雷装置的引下线及可能是建筑物空间屏蔽的一部分;c—防雷装置的接地装置(接地体网络、共用接地体网络)以及可能是建筑物空间屏蔽的一部分,如基础内钢筋和基础接地体;d—内部导电物体,在建筑物内及其上不包括电气装置的金属装置,如电梯轨道、起重机、金属地面、金属门框架、各种服务性设施的金属管道、金属电缆架桥、地面、墙和天花板的钢筋;e—局部电子系统的金属组件;f—代表局部等电位连接带单点连接的接地基准点(ERP);g—局部电子系统的网形等电位连接结构;h—局部电子系统的星形等电位连接结构;i—固定安装有 PE 线的Ⅰ类设备和无 PE 线的Ⅱ类设备;k—主要供电气系统等电位连接用的总接地带、总接地母线、总等电位连接带,也可用作共用等电位连接带;l—主要供电子系统等电位连接用的环形等电位连接带、水平等电位连接导体,在特定情况下采用金属板,也可用作共用等电位连接带。用接地线多次接到接地系统上做等电位连接,宜每隔 5 m 连一次;m—局部等电位连接带;1—等电位连接导体;2—接地线;3—服务性设施的金属管道;4—电子系统的线路或电缆;5—电气系统的线路或电缆;*—进入 LPZ1 区处,用于管道、电气和电子系统的线路或电缆等外来服务性设施的等电位连接。)

表 5.3.1　防雷装置各连接部件的最小截面

<table>
<tr><th colspan="3">等电位连接部件</th><th>材料</th><th>截面(mm²)</th></tr>
<tr><td colspan="3">等电位连接带(铜、外表面镀铜的钢或热镀锌钢)</td><td>Cu(铜)、Fe(铁)</td><td>50</td></tr>
<tr><td colspan="3" rowspan="3">从等电位连接带至接地装置或
各等电位连接带之间的连接导体</td><td>Cu(铜)</td><td>16</td></tr>
<tr><td>Al(铝)</td><td>25</td></tr>
<tr><td>Fe(铁)</td><td>50</td></tr>
<tr><td colspan="3" rowspan="3">从屋内金属装置至等电位连接带的连接导体</td><td>Cu(铜)</td><td>6</td></tr>
<tr><td>Al(铝)</td><td>10</td></tr>
<tr><td>Fe(铁)</td><td>16</td></tr>
<tr><td rowspan="5">连接电涌
保护器
的导体</td><td rowspan="3">电气
系统</td><td>Ⅰ级试验的电涌保护器</td><td rowspan="5">Cu(铜)</td><td>6</td></tr>
<tr><td>Ⅱ级试验的电涌保护器</td><td>2.5</td></tr>
<tr><td>Ⅲ级试验的电涌保护器</td><td>1.5</td></tr>
<tr><td rowspan="2">电子
系统</td><td>D1 类电涌保护器</td><td>1.2</td></tr>
<tr><td>其他类的电涌保护器(连接导体的截面可小于 1.2 mm²)</td><td>根据具体情况确定</td></tr>
</table>

当建筑物内有电子系统时，在已确定雷击电磁脉冲影响最小之处，等电位连接带宜采用金属板，并应与钢筋或其他屏蔽构件做多点连接。

(2)在 $LPZ0_A$ 与 LPZ1 区的界面处做等电位连接用的接线夹和电涌保护器，应采用表 5.3.2 雷电流参量估算通过的分流值。

表 5.3.2　首次正极性雷击的雷电流参量

雷电流参数	防雷建筑物类别		
	一类	二类	三类
幅值 I(kA)	200	150	100
波头时间 T_1(μs)	10	10	10
半值时间 T_2(μs)	350	350	350
电荷量 Q_s(C)	100	75	50
单位能量 W/R(MJ/Ω)	10	5.6	2.5

当分流值无法估算时，采用：

$$I_{imp}=0.5\times I/nm$$

或

$$I_{imp}=0.5\times I\times R_S/n(mR_S+R_C)$$

式中：I 为雷电流(kA)，按表 5.3.2 取值；n 为地下和架空引入的外来金属管道和线路的总数；m 为每一线路内导体芯线的总根数；R_S 为屏蔽层每千米的电阻(Ω/km)；R_C 为芯线每千米的电阻(Ω/km)；I_{imp} 为雷电流分流值。

除此之外，尚应确定沿各种设施引入建筑物的雷电流。应采用向外分流或向内引入的雷电流的较大者。

靠近地面于 $LPZ0_B$ 与 LPZ1 区的界面处做等电位连接用的接线夹和电涌保护器，仅应确定闪电击中建筑物防雷装置时通过的雷电流；可不计及沿全长处在 $LPZ0_B$ 区的各种设施引入建筑物的雷电流，其值应仅为感应电流和小部分雷电流。

(3)各后续防雷区界面处的等电位连接同上述规定。穿过防雷区界面的所有导电物、电气和电子系统的线路均应在界面处做等电位连接。宜采用一局部等电位连接带做等电位连接，各种屏蔽结构或设备外壳等其他局部金属物也连到局部等电位连接带。

用于等电位连接的接线夹和电涌保护器应分别估算通过的雷电流。

(4)所有电梯轨道、起重机、金属地板、金属门框架、设施管道、电缆桥架等大尺寸的内部导电物，其等电位连接应以最短路径连到最近的等电位连接带或其他已做了等电位连接的金属物或等电位连接网络，各导电物之间宜附加多次互相连接。

(5)电子系统的所有外露导电物应与建筑物的等电位连接网络做功能性等电位连接。电子系统不应设独立的接地装置。向电子系统供电的配电箱的保护地线(PE 线)应就近与建筑物的等电位连接网络做等电位连接。

一个电子系统的各种箱体、壳体、机架等金属组件与建筑物接地系统的等电位连接网络做功能性等电位连接，应采用 S 型星形结构或 M 型网形结构，如图 5.3.2 所示。

当采用 S 型等电位连接时，电子系统的所有金属组件应与接地系统的各组件绝缘。

(6)当电子系统为 300 kHz 以下的模拟线路时，可采用 S 型等电位连接，且所有设施管线和电缆宜从 ERP 处附近进入该电子系统。

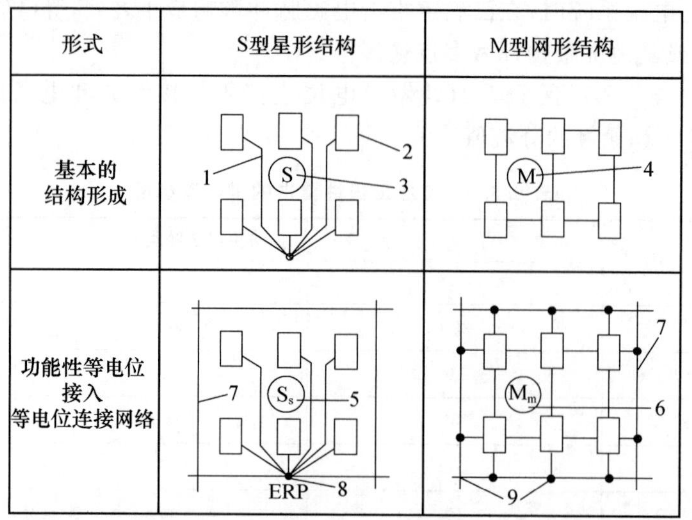

图 5.3.2　电子系统功能性等电位连接整合到等电位连接网络中

（1—等电位连接导体；2—设备；3—S 型星形结构；4—M 型网形结构；5—将星形结构通过 ERP 点整合到等电位连接网络中；6—将网形结构通过网形连接整合到等电位连接网络中；7—等电位连接网络；8—(ERP)接地基准点；9—接至等电位连接网络的等电位连接点）

S 型等电位连接应仅通过唯一的 ERP 点，形成 S_S 型连接方式(图 5.3.2)。设备之间的所有线路和电缆当无屏蔽时，宜与星形连接的等电位连接线平行敷设。用于限制从线路传导来的过电压的电涌保护器，其引线的连接点应使加到被保护设备上的电涌电压最小。

(7)当电子系统为兆赫兹级数字线路时，应采用 M 型等电位连接，系统的各金属组件不应与接地系统各组件绝缘。M 型等电位连接应通过多点连接组合到等电位连接网络中去，形成 M_m 型连接方式。每台设备的等电位连接线的长度不宜大于 0.5 m，并宜设两根等电位连接线安装于设备的对角处，其长度相差宜为 20%。

第四节　电涌保护器的安装与选择

大纲要求：熟悉 SPD 的定义、分类(Ⅰ，Ⅱ，Ⅲ级试验；电压开关型、限压型和组合型)定义；熟悉 QX 10.1—2002 对 SPD 的重要技术参数定义(U_c，U_p，I_n，I_{imp}，I_{max}，I_{peak} 等)；掌握当电源采用 TN 系统时，从建筑物内总配电盘引出的配电线路和分支线路必须采用 TN-S 系统的要求和其意义；掌握选用 SPD 的三个主要条件；掌握选用 SPD 的 U_p 与被保护设备耐冲击过电压额定值的关系；掌握 U_c 值；掌握分析计算安装多级 SPD 的方法；掌握 SPD 的连接要求和多级 SPD 之间能量配合的要求。

在复杂的电气和电子系统中，除在户外线路进入建筑物处，$LPZ0_A$ 或 $LPZ0_B$ 进入 LPZ1 区，按要求安装电涌保护器外，在其后的配电和信号线路上应按照要求确定是否选择和安装与其协调配合好的电涌保护器。选择和安装电涌保护器要考虑的第一个准则：安装的 SPD 越靠近引来线路入户处(安装在总配电箱处)，建筑物内被此处的 SPD 保护到的设备越多(经济效益)；第二个要考虑的准则：SPD 越靠近需要保护的设备，其保护效果越好(技术效益)。这两者需要在实际工作中根据具体情况进行经济与技术比较，设计出最佳方案；第三个

要考虑的准则：上下游 SPD 的能量配合要考虑振荡现象对保护距离的影响。针对上述三个准则，在选择与安装 SPD 中，《规范》给出了以下解决方案。

一、SPD 的定义和分类及其参数

电气系统电涌保护器的保护部件可连接在相对相、相对地、相对中性线、中性线对地及其组合，以及电子系统电涌保护器的保护部件连接在线对线、线对地及其组合，称为 SPD 的保护模式。

SPD 称为电涌保护器，用于限制瞬态过电压和分泄电涌电流的器件。它至少含有一个非线性元件。一般分为电压开关型和限压开关型以及组合型三种形式。

为测定 SPD 的性能，往往以确定的冲击电压和冲击电流进行试验。SPD 的Ⅰ级试验是指在电气系统中被试验的 SPD 要用标称放电电流（I_n）与 1.2/50 μs 冲击电压和最大冲击电流（I_{imp}）做试验，耐受合格的 SPD 就是Ⅰ级试验产品。Ⅱ级是用标称放电电流（I_n）与 1.2/50 μs 冲击电压和 8/20 μs 电流波最大放电电流（I_{max}）做试验，耐受合格的 SPD 就是Ⅱ级试验产品。Ⅲ级试验的电涌保护器要用组合波做试验。组合波定义为由 2 Ω 组合波发生器产生 1.2/50 μs 开路电压 U_{0C} 和 8/20 μs 短路电流 I_{SC} 进行的冲击试验，耐受合格的 SPD 就是Ⅲ级试验产品。

所谓 1.2/50 μs 冲击电压是指规定的波头时间 T_1 为 1.2 μs、半值时间 T_2 为 50 μs 的冲击电压；8/20 μs 冲击电流波是指波头时间 T_1 为 8 μs、半值时间 T_2 为 20 μs 的冲击电流。

在 SPD 冲击试验中，可持续加于电气系统电涌保护器保护模式的最大均方根电压或直流电压，可持续加于电子系统电涌保护器端子上，且不至于引起电涌保护器传输特性减低的最大均方根电压或直流电压，称为最大持续运行电压（U_C）；施加规定波形和幅值的冲击波时，在电涌保护器接线端子间测得的最大电压值，称为测量的限制电压；电压保护水平（U_P）是表征电涌保护器限制接线端子间电压的性能参数，其值可从优先值的列表中选择。电压保护水平值应大于所测量的限制电压的最高值。设备耐冲击电压额定值（U_W）由设备供应厂家标定给出，表征 SPD 绝缘防过电压的耐受能力。I_{peak} 是指峰值冲击电流，测量它是为了计算模拟雷击试验的最大冲击电流，用于 SPD 的Ⅰ级分类试验。

插入损耗是指在电子系统中，由于在传输系统中插入一个电涌保护器所引起的损耗。它是在电涌保护器插入前传递到后面的系统部分的功率与电涌保护器插入后传递到同一部分的功率之比。通常用 dB(分贝)表示。

二、建筑物中低压配电系统安装电涌保护器是强制性要求

在规范中强调，一类建筑物要安装户外型电涌保护器，并为Ⅰ级试验产品，冲击接地电阻低于 30 Ω，电压保护水平≤2.5 kV，其每一保护模式的冲击电流≥10 kA；如无户外型电涌保护器，应选用户内型电涌保护器，其使用温度应满足安装处的环境温度，并应在电源引入的总配电箱处装设Ⅰ级试验的电涌保护器。电涌保护器的电压水平值应≤2.5 kV，当无法确定每一保护模式的冲击电流值时，取≥12.5 kA。

二类建筑物中，在电气接地装置与防雷接地装置共用或相连的情况下，应在低压电源线路引入的总配电箱、配电柜处装设Ⅰ级试验的电涌保护器。电涌保护器的电压水平值应≤2.5 kV，当无法确定每一保护模式的冲击电流值时，取≥12.5 kA。当有线路引出本建筑物至其他有独立敷设接地装置的配电装置时，应在母线上装设Ⅰ级试验的电涌保护器，当无法确定

电涌保护器每一保护模式的冲击电流值时，取≥12.5 kA；当无线路引出本建筑物时，应在母线上装设Ⅱ级试验的电涌保护器，电涌保护器每一保护模式的标称放电电流值应≥5 kA。电涌保护器的电压保护水平值≤2.5 kV。

三类建筑物中，在配电箱内应在开关的电源侧装设Ⅱ级试验的电涌保护器，其电压保护水平值≤2.5 kV，标称放电电流值应根据具体情况确定。

三、SPD 每一保护模式冲击电流值的计算

电源总配电箱处装设的电涌保护器，其每一保护模式的冲击电流值(I_{imp})采用下式计算。

当电源线路无屏蔽层时：

$$I_{imp}=0.5\times I/nm$$

当电源线路有屏蔽层时：

$$I_{imp}=0.5\times I\times R_S/n\times(mR_S+R_C)$$

式中：I 为雷电流(kA)，一般按 200 kA 取值，也可参考表 5.3.2 取值(注：在 SPD 冲击试验中，为模拟峰值冲击电流 I_{peak})；n 为地下和架空引入的外来金属管道和线路的总数；m 为每一线路内导体芯线的总根数；R_S 为屏蔽层每千米的电阻(Ω/km)；R_C 为芯线每千米的电阻(Ω/km)；I_{imp} 为雷电流分流值。

四、复杂建筑物安装 SPD

复杂的电气和电子系统建筑物中，除户外线路进入建筑物处，$LPZ0_A$ 或 $LPA0_B$ 进入 LPZ1 区时需要按要求安装 SPD 外，在其后的配电和信号线路上也应该按规范要求确定选择和安装与其配合协调好的 SPD。如若两栋定为 LPZ1 区的独立建筑物用电气线路或信号线路的屏蔽电缆或穿钢管的无屏蔽线路连接时，屏蔽层流过的分雷电流在其上产生的电压降不应对线路和所接设备引起绝缘击穿，同时屏蔽层的截面应满足通流能力(图 5.4.1)。

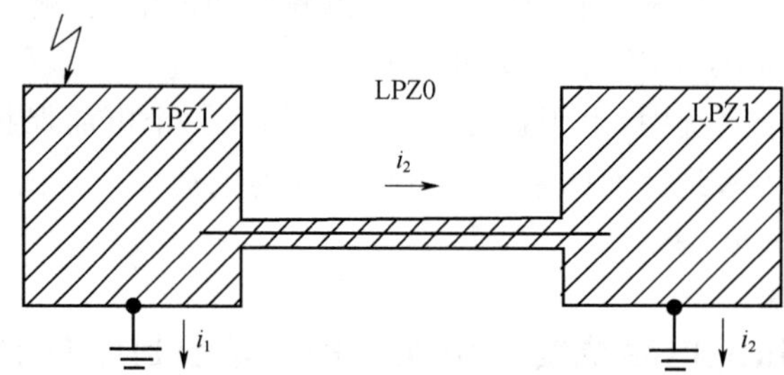

图 5.4.1 用屏蔽电缆或穿钢管线路将两栋独立的 LPZ1 区连接在一起

LPZ1 区内两个 LPZ2 区之间用电气线路或信号线路的屏蔽电缆或屏蔽的电缆沟或穿钢管屏蔽的线路连接在一起，当有屏蔽的线路没有引出 LPZ2 区时，线路的两端可不安装电涌保护器(图 5.4.2)。

线路屏蔽层截面积和通流能力的计算公式如下。

在屏蔽线路从室外 $LPZ0_A$ 或 $LPZ0_B$ 区进入 LPZ1 区的情况下，线路屏蔽层的截面(S_C)：

$$S_C\geqslant(I_f\times\rho_C\times L_C\times10^6)/U_W$$

式中：S_C 为线路屏蔽层的截面(mm^2)；I_f 为流入屏蔽层的雷电流(kA)；ρ_C 为屏蔽层的电阻率(Ω·m)，20 ℃时铁为 138×10^{-9} Ω·m，铜为 17.24×10^{-9} Ω·m，铝为 28.264×10^{-9} Ω·m；L_C

为线路长度(m)，按表 5.4.1 的规定取值；U_W 为电缆所接的电气或电子系统的耐冲击电压额定值(kV)，设备按表 5.4.2 规定取值，线路按表 5.4.3 规定取值。

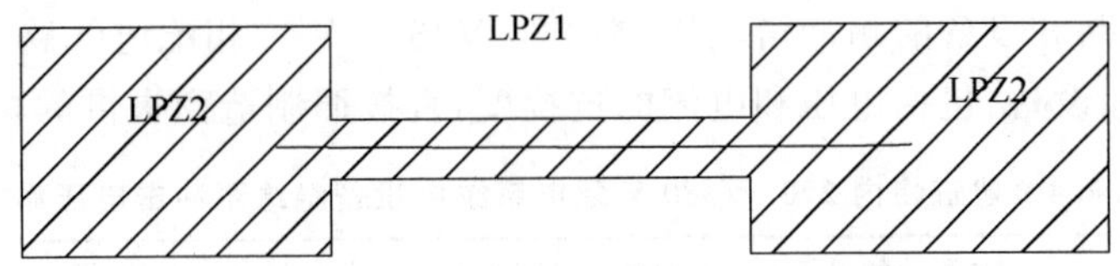

图 5.4.2　用屏蔽的线路将两个 LPZ2 区连接在一起

表 5.4.1　按屏蔽层敷设条件确定线路长度

屏蔽层敷设条件	L_C(m)
屏蔽层与电阻率 $\rho(\Omega \cdot m)$ 的土壤直接接触	当实际长度 $\geqslant 8\sqrt{\rho}$ 时，取 $L_C = 8\sqrt{\rho}$； 当实际长度 $< 8\sqrt{\rho}$ 时，取 L_C = 线路实际长度
屏蔽层与土壤隔离或敷设在大气中	L_C = 建筑物与屏蔽层最近接地点之间的距离

表 5.4.2　设备的耐冲击电压额定值

设备类型	耐冲击电压额定值 U_W(kV)
电子设备	1.5
用户的电气设备(U_n<1 kV)	2.5
电网设备(U_n<1 kV)	6

表 5.4.3　电缆绝缘的耐冲击电压额定值

电缆种类及其额定电压 U_n(kV)	耐冲击电压额定值 U_W(kV)
纸绝缘通信电缆	1.5
塑料绝缘通信电缆	5
电力电缆 $U_n \leqslant 1$	15
电力电缆 $U_n = 3$	45
电力电缆 $U_n = 6$	60
电力电缆 $U_n = 10$	75
电力电缆 $U_n = 15$	95
电力电缆 $U_n = 20$	125

当流入线路的雷电流大于按下列公式计算的数值时，绝缘可能产生不可接受的温升。

对屏蔽线路：　$I_f = 8 \times S_C$

对无屏蔽线路：　$I'_f = 8 \times n' \times S'_C$

式中：I'_f 为流入无屏蔽线路的总雷电流(kA)；n' 为线路导线根数；S'_C 为每根导线的截面(mm^2)。对于用钢管屏蔽的线路，式中的 S_C 为钢管壁厚的截面。

五、建筑物内 220 V/380 V 配电系统中设备绝缘耐冲击电压额定值

需要保护的线路和设备的耐冲击电压，在 220 V/380 V 三相配电线路可按表 5.4.4 的规定取值；其他线路和设备，包括电压和电流的抗扰度，宜按照制造商提供的材料确定。

表 5.4.4　建筑物内 220 V/380 V 配电系统中设备绝缘耐冲击电压额定值

设备位置	电源处的设备	配电线路和最后分支线路的设备	用电设备	特殊需要保护的设备
耐冲击电压类别	Ⅳ类	Ⅲ类	Ⅱ类	Ⅰ类
耐冲击电压额定值 U_W(kV)	6	4	2.5	1.5

注：① Ⅰ类——含有电子电路的设备，如计算机、有电子程序控制的设备；

② Ⅱ类——如家用电器和类似负荷；

③ Ⅲ类——如配电盘，断路器，包括线路、母线、分线盒、开关、插座等固定装置的布线系统，以及应用于工业的设备和永久接至固定装置的固定安装的电动机等的一些其他设备；

④ Ⅳ类——如电气计量仪表、一次线过流保护设备、滤波器。

六、SPD 的安装位置和放电电流的选择

(1)安装在户外线路进入建筑物处，即 $LPZ0_A$ 或 $LPZ0_B$ 区进入 LPZ1 区，所安装的 SPD 应在入口处的配电箱中。

(2)安装在靠近需要保护的设备处，即 LPZ2 区和更高区的界面处需要安装 SPD。由于在同一条线路上要根据需要安装多组 SPD，这就要按照制造商提供的技术参数，考虑每组之间的最小距离和能量配合。

(3)同一条线路上安装 SPD 的能量配合资料由制造商提供。如无资料，Ⅱ级试验的 SPD 的标称放电电流不应小于 5 kA；Ⅲ级试验的 SPD 的标称放电电流不应小于 3 kA。

七、TN-S 系统的要求和意义

我国 110 kV 及以上系统普遍采用中性点直接接地系统(即大电流接地系统)。35 kV、10 kV 系统普遍采用中性点不接地系统或经大阻抗接地系统(即小电流接地系统)。380 V/220 V 低压配电系统按保护接地的形式不同，可分为：IT 系统、TT 系统和 TN 系统。IT 系统的电源中性点是对地绝缘的或经高阻抗接地，用电设备的金属外壳直接接地。即“三相三线制”供电系统中的保护接地；TT 系统的电源中性点直接接地；用电设备的金属外壳也直接接地，且与电源中性点的接地无关。即“三相四线制”供电系统中的保护接地；TN 系统是在变压器或发电机中性点直接接地的 380/220 V 三相四线电压电网中，将正常运行时不带电的用电设备的金属外壳经公共的保护线与电源中性点直接电气连接。TN 系统按其保护线的形式，可分为 TN-C 系统、TN-S 系统、TN-C-S 系统。

TN-C 系统(三相四线制)，该系统的中性线(N)和保护线(PE)是合一的，该线又称为保护中性线(PEN)线。它的优点是节省了一条导线，缺点是三相负载不平衡或保护中性线断开时会使所有用电设备的金属外壳都带上危险电压。

TN-S 系统就是三相五线制，该系统的 N 线和 PE 线是分开的，从变压器起就用五线供电。它的优点是 PE 线在正常情况下没有电流通过，因此不会对接在 PE 线上的其他设备产生电磁干扰。此外，由于 N 线与 PE 线分开，N 线断开也不会影响 PE 线的保护作用。

TN-C-S系统（三相四线与三相五线混合系统），该系统从变压器到用户配电箱式四线制，中性线和保护地线是合一的；从配电箱到用户中性线和保护地线是分开的，所以它兼有TN-C系统和TN-S系统的特点，常用于配电系统末端环境较差或有对电磁抗干扰要求较严的场所。

复习与思考

1. 考试大纲对掌握《建筑物防雷设计规范》(GB 50057—2010)做出怎样的要求？
2. 掌握《建筑物防雷设计规范》(GB 50057—2010)要求的术语。
3. 如何进行建筑物防雷分类？
4. 建筑物防雷分区是如何划分的？
5. 建筑物防雷接闪器是如何要求的？
6. 如何计算两支不等高接闪杆的保护范围？
7. 建筑物防雷引下线有几种形式？
8. 如何布设接地体？
9. 如何计算冲击电压？
10. 在接地体设计中为什么要考虑土壤电阻率因素？
11. 建筑物中有电子系统时如何设计防雷装置？
12. SPD选择为什么要考虑上下游能量匹配？

思维导图

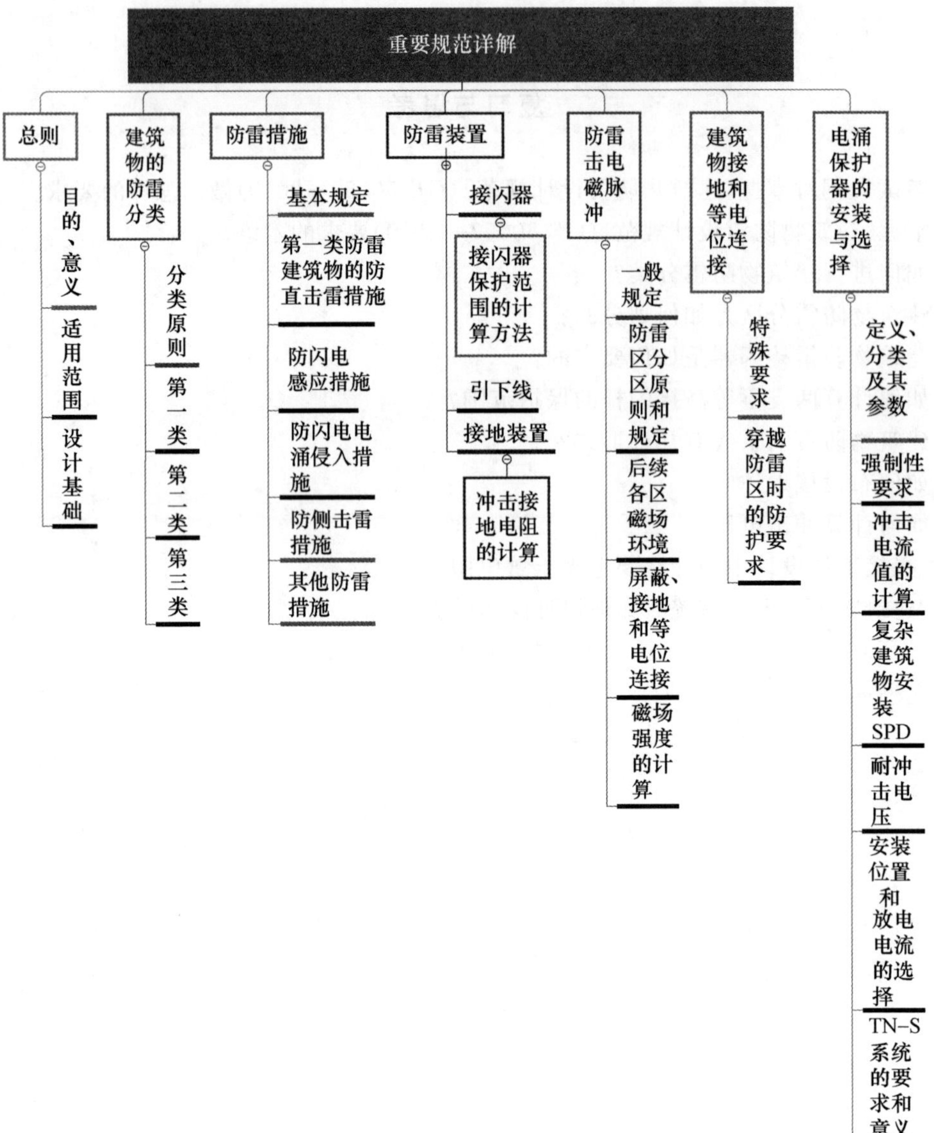
重要规范详解
总则
目的、意义
适用范围
设计基础
建筑物的防雷分类
分类原则
第一类
第二类
第三类
防雷措施
基本规定
第一类防雷建筑物的防直击雷措施
防闪电感应措施
防闪电电涌侵入措施
防侧击雷措施
其他防雷措施
防雷装置
接闪器
接闪器保护范围的计算方法
引下线
接地装置
冲击接地电阻的计算
防雷击电磁脉冲
一般规定
防雷区分区原则和规定
后续各区磁场环境
屏蔽、接地和等电位连接
磁场强度的计算
建筑物接地和等电位连接
特殊要求
穿越防雷区时的防护要求
电涌保护器的安装与选择
定义、分类及其参数
强制性要求
冲击电流值的计算
复杂建筑物安装SPD
耐冲击电压
安装位置和放电电流的选择
TN-S系统的要求和意义

第六章

防雷技术规范、技术标准简介

第一节 国际防雷技术标准

一、国际电工委员会简介

国际电工委员会(International Electrotechnical Commission,IEC)成立于1906年,至今已有115年的历史。它是世界上成立最早的国际性电工标准化机构,负责有关电气工程和电子工程领域中的国际标准化工作。

(1)国际电工委员会是一个由各成员国电工委员会组成的全球性的标准化组织。IEC的目标是促进在电气和电子工程领域内涉及标准化的所有问题的国际合作。此外IEC还出版国际标准,这些标准的编制委托给各成员国电工委员会,凡是对所涉课题感兴趣的任何一个IEC成员国国家委员会均可参与这一标准的编制工作,与IEC保持联系的政府及非政府组织也参与此编制工作。IEC根据与国际标准化组织(ISO)双方之间的协议所确定的条件与该组织紧密协作。

(2)IEC就有关的技术问题所通过的正式决定或协议由对相关问题有特别兴趣的所有国家委员会的各个技术委员会所编制,尽可能接近地表达了对所涉主题在国际上的一致看法。

(3)IEC所通过的决定或协议以标准、技术报告或指南的形式出版,并以推荐的形式供国际上使用,在此意义上它们是为成员国国家委员会所接受的。

(4)为了促进国际上的统一,各个IEC成员国国家委员会应致力于将IEC国际标准尽可能最大限度、透明地应用于其国家标准及区域标准中去。IEC标准与相应的国家标准或区域标准间的任何分歧应在后者中明确指出。

二、IEC 61024-1《建筑物防雷》第一部分:通则

简介:为建筑物或建筑物顶部信息系统有效的雷电防护系统的设计、安装、检查和维护提供信息。提供了不同保护级别下雷击点的雷电流参数(三个分量,其显著特点是首次雷击采用10/350 μs波);提出雷电保护区(防雷区)的概念及划分方法,提出接地、屏蔽和等电位连接的基本方法。其附录还给出了电磁耦合机理及耦合过程。

主要章节内容:

前言

序言

引言

1. 概述

 1.1 范围与目标

 1.2 术语与定义

 1.3 钢筋混凝土建筑物

2. 外部防雷装置(LPS)

 2.1 接闪器

 2.2 引下线

 2.3 接地装置

 2.4 紧固与连接点

 2.5 材料与尺寸

3. 内部防雷装置

 3.1 等电位连接

 3.2 各种设施与 LPS 间的间隔距离

 3.3 人身事故的防护措施

4. 防雷装置的设计维护与检查

 4.1 设计

 4.2 维护与检查

附录:表、图(略)

三、IEC 61024-1-1《建筑物防雷》第一部分:指南 A——防雷装置保护级别的选择

简介:雷电保护系统;建筑物的防护等级的确定;选择防雷装置,建筑物的防护,建筑物服务设施;电气工程设施的防护措施。

主要章节内容:

前言

引言

1. 概述

 1.1 范围与目标

 1.2 术语与定义

2. 建筑物分类

 2.1 一般建筑物

 2.2 特殊建筑物

3. 雷电参数

 3.1 确定防雷装置(LPS)尺寸用的雷电流参数

 3.2 年平均大地雷击密度

4. 防雷装置保护级别的选择

 4.1 建筑物可接受的最大年平均雷击次数(N_e)

 4.2 建筑物的年平均预计直接雷击次数(N_d)

 4.3 选择 LPS 的步骤

图(略)

附录 A 雷电流参数的基本数值——累计频率分布

四、IEC 61024-1-2《建筑物防雷》第二部分：指南 B——防雷装置的设计、安装、维护及检查

简介：适用于一般高度 60 m 以下建筑物的防雷系统的设计和安装。提供使用 IEC 61024-1 的指导方针，并协助、指导用户进行 LPS 的物理设计、安装、维护和检查。

主要章节内容：

前言

引言

1. 概述
   1.1　范围与目标
   1.2　术语与定义
2. 防雷装置(LPS)的设计
   2.1　概要
   2.2　规划过程
   2.3　协商
   2.4　外部防雷装置的设计
   2.5　内部防雷装置的设计
   2.6　电器要求及机械要求
   2.7　设计计算
3. 外部防雷装置的施工
   3.1　接闪装置的施工
   3.2　引下线的施工
   3.3　接地装置的施工
4. 内部防雷装置的施工
   4.1　内部导电部件的等电位连接
   4.2　外来设施的等电位连接
   4.3　内部设施中感应电流效应的防护
5. 材料的选择
   5.1　材料
   5.2　防腐
6. 防雷装置的维护
   6.1　概要
   6.2　维护程序
   6.3　维护文件
7. 防雷装置的检查
   7.1　概要
   7.2　检查程序
   7.3　检查文件

8. 生命危害

8.1 跨步电压

8.2 接触电压

8.3 减小触电概率的措施

图、表(略)

附录 A (标准的附录)钢筋混凝土建筑

附录 B (标准的附录)内部设施中感应电流效应的防护

五、IEC 61312-1《雷电电磁脉冲的防护》第1部分:通则

简介:鉴于各种类型的电子系统包括计算机、电信设备、控制系统等,在本标准中称之为信息系统。该系统的应用不断增加,使本国际标准的制定成为必需。这样的信息系统用于商业及工业的许多部门,包括高资金投入,大规模及高度复杂的工业控制系统,对这样的系统从代价及安全方面考虑非常不希望由雷电引致运转的中断。对于建筑物防雷的一般原则 IEC 61024-1 可资利用。然而,这个主要标准并未涵盖电子及电气系统的防护。因此,《雷电电磁脉冲的防护》这一标准提供了信息系统防护的基本原理并补充现有的标准。固态器件比过去所用元器件对雷电浪涌更为敏感。而且,在非常复杂的工艺流程的工厂中,为了简化操作人员的工作并实现自动化流程控制的最优化,正在采用计算机做全面的控制。计算机也承担安全防护功能,例如,核反应堆中的安全防护系统。作为干扰源的雷电是一个极高能量的现象。雷击释放出几百兆焦耳的能量,这一能量与可能影响灵敏电子设备的也许仅为毫焦耳量级的能量相比差别很大,因此需要有一种合理的工程保护方法。本标准试图解释在瞬变过程中雷电的耦合机理并给出减小进入信息系统(如电子系统)的瞬态干扰的一些原则。

主要章节内容:

前言

引言

1. 总则

1.1 范围

1.2 规范性引用文件

1.3 术语和定义

2. 干扰源

2.1 作为干扰源的雷电流

2.2 雷电流参数

3. 防雷区

3.1 防雷区的定义

3.2 接地要求

3.3 屏蔽要求

3.4 等电位连接的要求

表、图(略)

附录 A 确定雷电流参数的背景资料

附录 B 用于分析的雷电流时间函数

附录 C 用于测试的雷电流的模拟

附录 D　电磁耦合过程

附录 E　防护管理

六、IEC 61312-2《雷电电磁脉冲的防护》第 2 部分：建筑物的屏蔽、内部等电位连接及接地

简介：提供信息系统防护的基础防护标准，表明瞬间雷电耦合机理，并给出减少瞬间干扰进入信息系统的原则，为建筑物内或建筑物顶部信息系统有效的雷电防护系统的设计、安装、检查、维护提供信息。

主要章节内容：

前言

1. 总则

　1.1　范围

　1.2　规范性引用文件

　1.3　术语和定义

　1.4　符号

2. 电磁干扰源及其受害者

3. 格栅形空间屏蔽

　3.1　邻近雷击情况下的格栅形空间屏蔽

　3.2　直接雷击情况下的格栅形空间屏蔽

　3.3　围绕 LPZ2 区及 LPZ2 以上防雷区的格栅形空间屏蔽

　3.4　格栅形空间屏蔽体内部的磁场强度的实验测定

　3.5　安装规则

4. 接地系统

　4.1　接地装置

　4.2　等电位连接网络

　4.3　接地装置与等电位连接网络的组合

　4.4　屏蔽、等电位连接及接地布局的例子

表、图（略）

附录 A　接地与等电位连接的定义

附录 B　由各种设施构成的环路中感应电压及电流的计算

附录 C　格栅形磁场屏蔽体内部磁场强度的计算

七、IEC 61312-3《雷电电磁脉冲的防护》第 3 部分：对浪涌保护器的要求

简介：论述了 IEC 61643-1 标准对浪涌保护器（或组）的要求，这些 SPD 是根据 IEC 61312-1 给出的避雷区概念安装的。首先，从主要的相关威胁出发，给出了确定单个 SPD 压力的指示。对于安装在复杂系统中的 SPD，可以将系统划分为简单的基本安排，遵守所描述的规则。当系统中部分光电流的值和方向已知时，可以选择合适的 SPD。此外，还讨论了 SPD 相互之间和 SPDS（浪涌保护器组）之间的能量协调的基本问题，以及在各自安装地点的威胁，以便进行有效的协调。简要介绍了 SPDS 在系统中的协调性。

主要章节内容：

前言

引言

1. 范围
2. 规范性引用文件
3. 定义、缩略语和符号
4. 相关威胁值——雷电流参数
5. 按防雷区布置 SPD
6. 对 SPD 的性能要求
7. 能量配合
8. 验证方法

附录 A　两个 SPD 间配合的若干例子

附录 B　影响被保护系统中雷电流分布的若干因素

附录 C　SPD 的安装位置

八、IEC 61643-1《接至低压配电系统的浪涌保护器》第一部分：性能要求及测试方法

简介：本标准阐述了浪涌保护器(SPD)的性能试验。有三种级别的试验：Ⅰ级试验用于模拟部分导入雷电流的冲击。符合Ⅰ级试验方法的 SPD 通常推荐用于高暴露地点，例如，由雷电防护系统保护的建筑物的电缆入口。Ⅱ级或Ⅲ级试验方法试验的 SPD 承受持续时间较短的冲击。这些 SPD 通常推荐用于较少暴露的地点。所有 SPD 的试验应建立在基本模式上。试验包含制造厂商为采用最为合适的试验方法所使用的评估技术。

主要章节内容：

前言

引言

1. 概述
   - 1.1　范围与目标
   - 1.2　引用标准
2. 工作条件
   - 2.1　正常工作条件
   - 2.2　异常工作条件
3. 定义
4. 分类
   - 4.1　端口数
   - 4.2　SPD 设计的拓扑结构
   - 4.3　SPD Ⅰ类、Ⅱ类、Ⅲ类测试
   - 4.4　安装位置
   - 4.5　易接近性
   - 4.6　安装方法
   - 4.7　SPD 断路器

4.8　后备过流保护

4.9　以 IEC 60529 规定的 IP 代码表示的外壳保护级别

4.10　温度范围

5. 标准额定值

5.1　Ⅰ类测试脉冲电流 I_{imp} 的推荐值

5.2　Ⅱ类测试标称放电电流 I_n 的推荐值

5.3　Ⅲ类测试开路电压 U_{oc} 的推荐值

5.4　电压保护水平 U_p 的推荐值

5.5　最大连续工作电压 U_c 的推荐值(直流或有效值)

6. 要求

6.1　一般要求

6.2　电气要求

6.3　机械要求

6.4　环境要求

6.5　安全要求

7. 型式试验

7.1　一般试验步骤

7.2　标识内容与标记符号

7.3　端子与连接

7.4　直接接触防护的测试

7.5　被测限制电压的确定

7.6　工作状态测试

7.7　SPD 的断路器以及承受过电压 SPD 的安全性能

7.8　双端口 SPD 的测试以及带分离的输入/输出端子的单端口 SPD 的测试

7.9　附加的一些测试

8. 常规测试与验收测试

8.1　常规测试

8.2　验收测试

附录 A　当要做Ⅰ类试验时，对 SPD 的若干考虑

附录 B　参考文献

表、图(略)

九、IEC 60364-5-53 第 5 部分：电气设备的选择和安装

简介：本标准规定了采用抑制电压措施应用，以达到在 IEC 60364-4-44，IEC 60664-1，IEC 61312-2 和 IEC 61643-12 中规定的绝缘配合要求。本标准给出了选择和安装电涌保护器(SPD)的要求：在建筑物电气装置中使用电涌保护器(SPD)限制从电源配电系统传来的大气瞬态过电压和操作过电压；在已具备雷击保护系统的情况下使用。

主要章节内容：

534.1　总则

534.2　建筑物电气装置中电涌保护器(SPD)的选择和安装

附录 A　TN 系统中电涌保护器(SPD)的安装
附录 B　TT 系统中电涌保护器(SPD)的安装
附录 C　IT 系统中电涌保护器(SPD)的安装
附录 D　以 TN-C-S 系统为例,通过Ⅰ级、Ⅱ级和Ⅲ级试验的电涌保护器(SPD)的安装

十、IEC 61662《雷击损害风险的评估》

简介:本标准给出了评估直接和间接闪电对建筑物造成损害风险的程序,并确定建筑物结构损坏频率的可接受值。

主要章节内容:

前言
引言
1. 概述
　1.1　范围与目标
　1.2　引用标准
　1.3　术语与定义
2. 损害风险评估
　2.1　通用表达式
　2.2　雷电闪击次数
　2.3　损害概率
　2.4　雷电闪击引致的损害次数
　2.5　可能的平均损失
3. 建筑物容许的雷击损害次数
4. 选择防护措施的程序
5. 参考文献
附录 A　触电危险
附录 B　雷击风险评估的实例

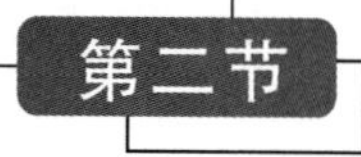

常用国家、行业指导性防雷技术标准和技术规范

一、《建筑物防雷设计规范》(GB 50057—2010)

简介:本规范是根据 2005 年 3 月 30 日中华人民共和国建设部发布的《关于印发〈2005 年工程建设标准规范制订、修订计划(第一批)〉的通知》(建标函〔2005〕84 号)的要求,由中国中元国际工程公司会同相关单位对《建筑物防雷设计规范》(GB 50057—95)(2000 年版)修订而成的。本规范修订的主要内容如下:

(1)增加了术语一章;
(2)变更防接触电压和防跨步电压的措施;
(3)补充外部防雷装置采用不同金属物的要求;

(4)修改防侧击的规定；

(5)详细规定电气系统和电子系统选用电涌保护器的要求；

(6)简化了雷击大地的年平均密度计算公式，并相应调整了预计雷击次数判定建筑物的防雷分类的数值；

(7)部分条款做了更具体的要求。

本规范中以黑体字标志的条文为强制性条文，必须严格执行。

主要章节内容：

1. 总　则
2. 术　语
3. 建筑物的防雷分类
4. 建筑物的防雷措施
   4.1　基本规定
   4.2　第一类防雷建筑物的防雷措施
   4.3　第二类防雷建筑物的防雷措施
   4.4　第三类防雷建筑物的防雷措施
   4.5　其他防雷措施
5. 防雷装置
   5.1　防雷装置使用的材料
   5.2　接闪器
   5.3　引下线
   5.4　接地装置
6. 防雷击电磁脉冲
   6.1　基本规定
   6.2　防雷区和防雷击电磁脉冲
   6.3　屏蔽、接地和等电位连接的要求
   6.4　安装和选择电涌保护器的要求

附录A　建筑物年预计雷击次数

附录B　建筑物易受雷击的部位

附录C　接地装置冲击接地电阻与工频接地电阻的换算

附录D　滚球法确定接闪器的保护范围

附录E　分流系数 k_c

附录F　雷电流

附录G　环路中感应电压和电流的计算

附录H　电缆从户外进入户内的屏蔽层截面积

附录J　电涌保护器

二、《建筑物电子信息系统防雷技术规范》(GB 50343—2012)

简介：为防止和减少雷电对建筑物电子信息系统造成的危害，保护人民的生命和财产安全，制定本规范。中华人民共和国国家标准《建筑物电子信息系统防雷技术规范》(GB 50343—2012)适用于新建、改建和扩建的建筑物电子信息系统防雷的设计、施工、验收、维护和管理。本规范不适用于爆炸和火灾危险场所的建筑物电子信息系统防雷。建筑物电子信息系统的防雷应坚持预防为主、安全第一的原则。本规范根据中华人民共和国住房和城乡建设部公告，自 2012 年 12 月 1 日起实施。

主要章节内容：

1. 总则
2. 术语
3. 雷电防护分区
   3.1 地区雷暴日等级划分
   3.2 雷电防护区划分
4. 雷电防护等级划分和雷击风险评估
   4.1 一般规定
   4.2 按防雷装置的拦截效率确定雷电防护等级
   4.3 按电子信息系统的重要性、使用性质和价值确定雷电防护等级
   4.4 按风险管理要求进行雷击风险评估
5. 防雷设计
   5.1 一般规定
   5.2 等电位连接与共用接地系统设计
   5.3 屏蔽及布线
   5.4 浪涌保护器的选择
   5.5 电子信息系统的防雷与接地
6. 防雷施工
   6.1 一般规定
   6.2 接地装置
   6.3 接地线
   6.4 等电位接地端子板(等电位连接带)
   6.5 浪涌保护器
   6.6 线缆敷设
7. 检测与验收
   7.1 检测
   7.2 验收项目
   7.3 竣工验收
8. 维护与管理
   8.1 维护
   8.2 管理

附录 A　用于建筑物电子信息系统雷击风险评估的 N 和 N_C 的计算方法
附录 B　按风险管理要求进行的雷击风险评估
附录 C　雷电流参数
附录 D　雷击磁场强度的计算方法
附录 E　信号线路浪涌保护器冲击试验波形和参数
附录 F　全国主要城市年平均雷暴日数统计表

本规范用词说明

三、《建筑物防雷装置检测技术规范》(GB/T 21431—2015)

简介:本标准规定了建筑物防雷装置的检测项目、检测要求和方法、检测周期、检测程序和检测数据整理及报告。本标准适用于建筑物防雷装置的检测。以下情况不属于本标准的范围:①铁路系统;②车辆、船舶、飞机及离岸装置;③地下高压管道,与建筑物不相连的管道、电力线和通信线。

主要章节内容:

前言

1. 范围
2. 规范性引用文件
3. 术语和定义
4. 检测分类及项目
5. 检测要求及方法
6. 定期检测周期
7. 检测程序
8. 检测数据整理及报告

附录 A　(规范性附录)爆炸危险环境分区及防雷分类

附录 B　(规范性附录)土壤电阻率的测量

附录 C　(规范性附录)接地装置冲击接地电阻与工频接地电阻的换算

附录 D　(规范性附录)三级法测量接地电阻值

附录 E　(规范性附录)检测中常见问题处理

附录 F　(规范性附录)磁场测量和屏蔽效率的计算

附录 G　(规范性附录)信号系统电涌保护器的类别和冲击试验分类

附录 H　(资料性附录)部分检测仪器的主要性能和参数指标

附录 I　(资料性附录)防雷装置检测业务表格式样

四、《雷电电磁脉冲的防护　第 1 部分:通则》(GB/T 19271.1—2005)

简介:本部分为建筑内或建筑物上的信息系统——有效雷电防护系统的设计、安装、检查、维护及测试提供信息,内容包括总则、干扰源、防雷区及 5 个附录。

主要章节内容:

前言

引言

1. 总则
   1.1　范围与目标
   1.2　引用标准
   1.3　术语与定义
2. 干扰源
   2.1　作为干扰源的雷电流

2.2　雷电流参数

3. 防雷区

3.1　防雷区的定义

3.2　接地要求

3.3　屏蔽要求

3.4　等电位连接的要求

表、图(略)

附录 A　确定雷电流参数的背景情况

附录 B　用于分析的雷电流时间函数

附录 C　用于测试的雷电流的模拟

附录 D　电磁耦合过程

附录 E　防护管理

五、《雷电电磁脉冲的防护　第 2 部分：建筑物的屏蔽、内部等电位连接及接地》(GB/T 19271.2—2005)

简介:本部分规定了安装有信息设备(如电子系统)的建筑物,在遭受直接雷击以及邻近雷击情况下,其 LEMP 屏蔽措施有效性的评估方法,并且给出与雷电电磁脉冲防护有关的建筑物内各种等电位连接措施及各种接地方法的规则。

主要章节内容:

前言

1. 总则

1.1　范围

1.2　规范性引用文件

1.3　术语和定义

1.4　符号

2. 电磁干扰源及其受害者

3. 格栅形空间屏蔽

3.1　邻近雷击情况下的格栅形空间屏蔽

3.2　直接雷击情况下的格栅形空间屏蔽

3.3　围绕 LPZ2 区以及 LPZ2 以上防雷区的格栅形空间屏蔽

3.4　格栅形空间屏蔽体内部的磁场强度的实验测定

3.5　安装规则

4. 接地系统

4.1　接地装置

4.2　等电位连接网络

4.3　接地装置与等电位连接网络的组合

4.4　屏蔽、等电位连接及接地布局的例子

表、图(略)

附录 A　接地与等电位连接的定义

附录 B　由各种设施构成的环路中感应电压及电流的计算

附录 C　格栅形磁场屏蔽体内部磁场强度的计算

六、《雷电电磁脉冲的防护　第 3 部分：对浪涌保护器的要求》（GB/T 19271.3—2005）

简介：本标准对已由 GB 18802.1 做了标准化的浪涌保护器提出技术要求。这些 SPD 是按照 GB/T 19271.1 阐述的防雷区概念进行安装的。首先，从相关的初始威胁值出发，本部分给出了如何确定各个 SPD 所承载浪涌的指南。对于安装有 SPD 的复杂系统，遵循本部分所描述的方法，可将系统划分成若干个简单的基本结构。知道了系统中各处局部雷电流的大小及方向，就可选择合适的 SPD。本部分还涉及 SPD 相互之间以及 SPD 与被保护设备之间能量配合的一些基本问题。为了实现有效配合，需要考虑各个 SPD 的特性以及相应安装地点的浪涌状况。本部分还简要说明验证系统中安装的 SPD 是否配合的方法。

主要章节内容：

前言

引言

1. 范围
2. 规范性引用文件
3. 定义、缩略语和符号
4. 相关威胁值——雷电流参数
5. 按防雷区布置 SPD
6. 对 SPD 的性能要求
7. 能量配合
8. 验证方法

附录 A　两个 SPD 间配合的若干例子

附录 B　影响被保护系统中雷电流分布的若干因素

附录 C　SPD 的安装位置

图(略)

七、《雷电电磁脉冲的防护　第 4 部分：现有建筑物内设备的防护》（GB/T 19271.4—2005）

简介：本部分为现有建筑物内信息技术设备(ITE)的 LEMP 防护提供指导，并提出适用于新建建筑物内 ITE 的 LEMP 防护方法。

主要章节内容：

前言

引言

1. 总则
   - 1.1　范围
   - 1.2　规范性引用文件
2. 对照表
3. 建筑物有外部防雷系统时的防护措施

4. 电缆设施的防护措施
5. 电源设施和信息技术设备(ITE)互连线的防护措施
  5.1 浪涌保护器(亦见 GB/T 19271.3)
6. 安装有天线和其他设备时的防护措施
  6.1 实例
  6.2 设备的防护
  6.3 减小馈线电缆的感应过电压和防止设备内部的侧向闪络
7. 建筑物间数据、电话、测量互连线的防护措施
  7.1 简述
  7.2 建筑物间的光缆
  7.3 建筑物间的金属电缆
参考文献

八、《建筑物防雷工程施工与质量验收规范》(GB 50601—2010)

简介:为加强建筑物防雷工程质量监督管理,统一防雷工程施工与质量验收,保证工程质量和建筑物的防雷装置安全运行,制定本规范。本规范适用于新建、改建和扩建建筑物防雷工程的施工与质量验收。

主要章节内容:

前言
1. 总则
2. 术语
3. 基本规定
  3.1 施工现场质量管理
  3.2 施工质量控制要求
4. 接地装置分项工程
  4.1 接地装置安装
  4.2 接地装置安装工序
5. 引下线分项工程
  5.1 引下线安装
  5.2 引下线安装工序
6. 接闪器分项工程
  6.1 接闪器安装
  6.2 接闪器安装工序
7. 等电位连接分项工程
  7.1 等电位连接安装
  7.2 等电位连接安装工序
8. 屏蔽分项工程
  8.1 屏蔽装置安装
  8.2 屏蔽装置安装工序
9. 综合布线分项工程

9.1　综合布线安装
9.2　综合布线安装工序
10. 电涌保护器分项工程
10.1　电涌保护器安装
10.2　电涌保护器安装工序
11. 工程质量验收
11.1　一般规定
11.2　防雷工程中各分项工程的检验批划分和检测要求
附录 A　施工现场质量管理检查记录
附录 B　外部防雷装置和等电位连接导体的材料、规格
附录 C　电涌保护器分类和应提供的信息要求
附录 D　安装图
附录 E　质量验收记录
本规范用词说明
引用标准名录
附:条文说明

九、《交流电气装置的接地设计规范》(GB/T 50065—2011)

简介:本规范适用于交流标称电压 1 kV 以上至 750 kV 发电、变电、送电和配电高压电气装置,以及 1 kV 及以下低压电气装置的接地设计。

主要章节内容:

前言
1. 总则
2. 术语
3. 高压电气装置接地
3.1　一般规定
3.2　保护接地的范围
4. 发电厂和变电站的接地网
4.1　110 kV 及以上发电厂和变电站接地网设计的一般要求
4.2　接地电阻与均压要求
4.3　水平接地网的设计
4.4　具有气体绝缘金属封闭开关设备变电站的接地
4.5　雷电保护和防静电的接地
5. 高压架空线路和电缆线路的接地
5.1　高压架空线路的接地
5.2　6 kV～220 kV 电缆线路的接地
6. 高压配电电气装置的接地
6.1　高压配电电气装置的接地电阻
6.2　高压配电电气装置的接地装置
7. 低压系统接地型式、架空线路的接地、电气装置的接地电阻和保护总等电位连接系统

7.1 低压系统接地的型式

7.2 低压架空线路的接地、电气装置的接地电阻和保护总等电位连接系统

8. 低压电气装置的接地装置和保护导体

8.1 接地装置

8.2 保护导体

8.3 保护联结导体

附录 A 土壤中人工接地极工频接地电阻的计算

附录 B 经发电厂和变电站接地网的入地故障电流及地电位升高的计算

附录 C 表层衰减系数

附录 D 均匀土壤中接地网接触电位差和跨步电位差的计算

附录 E 高压电气装置接地导体(线)的热稳定校验

附录 F 架空线路杆塔接地电阻的计算

附录 G 系数 K 的求取方法

附录 H 低压接地配置、保护导体和保护联结导体

附录 J 土壤和水的电阻率参考值

本规范用词说明

引用标准名录

条文说明

十、《系统接地的型式及安全技术要求》(GB 14050—2008)

简介:本标准规定了系统接地的型式及安全技术要求,其目的是保障人和设备的安全。本标准适用于系统标称电压为交流 220/380 V 的电网。

主要章节内容:

前言

1. 范围

2. 规范性引用文件

3. 术语和定义

4. 系统接地的型式

4.1 TN 系统

4.2 TT 系统

4.3 IT 系统

5. 对系统接地的安全技术要求

5.1 基本要求

5.2 TN 系统

5.3 TT 系统

5.4 IT 系统

十一、《电气装置安装工程 接地装置施工及验收规范》(GB 50169—2016)

简介:本规范是根据住房和城乡建设部《关于印发 2013 年工程建设标准规范制订修订计

划的通知》(建标〔2013〕6号)的要求，由中国电力科学研究院会同有关单位，在《电气装置安装工程　接地装置施工及验收规范》(GB 50169—2006)的基础上修订的。

本规范共分5章，其主要内容包括总则、术语、基本规定、电气装置的接地、工程交接验收。与原规范相比较，本规范增加了如下内容：①基本规定；②接地装置的降阻；③风力发电机组与光伏发电站的接地；④继电保护及安全自动装置的接地；⑤防雷电感应和防静电的接地。本规范以黑体字标志的条文为强制性条文，必须严格执行。

主要章节内容：

前言

1. 总则
2. 术语
3. 基本规定
4. 电气装置的接地

　4.1　接地装置的选择

　4.2　接地装置的敷设

　4.3　接地线、接地极的连接

　4.4　接地装置的降阻

　4.5　风力发电机组与光伏发电站的接地

　4.6　接闪器的接地

　4.7　输电线路杆塔的接地

　4.8　主(集)控楼、调度楼和通信站的接地

　4.9　继电保护及安全自动装置的接地

　4.10　电力电缆金属护层的接地

　4.11　配电电气装置的接地

　4.12　建筑物电气装置的接地

　4.13　携带式和移动式用电设备的接地

　4.14　防雷电感应和防静电的接地

5. 工程交接验收

本规范用词说明

引用标准名录

条文说明

十二、《接地系统的土壤电阻率、接地阻抗和地面电位测量导则》(GB/T 17949.1—2000)

简介：本标准的测试方法包括①测量从小型接地棒、接地板到电站大型接地系统等各种接地极的接地电阻和接地阻抗；②测量地面电位，包括测量跨步电压、接触电压和等电位线；③为完善工程设计，按比例模型试验法，在试验室内预测接地电阻和地面电位梯度；④测定土壤电阻率。本标准所列测试方法仅限于使用直流电流、周期性换向直流电流、正弦交流电流和冲击电流(用于测量冲击接地阻抗)。本导则没有包括所有可能的测试手段和测试方法。由于测试中的可变因素很多，测试难以做到高度准确，因此要用现有的最合适的测试方法仔细地做试验，还要彻底了解误差产生的原因。

主要章节内容：

前言

1. 目的
2. 范围
3. 测试内容
4. 定义
5. 接地网测试时的安全措施
6. 有关测量的一般性规定
7. 土壤电阻率测量
8. 接地阻抗
9. 地面电位
10. 冲击接地阻抗
11. 模型试验
12. 测量仪器
13. 有关测量的其他事项

附录 A （提示的附录）非同质土壤的地电参数

附录 B （提示的附录）两层土壤模型参数的确定

附录 C （提示的附录）电位降法的原理

十三、《接地装置特性参数测量导则》（DL/T 475—2017）

简介：本标准规定了接地装置特性参数和土壤电阻率测试的一般原则、内容、方法、判据和周期。本标准适用于发电厂、变电站、换流站和直流接地极、风力发电系统的升压站和风力发电机、光伏电站、储能电站、电气化铁路牵引站、输电线路杆塔等接地装置的交接验收试验，已运行接地装置的状况评估和预防性（例行）试验，与防雷有关的接地装置试验。

通信设施、建筑物等其他接地装置的特性参数测试可参照执行。

主要章节内容：

前言

1. 范围
2. 规范性引用文件
3. 术语和定义
4. 接地装置特性参数测试的基本要求
5. 接地装置的电气完整性测试
6. 接地装置工频特性参数的测试
7. 输电线路杆塔接地装置的接地阻抗测试
8. 直流接地极有关参数的测试
9. 不同接地装置间的参照原则
10. 土壤电阻率的测试

附录 A （资料性附录）大型接地装置工频特性参数测试典型实例

附录 B （资料性附录）大型接地装置工频特性参数现场测试步骤及注意事项

附录 C （资料性附录）大型接地装置工频特性参数测试数据有效性的判断方法

十四、《低压配电设计规范》(GB 50054—2011)

简介：本规范是一项新修订的国家标准，由中华人民共和国住房和城乡建设部第 1100 号公告批准，自 2012 年 6 月 1 日起实施。其中 7 条为强制性条文，必须严格执行。原《低压配电设计规范》(GB 50054—95)同时废止。

为使低压配电设计中，做到保障人身和财产安全、节约能源、技术先进、功能完善、经济合理、配电可靠和安装运行方便，制定本规范。本规范适用于新建、改建和扩建工程中交流、工频 1000 V 及以下的低压配电设计。

主要章节内容：

前言

1. 总则

2. 术语

3. 电器和导体的选择

　3.1　电器的选择

　3.2　导体的选择

4. 配电设备的布置

　4.1　一般规定

　4.2　配电设备布置中的安全措施

　4.3　对建筑物的要求

5. 电气装置的电击防护

　5.1　直接接触防护措施

　5.2　间接接触防护的自动切断电源防护措施

　5.3　SELV 系统和 PELV 系统及 FELV 系统

6. 配电线路的保护

　6.1　一般规定

　6.2　短路保护

　6.3　过负荷保护

　6.4　配电线路电气火灾保护

7. 配电线路的敷设

　7.1　一般规定

　7.2　绝缘导体布线

　7.3　钢索布线

　7.4　裸导体布线

　7.5　封闭式母线布线

　7.6　电缆布线

　7.7　电气竖井布线

附录 A　系数 K 值

本规范用词说明

引用标准名录

条文说明

十五、《风力发电机组　雷电防护》(GB/Z 25427—2010)

简介：本指导性技术文件规定了风力发电机组雷电损坏的统计，雷电对风力发电机组造成损坏的风险评估，叶片、轴承、齿轮箱及电气和控制系统的防雷保护以及接地要求和人员安全。

本指导性技术文件适用于风轮扫略面积大于或等于 200 m^2 水平轴风力发电机组的防雷保护，其他类型的风力发电机组也可参照使用。

主要章节内容：

前言

引言

1. 范围
2. 规范性引用文件
3. 术语和定义
4. 雷电和风力发电机组
5. 损坏统计
6. 雷电对风力发电机组造成损坏的风险评估
7. 风力发电机组叶片防雷
8. 轴承和齿轮箱的防护
9. 电气和控制系统的防护
10. 接地
11. 人员安全
12. 结论及对未来工作的建议

附录 A　(资料性附录)典型雷击损坏问卷

参考文献

十六、《风力发电机组　防雷装置检测技术规范》(GB/T 36490—2018)

简介：本标准规定了风力发电机组(以下简称机组)防雷装置的检测程序、检测项目、检测要求、检测方法、检测周期和检测数据整理。

本标准适用于 600 kW 及以上的陆上风力发电机组的防雷装置检测。

主要章节内容：

前言

1. 范围
2. 规范性引用文件
3. 术语和定义
4. 检测项目
5. 一般规定
    - 5.1　检测依据
    - 5.2　检测仪器要求
    - 5.3　检测周期

5.4　检测程序

6. 检测要求和方法

6.1　叶片防雷装置

6.2　机舱防雷装置

6.3　接地装置

6.4　等电位装置

6.5　电涌保护器(SPD)

附录 A　(资料性附录)部分检测仪器的主要性能和参数指标

附录 B　(资料性附录)检测数据整理

附录 C　(资料性附录)机组接地电阻测量方法

十七、《石油与石油设施雷电安全规范》(GB 15599—2009)

简介:本标准规定了石油与石油产品在生产、输送、贮存过程中避免或减少石油设施雷电危害的基本原则和措施。本标准适用于石油设施的雷电安全防护。

主要章节内容:

前言

1. 范围

2. 规范性引用文件

3. 预防雷电危害的基本原则

4. 预防雷电危害的技术措施

4.1　金属储罐

4.2　非金属储罐

4.3　人工洞石油库

4.4　汽车槽车和铁路槽车

4.5　金属油船和油驳

4.6　生产装置

4.7　管路

5. 预防雷电危害的检测措施

附录 A　(资料性附录)我国各地雷暴日期及初终期

第三节　其他技术标准、技术规范

一、《新一代天气雷达站防雷技术规范》(QX/T 2—2016)

简介:本标准规定了新一代天气雷达站的防护原则、雷电防护区及防护等级的划分、雷达站建筑结构防雷设计及施工要求、雷达站各装置的防护措施等。本标准适用于新一代天气雷达站的防雷设计、施工;原有天气雷达站防雷改造工程的设计、施工与改造。其他天气雷达站的防雷设计、施工可参照执行。

主要章节内容：

前言

1. 范围
2. 规范性引用文件
3. 术语和定义
4. 防护原则
5. 防雷等级划分
6. 雷达站建筑物
7. 雷达天线及平台
8. 天线电缆与波导管
9. 机房与设备
10. 通信与传输系统
11. 配电系统
12. 其他附属装置
13. 防雷装置的维护与管理

附录 A （规范性附录）雷击大地年平均密度修正值

附录 B （规范性附录）防雷区划分

附录 C （规范性附录）数据传输线缆与其他干扰源的间距

附录 D （规范性附录）电涌保护器的选择与安装

二、《气象信息系统雷击电磁脉冲防护规范》（QX 3—2000）

简介：本标准规定了气象信息系统雷击电磁脉冲的防护原则、雷电防护区的划分、屏蔽措施和线缆敷设、雷击电涌保护及防雷装置的维护和管理。本标准适用于新建气象信息系统的防雷设计、施工；原有气象信息系统改造的防雷设计、施工可参照执行。气象信息系统的防雷设计和施工除应执行本标准的规定外，尚应符合现行国家有关标准的规定。

主要章节内容：

前言

1. 范围
2. 引用标准
3. 定义
4. 防护原则
5. 雷电防护区的划分
6. 等电位连接和共用接地
7. 屏蔽措施和线缆敷设
8. 雷击电涌保护
9. 防雷装置的维护和管理

附录 A （标准的附录）雷击风险评估方法

附录 B （标准的附录）雷电流

附录 C （标准的附录）电涌保护器(SPD)的选择和安装

附录 D （标准的附录）环路中感应电压、电流和能量的计算

附录 E　(标准的附录)本规范用词说明

附录 F　(提示的附录)全国各主要城市雷暴活动日数(期)

三、《气象台(站)防雷技术规范》(QX 4—2015)

简介:本标准规定了气象台(站)的防护原则和一般规定、雷电防护区的划分、防雷等级、等电位连接和共用接地系统、屏蔽措施和合理布线、电涌保护、防雷装置的维护与管理。本标准适用于各级气象台(站)的防雷设计与施工;各行业专业气象台(站)的防雷设计与施工可参照执行。

主要章节内容:

前言

1. 范围
2. 规范性引用文件
3. 术语和定义
4. 气象台(站)的防雷分级
5. 一般要求
6. 直击雷防护措施
7. 接地和防雷等电位连接
8. 屏蔽和合理布线
9. SPD 的选择与安装
10. 防雷装置的维护与管理

附录 A　(规范性附录)防雷区的划分

四、《通信局(站)防雷与接地工程设计规范》(GB 50689—2011)

简介:本规范共分 9 章和 7 个附录。主要内容包括总则,术语,基本规定,综合通信大楼的防雷与接地,有线通信局(站)的防雷与接地,移动通信基站的防雷与接地,小型通信站的防雷与接地,微波、卫星地球站的防雷与接地,通信局(站)雷电过电压保护设计。本规范中以黑体字标志的条文为强制性条文,必须严格执行。

主要章节内容:

前言

1. 总则
2. 术语
3. 基本规定
   - 3.1　一般规定
   - 3.2　接地系统组成
   - 3.3　接地体
   - 3.4　接地引入线
   - 3.5　接地汇集线
   - 3.6　接地线
   - 3.7　等电位连接方式
   - 3.8　各类缆线的入局方式

3.9 接地线布放要求
3.10 计算机网络接口、控制终端接口的保护
3.11 集中监控系统的接地与接口的保护
3.12 局内布线
3.13 配电系统
3.14 机房内辅助设备的接地
3.15 光缆的防雷接地

4. 综合通信大楼的防雷与接地
4.1 一般规定
4.2 接地连接方式
4.3 内部等电位接地连接方式
4.4 地网
4.5 进局缆线的接地
4.6 通信设备的接地
4.7 通信电源的接地
4.8 其他设施的接地
4.9 建筑防雷设计

5. 有线通信局(站)的防雷与接地
5.1 交换局、数据局
5.2 接入网站、模块局
5.3 宽带接入点
5.4 光缆中继站
5.5 通信设备的直流配电系统接地

6. 移动通信基站的防雷与接地
6.1 一般原则
6.2 地网
6.3 直击雷保护
6.4 天(馈)线接地
6.5 直流远供系统的防雷与接地
6.6 GPS天(馈)线的防雷与接地
6.7 机房内的等电位连接
6.8 接地引入线和室内接地处理
6.9 其他引入缆线的接地处理
6.10 通信设备的直流配电系统接地

7. 小型通信站的防雷与接地
7.1 一般原则
7.2 地网
7.3 直击雷防护
7.4 其他

8. 微波、卫星地球站的防雷与接地

8.1　微波站的防雷与接地
8.2　卫星地球站的防雷与接地
9. 通信局(站)雷电过电压保护设计
9.1　一般规定
9.2　防雷器的使用要求
9.3　通信局(站)电源系统雷电过电压保护原则
9.4　电源防雷器安装要求
9.5　计算机网络及各类信号线雷电过电压保护设计原则
附录A　全国主要城市年平均雷暴日数统计表
附录B　全国年平均雷暴日数区划图
附录C　防雷器保护模式要求
附录D　网状、星形和星形—网状混合型接地
附录E　接地电阻的测试
附录F　土壤电阻率的测量
附录G　防雷区
本规范用词说明
引用标准名录
附:条文说明

五、《通信局(站)低压配电系统用电涌保护器技术要求》(YD/T 1235.1—2002)

简介:本标准规定了通信局(站)低压配电系统用电涌保护器(以下简称电涌保护器)的定义、分类、技术要求和检验规则等。本标准适用于通信局(站)低压配电系统各级(配电变压器低压侧、配电室及电力室交流输入端以及各机房交、直流配电柜(箱)等)用电涌保护器的质量检验与评定。集成在设备中的电涌保护器可参照执行。

主要章节内容:

前言
1. 范围
2. 规范性引用文件
3. 术语和定义
4. 使用环境条件
4.1　供电条件
4.2　气候条件
5. 分类
5.1　按冲击测试电流等级分类
5.2　按用途分类
5.3　按端口分类
5.4　按构成分类
6. 技术要求
6.1　标称额定值
6.2　整体要求

6.3 电涌防护性能

6.4 安全性能

6.5 二端口 SPD 及带独立输入/输出端子的一端口 SPD 的附加要求

6.6 环境适用性

7. 检验规则

7.1 交收检验

7.2 型式检验

8. 标志、包装、运输和贮存

8.1 标志的内容

8.2 包装

8.3 运输和贮存

附录 A （规范性附录）通信局（站）配电系统用电涌保护器 SPD 的结构

六、《通信局（站）低压配电系统用电涌保护器测试方法》（YD/T 1235.2—2002）

简介：本标准规定了通信局（站）低压配电系统用电涌保护器（以下简称电涌保护器）的试验方法。本标准适用于通信局（站）低压配电系统各级（配电变压器低压侧、配电室及电力室交流输入端、各机房交直流配电柜（箱）等）用电涌保护器的质量检验与评定。集成在设备中的电涌保护器可参照执行。

主要章节内容：

前言

1. 范围

2. 规范性引用文件

3. 术语和定义

4. 对试验的一般要求

4.1 一般规定

4.2 试验条件

4.3 试验波形

5. 整体质量检查

5.1 外观检查

5.2 保护模式检查

5.3 分离装置检查

5.4 告警检查

5.5 接线端子连接导线能力的检查

6. 电涌防护性能试验

6.1 最大持续运行电压试验

6.2 等级限制电压试验

6.3 确定电压保护水平试验

6.4 动作负载试验

7. 安全性能试验

7.1 电气间隙和爬电距离检查

7.2　外壳防护等级试验

7.3　保护接地检查

7.4　着火危险性试验(灼热丝试验)

7.5　暂时过电压下失效的安全性试验

7.6　暂时过电压耐受特性试验

7.7　SPD 热稳定性试验

8. 二端口 SPD 以及有独立输入/输出端子的一端口 SPD 的附加试验

8.1　电压降试验

8.2　负载侧电涌耐受能力试验

8.3　负载侧短路耐受能力试验

9. 环境适用性试验

9.1　振动试验

9.2　高温试验

9.3　低温试验

9.4　交变湿热试验

10. 检验规则

10.1　交收检验

10.2　型式检验

七、《铁路信号设备雷电电磁脉冲防护技术条件》(TB/T 3074—2017)

简介:本标准规定了铁路信号设备对雷电电磁脉冲诱发的过电压和过电流安全防护的基本原则和防护技术要求,适用于新建铁路和既有线路信号设备改建及扩建时综合防雷系统的设计、施工、制造和维护,其他电子设备系统的综合防雷措施可以参照本标准执行。

本标准不考虑雷电直接击中信号设备的防护。

主要章节内容:

前言

1. 范围

2. 规范性引用文件

3. 术语和缩略语

4. 信号机房雷电电磁脉冲防护的基本要求

5. 信号机房的综合防雷

6. 其他相关要求

附录 A　(规范性附录)避雷针保护范围的确定

参考文献

八、《铁路通信、信号、电力电子系统防雷设备》(TB/T 2311—2017)

简介:本标准规定了铁路电子设备用防雷保安器的定义、分类、技术要求、试验方法、检验规则、标志、包装、运输和贮存。本标准适用于含有电子及微电子器件的铁道通信设备、信号设备、计算机信息系统设备为防止雷电电磁脉冲感应过电压损害的防雷保安器的制造、维修和检

验。铁道行业其他电子设备及含电气装置的信号设备的防雷保安器可参照使用。

主要章节内容：

前言

1. 范围
2. 规范性引用文件
3. 术语、定义和缩略语
4. 使用环境
5. 防雷设备的分类和结构
6. 技术要求
7. 试验方法
8. 检验规则
9. 包装、运输和贮存

九、《汽车加油加气站设计与施工规范》(GB 50156—2012)

简介：为了统一技术标准，做到安全可靠、技术先进、经济合理，适用于新建、改建、扩建汽车加油站、液化石油气加气站、压缩天然气合建站工程的设计和施工。

主要章节内容：

1. 总则
2. 术语、符号和缩略语
3. 基本规定
4. 站址选择
5. 站内平面布置
6. 加油工艺及设施
7. LPG 加气工艺及设施
8. CNG 加气工艺及设施
9. LNG 和 L-CNG 加气工艺及设施
10. 消防设施及给排水
11. 电气、报警和紧急切断系统
12. 采暖通风、建(构)筑物、绿化
13. 工程施工

附录 A　计算间距的起止点

附录 B　民用建筑物保护类别划分

附录 C　加油加气站内爆炸危险区域的等级和范围划分

十、《计算机场地通用规范》(GB/T 2887—2011)

简介：本标准规定了电子计算机场地定义、要求、测试方法与验收规则。本标准适用于各类电子计算机系统的场地，其他电子设备系统的场地可参照本标准执行。

主要章节内容：

前言

1. 范围
2. 规范性引用文件
3. 术语和定义
4. 技术要求
5. 安全防护
6. 测试方法
7. 验收规则

十一、《计算机信息系统雷电电磁脉冲安全防护规范》(GA 267—2000)

简介:本标准规定了计算机信息系统对雷电电磁脉冲诱发的过电压和过电流安全防护的基本原则和防护技术要求。本标准的全部技术内容为强制性。本标准适用于计算机信息系统设备本身对雷电电磁脉冲诱发的过电压和过电流的防护,其他计算机网络设备可参照执行。本标准不适用于计算机信息系统设备所在场地建筑物对直接雷击的防护。

主要章节内容:

1. 范围
2. 引用标准
3. 定义
4. 雷电电磁脉冲过电压和过电流源
5. 雷电电磁脉冲安全防护原则
6. 雷电电磁脉冲防护类别、雷电区及防护区的划分
7. 雷电电磁脉冲防护的接地和屏蔽
8. 防雷保安器的设置
9. 雷电电磁脉冲的防护水平
10. 接地要求及技术参数
11. 安装、检测与管理

附录 A　(标准的附录)雷电防护区等电位连接图

附录 B　(标准的附录)计算机机房导电体物体等电位连接

复习与思考

1. 熟悉国际防雷技术标准。
2. 熟悉常用国家、行业指导性防雷技术标准、技术规范。
3. 熟悉其他行业指导性防雷技术标准、技术规范。

思维导图

防雷技术规范、技术标准简介

- 国际电工委员会
  - IEC 61024-1《建筑物防雷》
  - IEC 61312《雷电电磁脉冲的防护》
  - IEC 61643-1《接至低压配电系统的浪涌保护器》
  - IEC 60364-5-53《电气设备的选择和安装》
  - IEC 61662《雷击损害风险的评估》
- 强制性国家标准
  - GB 50057—2010《建筑物防雷设计规范》
  - GB 50343—2012《建筑物电子信息系统防雷设计规范》
  - GB 50601—2010《建筑物防雷工程施工与质量验收规范》
  - GB 14050—2008《系统接地的型式及安全技术要求》
  - GB 50169—2016《电气装置安装工程 接地装置施工及验收规范》
  - GB/T 17949.1-- 2000《接地系统的土壤电阻率、接地阻抗和地面电位测量导则》
  - GB 50054—2011《低压配电设计规范》
  - GB 15599—2009《石油与石油设施雷电安全规范》
  - GB 50689—2011《通信局(站)防雷与接地工程设计规范》
  - GB 50156—2012《汽车加油加气站设计与施工规范》
- 推荐性国家标准
  - GB/T 21431—2015《建筑物防雷装置检测技术规范》
  - GB/T 19271.1—2005《雷电电磁脉冲的防护》
  - GB/T 50065—2011《交流电气装置的接地设计规范》
  - GB/T 36490—2018《风力发电机组 防雷装置检测技术规范》
  - GB/T 2887—2011《计算机场地通用规范》
- 指导性国家标准
  - GB/Z 25427–2010《风力发电机组 雷电防护》
- 电力行业推荐性标准
  - DL/T 475—2017《接地装置特性参数测量导则》
- 参考资料性技术标准、技术规范
  - QX/T 2-2016《新一代天气雷达站防雷技术规范》
  - QX 3-2000《气象信息系统雷击电磁脉冲防护规范》
  - QX 4-2015《气象台(站)防雷技术规范》
  - YD/T 1235.1-2002《通信局(站)低压配电系统用电涌保护器技术要求》
  - YD/T 1235.2-2002《通信局(站)低压配电系统用电涌保护器测试方法》
  - TB/T 3074—2017《铁路信号设备雷电电磁脉冲防护技术条件》
  - TB/T 2311—2017《铁路通信、信号、电力电子系统防雷设备》
  - GA 267—2000《计算机信息系统雷电电磁脉冲安全防护规范》

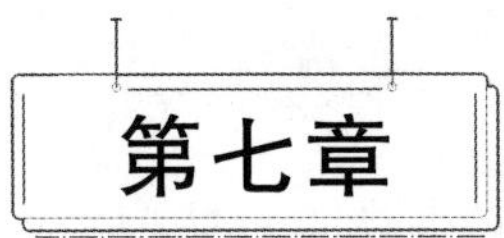

第七章 雷电防护装置检测

通过本章的学习，了解雷电防护装置的检测目的与意义，掌握检测的流程和方法，熟悉检测规范，掌握雷电防护装置的构成和作用，掌握一般场所和特殊场所的雷电防护装置要求，能够独立判定雷电防护装置的可靠性。

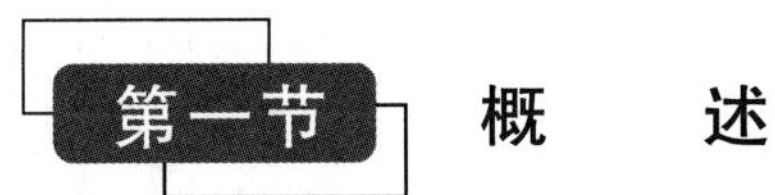

第一节 概　　述

一、检测目的与意义

雷电防护装置安全检测是根据雷电防护装置的设计、施工标准对雷电防护装置的安全设置和性能进行的检查、测试，以及对装置可靠性综合分析与技术评定等处理的全部过程。

雷电防护装置是否符合相关规范要求，是否能够满足设计、施工要求，能否达到雷电防护装置的最佳防护效果，这就需要对雷电防护装置进行安全检测。检测主要是依据现行国家、行业、地方等相关防雷技术标准，针对雷电防护装置各主要环节进行检查并进行测试，包括设计方案、施工工艺、所用材料的规格及质量、防雷器件的参数等。其主要目的是确保已经安装且正在使用的雷电防护装置能够安全有效地运行。由于雷电防护装置经历雷电季节后或因为不可预见的因素而损坏，加之建筑物的修、改、扩建中存在着原有建筑物不在其雷电防护装置保护范围内等情况，防雷器件也会因长期工作或其质量等原因老化或失效。还有一种情况是被保护物环境的改变，如建筑物增加了进出的金属管道、各种线缆、电子设备等，使得现有雷电防护装置不能起到防护作用。所以，对雷电防护装置进行安全检测就是为了发现问题、提出整改意见并及时解决问题，排除隐患。

做好雷电防护装置安全检测工作，可以大大提高雷电防护装置的利用率，保证在雷雨季节发挥其应有的作用，有效地预防或减少雷电灾害的发生。对人民生命财产安全具有十分重要的意义。

二、检测分类

检测分为首次检测和定期检测。

(一)首次检测

首次检测分为新建、改建、扩建建筑物雷电防护装置施工过程中的检测和投入使用后建筑物雷电防护装置的第一次检测。这类项目的雷电防护装置检测只需进行首次检测,如确定建筑物防雷类别、建筑物的长宽高、接闪器和引下线的规格尺寸和布置,确定被保护设备所处的防雷区等。投入使用后建筑物雷电防护装置的第一次检测应按设计文件要求进行检测。

(二)定期检测

定期检测是按规定周期进行的检测,是指对已建成并投入使用的建(构)筑物雷电防护装置按一定时间周期所进行的安全性能检测。

三、检测项目及内容

雷电防护装置检测具体包括外部雷电防护装置(由接闪器、引下线、接地装置组成)及内部雷电防护装置(由防雷等电位连接和与外部雷电防护装置的间隔距离组成),包含防闪电电涌侵入、防高电位反击、防闪电感应、防雷击电磁脉冲的屏蔽以及等电位连接、电涌保护器(SPD)和接地装置等措施。检测项目依据相关规范规定进行。

(一)检测项目

(1)建筑物的防雷分类;
(2)接闪器;
(3)引下线;
(4)接地装置;
(5)防雷区的划分;
(6)雷击电磁脉冲屏蔽;
(7)等电位连接;
(8)电涌保护器(SPD)。

(二)新(改、扩)建检测内容

(1)新建项目先进行基础检测(包括自然接地体和人工接地体检测)。
1)自然接地体检测内容
① 基础(深桩)钢筋与承台钢筋的连接是否符合要求;
② 承台钢筋的连接是否符合要求;
③ 作为防雷引下线的柱子内,钢筋与承台钢筋的连接是否符合要求;
④ 基础承台和柱子之间的焊接是否符合要求。
2)人工接地体检测要求应符合 GB 50057—2010 中第 5.4 条的规定。
(2)新建项目在施工阶段应分段检测。
检测内容:
① 预留接地装置;

② 均压环；
③ 预留的电气设备等电位连接装置；
④ 引下线柱筋的焊接情况；
⑤ 金属门窗与均压环的焊接情况；
⑥ 金属框架与均压环的焊接情况。
3. 新建项目完工后应进行竣工检测。

（三）电子信息系统检测要求

应符合 GB 50343—2012 的规定，检测内容包括：
① 雷电防护等级的确定；
② 等电位连接系统（S 形星型结构，M 形网状结构和组合式结构）；
③ 共用接地系统（机房内需接地的各种设备、保护线、连接带及各种接地装置）；
④ 屏蔽系统；
⑤ 合理布线系统；
⑥ 电涌保护器（技术参数、连接线材料规格和长度、显示窗色标、安装距离）；
⑦ 各类机柜（机架）外壳接地；
⑧ 各类金属操作台基接地；
⑨ 防静电地板龙骨架接地；
⑩ 金属线槽和线管接地；
⑪ 等电位连接带接地；
⑫ 金属门窗接地。

四、检测周期

具有爆炸和火灾危险环境的防雷建筑物检测间隔时间为 6 个月，其他防雷建筑物检测间隔时间为 12 个月。

五、常用检测仪器设备

（1）防雷检测所采用的仪器和测量工具是防雷检测的主要手段，仪器的正常与否直接影响被检雷电防护装置的质量。

所使用的仪器应具有产品质量合格证书和计量检定证书或标志。检测用的仪器和测量工具应经法定专业计量机构检定，保证其能正常使用并在计量认证有效期内。检测仪器应有明显的标识显示状态，表明其在计量认证有效期内，应按标识使用。仪器设备的状态标识为三种颜色的标签是表示仪器设备所处检定或校准状态的标志，其具体内容如下。

1）绿色（合格标志）：
① 计量检定合格者；
② 设备不必检定，经校验或检验其功能正常者；
③ 设备无法检定，经对比或鉴定适用者。
2）黄色（准用标志）：
① 多功能检测仪器设备，某些功能不正常，但检测所用功能正常且校验合格者；

② 测试设备某一精度不合格，但检测工作所用量程合格者；

③ 降级使用者。

3)红色(停用标志)：

① 检测仪器设备损坏者；

② 检测仪器经计量检定或检验不合格者；

③ 检测仪器设备性能无法确定者；

④ 检测仪器设备超过检定周期者。

停用或不合格的设备用红色标识，停用设备启用后，可以根据情况贴上对应标识(绿色或黄色)。

检测人员应了解标识状态，当标识模糊、脱落、过期等应与设备管理人员进行联系，了解该仪器的检定情况。

(2)对检测仪器、设备应制定操作、维修和保养制度，应有专人负责，确保其完好率。做好仪器设备使用前后状态的记录，检测时按仪器设备作业指导书操作。

(3)对不同性质的检测项目，所使用的仪器、设备会有所不同，要根据检测项目选择相应的检测仪器、设备及测量工具等，所选用仪器量程、精度等参数应符合相关规范及规定，要满足检测项目的要求。易燃易爆场所应使用防爆检测设备和防爆对讲机，并按仪器使用说明正确操作，确保安全。

(4)检查检测所用工具、劳保防护用品等一定要齐备，要有检验报告、合格证书等相关手续，满足使用周期条件，确保质量并且要符合检测现场的规定及要求。

(5)掌握检测仪器设备使用说明。

在雷电防护装置检测中，采用各种仪器、设备对装置参数进行测量时为了获得准确的数据，除需要检测人员具有一定的测试理论基础外，还应熟练掌握各种相关测试仪器、设备的性能及使用方法。应按制定的检测仪器设备操作规程及操作手册规范操作，部分检测仪器的主要性能和参数指标可参见 GB/T 21431—2015 附录 H。所选用仪器的各项参数不应低于规范中的相关要求。

① 钢直尺、钢卷尺、测距仪、经纬仪或测高仪分别测量接闪器、引下线等雷电防护装置的材料规格、安全距离和被检项目物体的基本尺寸等相关数据。

② 游标卡尺、测厚仪、钢卷尺测量各种材料的直径、宽度、厚度等规格尺寸。

③ 接地电阻测试仪主要用于测量接地电阻值。

④ 土壤电阻率测试仪主要用于测量土壤电阻率。

⑤ 等电位测试仪、毫欧表主要用于测量过渡电阻值等。

⑥ 环路电阻测试仪测量主要用于测量环路电阻值，常用于低压配电系统接地形式的判定。

⑦ 压敏电压(防雷元件)测试仪主要测试电源 SPD 的相关参数压敏电压、泄漏电流 I_{ie} 和直流参考电压 U_{1mA}。

⑧ 绝缘电阻测试仪主要用于信息机房采用 S 形接地网络时，除在接地基准点(ERP)外，是否达到规定的绝缘要求和 SPD 的绝缘电阻测试要求。

⑨ 磁场强度测量仪主要用于测量建筑物内、信息系统机房等的电磁场环境。

⑩ 辅助设备：检测用具、安全劳保用品、对讲机(防爆对讲机)、照相机、办公设备等。

六、常用标准引用说明

(1)根据被检项目的性质、被检行业特点,提前预习并了解与被检项目有关的专业知识及相关规定。查找相关的国家标准、行业标准、地方标准以及企业标准等。

(2)雷电防护装置安全性能检测,应以现行有效的国家、行业、地方等标准作为检测依据,应以国家标准为主,但在对某行业进行防雷检测时,建议使用要求高于国家标准的行业标准、地方标准为依据,如果标准之间有冲突时,一般应以适用程度较高的标准为主。

(3)防雷检测人员必须理解和掌握相关的防雷标准。标准的优先顺序是强制标准优先于推荐标准。在执行标准中,强制性标准必须执行,强制性条文必须严格执行。企业标准应当比国家标准、行业标准、地方标准更加严格。

(4)注意标准中的附录为条款性附录时,与标准有同等价值。条文说明:对重要的强制性条文的强制性理由做出了说明条,对于技术要求,计算依据、方法、原理等都在条文中进行说明。但是,条文说明一般不具备与标准正文同等的效力,例如,GB 50057—2010 的条文说明,仅供使用者作为理解和把握技术规范规定的参考之用。

(5)检测人员要掌握现代防雷原理,相关的技术要求,这样才能更好地理解标准内容,才能在标准的运用上相互关联和穿插,才能在标准的应用上严格执行,特别是强制性条文。

(6)防雷技术标准不断在修订,因而应掌握和引用标准的最新版本,以保证引用标准的先进性、有效性。要注意经常查询标准的更新,确保所引用的标准为最新的有效版本,在新版本实施时,旧版本同时废止。

(7)标准修订后的版本同新版本,例如,某标准 GB ×××××—2012(2014 版)说明该标准于 2014 年进行修订,应依据修订后的条文执行,经此次修改的原条文同时废止。

(8)新版本标准出版执行前应与原版标准内容进行比对,查找新旧版本条款变化内容,组织检测人员学习相关新增及调整内容,使检测人员能力和检测设备等都要适合新标准的要求。

在应用标准时一定要分清标准的实施时间与被检测雷电防护装置的建设时间,要按现行标准执行。

(9)检测人员还应掌握其他行业与雷电防护装置有关的标准内容。

第二节 检测内容与方法

一、检测前的准备工作

防雷装置检测人员要明确防雷检测的目的和意义,要熟悉并掌握国家相关防雷标准中的内容,掌握雷电防护装置检测项目的全部过程与范围。对新的被检项目进行雷电防护装置检测要做好充分的准备工作,建立一个整体的概念。提高工作效率,确保项目的检测质量和检测数据的真实性、准确性。

在检测前应进行现场勘察,事先查阅防雷工程技术资料和图纸,了解并记录被检单位雷电

防护装置的基本情况,了解是否有雷击史,结合委托的检测项目进行综合勘察,确定检测点位,编制防雷检测现场勘察方案。

二、检测流程

制定检测流程可以提高检测工作效率、减少检测业务过程中的失误。检测流程可参考图 7.2.1,也可根据实际情况制定。

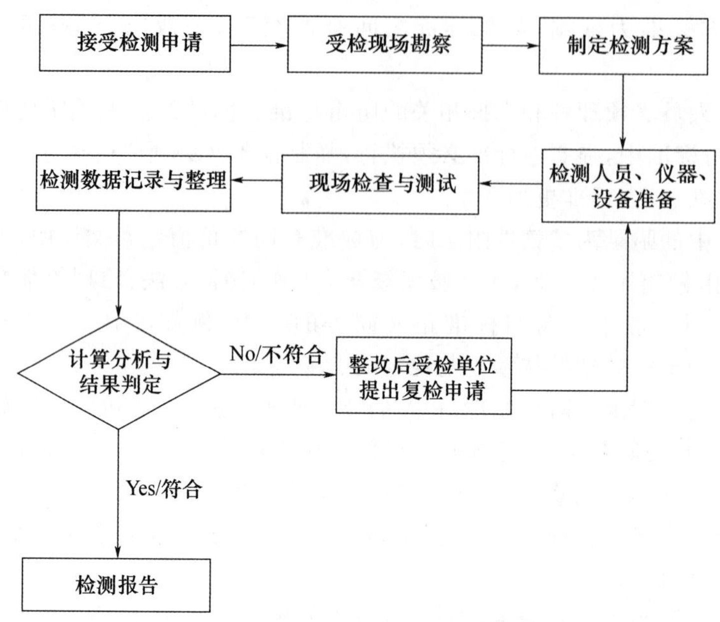

图 7.2.1　防雷检测流程图

(1)检测前要详细分析现场勘察情况,核查勘察报告中所提供的检测项目的防雷类别、分区、电子信息系统的分级等数据,制定现场检测方案,签订检测服务协议,检测方案宜作为检测服务协议或合同附件之一列入其中,这一点很重要,关系到检测项目是否完善等责任问题。

(2)在检测前应与被检单位进行业务沟通、落实检测项目,确定检测时间,办理进场人员安全教育等相关手续。

(3)根据被检项目检测方案,准备《雷电防护装置检测原始记录表》、记录笔等用品,并检查所用检测仪器、设备等,保证其在检定合格有效期内并能正常使用。按现场要求佩戴安全劳保用品。

(4)到达被检单位,应查阅被检项目的有关资料和图纸,根据被检项目的重要性、使用性质和发生雷电事故的可能性和后果,根据 GB 50057—2010 及其他相关规范的规定,确定其防雷类别、防雷区划分等明确检测内容。

(5)按照方案要求进行现场检测。

(6)对现场检测结果要认真记录,填写原始记录表。绘制检测位置示意图(包含图号、图例、方位标示和人员签字),在图中根据现场实际情况标注被检项目的基本要素(基本形状、长、宽、高、外部雷电防护装置位置、接地预留点、各配线及 SPD 安装示意图等),并在图中对检测点进行标注和编号。

(7)现场检测完毕，对原始记录进行校对和复核后，检测人员与复核人员签字，被检单位现场负责人进行签字确认。

(8)对检测原始记录表中的数据进行整理后，依据相应的技术标准进行分析、判定，并按要求编制检测报告。

对现场检测发现雷电防护装置存在的问题要进行归纳，待整理后形成整改意见通知书。

(9)审核、签发出具检测报告和整改意见通知书。做好签发登记，并存档保管。

(10)在被检单位对雷电防护装置整改后，申请复检。检测单位可按检测流程对整改部分进行复检。

三、检测方案制定

(一)检测方案基本内容

(1)经实地勘察，基于对被检项目现有雷电防护装置基本情况的了解，依据相关规范建议做出可行的检测方案。要注意的是，方案中的内容要真实、具体，要按实地勘察的内容进行描述，根据检测项目内容选择检测点位置，不要将无关的内容及做不到的项目添加进去。

方案基本内容应包括：

① 被检单位的名称、地址、性质、被检雷电防护装置基本情况描述，关键要准确地写清楚检测项目，确定检测内容，这一点很重要；

② 确定现场勘察及具体检测项目情况(落实到检测点或被检测建筑物建筑面积等)，按照相关规范要求，确定检测项目的防雷类别、分区、电子信息系统的防护等级等数据；

③ 检测时间、人员、检测仪器设备安排情况；

④ 现场检测步骤(注意须现场负责人签字)与技术交底，履行告知义务；

⑤ 检测报告份数及传送方式；

⑥ 确定检测周期；

⑦ 注明检测对象适用的标准或技术规范。

(2)在现场环境复杂或危险性较大的情况下，还应制定安全应急方案，采取岗前教育、提供安全交底等相关措施。

(二)检测方案格式示例

方案包括检测方案的形式及内容，可根据具体检测项目进行增减、更改。

雷电防护装置检测方案

委托单位：

委托项目：

项目地址：

编制人员：

审核人员：

编制日期

×××检测公司(章)

雷电防护装置检测方案

雷电是一种剧烈的大气现象。雷电放电能量极高，当雷电直接击在建筑物上时，雷电所产生的电效应、热效应和机械力将对建筑物及其设施造成极大的损害。雷电放电时，在附近导体上产生的静电感应和电磁感应，可能使金属部件之间产生火花。由于雷电对架空线路或金属管道的作用，雷电波可能沿着这些管线侵入屋内，危及人身安全或损坏设备。直接雷击和附近雷击将产生强大的空间电磁脉冲，由此产生的间接经济损失和影响是难以估算的。

目前，大多数建筑物上装有防雷设施，但雷电防护装置是否符合相关规范要求，是否能够满足设计、施工要求，是否在年久失修、锈蚀严重的情况下各雷电防护装置还能够达到防护效果，这就需要对雷电防护装置进行安全检测。这样，可以大大提高雷电防护装置的完好率，保证在雷雨季节发挥其应有的作用，有效地预防或减少雷电灾害的发生。进行安全检测对人民生命财产安全具有十分重要的意义。

一、基本概况

受××公司委托，我公司派出×名技术人员前往位于××市××区××街××号××公司对委托被检项目的雷电防护装置情况进行现场勘察。该检测项目所在城市年平均雷暴日为××天，地处城市郊区，周边无高大建筑物。委托被检项目是综合办公楼、监控机房、材料仓库、锅炉房及烟囱的外部雷电防护装置；综合办公楼及锅炉房建筑物均为砖混结构，综合办公楼为平屋面，锅炉房及仓库屋面为钢结构框架、瓦楞板(压型板)屋面，详见下列示意图。

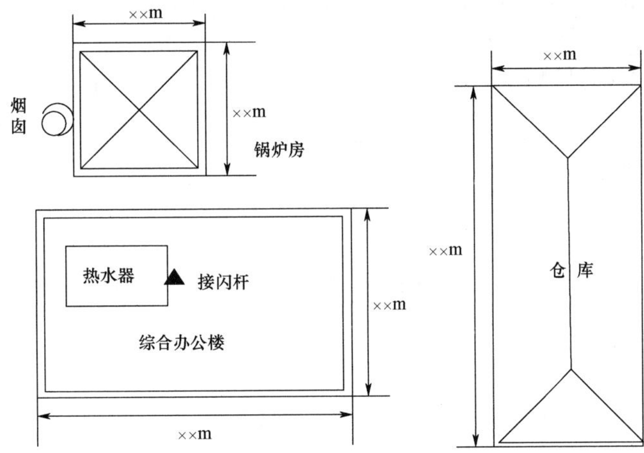

说明：①在图中要求标明建筑物尺寸：长、宽、高等(单位：m)；

②标明各装置测试点位置及编号，要求编号与报告中填写阻值编号统一。

监控机房设在综合办公楼二层，机房内采用共用接地，机柜两台、配电箱一个、UPS(三相输入单相输出)一组、监控用计算机一台、室外摄像头一个。

针对现场勘察情况做出如下雷电防护装置检测方案。希望贵公司按此方案提出的检测项目、检测点位等进行核对，避免遗漏检测内容，影响雷电防护装置的综合防护效果。

二、检测依据

《建筑物雷电防护装置检测技术规范》(GB/T 21431—2015)

《建筑物防雷设计规范》(GB 50057—2010)

《建筑物电子信息系统防雷技术规范》(GB 50343—2012)

《雷电防护装置检测服务协议》

《雷电防护装置检测方案》

三、防雷分类分级

经勘察，依据《建筑物防雷设计规范》(GB 50057—2010)中第三章相关要求，确定该公司被检建筑物均划为第三类防雷建筑物，可按第三类防雷建筑物要求进行检测。信息系统(监控)机房根据其重要性、使用性质和价值定为C级机房。

四、检测内容

1. 综合楼建筑物防雷检测项目

序号	项目	检测内容	检测点数	备注
1	接闪器	1. 接闪器的材料、规格、敷设方式、位置、保护范围(包括:热水器、室外摄像头); 2. 接闪带与引下线的连接; 3. 接闪带与屋面金属构件的连接(屋面有热水器一台); 4. 接闪带的闭合通路; 5. 接闪带的接地电阻值; 6. 接闪带的防腐措施、腐蚀程度	×	屋面接闪带及其他
2	引下线	1. 引下线的材料、规格、敷设方式、位置、连接形式; 2. 引下线根数、平均间距; 3. 引下线的防腐措施、腐蚀程度; 4. 引下线断接卡的安装是否符合要求,过渡电阻值; 5. 引下线与接闪器连接过渡电阻	×	引下线
3	接地装置	1. 测试接地装置的工频电阻值; 2. 检查接地装置安装位置、深度、规格、防腐程度等室外摄像头接地情况; 3. 查阅相关隐蔽工程记录及设计图纸等判断接地装置材料、规格、布置等是否符合要求	×	总接地端子 接地测试口
4	等电位 预留端子	1. 总预留接地端子的接地电阻值; 2. 各预留端子的防腐措施、腐蚀程度; 3. 进出建筑物金属管道等电位连接情况; 4. 机房内等电位连接	×	热水器、空调外机、各种金属管道、机房内各设备等过渡电阻

2. 附属建筑物防雷检测项目

序号	项目	检测内容	检测点数	备注
1	仓库、 锅炉房 及烟囱	1. 接闪带; 2. 引下线; 3. 等电位连接; 4. 检测烟囱高度、引下线根数、敷设情况、防腐程度; 5. 测试接地电阻值	×	检查项目 同上表

3. 信息系统(监控)机房防雷检测项目

序号	项目	检测内容	检测点数	备注
1	电源及 信号部分	1. 电源接地方式与电缆引入形式; 2. 电源 SPD 参数及安装工艺; 3. 监控信号线缆屏蔽情况,信号 SPD 安装工艺; 4. 室外摄像头直击雷防护与接地	×	配电箱接地端子、PE线、各 SPD 接地端、参数测试
2	等电位连接 与接地	1. 机房等电位带安装情况; 2. 设备机壳等电位连接情况; 3. 接地电阻测试	×	金属门窗隔断、机柜、金属线槽、防静电地板支架等过渡电阻
总计检测点数:××点				

五、检测时间、人员、检测仪器设备安排情况

1. 检测时间

自××年×月×日起至××年×月×日止;按照规范要求,雷雨天气、土壤冻结时不能检测,待天气适合检测时再进行,检测时间顺延。如有其他影响检测进行等情况,双方协商解决。

2. 人员安排

(1)主要检测人员经过专业培训,持证上岗;

(2)检测人员分工明确,各负其责。

职务	技术负责	检测员	检测总人数
人数	1	2	3

3. 仪器设备安排

(1)根据被检方的检测内容,本项目检测所需的主要仪器、设备配备见下表:

序号	仪器设备名称	型号规格	单位	数量
1	接地电阻测试仪			
2	等电位测试仪(毫欧表)			
3	防雷元件测试仪			
4	绝缘电阻测试仪			
5	测距仪、测高仪、高倍望远镜			
6	卷尺、游标卡尺、照相机			

(2)所有采用的仪器、设备和测量器具均具有计量检定证书,并且在检定有效期内,仪器设备完好无损,处于正常待工作状态。

六、现场检测技术交底

1. 接闪器

(1)首次检测时,应用经纬仪、卷尺测量接闪器的高度、长度,建筑物的长、宽、高,并根据建筑物防雷类别采用滚球法计算其保护范围。

(2)检测接闪器的材料、规格和尺寸是否符合要求。检查接闪器的位置是否正确,焊接长度、焊缝是否饱满无遗漏,螺栓固定的应备帽等防松零件是否齐全,焊接部分防腐是否处理完好,接闪器截面是否锈蚀1/3以上。检查天面接闪带敷设是否平整顺直,固定支架间距是否均匀,固定可靠,支架间距和高度是否符合要求。检查每个支架能否承受49N的垂直拉力。

(3)检查接闪器上有无附着的其他电气等带电线缆。

(4)检查仓库屋面彩钢板的厚度、连接方式等是否符合规范要求。

(5)屋面有无未在接闪器保护范围内的各种装置或物体。

2. 引下线检测

(1)首次检测时,应检查引下线隐蔽工程记录。

(2)检查专设引下线焊接是否牢固,焊缝是否饱满、遗漏,焊接部分防腐是否完善,专设引下线截面有否腐蚀1/3以上。检查明敷引下线是否平整顺直、无急弯。引下线固定支架间距均匀,是否符合要求,每个固定支架应能承受49 N的垂直拉力。

(3)检查专设引下线位置是否准确,是否为最短路径,检查引下线的总根数,用尺测量每组相邻两根专设引下线之间的距离,计算引下线间距。

(4)应用游标卡尺测量每根专设引下线的规格尺寸。

(5)检查专设引下线上有无附着的电气和电子线路。

(6)检查专设引下线断接卡的设置是否符合规定。专设引下线与环形接地体连接,可不断开断接卡。

(7)测试每根专设引下线接地端与接地体、接闪器的电器连接性能,其过渡电阻不应大于0.2 Ω。

(8)检查防接触电压措施是否符合要求。

3. 接地装置

(1)应查看隐蔽工程记录;了解接地装置的结构型式和安装位置。

(2)检查室外摄像头(杆)接地情况。

(3)接地装置的工频接地电阻值测量,当需要冲击接地电阻值时,应进行换算或使用专用仪器测量。

4. 等电位连接

(1)应检查外来导电物与建筑物共用接地系统的连接,检查设备、各种金属管道、钢骨架、栏杆等大尺寸金属物与共用接地装置的连接情况。检查连接质量,连接导体的材料和尺寸及过渡电阻的测试。

(2)应检查建筑物内竖直敷设的金属管道及金属物与建筑物内钢筋就近不少于两处的连接。

(3)应检查低压配电线路是架空或埋地引入,是否符合规范相关要求。

(4)应检查所有穿过各后续防雷区界面处导电物是否在界面处与建筑物内的钢筋或等电位连接预留板连接。

(5)检测机房等电位连接,测量金属管道、金属构架、金属门窗、金属隔断、金属机柜、金属线槽、防静电地板支架等过渡电阻值。

5. 电源 SPD 参数测试

(1)检测 SPD 前应查看所使用的 SPD 是否经国家检测实验室检测认可的产品。

(2)检查 SPD 性能劣化情况;如测试结果表明 SPD 劣化(状态显示)情况。

(3)检测确定电源的接地系统,TN-C 或 TN-C-S 或 TN-S 或 TT 或 IT 系统。

(4)检查各级 SPD 的安装情况,安装位置、安装数量、型号、接线长度、级间配合、安装工艺等。

(5)主要性能参数:如 U_c、U_p、I_n 等;现场测试参数:U_{1Ma}、I_{ie}。

(6)检查安装在电路上的 SPD 限压元件前端是否有脱离器。安装在电路上的 SPD,其前端是否有后备保护装置,后备保护装置如使用熔断器,其值是否与主电路上的熔断器电流值相配合。

(7)信号 SPD 的参数及插入后对设备的影响等情况,安装位置、安装数量、型号、接线长度、安装工艺等。

七、原始记录与检测报告

1. 原始记录

(1)在现场将各项检测结果如实记入原始记录表(表中填写的数据不应少于检测方案中测试点的数据)中,原始记录表应有检测人员、校核人员和被检单位现场负责人签名。

(2)在检测中,绘制建筑物雷电防护装置平面图(同时标出屋面不等高建筑位置,如电梯、机房等),标明尺寸、方位、测试点位等。

2. 检测报告

(1)检测报告按要求的内容填写,整改意见通知书如实填写,检测员和复核员签字后,经技术负责人审核后签发,应加盖检测单位及检测专用章。

(2)检测报告一式×份,一份由检测单位存档;另外份数送被检单位。

(3)存档应有纸质和计算机两种形式存档。

(4)报告中确定检测周期,如有整改内容,下达整改意见通知书时与被检单位沟通,约定复检时间。

(5)检测报告传送方式:与被检单位联系,可采用网络传送电子档、快递、送达或自取等方式。

四、检测作业要求及安全要求

(一)作业要求

(1)按照确定的检测范围及检测项目开展雷电防护装置检测工作。在雷电防护装置的检测中一定要考虑全面,由外至内,由上至下,由表及里,按照规范及检测方案要求综合、全面、系统、有步骤地实施检测。

(2)对雷电防护装置的检测,除在检测之前进行现场勘察外,还应查阅防雷工程技术资料和图纸,了解并记录被检单位的雷电防护装置的基本情况、被检单位的工作性质,遵守相关安全制度,要求进入检测现场前,应与被检单位有关人员进行联系、沟通,按制定的现场检测方案进行检测。

(3)雷电防护装置的检测工作受环境影响较大(气象环境和电磁环境),特别是在土壤电阻率、接地电阻检测时,应能满足现场正常检测环境的工作条件。检测土壤电阻率和接地电阻值宜在非雨天和土壤未冻结时进行,现场环境条件应能保证正常检测。由于接地电阻与土壤电阻率有关,而土壤电阻率在雨天或土壤冻结时变化很大,会影响测量结果。

(4)使用在检定合格有效期内的检测仪器,检测仪器量程、精度等参数应符合相关规范及规定,应满足具体检测项目的要求。

(5)每一项检测需要有两人以上共同进行,每一个检测点的检测数据须经复核无误后,填

人原始记录表。现场取得的检测原始记录要真实，做到检测、填写不漏点。原始记录表(簿)要有现场相关人员签字。

(6)原始记录要附检测位置示意图，尽量标明检测仪表摆放的位置及布设测试电极位置、布线方向等，这样要求是尽量对每次检测结果进行比对，从中掌握接地电阻值的变化规律，及时发现问题。

(7)检测结论和出具的检测报告应准确无误。在规定的时限内为被检单位出具检测报告或整改意见书。

(8)规范检测人员行为，尽量在检测的工作区域内活动，遵守被检单位的各项制度，不做与检测无关的事情。

(9)遵守保密守则，对检测过程中涉及的国家、商业、技术等相关机密事项，检测员不得泄露。

(10)在检测过程中，由于检测需要，对正在运行中的设备确需进行停机等操作时，应向被检方人员说明情况，经同意后由被检方人员操作停机，方可进行检测。

(11)检测人员不允许带电作业，在检测各种电气线路、设备及电源 SPD 时须经检测员本人进行验电，经确认无电后才能进行检测。

(二)安全要求

(1)应具有保障检测人员和设备的安全防护措施，坚持安全第一的原则，检测人员要确保自身的安全，确保被检单位人员、设备以及生产安全。

(2)在检测中，应配有专、兼职安全检查人员，在勘察检测现场时或在进行检测前，安检人员要进入现场，了解被检单位被检装置本身的功能与性质，周边环境是否存在着不安全因素等情况，制定切实可行的安全检测方案，确保检测工作顺利进行。

(3)在爆炸火灾危险环境的现场检测时，应严格遵守被检单位规章制度和安全操作规程，严禁带火种、手机，严禁吸烟，不应穿化纤服装，禁止穿钉子鞋，现场不准随意敲打金属物，避免产生火花、造成重大事故，应使用防爆型对讲机、防爆型检测仪表和不易产生火花的工具。

(4)检测危险化学品场所，首先要对被检装置所处的周围环境进行检测，可采用气体检测仪进行现场测试，防止潜在的危险因素意外发生，确保检测环境符合要求，如果危险气体浓度超出标准(包括易燃易爆气体、有毒气体等)，应立即停止检测。

(5)现场检测时，如遇有危险环境或较复杂的环境时，可向被检单位提出现场监护和配合的要求，确保检测作业安全。

(6)在检测新建、改建、扩建等未完工项目时要认真检查检测作业环境，不宜利用施工运料升降机(吊笼)、卷扬机及铲车等上下建筑物，检查脚手架等是否牢固，并且要防止高空坠物，确保检测人员人身安全。

(7)在检测中，遇有高处危险作业时，检测人员应遵守高处作业安全守则，规范使用安全帽、安全带、安全绳等劳保用品。检测仪表、工具等在高处放置要可靠，防止坠落伤人及损坏设备。参考 GB/T 3608—2008 规定："凡在坠落高度基准面 2 m 以上(含 2 m)有可能坠落的高处进行作业，都称为高处作业。"

(8)检测变配电场所的雷电防护装置时，要征得被检单位相关负责人的允许，要有专业监护人在场，应穿戴绝缘鞋、绝缘手套，使用操作用绝缘垫，以防电击。

(9)在检测现场如存在不安全区域要进行控制,可采用警示栏等安全作业提示。

五、人员安排及检测内容

雷电防护装置检测是一项综合技术,运用的知识面非常广泛,除要求合理安排专业检测技术人员外,还要有相应的检测步骤与方法。

(一)检测人员安排

(1)检测之前应针对被检单位雷电防护装置的分类、专业特点及工作性质,选派对应专业技术较强的检测人员,掌握检测项目要点与范围。

检测人员应由2人以上组成(宜3人一组),应分工明确,例如,一人负责现场全面技术工作,一人负责仪器的选用与操作,一人负责现场记录及相关图片收集等工作。

(2)确定人员后,技术负责人应就现场检测方案内容对检测人员进行技术交底和安全交底,出具交底文件。

(3)提前与被检单位做好沟通,并确定进场检测时间。

(4)检测人员要熟悉检测方案内容及要求,提前做好准备工作。

(二)主要检测内容

(1)防雷资料查阅

检测人员到现场后要查阅设计图纸、隐蔽工程记录及竣工图等相关资料,了解被检项目的内部情况,要确定防雷类别、防护等级,所查阅的资料应确认其真实有效。

(2)雷电防护装置检查部分

雷电防护装置检查部分主要依据相关防雷规范进行检查,其中包括查阅设计、施工、隐蔽工程记录等资料,首次检测时,在检查各装置符合规范及设计要求的情况下,可查阅工程竣工图纸和施工安装技术记录等资料,将被检装置的形式、材料、规格、焊接、位置及埋设深度等资料填入雷电防护装置原始记录表。凡经查阅资料所得的数据,在填写报告时宜填写备注,注明出处,说明为非直接测量结果。

将现场检查情况,包括雷电防护装置的安装形式、材料规格、安装工艺、防雷器件参数等,按照检测服务协议或检测方案内容,分项判断是否符合规范要求。

(3)雷电防护装置测量部分

采用相关测量器具及测试仪器设备,按照相关检测要求对其建筑物、雷电防护装置、防雷器件参数等进行测试,主要包括:雷电防护装置所在建筑物尺寸,雷电防护装置所用材料规格(长度、直径、厚度)安装尺寸,接地电阻、过渡电阻、电涌保护器参数及电子信息系统机房等委托检测项目中的内容。对其测量、测试结果填入现场原始记录。

(4)检测报告编制

对现场检测结果进行分析处理,按规范要求编写检测报告,如检测中发现整改项应写出整改意见书。

六、检测方法

本节主要依据GB/T 21431—2015规定,主要针对定期检测项目,结合规范要求以及在实

际检测中认为可行的检测方法加以介绍。

雷电防护装置检测会随着防雷技术的发展、检测标准的修订、智能检测仪器设备的更新，其检测方法会更加科学、便捷，会大大提高检测质量及效率。

（一）建筑物防雷分类

（1）依据、仪器用具

1）依据：GB 50057—2010 及各行业规范等；

2）仪器用具：尺、计算用具等。

（2）依据 GB 50057—2010 第 3 章规定，根据建筑物的重要性、使用性质、发生雷电事故的可能性和后果，按防雷要求分为三类。

对各类的防雷建筑物检测要求是不同的，其设计要求、防护重点、工程成本也都不相同。这就需要检测人员熟练掌握了解防雷规范及各行业规范中的相关内容，认真对被检建筑物进行防雷类别的判定，只有类别判断准确，才能有针对性地对该类别防雷建筑物进行检测。

（3）按照 GB 50057—2010 附录 A 的计算方法所计算的是比较典型的建筑物，但在实际的防雷检测中，所面对的建筑物结构、外形、占地面积各有所不同，所在区域的周边环境、相邻建筑物距离、建筑物高度也多种多样，所以，想确定某一建筑物的年预计雷击次数，是不可能有固定模板的。

对比较复杂的防雷建筑物年预计雷击次数的计算，应先进行分析判断，认真核算等效面积 A_e，准确计算建筑物年预计雷击次数（次/年），是顺利开展检测工作的前提。建筑物年预计雷击次数参见 GB 50057—2010 附录 A。

（4）查阅被检项目相关的设计规范或雷电防护检测规范，可在规范中直接获得建筑物防雷类别。

（5）易燃易爆场所分区。

1）爆炸性气体场所分区

爆炸性气体环境应根据爆炸性气体混合物出现的频繁程度和持续时间分为 0 区、1 区、2 区，分区应符合下列规定。

0 区：连续出现或长期出现或频繁出现爆炸性气体混合物的场所；

1 区：在正常运行时可能偶然出现爆炸性气体混合物的场所；

2 区：在正常运行时不可能出现爆炸性气体混合物的场所，或即使出现也仅是短时存在的爆炸性气体混合物的场所。

2）可燃性粉尘场所分区

爆炸危险区域应根据爆炸性粉尘环境出现的频繁程度和持续时间分为 20 区、21 区、22 区，分区应符合下列规定。

20 区：以空气中可燃性粉尘云持续地或长期地或频繁地短时存在于爆炸性环境中的场所；

21 区：正常运行时，很可能偶然地以空气中可燃性粉尘云形式存在于爆炸性环境中的场所；

22 区：正常运行时，不太可能以空气中可燃性粉尘云形式存在于爆炸性环境中的场所，如果存在也仅是短暂的。

1 区、21 区的建筑物可能划为第一类防雷建筑物，也可能划为第二类防雷建筑物。其区分在于是否会造成巨大破坏和人身伤亡。

有些爆炸物质不易因电火花而引起爆炸，但爆炸后破坏力较大，如小型炮弹库、枪弹库以及硝化棉脱水和包装车间等均属第二类防雷建筑物。

(6)按照 GB/T 21431—2015 附录 I(资料性附录)雷电防护装置检测表格样式中第 1.2.1.1 条中要求:"当被检单位建筑物可同时划为第二类或第三类防雷建筑物时,应划为第二类防雷建筑物"来确定。

(二)接闪器检测

1. 主要依据、仪器用具

(1)主要依据:GB 50057—2010、GB/T 21431—2015、GB 50601—2010。

(2)仪器用具:直尺、卷尺、卡尺、拉力计、等电位测试仪(毫欧表)、接地电阻测试仪、计算器等用具。

2. 接闪器基本要求

(1)接闪器的布置,(可独立或任意组合采用接闪杆、接闪带、接闪线、接闪网)、材料规格、工艺、质量、防腐及其相关间隔距离、保护范围等应符合表 7.2.1 的要求。

(2)检查接闪器的类型,各种接闪器可单独或任意组合使用,采用接闪杆、接闪带、接闪网等对不同需求的被保护物进行联合防护。

(3)第一类防雷建筑物接闪器应符合 GB 50057—2010 中第 4.2.1 条的要求。应装设独立接闪杆或架空接闪线或网。

(4)第二、三类防雷建筑物的等电位连接应符合 GB 50057—2010 中第 4.3.1 条、第 4.4.1 条的要求。宜采用装设在建筑物上的接闪网、接闪带或接闪杆,也可采用由接闪网、接闪带或接闪杆混合组成的接闪器。

(5)利用屋顶上永久性金属物作为自然接闪器,不得利用可能被移动、拆除等不稳固的物体上安装接闪器保护建筑物,如设在接收无线电视广播天线杆顶上的接闪器等。

表 7.2.1 接闪器材料规格及安装要求

装置名称	材料规格及安装要求
接闪杆 材料规格	接闪杆采用热镀锌圆钢或钢管制成时,其直径应符合下列规定: 1. 杆长 1 m 以下,圆钢直径不应小于 12 mm,钢管直径不应小于 20 mm; 2. 杆长 1～2 m,圆钢直径不应小于 16 mm,钢管直径不应小于 25 mm; 独立烟囱顶上的杆,圆钢直径不应小于 20 mm,钢管直径不应小于 40 mm,铜材有效截面积不应小于 50 mm^2; 接闪杆的接闪端宜做成半球状,其最小弯曲半中径宜为 4.8 mm,最大宜为 12.7 mm; 其他材料规格要求按照 GB 50057—2010 中第 5.2 条及表 5.2.1 的规定选取
接闪带 材料规格	当采用圆钢时,明敷:圆钢 $\varnothing \geqslant 8$ mm;热镀锌扁钢截面≥50 mm^2,厚度≥2.5 mm;暗敷:圆钢 $\varnothing \geqslant$ 10 mm;热镀锌扁钢截面≥80 mm^2,厚度≥2.5 mm;绞线≥50 mm^2,每股线直径 1.7 mm; 烟囱顶部接闪环:圆钢直径不应小于 12 mm;扁钢截面积不应小于 100 mm^2,厚度不应小于 4 mm; 固定支架间距:扁形导体、绞线间距不宜大于 500 mm;单根圆形导体不宜大于 1000 mm;支架高度不宜小于 150 mm。每个固定支架能否承受 49 N 的垂直拉力; 转角处,伸缩缝、沉降缝处要求留有弧形过渡或跨接,弯曲夹角应>90°,弯曲半径不宜小于圆钢直径的 10 倍、扁钢宽度的 6 倍。通过伸缩沉降缝处,接闪带向侧面弯成半径为 100 mm 弧形; 其他材料规格依据 GB 50057—2010 中表 5.2.1 的规定

续表

装置名称	材料规格及安装要求
屋顶孤立金属物、非导电物保护措施	金属物的尺寸超过下列数值时，要求附加保护措施：高出屋顶平面不超过 0.3 m；上层表面总面积不超过 1.0 m^2；上层表面的长度不超过 2.0 m； 非导电性物体，当它突出由接闪器形成的平面 0.5 m 以上时，要求附加增设接闪器保护措施
接闪网材料规格	圆钢直径不应小于 8 mm，扁钢截面积不应小于 50 mm^2； 其他材料规格要求依据 GB 50057—2010 中表 5.2.1 的规定选取； 网格尺寸：一类防雷建筑物应小于或等于 5 m×5 m 或 6 m×4 m；二类防雷建筑物应小于或等于 10 m×10 m 或 12 m×8 m；三类防雷建筑物应小于或等于 20 m×20 m 或 24 m×16 m
接闪线材料规格	接闪线和接闪网：镀锌钢绞线或铜绞线截面积不应小于 50 mm^2 其他材料规格要求依据 GB 50057—2010 中表 5.2.1 的规定选取
金属板屋面下放置不同物品材料规格	无易燃物品时，铅板厚度不应小于 2 mm；不锈钢、热镀锌钢、钛和铜板的厚度不应小于 0.5 mm；铝板厚度不应小于 0.65 mm；锌板的厚度不应小于 0.7 mm； 有易燃物品时，不锈钢、热镀锌钢和钛板厚度不应小于 4 mm；铜板厚度不应小于 5 mm；铝板厚度不应小于 7 mm
防腐要求	镀锌、涂防腐漆、混凝土内钢筋；接闪器截面锈蚀部分不能超过 1/3 以上
连接工艺要求及过渡电阻	扁钢与扁钢搭接≥扁钢宽度的 2 倍，不少于三面施焊；钢与圆钢：不应少于圆钢直径的 6 倍，双面施焊；圆钢与扁钢：不应少于圆钢直径的 6 倍，双面施焊； 直流过渡电阻值不应大于 0.2 Ω； 其他材料焊接时搭接长度要求按照 GB 50601—2010 中表 4.1.2 的规定
保护范围	按 GB 50057—2010 中附录 D 计算接闪器的保护范围
间隔距离	接闪器至被保护物之间的间隔距离应符合 GB 50057—2010 中第 4.2.1 条第 5、6、7 款规定，且应≥3 m；第一类防雷建筑物与树木之间的净距应大于 5 m

3. 检测方法

(1)检测之前，首先明确被检建筑物的防雷类别，查看相关雷电防护装置设计、施工及隐蔽工程资料(隐蔽工程记录、图纸、咨询隐蔽工程施工情况)。在图纸或隐蔽工程记录中查看暗敷接闪带、接闪网格的布设情况，具体查看其材料规格及安装工艺等内部结构。定期检测应依据雷电防护装置检测勘察方案内容进行。

(2)首次检测时应采用经纬仪或测高仪和卷尺等测量工具，测量接闪器的规格及高度、长度及被检建筑物的长、宽、高等，按防雷类别要求进行测量、复算接闪器的保护范围，可参照 GB 50057—2010 中附录 D 进行计算保护范围。

(3)检查接闪带是否平正顺直，固定支架是否均匀、牢固、安装可靠。

(4)检查接闪带转角处，伸缩缝、沉降缝处是否留有弧形过渡或跨接。

(5)检测接闪器连接方式与连接质量，焊接部分要进行防腐处理。检查接闪器截面锈蚀情况。

(6)检查独立接闪杆及排放爆炸危险气体、蒸气或粉尘的放散管、呼吸阀、排风管等接闪装置要求应符合 GB 50057—2010 中第 4.2 条表 4.2.1 及第 2、3 款规定。

(7)在检测独立接闪器时一定要认真检查、核算独立接闪杆和架空接闪线或网的支柱及其接地装置与被保护建筑物及与其有联系的管道、电缆等金属物之间的间隔距离，应符合 GB 50057—2010 中第 4.2.1 条第 5、6、7 款及第 4.2.5 条要求。

(8)检查接闪器时要着重检查独立接闪杆、架空接闪线、架空接闪网支柱上等有无悬挂、敷设电话线、广播线、电视接收天线及低压架空线或其他电气线路等带电线缆及引入室内的金属导体等。

(9)检查接闪器与大尺寸金属物体的电气连接情况，测量其直流过渡电阻值是否符合要求。

(10)检测利用金属板做屋面或做接闪器时，应注意检测下方的存放物是否为易燃物品，检查所用金属板规格是否符合技术要求。检测金属板间连接应是持久的电气贯通的(可采用铜锌合金焊、熔焊、卷边压接、缝接、螺钉或螺栓连接)，这项可通过测量金属板间过渡电阻值来确定。

(11)检测第二类和第三类防雷建筑物，对屋顶没有得到接闪器保护的屋顶孤立金属物及非导电性物体要检测其是否符合表 7.2.1 中的要求，如不符合应要求附加保护措施。

(12)检测低层或多层建筑物时，如利用女儿墙内、防水层内或保温层内的钢筋作为暗敷的接闪器时，要对该建筑物周围的环境进行调查了解，防止混凝土碎块坠落等事故隐患。发现问题(例如，由于建筑物的使用性质改变，周围环境发生了变化，人员、车辆增加且流动性大等或施工工艺、安装等不符合规范要求)可提出整改意见。除上述低层和多层建筑物外，其他建筑物不应利用女儿墙内钢筋作为暗敷的接闪器。

(13)在检测烟囱、水塔等上端装设接闪器时(首次检测建议人工攀爬检测，再检时可利用望远镜、专业人员操控的无人机等)，要测量烟囱的高度，了解其结构等，这样可判定不同烟囱所要求的接闪形式、安装及材料等方面是否符合表 7.2.1 及规范要求。金属烟囱如符合做接闪器条件的应作为接闪器使用。

(14)检测架空接闪线和接闪网材料与规格，检测时应查阅资料或了解架空接闪线的安装时间，例如，在 GB 50057—2010 的前一版中钢绞线规定为 35 mm^2，而 2010 版规定为 50 mm^2。

4. 防侧击接闪装置检测

(1)防雷电侧击属防直击雷的一种，是指建筑物的侧面遭到雷击，当高层建筑物达到一定高度时，其屋顶上的接闪带是不可能完全保护住建筑物本身的，依据 GB 50057—2010 要求，当一类防雷建筑物高于 30 m 时，二类防雷建筑物高度超过 45 m，三类防雷建筑物高度超过 60 m 时就需要对建筑物采取防侧击雷防护措施。

(2)各类防雷建筑物防侧击防护措施应符合 GB 50057—2010 中第 4.2.2 条第 7 款、第 4.3.9 条、第 4.4.8 条及表 7.2.2 的规定。

(3)防侧击接闪装置材料规格及安装要求见表 7.2.2。

(4)首次检测时，可查阅相关设计图纸及隐蔽工程记录等资料，应检查建筑物的防侧击装置的措施、材料规格、连接方式与施工工艺质量。

(5)检测须采取防侧击措施的物体是否处于接闪器保护范围内。

表 7.2.2 防侧击接闪装置材料规格及安装要求

装置名称	材料规格及安装要求
第一道水平接闪带高度	第一类防雷建筑物≤30 m； 第二类防雷建筑物≤45 m； 第三类防雷建筑物≤60 m

续表

装置名称	材料规格及安装要求
第一类防雷建筑	应从 30 m 起每隔不大于 6 m 沿建筑物四周设水平接闪带并应与引下线相连； 30 m 及以上外墙上的栏杆、门窗等较大的金属物应与雷电防护装置连接
第二、三类防雷建筑	对水平突出外墙的物体，当滚球半径 45 m(二类)、60 m(三类)球体从屋顶周边接闪带外向地面垂直下降接触到突出外墙的物体时，应采取相应的防雷措施。 高于 60 m 的建筑物，其上部占高度 20%并超过 60 m 的部位应防侧击，防侧击应符合下列规定： 在建筑物上部占高度 20%并超过 60 m 的部位，各表面上的尖物、墙角、边缘、设备以及显著突出的物体，应按屋顶的保护措施处理； 在建筑物上部占高度 20%并超过 60 m 的部位，布置接闪器应符合对本类防雷建筑物的要求，接闪器应重点布置在墙角、边缘和显著突出的物体上； 外部金属物，当其最小尺寸符合接闪器材料规定时，可利用其作为接闪器，还可利用布置在建筑物垂直边缘处的外部引下线作为接闪器； 符合规定的钢筋混凝土内钢筋和建筑物金属框架，当作为引下线或与引下线连接时，均可利用其作为接闪器； 外墙内、外竖直敷设的金属管道及金属物的顶端和底端，应与雷电防护装置等电位连接； 详见 GB 50057—2010 中第 4.2.4 条第 7 款、第 4.3.9 条、第 4.4.8 条
水平接闪带材料规格	单根圆钢$\varnothing \geqslant 8$ mm； 热镀锌扁钢截面$\geqslant 50$ mm^2，厚度$\geqslant 2.5$ mm； 其他材料详见 GB 50057—2010 中表 5.2.1
连接方式	焊接，螺栓紧固
连接工艺要求	扁钢与扁钢搭接≥扁钢宽度的 2 倍，不少于三面施焊； 圆钢与圆钢：不应少于圆钢直径的 6 倍，双面施焊； 圆钢与扁钢：不应少于圆钢直径的 6 倍，双面施焊； 其他材料焊接时搭接长度要求按照 GB 50601—2010 中表 4.1.2 的规定
防腐要求	防腐处理：镀锌、涂防腐漆、混凝土内钢筋

(6)检测防侧击保护设施(装置)是否符合要求，检查外墙上的栏杆、门窗、空调外机、金属结构的牌匾广告等较大的金属物与雷电防护装置连接情况。在实施检测时可对被测装置与雷电防护装置进行过渡电阻值或接地电阻值测量，直观检查连接导体规格、连接质量是否符合规范要求。

(7)检查外墙内、外竖直敷设的金属管道及金属物的顶端和底端与雷电防护装置等电位连接情况。

5. 接闪器检测表格填写注意事项

(1)接闪器不止一种时，应分别填入“接闪器(一)”“接闪器(二)”栏中，栏目不够时可另加纸。

(2)接闪器形式可按实际填入，如避雷针、网、带、线(网应标明网格尺寸)、金属屋面、金属旗杆(栏杆、装饰物、广告牌铁架)、钢罐等，应说明是否暗敷。

(3)检查安装情况见本节接闪器检测部分。

(4)首次检测时应绘制接闪器布置平面图和保护范围计算过程及各剖面图示。

(5)第一类防雷建筑物架空接闪线与风帽、放散管之间距离填入“安全距离”栏内。

(6)如建筑物高度未达到防侧击要求，在表中相关格内画“—”。

（三）引下线检测

1. 主要依据、仪器用具

（1）主要依据：GB 50057—2010、GB/T 21431—2015、GB 50601—2010。

（2）仪器用具：直尺、卷尺、卡尺、拉力计、等电位测试仪（毫欧表）、接地电阻测试仪、绝缘电阻测试仪、计算器等用具。

2. 引下线基本要求

（1）引下线的布置一般采用明敷、暗敷或利用建筑物内主钢筋或其他金属构件敷设。专设引下线可沿建筑物最易受雷击的屋角外墙明敷，建筑艺术要求较高者可暗敷。建筑物的消防梯、钢柱等金属构件宜作为引下线的一部分，其各部件之间均应连成电气通路。例如，采用铜锌合金焊、熔焊、螺钉或螺栓连接。其各部件之间均应连成电气通路，如采用铜锌合金焊、熔焊、螺钉或螺栓连接（注：各金属构件可被覆有绝缘材料）。

（2）检查引下线的设置、材料规格（包括直径、截面积、厚度）、连接工艺、质量、防腐及其相关间隔距离、保护范围等应符合表 7.2.3 的要求。

表 7.2.3　引下线材料规格及安装要求

装置名称	材料规格及安装要求
引下线 根数	专设引下线不应少于 2 根； 独立接闪杆不应少于 1 根； 高度小于或等于 40 m 的烟囱不应少于 1 根；高度大于 40 m 的烟囱不应少于 2 根
引下线 平均间距	沿建筑物四周和内庭院四周均匀或对称布置；一类不应大于 12 m，金属屋面引下线应在 18～24 m；二类不应大于 18 m；三类不应大于 25 m。 第一类防雷建筑物防闪电感应措施：金属屋面周边每隔 18～24 m 应采用引下线接地一次
引下线 材料规格	引下线宜采用热镀锌圆钢或扁钢，宜优先采用圆钢。当采用圆钢：圆钢直径不应小于 8 mm；扁钢截面积不应小于 50 mm^2；铜材截面积不应小于 50 mm^2。暗敷：圆钢直径不应小于 10 mm，扁钢截面不应小于 80 mm^2。独立烟囱：圆钢直径不应小于 12 mm；扁钢截面积不应小于 100 mm^2，厚度不应小于 4 mm；金属烟囱应作为接闪器和引下线。 其他材料规格要求按照 GB 50057—2010 中的规定选取
固定支架要求	引下线固定支架间距均匀，要求明敷接闪导体固定支架的间距：安装于水平面、垂直面上的水平导体及安装在高于 20 m 垂直面上的垂直导体，其扁形导体、绞线固定支架间距不宜大于 500 mm；单根圆形导体固定支架间距包括安装于从地面至高 20 m 垂直面上的垂直导体，不宜大于 1000 mm 的规定。固定支架的高度不宜小于 150 mm。每个固定支架应能承受 49 N 的垂直拉力
防腐要求	引下线焊接部分应做防腐处理：镀锌、涂防腐漆、混凝土内钢筋（暗敷）； 引下线截面锈蚀部分不能超过 1/3 以上
引下线 间隔距离	引下线与被保护物的安全距离：一类场所应符合 GB 50057—2010 中第 4.2.1 条第 5 款的要求；二类场所应符合 GB 50057—2010 中第 4.3.8 条的要求；三类场所应符合 GB 50057—2010 中第 4.4.7 条的要求。 明敷引下线与电气和电子线路敷设的最小距离，平行敷设时不宜小于 1.0 m，交叉敷设时宜不小于 0.3 m。 引下线与易燃材料的墙壁或墙体保温层间距应大于 0.1 m，当小于 0.1 m 时，引下线的横截面应不小于 100 mm^2

续表

装置名称	材料规格及安装要求
防接触电压措施	引下线 3 m 范围内地表层的电阻率不小于 50 kΩ·m，或敷设 5 cm 厚沥青层或 15 cm 厚砾石层。 外露引下线，其距地面 2.7 m 以下的导体用耐 1.2/50 μs 冲击电压 100 kV 的绝缘层隔离，或用至少 3 mm 厚的交联聚乙烯层隔离
易受机械损伤保护	在地面上 1.7 m 至地面下 0.3 m 的一段接地线是否采用暗敷或采用镀锌角钢、改性塑料管或橡胶管等加以保护
连接工艺要求	扁钢与扁钢搭接≥扁钢宽度的 2 倍，不少于三面施焊； 圆钢与圆钢：不应少于圆钢直径的 6 倍，双面施焊； 圆钢与扁钢：不应少于圆钢直径的 6 倍，双面施焊； 其他材料焊接时搭接长度要求按照 GB 50601—2010 的规定
过渡电阻	过渡电阻不应大于 0.2 Ω

3. 检测方法

(1)检测之前，首先明确被检建筑物的防雷类别，应查看了解雷电防护装置隐蔽工程资料(隐蔽工程记录、图纸、咨询、隐蔽工程的设计、施工情况)。查看暗敷在墙壁中利用结构钢筋作为引下线等布设情况，平均间距。具体查看其材料规格及安装工艺等内部结构。

(2)首次检测时，按照已经确定的建筑物防雷类别，采用卷尺测量每相邻两根专设引下线之间的距离，检查专设引下线布设位置是否符合规范及设计要求。记录引下线布置的总根数。

(3)首次检测时，采用游标卡尺测量每根专设引下线的材料规格尺寸、连接方式、工艺与质量等是否符合相关的技术要求。检查时要详细对引下线与接闪器、接地线等的焊缝及防锈处理情况，是否符合规范对工艺的要求。检查引下线的防腐措施，在检测引下线规格时应注意引下线与接地线的区别。

(4)检查明敷引下线是否平正顺直、无急弯，固定支架间距是否均匀敷设，是否牢固，是否经最短路径接地，引下线不应敷设在下水管道或排水槽沟内。

(5)检查、测量引下线两端和引下线连接处的电气连接状况，应采用等电位测试仪(毫欧表)测量每根专设引下线接地端与接地体及接闪器的电气连接性能，测量其过渡电阻值。

(6)检测在引下线上有无附着其他电气和电子线路，是否采取了防雷电波侵入措施。测量专设引下线与附近电气和电子线路的距离是否符合 GB 50057—2010 中第 4.3.8 条的规定。

(7)检查专设引下线的断接卡的设置应符合 GB 50057—2010 中第 5.3.6 条的规定，测量接地电阻时，每年至少应断开断接卡测量一次。专设引下线与环形接地体相连，测量接地电阻时，可不断开断接卡测量。

(8)检查专设引下线近地面易受机械损伤处的保护措施是否符合要求。

(9)检查引下线防接触电压措施符合 GB 50057—2010 中第 4.5.6 条第 1 款的规定。测量引下线 3 m 范围内地表层的电阻率及敷设绝缘层的情况。检查外露引下线是否做绝缘处理。如果未做到防护要求，可建议采取用护栏、警告牌等方法避免行人在雷雨天靠近引下线，使发生危险的可能性降至最低。

(10)检查引下线与易燃材料的墙壁或保温层的安全间距是否符合规范要求，这一条很重要。目前，采用保温材料做外墙保温的建筑物很普遍，在检测时应了解墙体保温层是否为易燃材料，要注重检测保温层内断接卡连接部位，检查连接处有否松动，可测试其过渡电阻值进行判定。

(11)检查独立烟囱上的引下线规格是否符合表7.2.3引下线材料规格要求。

(12)检测钢筋混凝土烟囱的钢筋是否在其顶部和底部与引下线和贯通连接的金属爬梯相连,可利用金属爬梯作为两根引下线用。

(13)测试引下线的接地电阻值。

4. 引下线检测表格填写注意事项

(1)引下线检测应符合GB/T 21431—2015中第5.3条的要求,并填入相应栏内。

(2)备注栏。凡表格中未包含的项目,如第一类防雷建筑物与树木的距离、接闪带跨越伸缩缝的补偿措施、引下线有无附着的其他线路、接闪器和引下线的防腐措施等。

(3)按表要求填写间距、根数,应说明是否暗敷。

(4)填写断接卡及保护措施。

(5)接地测试点的编号要与示意图标注的位置相符。

(四)接地装置检测

1. 主要依据、仪器用具

(1)主要依据:GB 50057—2010、GB/T 21431—2015、GB 50601—2010。

(2)仪器用具:接地电阻测试仪、土壤电阻率测试仪(测量土壤电阻率、冲击接地电阻换算)、等电位测试仪(毫欧表)、绝缘电阻测试仪、计算器等工具。

2. 接地装置基本要求

(1)接地装置检测应优先利用建筑物的自然接地体,当自然接地体的接地电阻值达不到要求时应增加人工接地体。

(2)在符合GB 50057—2010规定的条件下,埋于土壤中的人工垂直接地体,宜采用热镀锌角钢、钢管或圆钢;埋于土壤中的人工水平接地体,宜采用热镀锌扁钢或圆钢。接地线应与水平接地体的截面相同。

(3)除第一类防雷建筑物独立接闪杆和架空接闪线(网)的接地装置有独立接地要求外,其他建筑物应利用建筑物内的金属支撑物、金属框架或钢筋混凝土中的钢筋等自然构件,金属管道、低压配电系统的保护线(PE)等与外部雷电防护装置连接构成共用接地系统。当互相邻近的建筑物之间有电力和通信电缆连接时,宜将其接地装置互相连接。

(4)接地装置埋在土壤中的部分,其连接宜采用放热焊接;当采用通常的焊接方法时,应在焊接处做防腐处理。

(5)检查接地装置的材料规格(包括直径、截面积、厚度)、连接工艺、质量、防腐措施、相关间隔距离、保护范围及其各类防雷建筑物接地装置的接地电阻(或冲击接地电阻)值,应符合要求。

(6)防雷接地与交流工作接地、直流工作接地、安全保护接地共用一组接地装置时,接地装置的接地电阻值必须按所有接入设备中要求最小值的设备来确定。

(7)在检测前应检查保证测试夹与各接地极间接触良好。要保证接地电极与土壤的接地电阻尽量小,降低电流极的接地电阻。

(8)接地装置材料规格及安装应符合表 7.2.4 的要求。

表 7.2.4　接地装置材料规格及安装要求

装置名称	材料规格及安装要求
自然接地体	材料规格要求按照 GB 50057—2010 的规定选取。 利用建筑物的基础钢筋作为接地装置时应符合 GB 50057—2010 的规定
人工接地体	垂直接地体：长度宜为 2.5 m(当受地方限制时可适当减小)； 水平接地体的间距宜为 5 m(当受地方限制时可适当减小)； 埋设深度：不应小于 0.5 m，并宜敷设在当地冻土层以下，其距墙或基础不宜小于 1 m，且宜远离由于烧窑、烟道等高温影响使土壤电阻率升高的地方
接地体 材料、规格	接地装置埋在土壤中的部分，其连接宜采用放热焊接；当采用通常的焊接方法时，应在焊接处做防腐处理。 水平接地极：圆钢截面≥78 mm^2；扁钢截面≥90 mm^2，厚度≥3 mm；角钢截面≥290 mm^2，厚度≥3 mm。 垂直接地极：圆钢∅≥14 mm；钢管∅≥20 mm，壁厚≥2 mm；角钢≥50 mm×50 mm，厚度≥3 mm。 不同截面的型钢：其截面不小于 290 mm^2，最小厚度 3 mm。例如：50 mm×50 mm×3 m 的角钢做垂直接地体。 其他材料见 GB 50057—2010
连接工艺 与质量	扁钢与扁钢搭接≥扁钢宽度的 2 倍，不少于三面施焊； 圆钢与圆钢：不应少于圆钢直径的 6 倍，双面施焊； 圆钢与扁钢：不应少于圆钢直径的 6 倍，双面施焊； 其他材料焊接时搭接长度要求按照 GB 50601—2010 的规定
过渡电阻	过渡电阻不应大于 0.2 Ω
间隔距离	接地装置与被保护物及与其有联系的金属物之间的间隔距离： 一类防雷建筑物应符合 GB 50057－2010 的要求，且不得小于 3 m； 二类防雷建筑物应符合 GB 50057－2010 的要求； 三类防雷建筑物应符合 GB 50057－2010 的要求
相邻接地 电阻值判定	相邻接地装置进行测量，如测得阻值不大于 1 Ω，则判定为电气贯通，如测得阻值大于 1 Ω，则判定各自为独立
接地电阻值	第一类防雷建筑物采用独立接地装置，每根引下线的冲击接地电阻不应大于 10 Ω； 第二类防雷建筑物，每根引下线的冲击接地电阻不应大于 10 Ω； 第三类防雷建筑物，每根引下线的冲击接地电阻不宜大于 30 Ω； 专设静电接地体。其接地电阻不应大于 100 Ω； 其他行业有关标准规定： 汽车加油、加气站≤10 Ω，采用共用接地装置时≤4 Ω； 电子信息机房≤4 Ω；天气雷达站≤4 Ω；配电电气装置(A 类)或配电变压器(B 类)≤4 Ω；卫星地环站≤5 Ω；移动基(局)站≤10 Ω

3. 检测方法

(1)首次检测时，应明确防雷类别，查看相关隐蔽工程记录、有关图纸及咨询的方法，了解接地装置的结构型式和安装位置以及材料的规格、安装工艺等情况，查看接地装置的材质、连接方法、防腐处理；应符合 GB 50057—2010 中第 5.4 条的规定。

(2)检查建筑物外墙供测量用的检测口的数量和位置是否符合设计要求，测量时要逐一测量，并将编号填写在原始记录及示意图中。这里需要注意，有些测试点所设置的检测口是虚假

的，由于某种原因引出的测试端子与接地线并未连接。

(3)检查各类防雷建筑物间隔距离，第一类防雷建筑物接地装置及与其有电气联系的金属管线与独立接闪器接地装置的间隔距离应符合 GB 50057—2010 中第 4.2.1 条第 5 款中相关公式计算要求，且不得小于 3 m。其他建筑物应构成共用接地系统，当互相邻近的建筑物之间有电力和通信电缆连通时，是否将其接地装置互相连接。

(4)检查防跨步电压的措施是否符合 GB 50057—2010 中第 4.5.6 条第 2 款的规定。在检测时可查阅图纸及隐蔽工程记录，查看引下线的利用系数；测量引下线 3 m 范围内地表层的电阻率及敷设绝缘层的情况，是否设有网状接地装置对地面作均衡电位处理。如果不能做到防护要求，可建议采取护栏、警告牌等方法使接触引下线的可能性降至最低。

(5)检查整个接地网外露部分所有接地线的规格、防腐、标识和防机械损伤等措施。测试与同一接地网连接的各相邻设备连接线的电气贯通状况，测量其直流过渡电阻值。

(6)检测两相邻接地装置的电气贯通情况，采用等电位测试仪或毫欧表测量(最小电流为 0.2A)判定相邻接地装置是独立接地还是共用接地系统。判定相邻接地装置的电阻值并进行比较。

(7)检查人工钢质垂直接地体的长度、间距以及人工水平接地体的间距等是否符合表 7.2.4 中相关要求。

(8)检查人工接地体在土壤中的埋设深度、敷设情况及其距墙或基础距离，检查接地体埋设环境是否符合表 7.2.4 中相关要求。

(9)检查接地装置的填土有无沉陷情况，这种情况大多数是发生在人工接地体中，由于接地体埋入土壤中后回填土没沉实或埋设深度不够，经过一段时间或雨后将发生沉陷情况，特别是北方温差大，如果未考虑冻土深度，接地体未埋入冻土层以下，发生这类情况容易使水平、垂直接地体变形或开焊，导致接地电阻发生变化。

(10)检测时应对被检区域内及附近地下金属管网、电缆、地沟、地下室、地下车库等的布设情况进行了解，根据现场情况选择测试电极的位置。

(11)接地装置接地电阻值测试要求：在检测现场要了解被测接地网周围的土壤结构，尽可能选择有代表性的原始土的区域，根据所使用的接地电阻测试仪的测试原理及方法，应正确选择辅助电流极和电压极的安插位置，建议采用三极法测量接地电阻值，用三极法测量接地电阻值的三个极要布置在一条直线上并且垂直于地网。

(12)当建筑物周边为岩石或水泥地面时，可将电流测试极与电压测试极与平铺放置在地面上每块面积不小于 250 mm×250 mm 的钢板相连接(可自制)，为使钢板与地面接触良好，可在钢板与地面之间铺设含水量高的毛巾等棉质物品，用水润湿后减小电极与地面之间的接触电阻并实施检测。

(13)测量土壤电阻率(需要时)，土壤电阻率测试方法推荐使用温纳(Wenner)四点法测量土壤电阻率。试验电极打入地下的深度应满足 $h \leqslant 0.1a$(a 为试验电极之间的距离)，为了解土壤的分层情况，在测量时，可改变几种不同的电极间距(a 值)进行测量。对土壤电阻率的测量宜参见 GB/T 21431—2015 附录 B 中的方法测量。

(14)测量大型接地地网时，应选专用的大电流接地电阻测试仪。大型接地装置包括：110 kV 及以上电压等级变电所的接地装置，装机容量在 200 MW 以上的火电厂和水电厂的接地装置，或者等效面积在 5000 m^2 以上的接地装置。因为大地网系统的接地电阻测试方法比较繁杂，测试环境存在干扰，大地网的接地电阻与所在的地质结构、土壤电阻率、地网的形状及

面积有关，需要大电流测试仪器，大地网的对角线很长，所采用的测试线也需要很长，还要布设电压、电流测试电极。具体方法应参考所采用的大地网测试仪使用说明进行测试。

(15)测量各类防雷建筑物接地装置的接地电阻(或冲击接地电阻)值及其他行业有关标准规定的接地电阻值要求见表7.2.4。防雷接地与交流工作接地、直流工作接地、安全保护接地共用一组接地装置时，应当按接入所有设备中要求最小值的那个设备来确定。

4. 接地装置检测表格应当填写注意事项

(1)为防止地电位反击，第一类防雷建筑物的独立地检测数值可分别填入对应的栏内，如有多处独立地，栏目不够可另加页。

(2)检测两相邻接地装置的电气连接检测应按照GB/T 21431—2015中第5.4.2.7条进行，并将阻值填入相应的栏内，同时确认是否为电气导通。

(3)土壤电阻率估算值可根据GB/T 21431—2015中表B.1地质期和地质构造与土壤电阻率中选取填入相应的栏内。

(4)共用接地系统由两个以上地网组成时，应分别填入第一、第二地网栏内，只有一个地网时，只填第一地网，并填明地网材料、网格尺寸和包围的面积及测得的接地电阻。

(5)接地测试点的编号要与示意图标注的位置相符。

5. 外部雷电防护装置检测综评

在完成了外部雷电防护装置检测后，检测员(负责人)应就外部雷电防护装置是否符合本标准的有关规定进行综评，同时可提出整改意见。

(五)防雷区划分

(1)主要依据、仪器用具。

1)主要依据：GB 50343—2012、GB/T 21431—2015；

2)仪器用具：目测LPZ分区。

(2)检查、目测被检建筑物雷电防护区(LPZ)的划分，以区别各防雷区空间的雷击电磁脉冲(LEMP)强度及变化的程度，根据电子信息设备的重要程度，设备机房是否设置在LPZ2和LPZ3区域内采取了层层设防、综合治理的防护措施，检测在所划分不同防雷区的界面处的等电位连接位置及连接情况。详见本节防雷等电位连接检测。

(3)雷电防护区应符合下列规定。

1)$LPZ0_A$区：受直接雷击和全部雷电电磁场威胁的区域，该区域的内部系统可能受到全部或部分雷电电涌电流的影响；

2)$LPZ0_B$区：直接雷击的防护区域，但该区域的威胁仍是全部雷电电磁场，该区域的内部系统可能受到部分雷电电涌电流的影响；

3)LPZ1区：由于边界处分流和电涌保护器的作用使电涌电流受到进一步限制的区域，该区域的空间屏蔽可以衰减雷电电磁场；

4)LPZ2～n后续防雷区：由于边界处分流和电涌保护器的作用使电涌电流受到限制的区域。该区域的空间屏蔽可以进一步衰减雷电电磁场；

5)图7.2.2所示为将一个建筑物划分为几个防雷区和做等电位连接的例子(注：$LPZ0_A$与LPZ0区之间无实物界面)。

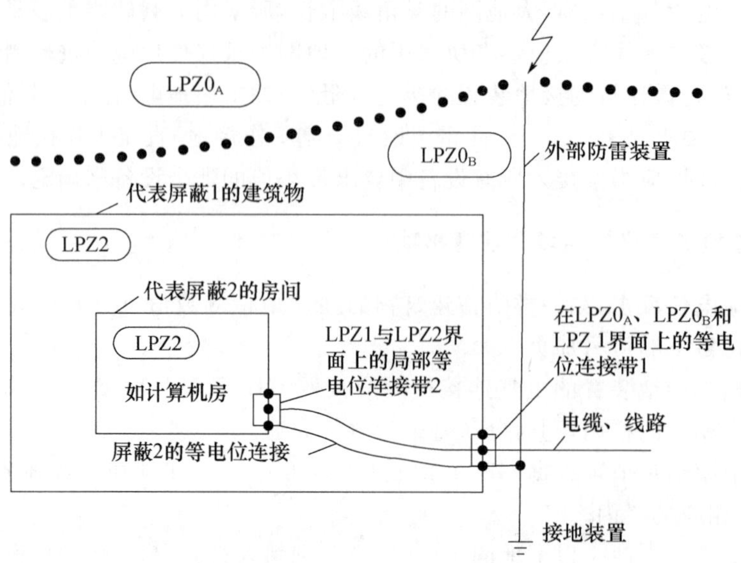

图 7.2.2 防雷区(LPZ)和等电位连接示意图

(4)在进行防雷区的划分后,应检查防雷工程设计中的 LPZ 区的划分是否符合标准。

(5)检查被检项目所要求保护对象是否放置在可靠的、能达到电磁兼容的雷电防护区域内。

(6)检查位于 $LPZ0_A$ 或 $LPZ0_B$ 区与 LPZ1 区交界处(MB)的 SPD 在低压电气系统中选择了哪一分类试验的产品,在信号线路中是否选择 D_1 或 D_2 类的高能量电涌保护器产品。

(7)检查磁场屏蔽后续防雷区是否安装有协调配合好的其他电涌保护器,具体按需要保护的设备的数量、类型和耐压水平及其所要求的磁场环境选择。

(8)检查在两个防雷区的界面上是否将所有通过界面的金属物做等电位连接,线路的金属保护层或屏蔽层宜首先于界面处做一次等电位连接。

(六)雷击电磁脉冲屏蔽检测

1. 主要依据、仪器用具

(1)主要依据:GB 50057—2010、GB 50343—2012、GB/T 21431—2015。

(2)仪器用具:卷尺、卡尺、等电位测试仪(毫欧表)、回路电阻测试仪、磁场强度测量仪、计算器等用具。

2. 雷击电磁脉冲屏蔽基本要求

(1)建筑物的屋顶金属表面、立面金属表面、混凝土内钢筋和金属门窗框架等大尺寸金属件等应等电位连接在一起,同时与防雷接地装置相连。但第一类防雷建筑物的独立接闪器及其接地装置应除外。

(2)在需要保护的空间内,屏蔽电缆的金属屏蔽层应两端接地,并宜在各防雷区交界处做等电位连接,同时与防雷接地装置相连。如要求一端接地的情况下,应采取两层屏蔽,外屏蔽层应两端接地。

(3)建筑物之间用于敷设非屏蔽电缆的金属管道、金属格栅或钢筋成格栅形的混凝土管道

两端应电气贯通，且两端应与各自建筑物的等电位连接带连接。

(4)对由金属物、金属框架或钢筋混凝土钢筋等自然构件构成建筑物，或房间的格栅形大空间屏蔽，应将穿入大空间屏蔽的导电金属物就近与其做等电位连接。

(5)当建筑物自然金属部件构成的大空间屏蔽不能满足机房内电子信息系统电磁环境要求时，应增加机房屏蔽措施。

(6)电子信息系统设备主机房宜选择在建筑物低层中心部位，其设备应配置在 LPZ1 区之后的后续防雷区内，并与相应的雷电防护区屏蔽体及结构柱留有一定的安全距离。

(7)屏蔽效果及安全距离可按规范 GB 50057—2010 中第 6.3.2 条及 GB 50343—2012 中附录 D 规定的计算方法确定。

(8)当户外采用非屏蔽电缆时，引入线应穿钢管埋地引入，埋地长度 l 可按公式 $l \geqslant 2\sqrt{\rho}$ (m)计算(ρ 为埋地电缆处的土壤电阻率(Ω·m))，但不宜小于 15 m；电缆屏蔽槽或金属管道应在入户处进行等电位连接。

(9)当相邻建筑物的电子信息系统之间采用电缆互连时，宜采用屏蔽电缆，非屏蔽电缆应敷设在金属电缆管道内；屏蔽电缆屏蔽层两端或金属管道两端应分别连接到独立建筑物各自的等电位连接带上。采用屏蔽电缆互连时，电缆屏蔽层应能承载可预见的雷电流。

(10)光缆的所有金属接头、金属护层、金属挡潮层、金属加强芯等，应在进入建筑物处直接接地。

(11)电子信息系统线缆宜敷设在密闭的金属线槽或金属管道内。电子信息系统线路宜靠近等电位连接网络的金属部件敷设，不宜贴近雷电防护区的屏蔽层。

(12)布置电子信息系统线路走向时，应尽量减小由线缆自身形成的电磁感应环路面积，从而减小对防雷空间内 LEMP 的耦合概率，从而增大 LEMP 的干扰度。

(13)雷击电磁脉冲屏蔽材料规格及安装要求、电子信息系统线缆与其他管线的间距应符合表 7.2.5 的规定。

表 7.2.5　雷击电磁脉冲屏蔽材料规格及安装要求

装置名称	材料规格及安装要求
屏蔽材料	宜选用钢材或铜材。选用板材时，其厚度宜为 0.3～0.5 mm
过渡电阻	等电位连接直流过渡电阻值不应大于 0.2 Ω
金属管道	架空金属管道，在进出建筑物处，应与防闪电感应的接地装置相连； 距离建筑物 100 m 内的管道，宜每隔 25 m 接地一次，其冲击接地电阻不应大于 30 Ω； 埋地或地沟内的金属管道，在进出建筑物处应等电位连接到等电位连接带或防闪电感应的接地装置上； 平行敷设的管道、构架和电缆金属外皮等长金属物，其净距小于 100 mm 时，应采用金属线跨接，跨接点的间距不应大于 30 m；交叉净距小于 100 mm 时，其交叉处也应跨接
线缆与其他管线的间距	低压配电线路敷设： 与防雷引下线平行净距≥1000 mm，交叉净距≥300 mm； 与保护地线平行净距≥50 mm，交叉净距≥20 mm； 与给水管、压缩空气管平行净距≥150 mm，交叉净距≥20 mm； 与热力管(不包封)净距≥300 mm，交叉净距≥300 mm； 与热力管(包封)净距≥500 mm，交叉净距≥500 mm； 与煤气管平行净距≥300 mm，交叉净距≥20 mm

续表

装置名称	材料规格及安装要求
电子信息系统信号线缆与电力电缆的间距	380 V 电力电缆容量小于 2 kV・A： 与信号线缆平行敷设净距≥130 mm； 有一方在接地的金属线槽或钢管中≥70 mm； 双方都在接地的金属线槽或钢管中≥10 mm(双方都在接地的线槽中，系指两个不同的线槽，也可在同一线槽中用金属板隔开)。 380 V 电力电缆容量 2～5 kV・A： 与信号线缆平行敷设≥300 mm； 有一方在接地的金属线槽或钢管中≥150 mm； 双方都在接地的金属线槽或钢管中≥80 mm(双方都在接地的线槽中，系指两个不同的线槽，也可在同一线槽中用金属板隔开)。 380 V 电力电缆容量大于 5 kV・A： 与信号线缆平行敷设≥10 mm；≥600 mm； 有一方在接地的金属线槽或钢管中≥300 mm； 双方都在接地的金属线槽或钢管中≥150 mm(双方都在接地的线槽中，系指两个不同的线槽，也可在同一线槽中用金属板隔开)

3. 检测方法

(1)首次检测时，应查看相关穿越防雷界面金属管道、线缆等隐蔽工程记录；了解施工工艺等情况。

(2)检测建筑物外部雷电防护装置，以及建筑物的屋顶金属表面、立面金属表面、混凝土内钢筋和金属门窗框架等大尺寸金属件等是否做了等电位连接，是否与防雷接地装置相连形成格栅形大空间屏蔽(第一类防雷建筑物的独立接闪器及其接地装置应除外)。因为外部雷电防护装置的屏蔽作用非常重要。

(3)检测电缆的合理布线和屏蔽等减少过电压措施是否满足要求。

(4)检测需要防雷击电磁脉冲的电气、电子系统及机房时，应确保电子信息系统应在外部防雷的保护范围内；应按规范要求划分雷电防护等级，检查对电磁屏蔽要求较高的设备是否放置在格栅形大空间屏蔽内的其他 LPZ 的保护区域内，是否满足要求。

(5)检查各 LPZ 防护区内是否将建筑物的金属支撑物、金属框架或钢筋混凝土的钢筋等自然构件、金属管道、配电的保护接地系统等与雷电防护装置组成一个接地系统，是否进行等电位连接。

(6)查看图纸、现场勘察并计算建筑物利用钢筋或专门设置的屏蔽网的屏蔽效能，其计算方法依据 GB 50057—2010 中第 6.3.2 条的计算方法确定。

(7)首次检测时，用卡尺测量屏蔽材料规格尺寸是否符合要求，通常屏蔽材料宜选用钢材或铜材。

(8)检查各类线缆及引入敷设方式，检查穿线金属管、屏蔽电缆的金属屏蔽层应两端接地，宜在各 LPZ 防雷区交界处、进出电子机房处做等电位连接，并与防雷接地装置相连。检查金属屏蔽线槽(桥架)、金属管中间连接处是否跨接。如果系统中设备要求一端接地的情况下应采取两层屏蔽，外屏蔽层应两端接地。

(9)检查建筑物之间用于敷设非屏蔽电缆的金属管道、金属格栅或钢筋成格栅形的混凝土管道两端应电气贯通，且两端应与各自建筑物的等电位连接带连接。

(10)检查屏蔽网格、金属管(槽)、防静电地板支撑金属网格、大尺寸金属件、房间屋顶金属龙骨、屋顶金属表面、立面金属表面、金属门窗、金属格栅和电缆屏蔽层的电气连接等相关金属壳体的等电位连接状况，采用毫欧表测量其直流过渡电阻值不应大于 0.2 Ω。

(11)检查光缆金属接头、金属防潮层、金属加强筋是否在入户处做等电位连接并做接地处理，光缆在进入终端箱的线路侧是否安装了 SPD，其 SPD 类型、相关参数、安装工艺是否符合规范要求。

(12)检测用仪器检测电磁屏蔽效能的方法参见 GB/T 21431—2015 中附录 F 中的方法。

(13)检测线缆的综合布线情况，检查线缆路由走向，是否由线缆自身形成了电磁感应环路面积，检查线缆与其他管线的间距是否符合要求等。

4. 雷击电磁脉冲屏蔽检测表格填写注意事项

(1)适用于建筑物为钢筋混凝土(或砖混)结构，同时按闪电直接击在位于 $LPZ0_A$ 区格栅形大空间屏蔽上的最严重的情况下计算建筑物内 LPZ1 区内空间某点的磁场强度。由于首次雷击产生的磁场强度大于后续雷击产生的磁场强度，所填写栏内只对首次雷击产生的磁场强度进行计算。

(2)磁场强度 H 值可依据 GB/T 21431—2015 中附录 I. 2. 3. 1. 2 及 I. 2. 3. 1. 3 条计算。

(3)磁场强度的实测：磁场强度采用仪器实测时，可将相关数据填入对应表格中。

(4)综合评估：在对被保护设备所在位置进行磁场强度计算或实测后，应查明该位置上设备电磁兼容的磁场强度耐受值，并进行防护安全的评估。

(七)防雷等电位连接检测

1. 主要依据、仪器用具

(1)主要依据：GB 50057—2010、GB 50343—2012、GB/T 21431—2015。

(2)仪器用具：卷尺、卡尺、等电位测试仪(毫欧表)、计算器等用具。

2. 防雷等电位连接基本要求

(1)各类防雷建筑物的等电位连接应符合 GB 50057—2010 中第 4. 1. 2 条及其他相关要求，具体规定查阅下列相关条款。

(2)第一类防雷建筑物的等电位连接应符合 GB 50057—2010 中第 4. 2. 2 条和第 4. 2. 3 条的要求。

(3)第二类防雷建筑物的等电位连接应符合 GB 50057—2010 中第 4. 3. 4 条、第 4. 3. 5 条、第 4. 3. 7 条和第 4. 3. 8 条的要求。

(4)第三类防雷建筑物的等电位连接应符合 GB 50057—2010 中第 4. 4. 4 条的要求。

(5)信息系统电子设备的等电位连接应符合 GB 50057—2010 中第 6.3.1 条和第 6. 3. 4 条，GB 50343—2012 中第 5. 2. 1 条～第 5. 2. 8 条的要求。

(6)防雷等电位连接导体的最小截面应符合表 7. 2. 6 的规定。

表 7.2.6 防雷等电位连接材料规格及安装要求

名称	材料规格及安装要求
雷电防护装置各连接部件的最小截面积	等电位连接带(铜、外表面镀铜或热镀锌钢):≥50 mm^2 铜或铁; 从等电位连接带至接地装置或各等电位连接带之间的连接导体:≥16 mm^2 铜、≥25 mm^2 铝、≥50 mm^2 铁; 从屋内金属装置至等电位连接带的连接导体:≥6 mm^2 铜、≥10 mm^2 铝、≥16 mm^2 铁
大尺寸内部导电物连接要求	其等电位连接应以最短路径连到最近的等电位连接带或其他已做了等电位连接的金属物或等电位连接网络,各导电物之间宜附加多次互相连接
金属管道	距离建筑物 100 m 内的管道,宜每隔 25 m 接地一次,其冲击接地电阻不应大于 30 Ω; 埋地或地沟内的金属管道,在进出建筑物处应等电位连接到等电位连接带或防闪电感应的接地装置上; 平行敷设的管道、构架和电缆金属外皮等长金属物,其净距小于 100 mm 时,应采用金属线跨接,跨接点的间距不应大于 30 m;交叉净距小于 100 mm 时,其交叉处也应跨接
信息系统各类等电位连接导体最小截面积	垂直接地干线:≥50 mm^2 多股铜芯导线或铜带; 楼层端子板与机房局部端子板之间的连接导体:≥25 mm^2 多股铜芯导线或铜带; 机房局部端子板之间的连接导体:≥16 mm^2 多股铜芯导线; 设备与机房等电位连接网络之间的连接导体:≥16 mm^2 多股铜芯导线; 机房网格:≥25 mm^2 铜箔或多股铜芯导线
信息系统等电位接地端子板截面积	总等电位接地端子板:≥150 mm^2 铜带; 楼层等电位接地端子板:≥100 mm^2 铜带; 机房局部等电位接地端子板(排):≥50 mm^2 铜带
连接电涌保护器的导体	电气系统: Ⅰ级试验的电涌保护器:≥6 mm^2 铜; Ⅱ级试验的电涌保护器:≥2.5 mm^2 铜; Ⅲ级试验的电涌保护器:≥1.5 mm^2 铜; 电子系统: D1 类电涌保护器:≥1.2 mm^2 铜; 其他类电涌保护器:(连接导体的截面积可以小于 1.2 mm^2)根据具体情况确定
	连接单台或多台Ⅰ级分类试验或 D1 类电涌保护器的单根导体的最小截面,尚应按下式计算:$S_{min} \geq I_{imp}/8$。式中:S_{min}—单根导体截面积(mm^2);I_{imp}—流入该导体的雷电流(kA)
过渡电阻	第一类建筑物和处在爆炸危险环境的第二类防雷建筑物中长金属物的弯头、阀门、法兰盘等连接处的过渡电阻不大于 0.03 Ω;其他过渡电阻不大于 0.2 Ω

3. 检测方法

(1)首次检测时,应查看隐蔽工程记录,检查施工是否符合标准要求。

(2)应检查所有进入建筑物的外来导电物是否在 LPZ0 区与 LPZ1 区界面处做等电位连接。如已实现连接,应进一步检查连接质量、连接导体的材料和尺寸。

(3)检测大尺寸金属物的连接,应检查设备、管道、构架、均压环、钢骨架、钢窗、放散管、吊车、金属地板、电梯轨道、栏杆等大尺寸金属物与共用接地装置的连接情况。如已实现连接应进一步检查连接质量、连接导体的材料和尺寸。

(4)检查内设的等电位连接的接地干线,其与防闪电感应接地装置的连接不应少于 2 处。

(5)检查建筑物内、外竖直敷设的金属管道及金属物顶端、底部与雷电防护装置的连接情况，就近连接不少于2处。

(6)检测第一类防雷建筑物外架空金属管道，进入建筑物前是否每隔25 m接地一次，进一步检查连接质量、连接导体的材料和尺寸。

(7)检测第一类防雷建筑物和处在爆炸危险环境的第二类防雷建筑物中平行敷设的长金属物的净距、跨接点的间距、交叉净距是否符合表7.2.6中要求，再进一步检查连接质量、连接导体的材料和尺寸。

(8)测量第一类建筑物和处在爆炸危险环境的第二类防雷建筑物中长金属物的弯头、阀门、法兰盘等连接处跨接的过渡电阻，在测量过渡电阻值时，应测量跨接导体两端被测物体金属部分，避免造成测量误差。应测量过渡电阻值，进一步检查连接质量。

(9)检测低压配电线路引入和连接，应检查低压配电线路是否全线穿金属管埋地或敷设在架空金属线槽内引入。检查架空线末杆至建筑物之间地埋引入电缆的距离，检查架空线与地埋电缆引入转接处是否安装了户外型电源SPD，并检测SPD相关参数及安装工艺。检查SPD接地端、电缆金属外皮、钢管、铁脚等金属体是否连在一起接地，测量其冲击接地电阻不应大于30 Ω。

(10)对电子设备等电位连接的检测，应检查电子设备与建筑物共用接地系统的连接，检查连接的基本形式是否符合GB 50057—2010中第6.3.3款的规定，并进一步检查连接质量、连接导体的材料和尺寸。测量各设备金属机箱、金属线管(槽)、配线架、防静电地板支架、金属门、窗、隔断、电子系统的供电配电箱的保护地线（PE线)等与等电位连接带(或等电位端子板)之间的电气连接情况。

(11)检测穿过后续防雷区界面处导电物连接，应检查所有穿过各后续防雷区界面处导电物是否在界面处与建筑物内的钢筋或等电位连接预留板连接，如已实现连接应进一步检查连接质量、连接导体的材料和尺寸。

(12)检测光缆的所有金属接头、金属护层、金属挡潮层、金属加强芯等，在进入建筑物处应做等电位连接并做接地处理。

(13)检测电子设备等电位连接，应检查电子设备与建筑物共用接地系统的连接，应检查连接的基本型式是否符合GB 50057—2010中第6.3.4条第5、6、7款的规定，并进一步检查连接质量、连接导体的材料和尺寸。测量以下部位与等电位连接带(或等电位端子板)之间的电气连接情况：

① 配电柜(盘)内部的PE排及外露金属导体；

② UPS及电池柜金属外壳；

③ 电子设备的金属外壳；

④ 设备机架、金属操作台；

⑤ 机房内消防设施、其他配套设施金属外壳；

⑥ 线缆的金属屏蔽层；

⑦ 光缆屏蔽层和金属加强筋；

⑧ 金属线槽、配线架：

⑨ 防静电地板支架；

⑩ 金属门、窗、隔断等。

检测电子信息系统每台设备的等电位连接导线的长度不宜大于0.5 m，等电位连接线宜设两根，安装于设备的对角处，其长度宜按相差20%以内。

(14)等电位连接的过渡电阻的测试,应采用等电位连接测试仪或毫欧表等空载电压 4～24 V,最小电流为 0.2A 的测试仪器进行测量。

4. 防雷等电位连接检测表格填写注意事项

(1)大尺寸金属物的等电位连接检测。

大尺寸金属物是指:设备、管道、构架、电缆金属外皮、钢屋架、钢门窗、金属广告牌、玻璃幕墙的支架、擦窗机、吊车、栏杆、放散管和风管等物。其等电位连接检测应符合 GB/T 21431—2015 第 5.7.2.1 条的要求。

(2)平行敷设长金属物的等电位连接检测。

平行敷设的管道、构架和电缆金属外皮等长金属物,其净距小于规定值时,应按表 7.2.6 的规定进行检测。

(3)长金属物的弯头等连接处的等电位连接检查。

第一类防雷建筑物中长金属物连接处,如弯头、阀门、法兰盘的连接螺栓少于 5 根时,或虽多于 5 根但处于腐蚀环境中时,应用金属线跨接。应按表 7.2.6 的规定进行检测。

(4)信息技术设备的等电位连接检测。

① 信息技术所在空间(如计算机房)的概况:房间在建筑物中的位置(含是否在顶层、是否处于其他房间中央等),房间的长、宽、高度,是否有防静电地板,设备数量和布置等。

② 如电子设备系统相对较小,采用了星型连接结构(S 型),应按 GB/T 21431—2015 中第 5.7.1.5 条和 5.7.2.10 条的规定对 ERP 处及电子设备的所有金属组件进行连接过渡电阻和绝缘电阻的测试。

③ 如电子设备系统较大,采用了网型连接结构(M 型),应按 GB/T 21431—2015 中第 5.7.1.5 条和 5.7.2.10 条的规定进行检测和测试。

(八)电涌保护器(SPD)检测

1. 主要依据、仪器用具

(1)主要依据:GB 50057—2010、GB 50343—2012、GB/T 21431—2015;参考 GB 18802.1—2011、GB/T 18802.21—2016。

(2)仪器用具:卷尺、卡尺、等电位测试仪(毫欧表)、防雷元件测试仪、绝缘电阻测试仪、计算器等用具。

2. 电涌保护器(SPD)基本要求

(1)各电涌保护器(以下称 SPD)应查看所使用的 SPD 是否是经国家检测实验室检测认可的产品,应符合 GB 18802.1—2011 和 GB/T 18802.21—2016 的要求。

(2)SPD 安装的位置和等电位连接位置应在各防雷区的交界处,但当线路能承受预期的电涌时,SPD 可安装在被保护设备处。

(3)SPD 应能承受预期通过它们的雷电流,并具有通过电涌时的电压保护水平和有熄灭工频续流的能力。

(4)当电源采用 TN 系统时,从建筑物总配电盘(箱)开始引出的供电给本建筑物内的配电线路和分支线路应采用 TN-S 系统。选择 220 V/380 V 三相系统中的电涌保护器,U_C 值应符

合 GB/T 21431—2015 中表 4 的规定。

(5)电源 SPD 的有效电压保护水平 $U_{p/f}$ 应低于被保护设备的耐冲击过电压额定值 U_W；U_W 值可参见 GB/T 21431—2015 中表 5。其中，$U_{p/f}=U_p+\Delta U$，$\Delta U=L_{di}/d_t$ 为 SPD 两端引线上产生的电压，户外线进入建筑物处可按 1 kV/m 计算(8/20 μs、20 kA 时)。

(6)当电源 SPD 的有效电压保护水平 $U_{p/f}$ 低于被保护设备的耐冲击过电压额定值 U_W 时，被保护设备前端可只加一级 SPD，否则应增加第二级 SPD 乃至第三级 SPD，其 $U_{p/f}$ 值应符合 GB 50057—2010 中第 6.4.7 条的规定。

(7)安装在电路上的 SPD，其前端宜有后备保护装置。后备保护装置如使用熔断器，其值应与主电路上的熔断器电流值相配合，宜根据 SPD 制造商推荐的过电流保护器的最大额定值选择或应符合设计要求。如果额定值大于或等于主电路中的过电流保护器时，则可省去。

(8)SPD 如有通过声、光报警或遥信功能的状态指示器，应检查 SPD 的运行状态和指示器的功能。

(9)连接于电信和信号网络的 SPD 其电压保护水平 U_p 和通过的电流 I_p 应低于被保护的电子设备的耐受水平。

(10)网络入口处通信系统的 SPD 应满足通信系统传输特性，根据雷电过电压、过电流幅值和设备端口耐冲击电压额定值，可设单级电涌保护器保护，也可设能量配合的多级电涌保护器。

(11)天线应置于直击雷防护区($LPZ0_B$)内。应根据被保护设备的工作频率、平均输出功率、连接器形式及特性阻抗等参数选用插入损耗小、电压驻波比小的天馈线路电涌保护器，应安装在收/发通信设备的射频出、入端口处。其参数应符合 GB 50343—2012 中表 5.4.5 规定。

(12)具有多副天线的天馈传输系统，每副天线应安装适配的天馈线路电涌保护器。当天馈传输系统采用波导管传输时，波导管的金属外壁应与天线架、波导管支撑架及天线反射器实现电气连通，其接地端应就近接在等电位接地端子板上。

(13)信号电涌保护器(SPD)应设置在金属线缆进出建筑物(机房)的防雷区界面处，但由于工艺要求或其他原因，受保护设备的安装位置不会正好设在防雷区界面处，在这种情况下，当线路能承受所发生的电涌电压时，也可将信号电涌保护器(SPD)安装在保护设备端口处。

(14)电涌保护器连接材料规格及安装要求见表 7.2.7。

表 7.2.7 电涌保护器连接材料规格及安装要求

名称	材料规格及安装要求
电源 SPD 参数选用	在$LPZ0_A$ 与 LPZ1 区交界处，在从室外引来的线路上安装的 SPD 应选用符合 I 级试验的电涌保护器，每一相线和中性线对 PE 之间 SPD 的冲击电流 I_{imp} 值宜不小于 12.5 kA；采用 3+1 形式时，中性线与 PE 线间宜不小于 50 kA (10/350 μs)。对多极 SPD，总放电电流 I_{Total} 宜不小于 50 kA (10/350 μs)。当进线完全在 $LPZ0_B$ 区或雷击建筑物和雷击与建筑物连接的电力线或通信线上的失效风险可以忽略时，宜采用Ⅱ级试验的 SPD； 当雷击架空线路且架空线使用金属材料杆(含钢筋混凝土杆)并采取接地措施或雷击线路附近时，SPD 可选用Ⅱ级和Ⅲ级试验的产品。 在 LPZ1 区与 LPZ2 区交界处，分配电盘处或 UPS 前端宜安装第二级 SPD，其标称放电电流 I_n 不应小于 5 kA(8/20 μs)； 在重要的终端设备或精密敏感设备处，宜安装第三级 SPD，其标称放电电流 I。值不宜小于 3 kA(8/20 μs)

续表

名称	材料规格及安装要求
信号 SPD 参数选用	信号电涌保护器 U_c 应大于线路上的最大工作电压 1.2 倍，U_p 应低于被保护设备的耐冲击电压额定值 U_w； 在 $LPZ0_A$ 区或 $LPZ0_B$ 区与 LPZ1 区交界处应选用 I_{imp} 值为 0.5～2.5 kA（10/350 μs 或 10/250 μs）的 SPD 或 4 kV（10/700 μs）的 SPD；在 LPZ1 区与 LPZ2 区交界处应选用 Uoc 值为 0.5～10 kV（1.2/50 μs）的 SPD 或 0.25～ 5 kA（8/20 μs）的 SPD；在 LPZ2 区与 LPZ3 区交界处应选用 0.5～1 kV（1.2/50 μs）的 SPD 或 0.25～0.5 kA（8/20 μs）的 SPD。电信和信号网络 SPD 性能指标和试验波形见附录 G。 LPZ0/1 SPD 要求：D_1、B_2；LPZ1/2 SPD 要求：C_2、B_2；LPZ2/3 SPD 要求：C_1； 信号线路电涌保护器的参数宜符合 GB 50343—2012 中表 5.4.4 的规定
各级（SPD）之间线路长度要求	当在线路上多处安装 SPD 时，电压开关型 SPD 与限压型 SPD 之间的线路长度不宜小于 10 m，若小于 10 m 应加装退耦元件。限压型 SPD 之间的线路长度不宜小于 5 m，若小于 5 m 应加装退耦元件。当 SPD 具有能量自动配合功能时，SPD 之间的线路长度不受限制
连接电涌保护器的导体	连接导体应符合相线采用黄、绿、红色，中性线用浅蓝色，保护线用绿/黄双色线的要求；连接导体的长度应不大于 0.5 m； 电气系统： Ⅰ级试验的电涌保护器：≥6 mm^2 铜； Ⅱ级试验的电涌保护器：≥2.5 mm^2 铜； Ⅲ级试验的电涌保护器：≥1.5 mm^2 铜； 电子系统： D1 类电涌保护器：≥1.2 mm^2 铜； 其他类电涌保护器：（连接导体的截面积可以小于 1.2 mm^2）根据具体情况确定。 连接单台或多台Ⅰ级分类试验或 D1 类电涌保护器的单根导体的最小截面，尚应按下式计算：$S_{min} \geq I_{imp}/8$。式中：S_{min}—单根导体截面积（mm^2）；I_{imp}—流入该导体的雷电流（kA）
过渡电阻	连接导线的过渡电阻应不大于 0.2 Ω

3. 检测方法

（1）检查 SPD 性能劣化情况，在 SPD 运行期间，会因长时间工作或因处在恶劣环境中而老化，或因受雷击电涌而引起性能下降、失效等故障，因此须定期进行检查。如测试结果表明，SPD 劣化或状态显示 SPD 失效，应及时更换。

（2）检查确定供电系统的接地方式，采用查找原始资料、现场查看，或用 N-PE 环路电阻测试仪测试从总配电盘（箱）引出的分支线路上的中性线（N）与保护线（PE）之间的阻值，确认系统的接地方式（TN-C、TN-C-S、TN-S、TT、IT），对应检查电源 SPD 的安装形式（参见 GB 50057—2010 附录 J）。

（3）检查并记录各级 SPD 的安装位置，安装数量、型号、主要性能参数（如 U_C、I_n、I_{max}、I_{imp}、U_p 等）和安装工艺（连接导体的材质和导线截面、连接导线的色标、连接牢固程度）。

（4）检查 SPD 外观，SPD 的表面应平整、光洁、无划伤、无裂痕和烧灼痕或变形。SPD 的标识应完整和清晰。

（5）检测时，应测量多级 SPD 之间的距离和 SPD 两端引线的长度，应符合表 7.2.7 中的要求。

(6)检查 SPD 是否具有状态指示器。如有,则须确认状态指示应与产品说明相一致。

(7)检查安装在线路上的 SPD 限压元件前端是否有脱离器。如 SPD 无内置脱离器,则检查是否有过电流保护器,检查安装的过电流保护器是否符合规定。

(8)检查 SPD 安装工艺,测量连接导线与连接端子间的过渡电阻。

(9)连接电源 SPD 导体应符合相线采用黄、绿、红色,中性线用浅蓝色,保护线用绿/黄双色线的要求,其截面积规格应符合表 7.2.7 的相关要求。

(10)检查安装在 $LPZ0_A$ 与 LPZ1 区交界处电涌保护器各参数是否符合表 7.2.7 中的相关要求。

(11)检查电子信息系统信号线路 SPD 的选择,是否符合线路的各种参数及要求。检查 U_c 值、U_p 值与被保护设备的耐冲击电压额定值 U_w 是否符合表 7.2.7 中的相关要求。

(12)信号线路电涌保护器的参数宜符合表 7.2.7 中的相关要求。

(13)在 LPZ1 区与 LPZ2 区交界处,分配电盘处或 UPS 前端宜安装第二级 SPD,在重要的终端设备或精密敏感设备处,宜安装第三级 SPD,其标称放电电流 I_n 宜符合表 7.2.7 中的相关要求。

(14)检查输送易燃爆炸危险物质的埋地金属管道和具有阴极保护的埋地金属管道,当其从室外进入户内处设有绝缘段时,在绝缘段处跨接的电压开关型电涌保护器或隔离放电间隙应符合 GB 50057—2010 中第 4.2.4 条第 13、14 款的规定。

4. 电源 SPD 的测试

(1)压敏电压 U_{1mA} 的测试应符合以下要求:

① 测试仅适用于以金属氧化物压敏电阻(MOV)为限压元件且无串并联其他元件的 SPD。

② 可使用防雷元件测试仪或压敏电压测试表对 SPD 的压敏电压 U_{1mA},进行测量。

③ 首先应将后备保护装置断开并确认已断开电源后,直接用防雷元件测试仪或其他适用的仪表测量对应的模块,或者取下可插拔式 SPD 的模块或将 SPD 从线路上拆下进行测量,如图 7.2.3 所示。

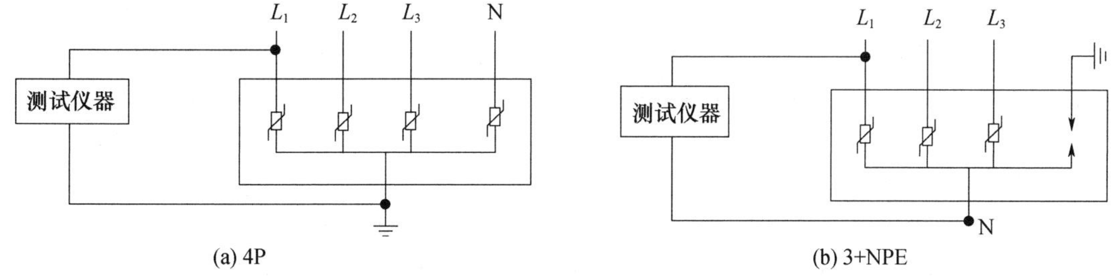

图 7.2.3　SPD 测试示意图

④ 合格判定:首次测量压敏电压 U_{1mA} 时,实测值应在符合表 7.2.8 中 SPD 的最大持续工作电压 U_c 对应的压敏电压 U_{1mA} 的区间范围内。如表 7.2.8 中无对应 U_c 值时,交流 SPD 的压敏电压 U_{1mA} 值与 U_c 的比值不小于 1.5,直流 SPD 的压敏电压 U_{1mA} 值与 U_c 的比值不小于 1.15。

⑤ 后续测量压敏电压 U_{1mA} 时,除须满足上述要求外,实测值还应不小于首次测量值的 90%。

表 7.2.8 压敏电压和最大持续工作电压的对应关系

标称压敏电压 U_S(V)	最大持续工作电压 U_S(V)	
	交流(z. m. s)	直流
82	50	65
100	60	85
120	75	100
150	95	125
180	115	150
200	130	170
220	140	180
240	150	200
275	175	225
300	195	250
330	210	270
360	230	300
390	250	320
430	275	350
470	300	385
510	320	410
560	350	450
620	385	505
680	420	560
750	460	615
820	510	670
910	550	745
1000	625	825
1100	680	895
1200	750	1060

注:压敏电压的允许公差±10%。

(2)泄漏电流的测试应符合以下要求:

① 测试仪适用于以金属氧化物压敏电阻(MOV)为限压元件且无其他串并联元件的 SPD;

② 可使用防雷元件测试仪或泄漏电流测试表对 SPD 的泄漏电流 I_{ie} 值进行测量;

③ 首先应将后备保护装置断开并确认已断开电源后,直接用仪表测量对应的模块,或者取下可插拔式 SPD 的模块或将 SPD 从线路上拆下进行测量;

④ 合格判定依据。首次测量 I_{1mA} 时,单片 MOV 构成的 SPD,其泄漏电流 I_{ie} 的实测值应不超过生产厂标称的 I_{ie} 最大值;如生产厂未声称泄漏电流 I_{ie} 时,实测值应不大于 20 μA。多片 MOV 并联的 SPD,其泄漏电流 I_{ie} 实测值不应超过生产厂标称的 I_{ie} 最大值;如生产厂未声称泄漏电流 I_{ie} 时,实测值应不大于 20 μA 乘以 MOV 阀片的数量。不能确定阀片数量时,SPD 的实测值不大于 20 μA;

⑤ 后续测量 I_{1mA} 时，单片 MOV 和多片 MOV 构成的 SPD，其泄漏电流 I_{ie} 的实测值应不大于首次测量值的 1 倍。

(3)SPD 绝缘电阻的测试仅对 SPD 所有接线端与 SPD 壳体间进行测量，先将后备保护装置断开并确认已断开电源后，再用不小于 500 V 绝缘电阻测试仪器正负极性各测 1 次，测量指针应在稳定之后或施加 I_{min} 后读取数值。合格判定标准为不小于 50 MΩ。

5. 信号 SPD 的检测

(1)检查信号电涌保护器除先查看相关图纸外，应检查电子系统信号 SPD 的 U_c 值，一般应高于系统运行时信号线上的最高工作电压的 1.2 倍，其参考值详见 GB/T 21431—2015 中第 5.8.1.7 条的表 6。

(2)检查电信和信号网络 SPD 的布置要求。

① 连接于电信和信号网络的 SPD 其电压保护水平 U_p 和通过的电流 I_p 应低于被保护的电子设备的耐受水平。

② 在 $LPZ0_A$ 区或 $LPZ0_B$ 区与 LPZ1 区交界处应选用 I_{imp} 值为 0.5～2.5 kA(10/350 μs 或 10/250 μs)的 SPD 或 4 kV(10/700 μs)的 SPD；

在 LPZ1 区与 LPZ2 区交界处应选用 U_{oc} 值(SPD 的开路电压试验值)为 0.5～10 kV(1.2/50 μs)的 SPD 或 0.25～5 kA(8/20 μs)的 SPD；

在 LPZ2 区与 LPZ3 区交界处应选用 0.5～1 kV(1.2/50 μs)的 SPD 或 0.25～0.5 kA(8/20 μs)的 SPD。

电信和信号网络上所接入 SPD 的类别及其冲击限制电压试验用的电压波形和电流波形应符合表 7.2.9 的规定。

③ 网络入口处通信系统的 SPD 应满足通信系统传输特性。

④ 应使用经国家认可的检测实验室检测，符合 GB 18802.1—2011 和 GB/T 18802.21—2016 要求的产品。

表 7.2.9　电涌保护器的类别及其冲击限制电压试验用的电压波形和电流波形

类别	试验类型	开路电压	短路电流
A1	很慢的上升率	≥1 kV 0.1 kV/μs 至 100 kV/s	10 A,0.1 A/μs 至 2 A/μs ≥1000 μs(持续时间)
A2	AC		
B1	慢上升率	1 kV,10/1000 μs	100 A,10/1000 μs
B2		1～4 kV,10/700 μs	25～100 A,5/300 μs
B3		≥1 kV,100 V/μs	10～100 A,10/1000 μs
C1	快上升率	0.5～1 kV,1.2/50 μs	0.25～1 kA,8/20 μs
C2		2～10 kV,1.2/50 μs	1～5 kA,8/20 μs
C3		≥1 kV,1 kV/μs	10～100 A,10/1000 μs
D1	高能量	≥1 kV	0.5～2.5 kA,10/350 μs
D2		≥1 kV	0.6～2.0 kA,10/250 μs

⑤ 信号电涌保护器(SPD)应设置在金属线缆进出建筑物(机房)的防雷区界面处，但由于工艺要求等其他原因，受保护设备的安装位置不会正好设在防雷区界面处，在这种情况下，当

前线路能承受所发生的电涌电压时，也可将SPD安装在设备端口处。

⑥ 信号SPD与被保护设备等电位连接导体的长度及连接导线的过渡电阻应符合表7.2.7中的相关要求。

6. 电涌保护器(SPD)检测表格填写注意事项

(1)连接至低压配电系统的SPD第一级可安装在建筑物入口处的配电柜上或与屋面电气设备相连的配电盘上，第二级可安装在各楼层的配电箱上。

(2)SPD的检测应符合GB/T 21431—2015中第5.8节的规定。

(3)表中U_c值应根据生产厂提供的数据抄入，表中I_{imp}值或I_n应根据生产厂提供的数据抄入。

(4)除U_c和I_{imp}或I_n值外，表中其他各栏须进行实测。

(5)连接至电信和信号网络的SPD的检测，与连接至低压配电系统的SPD基本相同，其中标称频率范围和插入损耗值应按生产厂提供的数据抄入。

第三节 原始记录填写要求

原始记录应现场填写，是由在检测过程中将各项检测结果如实记入的现场检测记录及被检项目平面示意图组成，原始记录表应有检测人员、校核人员和现场负责人签字。原始记录经整理、分析、评定审核后才出具《雷电防护装置检测报告》。

本节主要侧重原始记录部分，参照GB/T 21431—2015相关内容。

一、检测业务表格样式

检测业务表格样式见GB/T 21431—2015附录I中表I.1～表I.6。

二、填表注意事项

检测表格填写部分主要参照GB/T 21431—2015相关内容。

(一)被检单位基本情况表的填写

1. 被检单位基本情况和防雷类别确定

(1)被检单位基本情况包括单位名称性质(如办公、厂矿、住宅、商贸、医疗等)，建(构)筑物长、宽、高，储存爆炸物质、易燃物质情况等。然后按GB 50057—2010中的规定确定其防雷类别。

(2)当被检单位建筑物可同时划为第二类和第三类防雷建筑物时，应划为第二类防雷建筑物。

(3)当被检单位在同一地址有多处建筑物时，《防雷装置检测原始记录表》只需填写一份；当被检单位在不同地址有多处建筑物时，《防雷装置检测原始记录表》应按不同地址填写，并归纳到同一档案编号之中。

(4)当一座建筑物中兼有第一、二、三类防雷建筑物时，应按GB 50057—2010中第

4.5.1 条和第 4.5.2 条的规定确定防雷类别。

2. 高压供电和低压配电基本情况内容

高压供电应查明架空、埋地型式、架空时是否有防雷措施(接闪线、避雷器、塔杆接地状况等)、输电电压值等。

低压配电应查明变压器的防雷措施,低压配电接地形式,低压供电线路的敷设方法,总配电柜(盘)、分配电盘的位置等。

3. 保护对象基本情况内容

应查明被检单位雷电防护装置的主要保护对象(如人、建筑物、重要管道、电气和电子设备),特别应查明被保护设备的耐用冲击电压额定值。

4. 雷电防护装置设置基本情况

指外部雷电防护装置和内部雷电防护装置中 SPD 的设置情况,屏蔽如有专用屏蔽时可做说明,一般情况下屏蔽与等电位连接情况均在具体检测表格中填写。

5. 其他情况

其他需要调查说明的情况,如防雷区的划分等可填入“其他情况”栏中。

被检单位基本情况表填写如表 7.3.1 所示。

表 7.3.1　被检单位基本情况表填写

检测日期:××××年××月××日　　档案编号:(20××)××字第××××号　　页数　　共　页

单位名称	××被检单位全称	地址	××被检单位详细地址
联系部门	××委托或主管部门	联系人	×××
联系电话	被检单位固定电话或联系人手机	邮编	
被检单位基本情况和防雷类别确定 委托检测项目:依据规范规定,综合办公楼、仓库、锅炉房为三类防雷建筑物;信息机房为 C 级。 1)综合办公楼:长×宽 m;高　m(三层);2)仓库:长×宽 m;高　m(单层);3)锅炉房长×宽 m;高　m(单层)m;4)烟囱高 20 m;5)低压电缆埋入方式:地埋;6)信息机房在 2 层,机房面积××mm^2。			
被检单位高压供电和低压配电基本情况 低压配电为 TN-S 接地系统,进户电缆地埋引入。总配电柜设在一层配电室内,各楼层及信息机房设有分配电箱,信息机房供电线路由配电室单独引入。			
被检单位主要防雷保护对象和电气、信息设备基本情况 建筑物,信息机房均有防雷装置,并采取了屏蔽、等电位连接等措施。			
被检单位防雷装置设置基本情况及雷灾历史 综合办公楼、仓库、锅炉房设有外部防雷装置; 低压电源电缆地埋引入,埋设长度符合规范要求;采用 TN-S 接地系统; 信息机房在 2 层,机房面积××mm^2;机房敷设防静电地板,等电位连接带,配电柜内安装电源 SPD; 无雷击史。			
其他情况(LPZ 划分等) 建筑物外部在接闪器的保护内处在 $LPZ0_B$ 区;机房设在二楼属 LPZ1 区。			

(二)外部防雷装置检测表填写

1. 接闪器检查

(1)接闪器不止一种时,应分别填入“接闪器(一)”“接闪器(二)”栏中,栏目不够时可另加纸。

(2)接闪器形式可按实际填入,如接闪杆、网、带、线(网应标明网格尺寸)、金属屋面、金属旗杆(栏杆、装饰物、广告牌铁架)、钢罐等,应说明是否暗敷。

(3)检查安装情况见接闪器检测部分。

(4)首次检测时应绘制接闪器布置平面图和保护范围计算过程及各剖面图示。

(5)第一类防雷建筑物架空接闪线与风帽、放散管之间距离填入“安全距离”栏内。

(6)如建筑物高度未达到防侧击要求,在表中相关格内画“—”。

2. 防侧击装置

按 GB 50057—2010 要求,建筑物高度达到侧击检测时,应检测防侧击装置的连接方式、材料规格、连接质量与工艺等情况。如建筑物高度未达到防侧击要求,在表中相关格内画“—”。

3. 引下线检查和测量

(1)引下线检测应符合 GB/T 21431—2015 中第 5.3 条的要求,并填入相应栏内。

(2)备注栏。凡表格中未包含的项目,如第一类防雷建筑物与树木的距离、接闪带跨越伸缩缝的补偿措施、引下线有无附着的其他线路、接闪器和引下线的防腐措施等。

(3)按表要求填写间距、根数,应说明是否暗敷。

(4)填写断接卡及保护措施。

(5)接地测试点的编号要与示意图标注的位置相符。

4. 接地装置的检测

(1)为防止地电位反击,第一类防雷建筑物的独立地检测数值可分别填入对应的栏内,如有多处独立接地体,栏目不够可另加页。

(2)两相邻接地装置的电气连接检测依据 GB/T 21431—2015 中第 5.4.2.7 条进行,并将阻值填入相应的栏内,同时判定是否为电气导通。

(3)土壤电阻率估算值可根据 GB/T 21431—2015 中表 B.1 地质期和地质构造与土壤电阻率中选取填入相应的栏内。

(4)共用接地系统由两个以上地网组成时,应分别填入第一、第二地网栏内,只有一个地网时,只填第一地网,并填明地网材料、网格尺寸和包围的面积及测得的接地电阻。

(5)接地测试点的编号要与示意图标注的位置相符。

(三)磁场强度和屏蔽效率检测表的填写

1. 建筑物格栅形大空间屏蔽

(1)本栏适用于建筑物为钢筋混凝土(或砖混)结构,同时按闪电直接击在位于 $LPZ0_A$ 区

格栅形大空间屏蔽上的最严重的情况下，计算建筑物内 LPZ1 区内空间某点的磁场强度。由于首次雷击产生的磁场强度大于后续雷击产生的磁场强度，所填写栏内只对首次雷击产生的磁场强度进行计算。

(2)磁场强度 H_1、H_2 值计算可分别按实际需要依据 GB/T 21431—2015 中附录 I.2.3.1.2 及 I.2.3.1.3 条计算。

2. 磁场强度的实测

磁场强度实测可采用仪器进行实测时，并将测得的相关数据填入对应表格中。

3. 综合评估

在对被保护设备所在位置进行磁场强度计算或实测后，应查明该位置上设备电磁兼容的磁场强度耐受值，并进行防护安全的评估。

(四)等电位连接检测表填写

详见本章第二节。

(五)电涌保护器(SPD)检测填写

(1)连接至低压配电系统的 SPD 第一级可安装在建筑物入口处的配电柜上或与屋面电气设备相连的配电盘上，第二级可安装在各楼层的配电箱上。

(2)SPD 的检测应符合 GB/T 21431—2015 中第 5.8 节的规定。

(3)表中 U_c 值应根据生产厂提供的数据抄入，表中 I_{imp} 值或 I_n 应根据生产厂提供的数据抄入。

(4)除 U_c 和 I_{imp} 或 I_n 值外，表中其他各栏须进行实测。

(5)连接至电信和信号网络的 SPD 的检测，与连接至低压配电系统的 SPD 基本相同，其中标称频率范围和插入损耗值应按生产厂提供的数据抄入。

第四节　定期检测报告编制

本节主要侧重检测报告编制部分，参照 QX/T 232—2019 相关内容。

一、检测数据记录

(一)检测报告

现场检测后，经综合分析后出具雷电防护装置定期检测报告书。

(二)检测报告编制依据

(1)现场检测原始记录。

(2)检测依据的国家标准、行业标准和地方标准。

(3)委托单位提供的雷电防护装置资料：
① 设计资料；
② 竣工资料；
③ 验收资料。
(4)历史检测资料。

二、检测报告及组成

由封面、声明、总表、综述表、检测表、雷电防护装置检测平面示意图和封底等组成。

三、检测报告的格式

(一)页码组成

从总表开始顺序编号、编成“第×页共×页”，置于该页右上角。

(二)封面格式

其由检测机构自行设计，建议采用硬皮纸印刷成通用文本，包括正面和背面两部分，封面幅面规格宜选用 A4 纸，纵向排版打印，封面上可印有检测机构图标及相关机构认证等图标，在封面印有检测机构名称上加盖公章。

(三)声明

应包含对于本次定期检测报告法律性和有效性的声明、检测机构的检测资质和相关信息的说明。

1. 检测报告的法律性和有效性声明

有下列行为之一者，本次检测报告无效：
(1)无检测机构公章；
(2)无“检测人、校核人、技术负责人”签名；
(3)涂改、缺页；
(4)未经检测机构受权，检测报告复印无效。

2. 检测机构信息

检测机构宜对机构如下信息进行声明：
(1)检测机构名称；
(2)检测资质；
(3)地址；
(4)邮政编码；
(5)联系电话。

(四)总表

(1)包含档案编号、委托单位名称、地址、联系部门、负责人、电话、邮政编码、检测项目、本

次检测时间、下次检测时间、检测机构(公章)、签发人和检测机构基本信息。

(2)当委托单位在同一城市有多处被检场所时,委托单位地址填写委托单位在该城市的总部地址,检测项目有多处检测场所时应在检测表中分别填写。

(3)检测项目列表内的项目名称,应与其后检测表中的各项目名称相对应。

(4)当一个单位检测周期有半年和一年时,应将一年和半年的检测项目分别编号归档,分成两个检测报告。当一个单位检测周期为半年时,应将上、下半年的检测项目分别编号、归档和出具报告。

(5)检测周期从本次检测结束时间按半年或一年计算,下次检测时间从检测周期结束日的第二天开始算起。

(6)签发人应用黑色的钢笔或碳素笔签署。

(7)检测机构(公章)栏应盖检测机构的公章,不应盖检测专用章,综述表的检测综合结论栏和分类检测表的技术评定栏盖检测专用章。

(五)综述表

(1)包含档案编号、委托单位名称、编制依据、检测仪器的名称、测量范围、校准有效截止日期、检测综合结论、编制人、校核人和技术负责人等基本信息。

(2)编制依据栏按照检测报告编制所采用的国家标准、行业标准、委托单位提供的雷电防护装置资料和检测委托协议依次填写。

(3)检测仪器栏按照仪器名称、测量范围和校准有效截止日期一一对应填写。

(4)检测综合结论栏应包括对于此次检测报告原始数据来源、检测结果的合格与否进行说明,对于不符合标准规范条款项应给出详细说明,并给出判断依据。检测综合结论栏处应加盖检测机构专用章。

(5)编制人、校核人和技术负责人应用黑色的钢笔或碳素笔签署。

(六)检测表

(1)检测表分七类,可选择使用,格式参见 QX/T 232—2019 中附录 C。

(2)检测表不设档案编号,检测专用(章)下的日期为该项目的报告签发时间。

(七)平面示意图

(1)平面示意图应包含图号、图例、方位标示和人员签字。方位标示的大小和图上位置参见 QX/T 232—2019 中附录 D。

(2)平面示意图不设页码,以图号来检索和区分。

(3)平面示意图应含检测对象的基本要素:

① 被检对象基本形状;

② 被检对象长、宽、高;

③ 接闪器;

④ 引下线;

⑤ 接地装置;

⑥ 检测点;

⑦ 电气预留点;

⑧ 配线拓扑和SPD示意图。

(4)图例应列出出现的符号和意义，常见的制图符号可参见QX/T 232—2019中附录E列出的标准。

(八)封底

宜采用硬皮纸印刷成通用文本，大小格式等与封皮相对应。

四、编制要求

(一)原始记录分析处理

(1)工频电阻应进行线阻订正，检测仪器本身已经进行线阻订正的除外。

(2)电阻值为工频接地电阻，当需要用冲击接地电阻表示接地电阻时，应同时测量和记录接地装置附近的土壤电阻率，按照GB 50057—2010中附录C的方法将工频接地电阻换算为冲击接地电阻。

(二)检测报告

1. 编码与编号

(1)检测机构宜根据“检测机构资质证编号”+“[年份]”+“四位编码”的模式对检测档案进行顺序编号，“四位编码”宜按照该年份检测对象的检测时间从0001开始按升序进行排列。

示例：“(资质证编号)〔2016〕0001”为×××检测机构(资质证编号)2016年的第1个被检对象的检测档案编号。

(2)平面示意图上的图号应按“年”+“－”+“四位编码”+“－”+“三位编码”进行编号，其中“四位编码”应与档案编号中的“四位编码”一致，“三位编码”从001开始顺序编排。

示例：2016-0021-001。

(3)平面示意图上检测点应进行编号。

2. 计量单位与符号

(1)使用的计量单位和符号应符合国家计量标准。

(2)雷电防护装置检测数据的计算和整理按GB/T 21431—2015中第8.2节的规定使用数值修约比较法。建筑物和被保护物长、宽、高以及接闪器、引下线、接地体长度等大尺寸物体的计量单位为米(m)，数值保留小数一位；扁钢、圆钢、角钢、钢板厚度、导线截面半径等的计量单位为毫米(mm)，数值直接取整数，不再保留小数；电阻值计量单位为欧姆(Ω)，过渡电阻保留两位小数，其他接地电阻保留一位小数。

3. 编辑与排版

(1)检测表格宜采用A4幅面纵排，平面示意图宜采用A4幅面横排，表图名称宜用宋体小二号粗居中排版，表头、表尾和表内文字宜采用宋体五号排版。参见QX/T 232—2019中附录C和附录D。

(2)报告文字中句号、逗号、顿号、分号和冒号占一个字符位置，居左偏下，不出现在一行之

首；引号、括号、书名号的前一半不出现在一行之末，后一半不出现在一行之首；破折号和省略号都占两个字的位置，中间不能断开，上下居中。

(3)检测报告中的空栏，当无此检测项目时应采用“－”填写，当无法检测时应采用“/”填写。

(4)应使用电子档进行编辑，并保证电子档文件在同一地区的兼容性。

(5)宜使用图形软件进行编辑，并保证图形文件在同一地区的兼容性。

五、校核和审批流程

(1)雷电防护装置定期检测报告宜采用网上电子审核。

(2)总表应经检测机构主要负责人或委托的授权签字人签发，并加盖检测机构公章。

(3)综述表应经校核人初审和技术负责人终审方能打印文本，应有编制人、技术负责人和校核人用黑色的钢笔或碳素笔签字，并在检测综合结论栏加盖检测机构公章。

(4)检测表应经校核人初审和技术负责人终审方能打印文本，应有技术负责人、校核人和不少于两名检测人用黑色的钢笔或碳素笔签字，并在技术评定栏加盖检测专用章。

(5)一份完整的雷电防护装置定期检测报告，应按 QX/T 232—2019 中第 5.3.5 中条图 1 规定的流程校核审批才能送出。

六、检测表填写要求

(一)使用范围

(1)涉及第一类、第二类、第三类防雷建筑物的雷电防护装置定期检测报告，宜采用 QX/T 232—2019 中图 C.3 格式。

(2)每栋独立建筑物可作为一个检测对象，主楼与裙房连为一体的，宜视为两个检测对象，分别填写检测表。

(3)当项目的检测内容存在多种情形时，宜根据实际情况自行进行扩充并逐一进行填写。

(二)填表要求

1. 项目基本信息

(1)项目名称、地址、联系人和电话栏按照实际信息进行填写。

(2)检测日期和天气栏应填写该检测项目检测时的时间和天气情况信息。

2. 建筑物

(1)建筑物的高度、面积和层数宜根据竣工资料或者委托单位提供的资料来填写。

(2)建筑物的主要用途应说明被检建筑物的使用性质，如商用、住宅、办公、工业厂房等。

(3)防雷类别宜根据竣工资料或者 GB 50057—2010 中第 3.0.2～3.0.4 条及第 4.5.1 条的要求进行判别。

3. 检测结果和单项评定

(1)检测内容的检测结果栏根据现场检测的数据进行填写，并应符合报告编制要求的规定。

(2)单项评定栏按照所对应的规范标准要点进行判断,填写“符合”或者“不符合”。

(三)技术评定

1. 技术评定为检测项目或建筑物的检测结论,检测机构应对不符合规范要求的项目分别进行说明,并加盖检测专用章,日期为该项目或建筑物检测表的最终审核时间。

2. 应有技术负责人、校核人和不少于两名检测人用黑色的钢笔或碳素笔签字,并在技术评定栏加盖检测专用章。

七、检测表格选择

(1)检测表格分七类,可选择使用,格式参见 QX/T 232—2019 中附录 C:

① 建筑物雷电防护装置检测表格(附录 C 图 C. 3);

② 数据中心雷电防护装置检测表格(附录 C 中的图 C. 4);

③ 油(气)站雷电防护装置检测表格(附录图 C. 5);

④ 油(气)库雷电防护装置检测表格(附录图 C. 6);

⑤ 通信局(基站)站雷电防护装置检测表格(附录图 C. 7);

⑥ 大型浮顶油罐雷电防护装置检测表格(附录图 C. 8);

⑦ 输气管道系统雷电防护装置检测表格(附录图 C. 9)。

(2)上述 7 类检测表应分别按照 QX/T 232—2019 中第 6 章、第 7 章、第 8 章、第 9 章、第 10 章、第 11 章和第 12 章的要求进行编制。

第五节 检测常见问题及处理方法

一、检测问题提出及目的

(1)雷电防护装置检测工作已经开展很多年了,为各行业在防雷电装置安全方面起到了非常大的作用。但在雷电防护装置检测的实际工作中由于防雷检测人员业务不够熟练,雷电防护装置检测不够规范化,很容易出现一些常见的问题。

(2)本节将通过在雷电防护装置检测过程中常出现的问题,举几例供大家参考与借鉴,并提出了处理方法。目的是为了增强检测人员对防雷检测工作的责任心,熟练掌握防雷规范中各条款之含义及应用。熟悉检测业务流程,开拓检测思路,规范检测行为。为委托单位提供科学的雷电防护装置检测结果。

二、接闪器检测常见问题及处理方法

(一)常见问题一

(1)在检测接闪器时,只是对装置本身的接地电阻进行测试,不测量接闪器的高度及被保护物的相关尺寸,忽略了接闪器的保护范围有效作用。

(2)在检测独立接闪器时很少考虑接闪器与其他相关联装置之间的相互作用与影响，很少考虑外部雷电防护装置与内部雷电防护装置，为防止产生反击的间隔距离是否符合规范要求等问题。

(3)在检测时，忽略接闪器在接闪时，造成其周边电磁环境变化对附近电子设备的影响(干扰源)。

处理方法：

这方面问题要求检测人员在检测前，应认真勘查检测现场，核算接闪器的保护范围，检查周边有关联装置是否在接闪器的保护范围内。计算由接闪器引起的电磁脉冲对周边电子设备的影响；依据 GB 50057—2010 中第 4.2.1 条第 5、6、7 款中要求，计算并检测独立接闪器等间隔距离是否符合要求。

(二)常见问题二

(1)在定期检测时，往往按上一周期检测的内容进行检测，而忽略了后增加部分的检测。

(2)在定期检测时，没有进一步了解被检建筑物用途是否改变，仍按上一周期检测的内容进行检测。

处理方法：

在定期检测时，不能为了方便，完全依据上一周期的检测内容进行复检。

例 1：由于被检项目的建筑物进行改造、扩建，天线场地增加天线设备或独立接闪器周边安装了新的装置等，而且这些新增部分不在原有的雷电防护装置保护范围内。

例 2：原有被检建筑物为仓库，是由原来装有杂物改变为装有易燃易爆物品的仓库，仓库的使用性质发生了改变，即提高了防雷类别，则原有雷电防护装置就不能满足相关规范规定的防护要求。

例 3：电子信息机房新增设备，未做等电位连接或新设电源回路未加适配的电涌保护器等。

如在上述举例的这种情况下，再检时应详细查看被检项目是否进行了改、扩建，并了解改、扩建后项目的用途是否改变，进一步核实防雷类别、机房新增加设备等情况，才能有针对性地进行检测。

(三)常见问题三

(1)在检测利用金属(彩钢)板做接闪器时，由于检测屋顶比较麻烦，所以对其了解不够详细，如金属板的厚度、电气贯通情况，更容易忽视的是金属板夹层物质是否为阻燃材料。

(2)在检测时，忽视了对金属板下支承构架的了解与检测，例如，是金属构架还是木质结构，其连接形式、连接材料及连接质量等情况。

处理方法：

遇有这类检测时建议查阅施工方案及隐蔽工程记录，了解其施工情况。应检测金属板的规格、板间的连接及电气贯通情况，连接材料与连接质量是否符合 GB 50057—2010 中第 5.2.7 条的要求。

若检测金属板下的构架是金属构架，则要检测金属构架的网格尺寸、与金属板的连接情况、与基础接地是否构成了一个整体的金属框架(法拉第保护形式)；如果是木质结构就应认真检测与引下线的连接形式、连接材料及连接质量等情况。木质结构采用彩钢板屋面应建议安装接闪带进行保护。

(四)常见问题四

(1)检测屋顶接闪带的材料、安装尺寸、焊接工艺等,忽略了安装位置的要求,特别是高层建筑物(当建筑物高度,二类防雷建筑物超过 45 m、三类建筑物超过 60 m 时),没有按规范要求达到保护外墙外表面或屋檐等要求,有些施工单位可能为施工方便,将接闪带安装在女儿墙靠里侧,使易受雷击的部位得不到保护。

(2)检测时应注意有些接闪带的安装是在土建期间完成的,经首次检测是符合要求的,但在后期外墙增加保温层、玻璃幕墙、挂大理石板等装修、装饰物,使得女儿墙增加了宽度,原有接闪带的位置距外墙发生了变化,安装位置上不符合规范要求。

处理方法:

在检测现场,应注意屋顶接闪带安装的位置,应沿屋顶周边敷设接闪带,接闪带应设在外墙外表面或屋檐边垂直面上,也可设在外墙外表面或屋檐边垂直面外。

对于外墙增加保温层或外挂玻璃幕墙、挂大理石板等装饰物时,应检查其内部金属构架是否与雷电防护装置相连接,原有接闪带是否还起到了接闪作用,是否影响接闪带的功能,视具体情况分析判定。

(五)常见问题五

在检测过程中,对烟囱、水塔等登高检测难度较大的项目,往往只检测下部引下线及测量接地电阻值,对检查顶部接闪器的材料规格、安装位置是否符合规范要求,检查接闪器与引下线的连接情况,如焊接情况、锈蚀情况、固定情况等容易漏项。

处理方法:

首次检测时,查阅施工方案及隐蔽工程记录,了解其施工情况,还应实施登高检查与测量是否符合设计要求,宜拍照存档。定期检测时可采用望远镜、专业人员操控的无人机等方法进行检查,根据锈蚀等情况决定是否再次实施登高检测。

(六)常见问题六

在对建筑物雷电防护装置检测时,往往对树木与建筑物之间的净距等要求混淆不清。

处理方法:

检测项目前应先明确被检项目的防雷类别,对树木与建筑物之间的净距应符合 GB 50057—2010 中第 4.2.5 条的要求。

三、引下线检测常见问题及处理方法

(一)常见问题一

(1)在检测屋顶不等高建筑时,如突出的电梯机房等,忽略引下线的根数及金属扶梯的等电位连接情况。

(2)检测时,往往忽略引下线距金属管线、电线电缆等的安全距离。

处理方法:

检测雷电防护装置时要求全面,特别是突出屋顶的建筑物,关于引下线根数应按符合 GB 50057—2010 中第 4.2.2 条、第 4.3.3 条、第 4.4.3 条的要求。

应检查明敷引下线上有无附着其他电气和电子线路，是否采取了防雷电波侵入措施。测量专设引下线与附近电气和电子线路的距离是否符合表 7.2.3 的要求。

(二)常见问题二

检测暗敷引下线时，在不查阅施工图纸或隐蔽工程记录的情况下，按建筑物周长估算引下线的根数、间距等相关参数，这种方法是不正确的，不能明确引下线的根数、布设位置及导通情况。

处理方法：

如建筑物已经交付使用，无法查到相关资料且无法在墙面上看到引下线的规格、间距等参数时，我们可通过设在天面上的接闪带与引下线的连接处来查找测量引下线的根数，根据该建筑物的防雷类别对引下线的间距要求，通过测量建筑物天面周长来计算引下线的间距，确定引下线的根数，同时可查看引下线材料、规格及尺寸是否符合规范要求，但最关键的是要测量其贯通情况。暗敷引下线检测方法如下。

(1)通过直观检查查找接闪带上接有引下线位置，由于接闪带与引下线的焊接要满足规范要求，即双面焊接长度不小于 $6d$(d 为引下线钢筋直径)，所以，从接闪带与引下线焊接的情况上可以查找到引下线的位置，按此办法查找根数，同时可以检查引下线材料的规格及尺寸等，按建筑物防雷类别计算引下线间距，判断引下线布设是否符合规范要求，如图 7.5.1 所示。

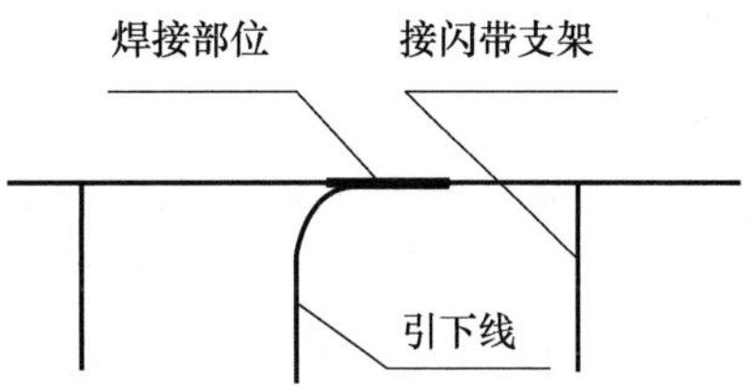

图 7.5.1　引下线与接闪带连接处

(2)当确认引下线后，引下线是否全程贯通？是否起到引下线的作用？这就需要采用钳型接地电阻表进行判断，因为接闪带、引下线与基础接地构成了不同的闭合回路，钳型接地电阻测试仪测试电流流经其中回路电阻值最小的回路，如果测得回路阻值很小，符合 GB 50601—2010 中第 11.2.4 条第 2 款相关过渡电阻要求，则所测得的引下线确为贯通，否则，引下线暗敷部分可能与结构钢筋断开或接触电阻过大，不能确认为引下线符合要求。

(3)用此方法也可以检测兼做引下线等情况，如图 7.5.2 所示。

① 在接闪带与引下线焊接不明显(或采用其他工艺连接)情况下找出引下线(检测其回路)；

② 检测外墙内、外竖直敷设的金属管道及金属物的顶端和底端，应与雷电防护装置等电位连接的情况是否符合 GB 50057—2010 中第 4.4.8 条第 3 款要求(如果是单点连接则构不成回路)。

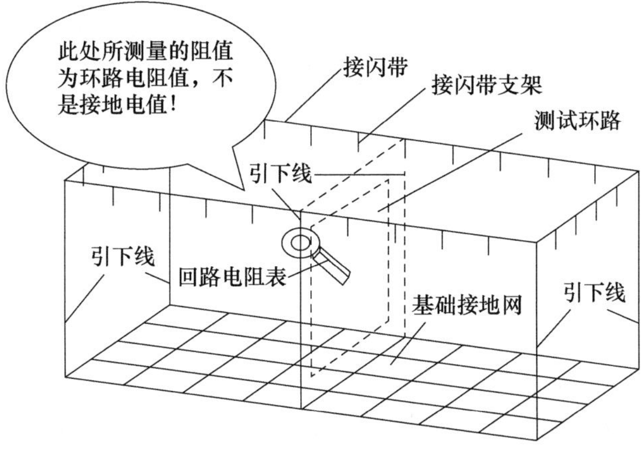

图 7.5.2　引下线检测示意图

③ 检测钢筋混凝土烟囱的钢筋应在其顶部和底部与引下线与贯通的金属爬梯相连接应符合 GB 50057—2010 中第 4.4.9 条。

(4)这里讲的主要是在引下线暗敷的情况下,如何找到引下线来确定引下线的根数。其他的检测项目仍按规范要求进行。

(三)常见问题三

(1)检测时应注意引下线的敷设应与易燃材料的墙壁或墙体保温层的间距(应大于 0.1 m)。引起这个问题的原因,主要是有些建筑物在后期外墙挂保温材料(保温、装饰)等将引下线及断接卡包围在内所至。

(2)检测中对新增或改造工程的明敷引下线,往往忽略对人员流动较多的地方未采取防接触电压、防跨步电压等措施。

处理方法:

在检测引下线时,特别是有断接卡的明敷引下线,在建筑物投入使用后外墙加装保温材料,遇到类似这种情况,要按规范要求检查引下线敷设情况、材料规格,重点检查断接卡是否松动,避免泄放雷电流时产生火花引起火灾。

应检查建筑物引下线附近保护人身安全所采取的防接触电压和跨步电压的措施,是否符合 GB 50057—2010 中第 4.5.6 条的要求。

四、接地装置检测常见问题及处理方法

(一)常见问题一

(1)检测防雷接地电阻过程中,不规范的操作会直接影响检测结果的准确性,主要表现在检测仪表的摆放位置不当造成的误差。如接地电阻测试仪的电流极、电压极与被测点的间距随意布设,在测试接地电阻时,各电极用导线没有放开,为求方便插在哪里就插在哪里,完全不符合接地电阻的测试原理及规范的测量步骤要求。

(2)未了解布置测量电极范围内的地下土壤电阻分布情况,使所测量接地电阻值产生误差。

(3)在测量接地电阻时,由于测试线长度所限,几乎每测一点都要更换一次地阻表测试电极的位置,这样在被测建筑物周围不可能保证布置测试电极的合理性。测量后未在现场原始记录中画出检测位置示意图,未标出测量的具体位置、测量方向、被测点的位置等,因为各测试点所测接地电阻值不同,有时差异很大,这对测量结果的分析判定造成了影响。

处理方法:

在现场测量接地电阻时,要正确选择测试电极位置,地网周边土壤电阻率不同,结构、含水量不同,往往是回填的覆土(建筑后平整地面用的回填土),电流极和电压极分布在不同土壤条件的区域,就会造成测量数值的差异,尽可能选择有代表性的原始土壤的区域进行测量。

另外,要了解布置测量电极范围内的地下情况,地面以下有地下室、地下车库以及地埋金属管道、电缆等对测试有影响的环境与物体,这些对测试结果都会产生误差。

在测量接地电阻时,不能将测试电极位置选在与地网平行的一侧、沿着地网或沿地下金属管道布设,因为测试电极与接地装置或埋入地下金属管道布设在一条线上,其两点电位基本相同,几乎没有形成电位差,所以测试接地阻值非常小,甚至无法显示阻值。更不可在共用接地

网内布设测试电极，这样测量出来的接地电阻值是不可能准确的，数据是不可用的。

在测量接地电阻时，应注意地下被检金属物体采取了阴极保护的防护措施。

在接地电阻测量时，宜在现场记录及检测报告中画出检测位置示意图，尽量标明仪表摆放的位置及布设测试电极的方向等，每次检测都宜固定在同一位置，采用同一台仪器，同一种方法测量，这样方便对每次检测数据结果进行比对，从中粗略判断接地电阻值的变化规律及时发现问题。假如，每次测试位置变化不定，所测出的数据就没有规律，就很难判断出地网发生的变化。

（二）常见问题二

在检测中，选择加长测试导线时没有将线盘的导线全部放开，或每次放开的程度不同，影响测试结果，产生测量误差，特别是对小电阻值的测量精度影响较大，检测人员要规范使用仪表，按要求布线，合理减去加长线阻。

当然，如果选择智能仪表及采用相匹配的测试线，测量出的结果可能不存在减去加长线阻的问题。

处理方法：

有关加长线使用的讨论，请详见本章第五节第十小节测试线常见问题及处理方法中加长线使用探讨中的具体内容。

（三）常见问题三

当检测信息系统机房、设备等接地电阻时，只单纯测量接地电阻值，未对接地干线的材料、安装工艺及引入方式做检查。

处理方法：

应检查接地干线的材料、规格及引入线接地点的数量、引入路径等，检查是否从接闪带、铁塔、防雷引下线等直接引入的错误做法。

（四）常见问题四

在接地电阻的检测中，检测出的工频接地电阻值是否需要换算成冲击接地电阻值。

处理方法：

当检测接地装置，工频接地电阻值符合防雷标准中对冲击接地电阻值的要求，可不用进行换算直接判定为合格。当需要用冲击接地电阻表示接地电阻时，应同时测量和记录接地装置附近的土壤电阻率，按照 GB 50057—2010 中附录 C 的方法将工频接地电阻换算为冲击接地电阻（特别是在土壤电阻率较高的地区）。

例如：某矿山有一座二类防雷建筑物，建筑物所在土壤电阻率 $\rho=1000\ \Omega\cdot m$，实测基础接地工频接地电阻为 16 Ω，引下线接地点到接地最远端长度为 28 m，计算冲击接地电阻是否符合规范要求（冲击接地电阻要求不大于 10 Ω）。

根据公式：$R_{\sim}=A\times R_i$　$Le=2\sqrt{\rho}=63.25$　$L/Le=28/63.25=0.4$

由图 7.5.3 查得：$A=1.8$，则 $R_i=R_{\sim}/A=16/1.8=8.9(\Omega)$

经计算该建筑物冲击接地电阻为 8.9 Ω，符合规范要求。

（五）常见问题五

在检测电子信息系统时，如发现其采用的是独立接地装置，往往对其他相关装置及配电等

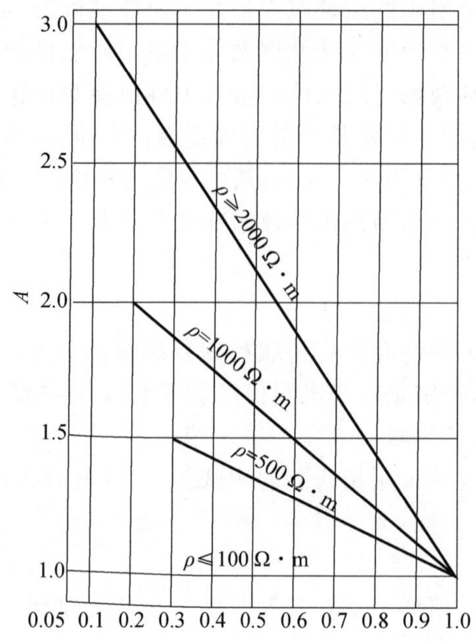

图 7.5.3 A—换算系数表

情况不进行了解，只是测量出接地电阻值。

处理方法：

应与被检单位相关人员进行沟通，了解具体情况并结合低压配电系统的接地方式、建筑物基础接地情况等，分析独立接地体与雷电防护装置间的安全间隔距离，查找弊病，提出相应的整改意见。其检测应符合规范 GB 50343—2010 中第 5.2.5 条的要求。

（六）检测接地装置应注意的问题

（1）测量接地电阻时最好反复在不同的方向测量 3～4 次，取其平均值。

（2）避免测试辅助接地电极电阻过大，电流极的接地电阻值尽量小，减小测试电流回路阻抗，可采用多个电流极并联或向其周围浇水的方式降阻；电压极应紧密而不松动地插入土壤中 0.2 m 以上深度，尽量减小测试电极的接触电阻。处理测试夹与接地电极间的接触电阻，避免接触电阻过大。

（3）在测量过程中由于杂散电流、工频漏流、高频干扰等因素，地阻表出现读数不稳定时，首先，试着改变测试电极位置查看能否避开干扰，避不开的情况下可将测试接地极连线改成屏蔽线（屏蔽层下端应单独接地），或选用能够改变测试频率、采用具有选频放大器或窄带滤波器的地阻表，以提高其抗干扰的能力。如果是阶段性干扰可等干扰消除后再进行测量。

（4）当地网带电影响测量时，应查明地网带电原因，在解决带电问题之后测量，或改变测试位置进行测量。

五、防雷等电位连接检测常见问题及处理方法

（一）常见问题一

在雷电防护装置的检测中缺乏全面考虑。不能准确掌握防雷标准中的各项条款相互关

系。例如，检测某个加油站各装置接地电阻时，站房、罩棚、加油机、卸油口等接地电阻值均在1.2～1.4 Ω范围内，但是当检测到呼吸阀时，其中有一组接地电阻值为3.8 Ω，经反复测量，仍然如此。从测量结果上看接地电阻值均在规范要求4 Ω以下，有人就认为只要接地电阻不大于4 Ω就符合规范要求。

处理方法：

对接地电阻值在同一条件下测试阻值高的呼吸阀进行详细检查与了解，得知该呼吸阀管的根部腐烂，在更换后没有做等电位连接处理所致。从等电位连接角度讲，相当于该呼吸阀与地下油罐的过渡电阻值高达2.6 Ω，大大超出了"不大于0.03 Ω的规定"，以至大于1 Ω可判定为两个独立接地体，这种情况不符合GB/T 21431—2015中第5.4.2.7条与第5.7.2.3条对防雷等电位连接及共用接地的要求。当然，发现这种情况一定要反复测量，认真比对，要排除检测操作不规范产生的测量误差，避免误判断。

这只是检测中的一例，在检测中检测人员不能只记住接地电阻值不大于4 Ω的规定，而忽略了系统各部件之间等电位连接的要求，检测后要对检测数据进行有针对性的分析，判断共用接地系统、防雷等电位连接情况，使得出具的报告更科学、合理。避免或减少由于危险电位差产生放电火花，引起火灾等事故发生。

（二）常见问题二

在检测建筑物屋顶部分时，往往忽视了一些在接闪器保护范围内的金属物体与雷电防护装置等电位连接，尤其是建筑物投入使用后，在屋顶增加的项目，如照明灯具、室外配电箱、金属线槽及金属构架等。

处理方法：

检测建筑物屋顶时，一定要认真检查屋顶有无其他金属物等装置，要依据GB/T 21431—2015中第5.7.2.8条与第5.7.2.11条的要求进行检测，如已做等电位连接，检查连接导体材料、规格及连接质量，测量其过渡电阻值是否符合要求。

（三）常见问题三

在检测外部雷电防护装置时，往往忽视对玻璃幕墙、挂大理石板等装修内部金属构架的等电位连接检测，包括对水平突出外墙的物体，为防侧击与雷电防护装置连接的检测。

处理方法：

在检测中，要依据GB/T 21431—2015中第5.6.1.1、第5.6.1.2条的要求进行检测，如已做等电位连接，检查连接导体材料、规格及连接质量，测量其过渡电阻值是否符合要求。

（四）常见问题四

在检测建筑物内部及信息机房的配电系统时，往往忽略对防雷分区界面的等电位连接与接地检测，只是测量接地电阻值，没有检查防雷分区界面处是否有接地装置，因为有些建筑物楼层分配电箱、机房配电等采用TN-S系统供电，只是由PE线直接引入接至PE端子上，所以测量出来的接地电阻为PE线上的阻值。

处理方法：

在检测时应要求，所有进出防雷分区界面的金属导体应在防雷界面处做等电位连接，应符合GB 50057—2010第6.3.4条第1款及GB 50343—2012第5.1.2、第5.2.1、第5.2.2、第5.2.3、第5.2.8条等规定。所需要保护的电子信息系统必须采取等电位连接与接地保护措施。

(五)常见问题五

在检测电子信息机房时,内设有S型等电位连接的接地基准点时,检测人员常常忽略对其等电位连接点ERP与共用接地系统之间、各组件之间绝缘这一要求。

处理方法:

检测应符合规范GB 50057—2010中第6.3.4条第5、6款要求,当采用S型等电位连接时,电子系统的所有金属组件应与接地系统的各组件绝缘。

(六)常见问题六

(1)检测人员只对机柜(箱)金属外壳做接地电阻、跨接电阻的检测,忽略了对机柜内各台分机、设备的等电位连接情况检测。

(2)在电子信息机房防雷等电位检测中,只是测量接地电阻及过渡电阻,忽略了对每台设备、机柜(箱)防雷等电位连接导体要求的检测。

处理方法:

在电子信息机房防雷等电位检测中,除检测各机柜本身的等电位连接外,还应对机柜内各分机的等电位连接进行检测,因为分机安装在机柜内也相当于进入一层LPZ区,也应在LPZ区交界面处做等电位连接。有些分机是靠金属面板与机柜机架相连接,有些分机留有接地端子应采用导线与金属机架进行连接,如已连接应检查连接导体材料规格、连接方式及过渡电阻等。

应对机房机柜及金属物跨接导体进行检测,测量其连线导体的规格、长度、连接根数,测量其过渡电阻值,应符合规范GB 50057—2010中第6.3.4条第7款及GB/T 21431—2015中第5.7.2.11条要求。

(七)常见问题七

(1)在检测金属屏蔽线缆、穿线管(槽)时,只注重检测接地电阻及跨接电阻值,忽略了"至少在两端接地并宜在防雷区交界面处做等电位连接"的要求。

(2)在检测光缆入户情况时,容易忽略金属光端箱(盒)等电位连接及接地的检测(一般情况下,光缆的金属加强芯是用螺钉固定在光端盒上)。

处理方法:

在检测金属屏蔽线缆、穿线管(槽)时,应符合GB 50057—2010中第6.3.1条第2款、GB 50343—2012中第5.3.3条第1款的规定,可根据现场情况,分别测量金属屏蔽线缆、穿线管(槽)两端与接地端子间过渡电阻进行比对或测量回路电阻的方法判断是否两端接地。

在检测光缆入户情况时,应符合GB 50343—2012中第5.3.3条第4款的规定,在雷电防护区交界处测量其光缆的金属接头、金属护层、金属挡潮层、金属加强芯等的接地情况。

(八)常见问题八

在检测相关过渡电阻值时,混淆建筑物防雷类别及相对应各条款对过渡电阻的要求。

处理方法:

在检测过渡电阻时,应依据不同的防雷类别,按照GB/T 21431—2015中第5.7.2.3条、第5.7.2.11条要求进行检测。对一、二类防雷中的爆炸危险场所的过渡电阻值,特别是对长

金属物的弯头、阀门、法兰盘等连接处的过渡电阻要求大于 0.03 Ω；而其他跨接或接触的过渡电阻为 0.2 Ω。

六、电涌保护器(SPD)检测常见问题及处理方法

(一)常见问题一

在检测配电箱安装的电源 SPD 时，往往只测量接地端的接地电阻值，容易忽视检查接地线的引入途径，对接地线是从哪里引入的不做检查与描述。

处理方法：

要详细检测配电系统的接地形式，查找接地线的引入途径是否合理。例如，一种是采用从总配电引入电缆中的 PE 线直接接至 SPD 接地端，另一种是将独立接地体引入线直接接入 SPD 接地端，两种方法均未在防雷区交界面处做防雷的等电位连接与接地，没有充分发挥 SPD 在防雷分区界面处限制瞬态过电压和分泄电涌电流的作用。

(二)常见问题二

(1)在检测时，对被检的各级电源 SPD 只进行基本参数的记录及接线等项，不分析电源 SPD 的参数选择问题，有些参数值选择不合理，特别是末级电源 SPD 电压保护水平 U_P 值的选择，往往大于配电系统中设备绝缘耐冲击电压额定值 U_W 的要求，使其达不到保护设备的目的。

(2)检测同一供电回路中的多级电源 SPD 时，忽略了安装两级 SPD 之间线路长度的要求，甚至两级安装在同一回路、同一配电箱(柜)内。

处理方法：

对上述问题不应忽视，虽然安装了电源 SPD，如果安装不正确，建筑物内系统仍然会出现由雷电引起的事故发生。所以，在对电源 SPD 的检测中，要检查 SPD 的 U_P 值，当电路长度不大于 10 m 时 $U_{P/f} \leqslant 0.8U_W$。(SPD 最重要的选择标准之一是电压保护水平 U_P)。检测人员要考虑多级 SPD 安装时的能量配合问题，线路长度要求及安装位置的要求，应符合 GB 50057—2010 中第 6.4.6 条与第 6.4.7 条以及 GB 50343—2012 中第 5.4.3 条的规定。

(三)常见问题三

在检测配电系统的电源 SPD 时，往往忽略对 SPD 前端保护装置的参数检查，未与配电箱内同一回路总开关进行比对，甚至出现 SPD 前端保护器额定电流等于或大于总开关的额定电流值等情况。

处理方法：

在检测配电系统的电源 SPD 时，一定要注意检查电源 SPD 前端串接保护熔断器或空气开关，其额定电流容量选择应符合 GB/T 21431—2015 中第 5.8.2.6 条的要求。不能等于或大于总开关的额定电流值，不能因 SPD 出现问题使主回路断电。

另外，质量问题也要引起检测人员注意，其电气性能应满足一定的电涌冲击强度，即泄放雷电流时不应动作，当 SPD 发生故障时能及时动作，不应造成主回路总开关动作。

(四)常见问题四

在检测各级电源 SPD 的安装问题上，检测人员对低压配电线路，特别是需要被保护设备

的回路没有查清，使得安装的一、二、三级电源 SPD 不在同一个回路里，甚至设备前端无电源 SPD 保护。

处理方法：

在检测各级电源 SPD 的安装问题上，检测人员一定要注意各级 SPD 是否安装在被保护设备供电回路里(除总配电外，其他各单相回路可能是不同相线)。例如，在一个办公楼内，总配电柜进线处安装了一组 I 类试验的电源 SPD 作为一级防护，第二级 SPD 准备安装在机房配电柜的供机房用电的专线上，可是由于施工问题，将这组 SPD 安装在楼层供给空调用电的回路中，第三级单相电源 SPD 安装在照明线路上，更谈不到能量协调配合的问题了。这类问题需要检测人员细心检查、了解，不能粗略地判断有三级电源 SPD 保护了。

(五)常见问题五

检测人员在检测电源 SPD 时，当发现某级或某相 SPD 劣化显示出损坏状态时，只是提出更换意见，很少了解其损坏原因。

处理方法：

当发现这类问题时应全面检测 SPD 的选型、参数的选择、级间配合及线路的安装情况，采用 SPD 测试仪测量同组未见劣化显示模块的参数情况，检测三相电源平衡情况，尽量查找损坏原因及路径，如果发现问题一并写在整改意见书中。

(六)常见问题六

检测人员往往忽略对电源 SPD 接线长度的要求，另外，还有些检测人员对 SPD 接线长度不宜超过 0.5 m 理解为 SPD 接地端的接线长度。

处理方法：

检测人员在检测电源 SPD 的接线长度时，应符合 GB 50343—2012 中第 5.4.3 条第 8 款的要求，电源电涌保护器在各个位置安装时，其连接导线应短、直，总长度不宜大于 0.5 m。

七、电子信息系统检测常见问题及处理方法

(一)常见问题一

检测前未对被检电子信息系统及机房进行全面了解，如其功能、使用性质、屏蔽情况、网络拓扑结构、进出机房的线缆及机房所在建筑物外部雷电防护装置等情况。在检测中容易出现漏项漏点等问题。

处理方法：

建筑物电子信息系统雷电防护装置的检测，主要是检测系统设备的重要性，设备所在雷电防护区和系统对雷电电磁脉冲的抗扰度等相应的雷电防护装置，以减少雷电灾害对电子信息系统所造成的受损程度，确保系统正常运行。检测前应对被检电子信息系统及机房进行全面了解，了解电子信息系统的雷电防护区划分、防护等级、网络结构、机房屏蔽情况、低压配电系统接地方式、设备安装位置、间隔距离情况、进出线缆的材料、路径、防雷分区界面的等电位连接、SPD 的参数及安装等，依据相关规范要求进行系统的检测。

(二)常见问题二

检测人员在检测低压配电系统时，往往只对电源 SPD 的参数进行抄录及测试，忽略了对

配电系统接地形式的了解，忽略了电源SPD在不同接地系统的安装要求不同。

处理方法：

检测人员应对低压配电系统接地形式充分了解、熟悉、掌握，搞懂TN-C、TN-C-S、TN-S、TT、IT系统的基本原理，并且对现场各配电柜、配电箱及内部的各种电器开关、控制器等同样要有相应的基础知识。在检测中可通过检查或采用N-PE环路电阻测试仪，测试从总配电柜引出的分支线路上的中性线(N)与保护线(PE)之间的阻值来确定低压配电系统接地形式。如果配电系统弄不清楚，那么在检测中将无法准确地对电源SPD参数、接线方式等选择是否合理进行判断。具体可参见GB 50057—2010中附录J中相关内容。

(三)常见问题三

在检测电子信息系统时，往往忽略与被检测项目有关的室外部分。常见的有各类天线、传感器等，包括它们之间的连接方式及屏蔽情况。

处理方法：

当对电子信息系统检测时，应对被检设备的工作性质、拓扑结构、主要参数、功能等要进行了解。除正常对设备进行检测外，应对与被检设备相关联的室外部分装置进行检测，检查是否在接闪器的保护范围内，线缆的屏蔽要求、防雷分区界面处的等电位连接情况(是否安装了适配的SPD)等。

(四)常见问题四

在检测电子信息机房屏蔽时，如果不是全屏蔽的机房，往往忽略对机房门窗等留有"洞口"的屏蔽检测。

处理方法：

在检测电子信息机房屏蔽时，应检查机房门是否采用金属屏蔽门，窗户上是否安装屏蔽网，并应检查是否做等电位连接，检测连接材料、连接工艺质量。检查各种金属管道、带电线缆入口处是否采取屏蔽措施。电磁屏蔽的效果直接影响机房内的电子信息系统正常运行，对于机房内磁场强度的测量，检测方法参照GB/T 21431—2015中附录F，所使用仪器按其说明书中提供的使用方法进行测量。

(五)常见问题五

在电子信息机房检测时，只测量各机柜、机箱的接地电阻值，未检查是否进行等电位连接及连接质量与路径。

处理方法：

在检测中要对机房内各机柜、机箱(配电盘)等，在防雷界面处做等电位连接及接地情况的检查，认真查找连接处的连接质量，按照规范要求每台设备的等电位连接线的长度不宜大于0.5 m，并宜设两根等电位连接线安装于设备的对角处，其长度相差宜为20%，同时测量连接点的过渡电阻是否符合规范要求。

八、石油化工检测常见问题及处理方法

(一)常见问题一

检测石油化工雷电防护装置时，检测人员对危险场所的危险性及安全要求重视不够，安全

意识不强。

处理方法：

在检测装置区或工艺区时，应按照被检单位的安全要求与制度，采取安全劳动保护措施。要注意使用的测试仪器、工具等应符合要求，避免产生火花。在检测过程中，不要攀登装置管道，踩踏法兰、阀门等装置，避免引发断裂、脱落、泄漏等事故，造成不可挽回的重大损失。

（二）常见问题二

检测石化系统雷电防护装置时，对其行业性质、生产设备、生产工艺及危险程度等不够了解，检测前未很好地进行现场勘察，使得检测中容易出现漏检、误判等现象。

处理方法：

在接受委托检测后，应根据被检行业设施查阅相关规范等资料，进行现场勘察了解被检项目的性质、生活区、生产区、办公区、装置区、存储区、工艺管道区等的分布情况，应根据其重要性、危害性及所占面积比例，严格按照相关规范要求划分危险分区，因为不同的区域防护要求不同，这方面检测时须注意。

（三）常见问题三

在检测石油化工户外装置时，忽略了对一些户外设备未安装防直击雷装置的检测，如 GB 50650—2011 中第 4.2.2 条：

(1)在空旷地区布置的水处理场所(重要设备除外)；

(2)安置在地面上分散布置的少量机泵和小型金属设备；

(3)地面管道各管架。

处理方法：

虽然这些设备不设防直击雷装置，但是这些设备按规范要求应采取防雷电感应措施，应将设备进行接地处理，应检测其接地情况，以及连接导体材料规格、连接质量及接地电阻的测量。

（四）常见问题四

在检测过程中，对于非金属外壳(玻璃钢、树脂、化纤)的静设备等物体，认为非金属的可不装设接闪器。

处理方法：

对这类被检项目，应按照规范要求进行雷电防护装置的检测，如有不符合项可提出整改意见。

（五）常见问题五

在检测加油站时，往往漏检加油站内的电子系统。

处理方法：

加油站自动化水平不断提高，检测时应注意对加油站内电子设备的检测（如液位控制系统、IC卡加油付费系统、监控系统、计算机网络系统等)，应注意检测进出建筑物及设备在雷电防护区界面处的等电位连接情况、线缆屏蔽情况以及 SPD 防爆、密封、安装位置等情况是否符合规范要求。

（六）常见问题六

在检测加油站时，往往忽视对加油机内等电位连接情况的检测。

处理方法：

在检测加油站时，要注意加油机内的各接地线的检查与测试，因为在工作时，加油机油泵等传动系统的振动容易使机内等电位连线、接地引线产生松动，应认真检测，避免雷电发生时产生火花。

（七）常见问题七

在检测加油站时，往往忽视对其周边相关设施的检测。

处理方法：

不要漏检加油站边缘的高杆灯、广告牌牌匾、监控杆等距地网的间隔距离及相应的接地电阻值。避免对加油站设施及人员造成危害。

（八）常见问题八

在检测等电位连接时，往往对金属挠性管（用于线路保护的可弯曲金属导管）忽略过渡电阻的测量。

处理方法：

在检测金属挠性管时，除进一步检查连接质量外，尤其要认真测量管接头的跨接情况（有些挠性管金属接头与金属编织管间接触不良），如有问题应提出整改意见，要求更换或进行跨接。

九、检测报告填写常见问题及处理方法

（一）常见问题一

检测协议（合同）、检测报告中填写的被检项目名称不具体。

处理方法：

检测协议（合同）、检测报告中填写的被检项目名称要填写准确、具体，被检单位与被检项目是否一致。例如，被检项目是检测××大厦其中的一个信息机房，而在填写检测报告时，表中被检项目一栏内确写着××大厦的全称，实际大厦内有很多信息机房包括监控机房、消防机房及其他设施并没有对其进行检测，如果报告中填写不具体，出具的检测报告就不够严谨，可能会给以后带来很多麻烦。

（二）常见问题二

检测报告中的检测项目与检测协议（合同）不相符。

处理方法：

应按照检测协议（合同）中所委托的检测项目进行检测，如现场出现增减检测项目事宜应与被检单位协商补充相关手续。

十、测试线常见问题及处理方法

（一）使用加长线的问题

在雷电防护装置检测的工作中，当遇到较大、环境较复杂的建筑物、场地等，如大型厂房、

库房，油库内的泵房、栈桥、罐区、管道，加油(气)站、站内的罩棚、加油区、卸油区、配电，化工企业的工艺区、控制室，机房内信息系统、室外收发天线场地以及高层建筑物等，特别是被检项目接地装置面积较大而且周边土壤电阻率不均匀时，为了得到各检测点的接地电阻值，需要不断移动接地电阻表，由于接地电阻表所配备的测试线长度所限，按接地电阻的测试要求，需将接地电阻表测试电极垂直于地网方向在场地以外布设，一些被检项目地网较大，只能移动接地电阻表测试其他装置或检测点位。采用这种测量方法虽然是一个地网，但测量出的接地电阻值也不太可能一致，因为地网周边的土壤电阻率有差异(回填土等)。在这种情况下，对每个测试点及每个检测周期，所测试接地电阻值就没有规律及可对比性。

为了解决上述问题，接地电阻表在常规布置的情况下测试电极的位置不变，环境不变，将接地电阻表测试端(E)的连接线加长，再对各检测点进行测试，这样保证所测得的数据来自同一个参考点，各检测点的接地电阻就有了可比性，能够判断出接地情况。按此方法测试时，应将实测接地电阻值减去加长线电阻(不包括四极电阻测试仪)。

(二)三极法测量介绍

三极法接线原理，选自 GB/T 21431—2015 中附录 D，见图 7.5.4。

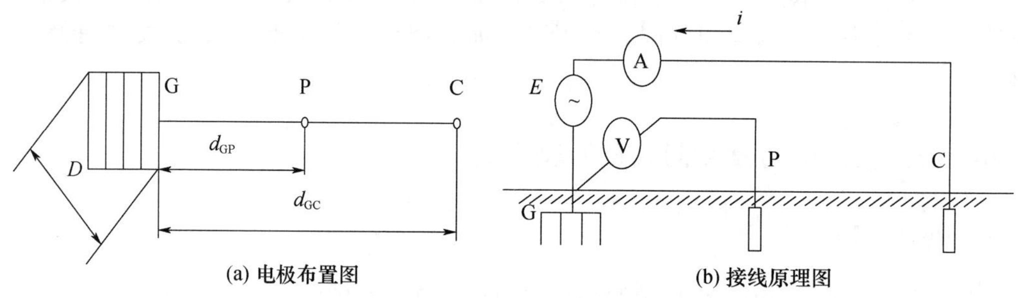

图 7.5.4　三极法的接线原理图

(G—被测接地装置；P—测量用的电压极；C—测量用的电流极；
D—被测接地装置的最大对角线长度；E—测量用的工频电源；A—交流电流表；V—交流电压表)

(1)三极法的三极是指图 7.5.4 上的被测接地装置 G、测量用的电压极 P 和电流极 C。三极(G、P、C)应布置在一条直线上且垂直于地网。测量用的电流极 C 和电压极 P 离被测接地装置 G 边缘的距离为 $d_{GC}=(4\sim5)D$ 和 $d_{GP}=(0.5\sim0.6)d_{GC}$，$D$ 为被测接地装置的最大对角线长度，点 P 可以认为是处在实际的零电位区内。为了较准确地找到实际的零电位区时，可把电压极沿测量用电流极与被测接地装置之间连接线方向移动三次，每次移动的距离约为 d_{GC} 的 5%，测量电压极 P 与接地装置 G 之间的电压。如果电压表的三次指示值之间的相对误差不超过 5%，则可以把中间位置作为测量用电压极的位置。

(2)当被测接地装置的面积较大而土壤电阻率不均匀时，为了得到较可信的测试结果，宜将电流极离被测接地装置的距离增大，同时电压极距被测接地装置的距离也相应地增大。

(3)测量工频接地电阻时，如 d_{GC} 取$(4\sim5)D$ 值有困难，当接地装置周围的土壤电阻率较均匀时，d_{GC} 可以取 $2D$ 值，而 d_{GP} 取 D 值；当接地装置周围的土壤电阻率不均匀时，d_{GC} 可以取 $3D$ 值，d_{GP} 值取 $1.7D$ 值。

(4)测量大型接地地网(如变电站、发电厂的接地地网)时，应选用大电流接地电阻测试仪。使用接地电阻测试仪进行接地电阻值测量时，宜按选用仪器的要求进行操作。

(5) 三极法测试电流路径。三极法测量接地电阻的测试电极布设如图 7.5.4 所示，G 点为被测试的接地装置，C 点为电流极，是将测试电流从 G 点流经大地再由 C 点回到电源而构成闭合回路。P 点作为测量零电位区与 G 点之间的电压用的辅助地极，即电压极。为了正确测出 G 点电位，电压极 P 必须设在零电位区内，这样测量的结果才是正确的接地电阻值。有资料介绍，如果电流极不设置于无穷远处，则电压极必须设置在电流极与被测接地装置两者中间，距接地体 0.618 处，即可测得接地体的真实接地电阻值，此方法称为 0.618 法或补偿法。

(三)加长线使用探讨

通过对三极法的接线原理及电流测试路径的了解，对采用加长线的几种情况进行讨论，避免出现错误操作。

1. 加长线使用合理情况

如图 7.5.5 所示，这种情况主要是 d_{GC}、d_{GP} 之间布线合理。接地电阻表的电流极、电压极，按要求与被测接地装置构成测试回路，与其被测接地装置之间距离符合三极法测试接线原理。

例如，测试某建筑物四周检测口的接地电阻或屋面上接闪器与引下线及相关的接地电阻值时，为了便于比对测量数据，测量电极位置不变，即参考点不变。但由于接地电阻表标配测试线长度有限，只能采取加长测试线的方法进行测量，从图 7.5.5 中可以看出，其 d_{GC}、d_{GP} 之间布线是合理的，测试电流路径正确，只是加长了测试线(虚线)，完成测量后应将所测电阻值(读数值)减去加长线部分的电阻值，再对其进行修约，即为实际阻值(加长线的线阻宜采用地阻表二极法测量)。

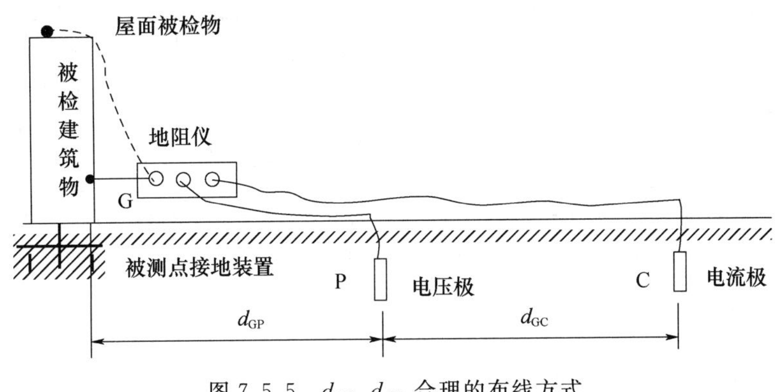

图 7.5.5 d_{GC}、d_{GP} 合理的布线方式

2. 加长线使用不合理情况

这种情况主要是 d_{GC}、d_{GP} 布线方式不合理。例如，测量某建筑物同上，由于某种原因，被测接地装置附近无法布设接地电极，接地电极只能在较远处利用标配线，设置电流极、电压极，那么要测量被测接地装置就需要采用加长线进行测量。

这种布线方式明显不合理，所测电阻值不是减去加长线阻那么简单了，从图 7.5.4 中可以看出 d_{GP} 不能满足$(0.5\sim0.6)d_{GC}$ 的要求，d_{GC}、d_{GP} 布线不符合三极法接线原理，所以属于不合理布线方式。

3. 加长线使用原有测试线的布线情况

当被测接地装置的面积较大而土壤电阻率不均匀时，为了得到较可信的测试结果，宜将电流极与被测接地装置的距离增大，同时电压极与被测接地装置的距离也相应地增大。

如上例测量某一建筑物接地电阻值时，为了满足测试要求，需要增加电压极与电流极的距离，在没有增加测试线的情况下如果使用的电流极连线为 30 m，电压极连线为 15 m，按图移动电流极 C 与电压极 P 之间距离可达近 45 m，测距可延长至 90～100 m。

这样可根据被测接地装置距离，适当移动测试电极位置，其目的是为了满足 d_{GC}、d_{GP} 布线要求，符合三极法的接线原理。

如果自制测试线达到增加测试距离的目的，应了解接地电阻表参数(或咨询生产厂家)，其测试电压、电流能否满足增加测试距离的要求。

4. 加长线阻问题

采用加长线(盘)测试接地电阻时，当加长线全部放开或放开一部分时，所测出的接地电阻值误差较大，在实际工作中很难估算，为了减去加长线阻带来的影响，常常是每测量一次就要进行一次线阻校验，这样非常麻烦。

笔者做了一组试验，利用 100 m 空心测试用线盘，线径约为 1.5 mm^2 软线，将 100 m 线盘放开不同长度五组，采用三极法接线方式分别测试接地电阻值(事先选定一个已知的接地端子)其测试结果见表 7.5.1。

表 7.5.1　100 m 测试线盘收放线线阻比较

组别	第一组	第二组	第三组	第四组	第五组
放线长度(m)	5	30	60	80	100
测试电阻(Ω)	4.8	2.8	2.0	1.8	1.6
采用标配 5 m 测试线	已知接地端子 0.5 Ω				

注：在这里要说明一点，此试验仅说明绕线长度与阻值的关系，实验测试的这组数据是不可能有重复性的，这与线轴的直径，绕线的疏密成度，电阻测试仪频率等诸多因素有关，这个实验只是说明线盘放线长度对电阻测试产生影响的一个趋势，数据仅供参考。

实测电阻值为 0.5 Ω。放线长度 5 m 与 100 m 线全部放开其线阻相差几欧姆。通过以上测试可以看出，把线全部放开的线阻为 1.6－0.5＝1.1 Ω，那么，可算出加长线盘放开前后的线阻之差为 4.8－1.6＝3.2 Ω，通过表 7.5.1 可以看出，放线长度不同，对线阻的影响很大。

由于加长线盘相当一个空心电感线圈，通过的测试电流为交流成分。当线圈中有电流通过时，线圈的周围就会产生磁场，随着线圈中电流不断发生变化，其周围的磁场也产生相应的变化，此变化的磁场可使线圈自身产生感应电动势，即自感。

在测量接地电阻的回路中通过了交流测试电流，所以随着线盘放线的长度及疏密程度改变了线圈周围磁场的变化，出现了放线长度不同及绕线疏密程度不同，引起加长线感抗的变化。

解决办法：一是将加长线盘中的线全部无序放开，一次性测量出线阻(宜采用接地电阻表二极法测量)，测量出的接地电阻值再减掉加长线线阻。二是在盘线绕线时正反方向绕线(有点麻烦)，例如，正绕 5 圈再反绕 5 圈，这样一直绕下去用来减少自感的影响，但是也需要减掉加长线线阻。

（四）四极法测量

四极接地测量方法是与三极测量方法原理相同，只是在被测接地电极 E 和接地电阻表之间增加了一根辅助测试线，可以有效地提高测量精度，不需要考虑测试导线上电阻的影响。详见所用仪表的使用说明书。

（五）导进测试方法（基准点移动）

在检测中采用加长线操作起来比较麻烦，一是将加长线全部放开容易乱线；二是要减去线阻；三是如果长线布放稍有不当拉来拉去存在着不安全因素，且有可能导致其他的损失。总之操作不当，还会产生误差。

为此，在防雷检测中，可以发挥现有测试仪器的各自功能与特点，对雷电防护装置的接地电阻等参数测试时，可以采用基准点逐步导进的测试方法（过渡电阻测量），提高工作效率。在实际工作中视检测现场的具体情况（适用于高层建筑物、较大工艺区、库区及机房等同一地网环境的检测项目），举一反三，灵活运用。

1. 基本的测试方法

（1）将接地电阻表在地网之外合理布设，就近测试被测地网总接地端子或接地干线上的工频接地电阻值，最好在测量的范围内同时尽量多测量几个点，对所测阻值进行比较，确保所测阻值准确，将其该测试点作为基准参考点（基准点的接地电阻值即是共用接地电阻值），这时可收起接地电阻表。

（2）利用已知接地装置基准点，再分别对其他被检测装置的接地点进行连接状况的测试，即过渡电阻测试。将经过测试的点位再作为新的基准点，这样就近逐步地向前导进，其优点是这个基准点可以随着检测的推进逐步向前传递（基准点相对向前移动）。同时，可以检查出连接导体规格、连接质量等。如果采用等电位测试仪（毫欧表）测量导通情况，可同时测量出过渡电阻值，一举两得。

（3）如果经测试过渡电阻符合要求即可确认为同一地网，接地电阻值即为共用接地电阻值，再以这个被测点作为下一被测接地装置的基准点，这样逐步向前导进行测量其他被测点。见图 7.5.6（实箭头线），以此类推。

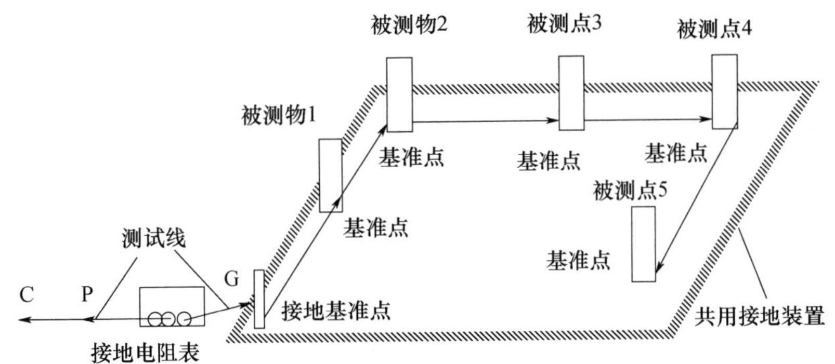

图 7.5.6　测试基准点导进示意图

如果测量某个测试点过渡电阻值大于规范要求值（超过 0.2 Ω，第一、二类爆炸危险场所的建筑物除外），那么此点的接地电阻为共用接地电阻值加上过渡电阻值，同时应检查接地线

的连接质量，接地线有否锈蚀等情况。

如果所测量的过渡电阻过大（超过 1 Ω）说明此点接地线存在问题或未接地，也可视为不是同一组接地装置（现场视具体情况分析）。

检查出有问题的测试点（装置）后可跨越过去，继续向前导进测量，当然，在局部可测量范围内可以采用同一条测试线分别进行测量。

2. 适用的检测仪器

（1）导进法的检测，可通过等电位连接测试仪（毫欧表）测量过渡电阻值并间接得到接地电阻。回路电阻测试仪（钳形）增加一根辅助测试线，通过接地装置构成环路进行测试。还可以采用接地电阻表两级法测量（应满足测量精度要求）等对地网内各检测点分别进行测试，通过测量可以间接得到被测点的接地电阻值，保证其符合接地要求。同时测量出连接的过渡电阻值，可以判断出连接状况是否符合规范要求。

（2）如果同时测量过渡电阻值时，应在使用测试仪器前详细阅读使用说明书，了解其仪器的性能与参数，是否适合测试金属导体之间的过渡电阻。有些测试仪虽然具备校验线阻功能用于导通测试，但由于其电流较小，满足不了过渡电阻测试对测试电流不小于 0.2 A 的要求。

（3）应特别注意，不管使用何种测试仪器，都应符合在易燃易爆场所允许的测量方法及安全要求。

（六）导进法现场检测实例

这种检测方法适合共用接地装置的检测。

1. 高层建(构)筑物的检测

按规范要求在建筑物外围布设接地电阻表，先测试建筑物总接地端子板的接地电阻值或与楼内电缆井的接地干线进行测试，确定基准点，在各楼层以此（接地干线）为基准点，采用导进测试方法，分别对其楼层各被测点进行测试（如各类机房、楼层配电接地端、内外墙大型金属物、金属扶梯等）。通过测试连接状况进行分析判断所测的雷电防护装置的接地电阻值，并检查连接导体规格、质量及连接方式。如采用等电位连接测试仪（毫欧表），可同时测量等电位连接的过渡电阻值。

2. 建筑物内电子信息机房检测

首先，测量的建筑物的总接地端子或楼内的电缆井的接地干线（管道井内贯通的金属管道）等获得建筑物共用接地电阻值，主要是确定基准点，确定的基准点可引至机房，见图 7.5.7。

例如，可先将电缆井的接地干线与机房的环形等电位连接带（M 型）进行导通测量，如果导通（其过渡电阻符合规范要求），说明机房环形等电位连接带已经接地，再检查接地的引入位置及连接线数量、规格及连接质量等，同时采用回路电阻测试仪（钳形）测量等电位连接带的闭合情况，然后采用等电位测量仪器（毫欧表），以环形等电位连接带作为基准点，分别对机房内的防静电地板支架、吊顶金属架、机柜、PE 线、金属线（管）槽金属门窗隔断、SPD 接地端等进行等电位连接测量，测量其过渡电阻值，同时检查连接导线规格、根数、方式与连接质量。如测量需要采用辅助测试线，应先进行线阻校验或减去辅助测试线的线阻。

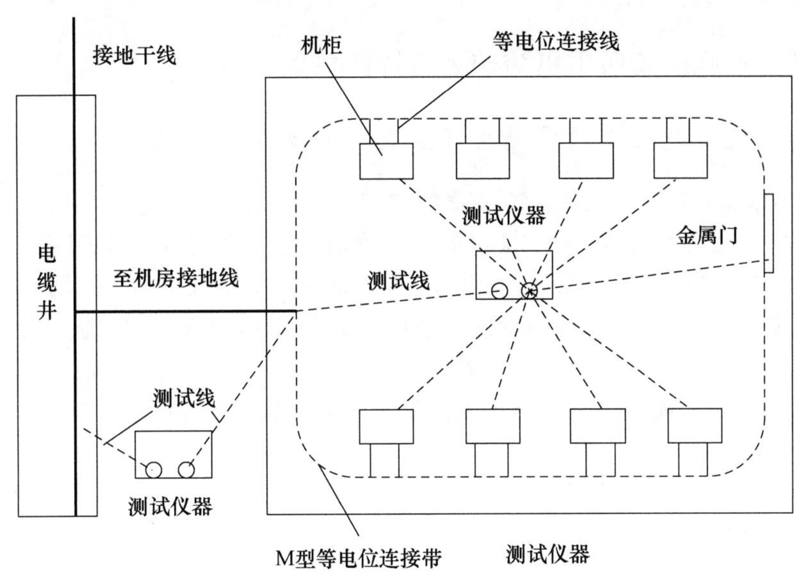

图 7.5.7 电子信息机房导进法测试示意图

3. 油库及加油站的检测

首先，在检测前应做好安全防护工作，采用防爆设备。用接地电阻表在所测试地网外围布设，就近找到接地端子或接地干线进行测试，同时，可多测几点进行比对确定接地基准参考点，然后以该点为基准点采用上述测试方法分别对周围其他被测点就近进行连接状态的测试。通过测试后将参考点随着测试方向移动逐步导进(罐与罐、罐与各传感器及金属线管、罐与各管道、阀门、法兰盘、柔性连接管、金属栈桥扶梯，泵房、罩棚、照明、监控、站房以及罐区周边较大型告示牌、高杆灯等)。

采用等电位连接测试仪(毫欧表)测量相关管件跨接的过渡电阻，当测试相关的阀门、金属油罐、放散管、柔性连接管等法兰盘危险部位前，首先应使用气体检测仪检查管道法兰连接处及周边的危险气体浓度，有否泄漏，超标等情况，再检查跨接金属导体是否松动，在无上述问题的情况下再进行测量，测量可根据现场情况参考图 7.5.8 所示方法。

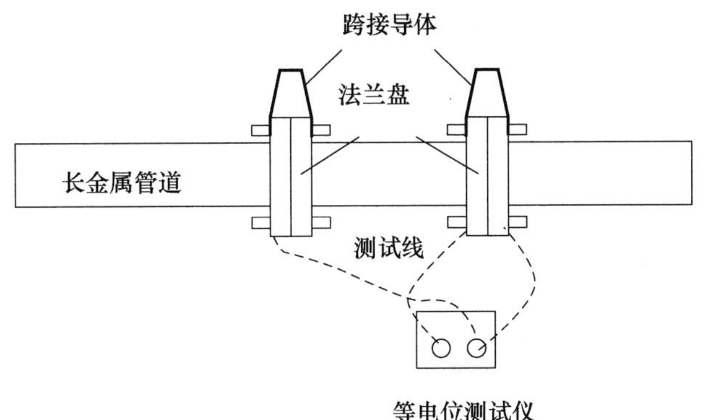

图 7.5.8 跨接过渡电阻测试方法

这里仅列出一些方法作为提示，在实际的工作中可以灵活运用，总结出更好、更适用、更科学的方法来提高检测质量与效率。

十一、其他设施或场所雷电防护装置检测要点

(一)爆炸和火灾危险场所雷电防护装置检测要点

本部分内容依据 GB/T 32937—2016 进行整理。

在检测爆炸和火灾危险场所的雷电防护装置时,应严格遵守安全制度及安全操作规程,在现场应有被检单位相关人员的协助与引导,应穿防静电工作服、佩戴安全帽等,应使用防爆型检测仪器和对讲机,在检测危险部位时严禁使用锉刀等工具,避免产生火花,造成重大事故。

在进入检测现场前,特别是在危险场所测量各参数之前,应检测其环境中可燃气体是否泄漏,周围浓度是否超标等。

总之,检测爆炸和火灾危险场所的雷电防护装置时,要把安全放到首位,做到检测操作规范化,确保受检目标及检测人员的安全。

1. 部分术语

(1)爆炸和火灾危险场所:凡用于生产、加工、储存和运输爆炸品、压缩气体、液化气体、易燃液体和易燃固体等物质的场所。

(2)生产场所:凡用于生产和加工爆炸品、压缩气体、液化气体、易燃液体和易燃固体等物质的场所。

(3)储运场所:凡用于储存和运输爆炸品、压缩气体、液化气体、易燃液体和易燃固体等物质的场所。

生产场所及储运场所分类见表 7.5.2。

表 7.5.2　生产场所和储运场所分类

生产场所	储运场所
石油化纤厂的工艺装置区	炼油厂的原油储备区、成品储备区
石油化工厂的工艺装置区	石油化纤厂的原料储备区
燃气制气车间	石油化工厂的原料储备区、爆炸和火灾危险物品储备区
乙炔气体生产车间	液化气储备库
发生炉煤气车间	焦炉煤气储备库
油漆车间	输油站
氢气生产车间	输气站
氧气生产车间	气液充装站:汽车加油(气)站、煤气(液化气、天然气)零灌库等
烟花爆竹生产加工场所	炸药库
炸药生产场所	弹药库
其他爆炸和火灾危险生产场所	烟花爆竹仓库
	其他爆炸和火灾危险储运场所

2. 检测基本要求

(1)应在非雨天和土壤未冻结时检测土壤电阻率和接地电阻值。现场环境条件应能保证

正常检测。

(2)现场检测人员不应少于3名,检测工作应遵守爆炸和火灾危险场所现场作业的有关安全规定。

(3)所使用的测量工具应正常有效,精度应满足检测项目的要求,并符合爆炸和火灾危险场所的使用规定。

(4)检测单位应将检测报告连同原始记录一并存档,定期检测资料应保存两年以上,新建、改建、扩建项目的跟踪检测资料应长期保存。

(5)检测周期

① 定期检测:投入使用的防雷应每半年检测一次。

② 跟踪检测:新建、改建、扩建项目,应根据建设项目防雷工程施工进度和检测内容及技术要求进行跟踪检测。

3. 防雷分类与防雷区的划分

具体内容已经在前面讲过,在此不再赘述。

(1)爆炸性气体和可燃性粉尘场所分区应按照GB/T 32937—2016中附录A划分。

(2)防雷区的划分应符合GB/T 32937—2016中附录B的规定。

4. 检测内容及技术要求

各雷电防护装置的材质、规格(包括长度、直径、截面积、厚度)、焊接工艺、防腐措施以及间隔距离等已经在前面讲过,在此不再赘述。可详见GB/T 3293—2016中附录E的规定。

(1)接闪器

① 当树木邻近建筑物且不在接闪器保护范围之内时,树木与建筑物之间的净距不应小于5 m 。

② 接闪器不应有明显机械损伤、断裂及严重锈蚀现象。

③ 接闪器上不应绑扎或悬挂各类电源线路、信号线路。

④ 接闪器与每一根引下线的电气连接其过渡电阻不应大于0.03 Ω。

⑤ 屋面电气设备和金属构件与雷电防护装置的电气连接其过渡电阻不应大于0.03 Ω。

⑥ 防侧击雷装置与引下线的电气连接,其过渡电阻不应大于0.03 Ω。

(2)引下线

① 引下线不应有机械损伤、断裂及严重锈蚀现象。

② 各类信号线路、电源线路与引下线之间的水平净距不应小于1000 mm,交叉净距不应小于300 mm。

③ 测试每根引下线的接地电阻,设有断接卡的引下线,应每年至少把断接卡断开测试其接地电阻一次。爆炸和火灾危险场所的防直击雷装置,每根引下线的冲击接地电阻不应大于10 Ω。

(3)等电位连接

① 穿过各防雷区交界处的金属管线以及建筑物内的设备、金属管道、电缆桥架、电缆金属外皮、金属构架、钢屋架和金属门窗等较大金属物,与接地装置或等电位连接带(板)的电气连接,其过渡电阻不应大于0.03 Ω。

② 接地干线与接地装置的电气连接,其过渡电阻不应大于0.03 Ω。第一、第二类场所内

的连接点不应少于两处。

③ 平行敷设的管道、构架和电缆金属外皮等长金属物之间的平行净距小于 100 mm 时应采用金属线跨接，跨接点的间距不应大于 30 m；交叉净距小于 100 mm 时，其交叉处亦应跨接。

④ 长金属物的弯头、阀门和法兰盘等连接处的过渡电阻不应大于 0.03 Ω，否则连接处应用金属线跨接。对于不少于 5 根螺栓连接的法兰盘在非腐蚀环境下可不跨接。

(4)电磁屏蔽

① 当电源和信号线路采用金属管或金属线槽进行屏蔽时，其屏蔽层宜采取全封闭，两端应接地，电气连接，其过渡电阻不应大于 0.03 Ω。

② 建筑物之间敷设的电缆，其屏蔽层两端与各自建筑物的等电位连接带的电气连接，其过渡电阻不应大于 0.03 Ω。

③ 在需要保护的空间内，采用屏蔽电缆时其屏蔽层应至少在两端，并宜在防雷区交界处做等电位连接，系统要求只在一端做等电位连接时，应采用两层屏蔽或穿钢管敷设，外层屏蔽或钢管应至少在两端，并宜在防雷区交界处做等电位连接。

④ 低压电气设备的外露导电部分、配电线路的 PE 线和信号线路屏蔽外层的电气连接，其过渡电阻不应大于 0.03 Ω。

(5)电涌保护器(SPD)

① SPD 的选用应与使用场所要求相适应。SPD 的主要技术参数应符合设计要求。

② 当 SPD 使用两级(含两级)以上时，应检查各级 SPD 之间的线路长度，电压开关型 SPD 至限压型 SPD 之间的线路长度小于 10 m、限压型 SPD 之间的线路长度小于 5 m 时，在两级 SPD 之间应加装退耦装置。当 SPD 具有能量自动配合功能时，SPD 之间的线路长度不受限制。SPD 应有过流保护装置和劣化显示功能。SPD 连接线应短直，其总长度不宜大于 0.5 m

③ 检查并记录各级 SPD 的安装位置、安装数量、型号、主要性能参数和安装工艺。

④ 对 SPD 进行外观检查，SPD 的表面应平整、光洁、无划痕和烧灼痕或变形。SPD 的标示应完整和清晰。

⑤ 首次测量压敏电阻 U_{1mA} 时，交流 SPD 的压敏电阻 U_{1mA} 值与 U_c 的比值不小于 1.5，直流 SPD 的压敏电阻 U_{1mA} 值与 U_c 的比值不小于 1.15。后续测量压敏电阻 U_{1mA} 时，除须满足上述要求外，实测值还不应小于首次测量值的 90%。

⑥ 首次测量 I_{1mA} 时，单片 MOV 构成的 SPD，其泄漏电流 I_{ie} 的实测值不应超过生产厂标称的 I_{ie} 最大值；如生产厂未声称泄漏电流 I_{ie} 时，实测值不应大于 20 μA。多片 MOV 并联的 SPD，其泄漏电流 I_{ie} 实测值不应超过生产厂标称的 I_{ie} 最大值；如生产厂未声称泄漏电流 I_{ie} 时，实测值不应大于 20 μA 乘以 MOV 阀片的数量；不能确定阀片数量时，SPD 的实测值不应大于 20 μA。后续测量 I_{1mA} 时，单片 MOV 和多片 MOV 构成的 SPD，其泄漏电流 I_{ie} 的实测值不应大于首次测量值的 1 倍。

⑦ 开关型 SPD 的绝缘电阻不应小于 50 MΩ。

(6)接地装置

1)基本要求

雷电防护装置的接地电阻要求：

① 爆炸和火灾危险场所的防直击雷装置，每根引下线的冲击接地电阻不应大于 10 Ω；

② 当爆炸和火灾危险场所防雷接地、防闪电静电感应接地、电气设备的工作接地、保护接

地及电子系统的接地等共用接地装置时，其工频接地电阻按各系统要求中的最小值确定；

③ 专设的防闪电静电感应装置的接地体，其工频接地电阻不应大于 100 Ω；

④ 生产场所和储运场所的防闪电静电感应接地装置的接地电阻应符合上述接地装置基本要求的规定。

2)生产场所

① 生产场所的工艺装置(塔、容器、换热器等)、设备等金属外壳的防闪电静电感应接地装置的电气连接，其过渡电阻不应大于 0.03 Ω。防闪电静电感应接地连接线应采取螺栓连接或焊接。

② 直径大于或等于 2.5 m 及容积大于或等于 50 m^3 的装置、覆土油罐的罐体、罐室的金属构件、呼吸阀和量油孔等金属附件的冲击接地电阻不应大于 10 Ω。防闪电静电感应接地点的间距不应大于 30 m，且接地点不少于两处。

③ 有振动性的工艺装置或设备的振动部件防闪电静电感应接地装置的电气连接，其过渡电阻不应大于 0.03 Ω。

④ 与地绝缘金属物的法兰、胶管接头和喷嘴等部件应采用铜芯软绞线跨接引出接地。防闪电静电感应接地电阻值应符合上述接地装置基本要求的规定。

⑤ 在粉体筛分、研磨和混合等其他生产场所的金属导体部件的防闪电静电感应接地装置的电气连接，其过渡电阻不应大于 0.03 Ω。导体部件与连接线应采取螺栓连接。

3)储运场所

① 油气储罐

(a)未使用的储罐内各金属构件(搅拌器、升降器、仪表管道、金属浮体等)与罐体的电气连接，其过渡电阻不应大于 0.03 Ω。

(b)浮顶罐的浮船、罐壁和活动走梯等活动的金属构件与罐壁之间的电气连接，其过渡电阻不应大于 0.03 Ω。连接线应采用截面不小于 50 mm^2 的铜芯软绞线，连接点不应少于两处。

(c)油(气)罐及罐室的金属构件以及呼吸阀、量油孔、放空管及安全阀等金属附件与接地装置的电气连接，其过渡电阻不应大于 0.03 Ω。

② 气液管道

(a)长距离无分支管道及管道在进出工艺装置区(含生产车间厂房、储罐等)处和分岔处的接地冲击接地电阻不应大于 30 Ω。

(b)距离建筑物 100 m 内的管道的接地点的间距不应大于 25 m，接地冲击接地电阻不应大于 30 Ω。

(c)管道之间的跨接应符合规定，即平行敷设的管道、构架和电缆金属外皮等长金属物之间的平行净距小于 100 mm 时应采用金属线跨接，跨接点的间距不应大于 30 m；交叉净距小于 100 mm 时，其交叉处亦应跨接的规定。

(d)管道法兰的等电位连接应符合规定，即长金属物的弯头、阀门和法兰盘等连接处的过渡电阻不应大于 0.03 Ω，否则连接处应用金属线跨接。对于不少于 5 根螺栓连接的法兰盘，在非腐蚀环境下可不跨接。

(e)加热伴管的进气口、回水口处与工艺管道的电气连接，其过渡电阻不应大于 0.03 Ω。

(f)储罐的风管及外保温层的金属板保护罩与罐体的连接处应咬口相连，并利用机械固定的螺栓与罐体作电气连接，其电气连接过渡电阻不应大于 0.03 Ω。

(g)金属配管中间的非导体管两端的金属管应分别与接地干线相连，或采用截面积不小于 6 mm^2 的铜芯软绞线跨接后接地，其与接地装置的电气连接过渡电阻不应大于 0.03 Ω。

(h)非导体管段上的所有金属件的接地装置的电气连接，其过渡电阻不应大于 0.03 Ω。

③ 油气运输铁路装卸区及汽车装卸区

(a)油气装卸区域内的金属管道、设备、线路屏蔽管和金属构件等应与接地装置做电气连接，其电气连接过渡电阻不应大于 0.03 Ω。

(b)油气装卸区域内铁路钢轨的两端应接地，区域内与区域外钢轨间的电气通路应采取绝缘隔离措施，平行钢轨之间应在每个鹤位处进行一次跨接，其跨接连接过渡电阻不应大于 0.03 Ω。

(c)鹤管端口与每个鹤位平台或站台处的接地端子(夹)的电气连接过渡电阻不应大于 0.03 Ω。

(d)罐车、槽罐车及储罐等装卸场地的接地装置与接地干线的电气连接过渡电阻不应大于 0.03 Ω。

④ 油气运输码头

(a)码头趸船的防闪电静电感应接地电阻应符合上述接地装置基本要求的规定。

(b)码头的金属管道、设备和构架(包括码头引桥、栈桥的金属构件、基础钢筋等)与防闪电静电感应接地装置的电气连接过渡电阻不应大于 0.03 Ω。

(c)装卸栈台或趸船与储运船舶跨接的接地装置与接地干线的电气连接过渡电阻不应大于 0.03 Ω。

⑤ 气液充装站

(a)气液充装管道与充装设备电缆金属外皮(或电缆金属保护管)与接地装置的电气连接过渡电阻不应大于 0.03 Ω。

(b)气液充装软管(胶管)两端金属构件的跨接过渡电阻不应大于 0.03 Ω。

(c)气液充装站的储罐设施应符合 GB/T 3293-2016 中第 6.6.3.1 条的规定；水上充装站应符合第 6.6.3.4 条的规定。

⑥ 油气泵房(棚)

(a)进出泵房(棚)的金属管道、电缆的金属外皮或架空电缆金属槽，在泵房(棚)外侧应做一处接地，接地装置应与保护接地装置及防闪电感应接地装置共用，其工频接地电阻按各系统要求中的最小值确定。

(b)泵房(棚)内设备(电机、烃泵等)的防闪电静电感应接地的电气连接过渡电阻不应大于 0.03 Ω。

⑦ 仓储库房

仓储库房的金属门窗、进入库房的金属管道、室内的金属货架及其他金属装置与接地装置的电气连过渡电阻不应大于 0.03 Ω。

⑧ 其他储运场所

其他储运场所的防闪电静电感应接地装置的检测按照设计要求进行。

(7)测试阻值的要求

① 爆炸和火灾危险场所的防直击雷装置，每根引下线的冲击接地电阻不应大于 10 Ω。冲击接地电阻与工频接地电阻的换算参见 GB/T 3293—2016 中附录 H。

② 当爆炸和火灾危险场所防雷接地、防闪电静电感应接地、电气设备的工作接地、保

护接地及电子系统的接地等共用接地装置时，其工频接地电阻按各系统要求中的最小值确定。

③ 当采取电气连接、等电位连接和跨接连接时，其过渡电阻不应大于 0.03 Ω。

④ 专设的防闪电静电感应装置的接地体，其工频接地电阻不应大于 100 Ω。

⑤ 露天钢质储罐、泵房(棚)外侧的管道接地、直径大于或等于 2.5 m 及容积大于或等于 50 m^3 的装置、覆土油罐的罐体、罐室的金属构件、呼吸阀和量油孔等金属附件的冲击接地电阻不应大于 10 Ω。

⑥ 地上和管沟内敷设的油气管道接地装置的冲击接地电阻不应大于 30 Ω。

(二)汽车加油站雷电防护装置检测要点

本部分内容依据 GB 50156—2012(2014 年版)、GB 50057—2010、GB/T 21431—2015 整理。

1. 部分术语

(1)加油站。具有储油设施，使用加油机为机动车加注汽油、柴油等车用燃油并可提供其他便利性服务的场所。

(2)站房。用于加油加气站管理、经营和提供其他便利性服务的建筑物。

(3)加油岛。用于安装加油机的平台。

(4)汽油设备。为机动车加注汽油而设置的汽油罐(含其通气管)、汽油加油机等固定设备。

(5)柴油设备。为机动车加注柴油而设置的柴油罐(含其通气管)、柴油加油机等固定设备。

(6)卸油油气回收系统。将油罐车向汽油罐卸油时产生的油气密闭回收至油罐车内的系统。

(7)加油油气回收系统。将给汽油车辆加油时产生的油气密闭回收至埋地汽油罐的系统。

2. 检测作业要求

(1)现场环境应能保证正常检测，应在非雨天和土壤未冻结时检测土壤电阻率和接地电阻值。

(2)加油站建(构)筑物的防雷分类划为二类防雷建筑物(依据相关规范中的条款，加油站的加油区、储油区的建筑物应属于二类防雷建筑物，营业厅等建筑物应属于第三类防雷建筑物)。

(3)加油站的防雷区划分应符合 GB 50057—2010 中第 6.2.1 条的规定。

(4)检测时，严禁携带火种、无线电通信设备；严禁吸烟，穿戴好防静电工作服、劳保鞋、安全帽，不应穿化纤服装，禁止穿钉子鞋；现场不准随意敲打金属物，以免产生火星，造成危险事故。应使用防爆型检测仪表和不易产生火花的工具。

(5)在检测现场，检测人员应严格遵守被检加油站的安全操作规程与规章制度。

3. 外部雷电防护装置检测

(1)接闪器的检测

① 检查加油站营业厅、罩棚和油罐区等建构筑物的接闪器安装形式和材料规格。检查接

闪器的施工工艺(包括连接形式、连接质量、连接长度、焊接工艺、防腐措施、固定情况等)是否符合要求,当接闪带暗敷时,应查阅雷电防护装置施工隐蔽工程记录和施工设计图纸等。

② 检测加油站相关联的广告牌、高杆灯、监控摄像金属杆等独立接闪装置时,应检查、核算间隔距离,即"独立接闪器及其接地装置与被保护建筑物及与其相邻管道、电缆等金属物之间的间隔距离",应符合 GB 50057—2010 中第 4.2.1 条第 5、6、7 款及第 4.2.5 条要求。

③ 检测加油站营业厅、罩棚等建筑物顶部利用金属板做屋面或做接闪器时,应注意检查所用金属板规格是否符合技术要求(罩棚应采用不燃烧材料建造)。检测金属板间连接、应是持久的电气贯通的(可采用铜锌合金焊、熔焊、卷边压接、缝接、螺钉或螺栓连接),这项可通过测量金属板间过渡电阻值来确定,如已连接应检查连接导体的材料规格及连接质量。检查防腐措施是否符合要求。

④ 检查接闪器上有无敷设电气或电子线缆,是否采取了闪电电涌侵入措施。

(2)引下线的检测

① 检查加油站的营业厅、罩棚和油罐区等建构筑物的引下线敷设方式,检查引下线是否均匀布置,测量引下线的最大间距,检测引下线的固定方式、材料规格、焊接质量、防腐措施和施工工艺等是否符合要求。

② 检查明敷引下线断接卡连接处的连接质量、测量过渡电阻是否符合规范要求。

③ 检查、测量引下线两端和引下线连接处的电气连接状况,应采用等电位测试仪(毫欧表)测量每根专设引下线接地端与接地体、接闪器的电气连接性能,测量其过渡电阻值。

④ 检测在引下线上有无敷设电气或电子线缆,是否采取了防御闪电电涌侵入措施。

⑤ 检测引下线与带电线缆的间隔距离。

(3)接地装置的检测

① 首次检测时,应明确防雷类别,查看相关隐蔽工程记录、有关图纸及咨询的方法了解接地装置的结构型式和安装位置,查看接地装置的材质规格、连接形式、安装工艺、防腐处理情况等。

② 检测时应对加油站区域内及附近地下金属管网、电缆、地沟等的布设情况进行了解,根据现场情况选择接地电阻测试仪测试电极的位置。

③ 钢制油罐必须进行防雷接地,接地点不应少于两处。防雷接地、防静电接地、电气设备的工作接地、保护接地及信息系统的接地等,宜共用接地装置,其接地电阻应按其中接地电阻值要求最小的接地电阻值确定。检测加油站的防雷接地,当为共用接地时,其接地电阻值应小于 4 Ω。

④ 按 GB 50156—2012(2014 年版)中第 11.2.14 条规定,检测采用导静电的热塑性塑料管道时导电内衬的接地;采用不导静电的热塑性塑料管道时,不埋地部分的热熔连接件的接地及采用专用的密封帽将连接管件的电熔插孔密封、管道或接头的其他导电部件的接地情况。

⑤ 检测加油区卸油口处防静电夹,应检查接地导线与接地体、防静电夹间的连接质量或测量过渡电阻。

⑥ 检测加油机静电触摸释放装置时应注意其电阻值,安装在加油机上的人体静电释放器,加油前触摸 3～5 s 可充分释放人体静电,延长人体静电释放时间,静电触摸释放装置接入电阻或采用静电亚导体材质,电阻值在 $1\times10^6\sim1\times10^9\,\Omega$,释放电流小,放电时间长,避免因静电引发电火花等隐患,保证加油作业安全。

⑦ 检查防静电装置的接地体,其工频接地电阻不应大于 100 Ω。

⑧ 检查油品罐车卸车场地内用于防静电跨接的固定接地装置，不应设置在爆炸危险1区。

4. 等电位连接的检测

(1)建筑物等电位连接

① 首次检测时，应查看隐蔽工程记录，检查相关等电位连接方面施工是否符合标准要求。

② 检测进入加油站的架空或埋地金属管道、进入建筑物的外来导电物是否在进出建筑物或防雷区的交界处与防雷的接地装置做等电位连接。如已连接，则应检查连接质量、连接导体的材料和规格。

(2)加油区、油罐区的等电位连接

① 测量加油区内的接地端子接地电阻值是否符合规范要求，检查共用接地装置与各等电位连接端的连接情况，如已连接，则应检查连接质量，连接导体的材料和规格。测量过渡电阻值。

② 检测罩棚内加油岛、防撞护栏、导流环、防火器材存放金属柜(架)等，加油机金属外壳、加油机内防爆电源盒、泵体、油气分离器金属线管，如已连接，则应检查连接质量、连接导体的材料和规格。测量过渡电阻值。

③ 检测加油枪与连接软管的等电位连接情况：一是加油枪油管的根部与加油机外壳的过渡电阻，二是加油枪柄与连接软管的过渡电阻值，三是加油枪体与枪头(转换关节)的过渡电阻值测量。

④ 检测金属油罐的阻火器、呼吸阀、量油孔、人孔、透光孔等金属附件的等电位连接情况。油罐区管道、金属构架、金属牌匾、栏杆等大尺寸金属物与共用接地装置的连接情况，如已连接，应检查连接导体的材料规格及连接质量。

⑤ 测量油罐车卸油用的卸油软管、油气回收软管与两端接头，是否可靠电气连接。检测呼吸阀、量油孔、人孔、传感器线管、平行敷设的管道、构架和电缆金属外皮、长金属物的弯头、阀门、法兰盘等连接处跨接的过渡电阻值，并进一步检查连接导体的材料规格及连接质量。

⑥ 测量罐体引上线地面部分断接卡的接地电阻，检查连接质量测量其过渡电阻值是否符合规范要求。

⑦ 测量罐区内的金属盖板、卸油口金属防护罩等的接地情况，检查连接导体的材料规格及连接质量。

5. 建筑物内系统检测

(1)低压配电部分

① 检查进入加油站低压配电线路的敷设方式、接地形式、接地系统是否为共用接地系统。

② 检测埋地铠装电缆金属外层或采用架空金属线槽引入时，是否在入户端将电缆的金属外层、金属线槽等是否与接地装置做等电位连接。如已连接应检查连接导体材料规格，连接质量，测量过渡电阻值。

③ 检测发电机、发电机房内油箱的接地情况，其接地与配电系统共用接地装置，并进一步检查等电位连接情况及连接导体材料规格、连接质量。测量过渡电阻值。

(2)电子系统检测

① 加油站的电子信息系统线缆应采用屏蔽电缆或穿金属线管敷设，屏蔽电缆金属外层或金属线管两端应进行等电位连接并接地处理。金属线管连接处应进行跨接，跨接导体及过渡

电阻值应符合规范要求。

② 检查油罐的温度、液位等相关传感器测量线路是否进行屏蔽处理，并应检测屏蔽电缆外层或金属线管与油罐等装置是否做等电位连接并接地。检查连接导体材料规格、连接质量，测量过渡电阻值。

③ 测量加油站房接地电阻，检测接地干线与接地装置的连接，连接点不应少于两处，判断电子信息设备是否与加油站共用一个接地系统。

④ 检查电子信息系统室内等电位连接情况，室内各设备的金属外壳、金属管道、金属门窗、金属隔断、防静电地板支架等是否进行等电位连接，检查连接导体材料规格、连接质量，测量过渡电阻值。

⑤ 检测室外与电子信息系统有联系的监控设备、现场仪表金属外壳、控制箱、接线箱等金属外壳是否就近接地，测试其接地电阻值，并检查等电位连接情况，检查连接导体材料规格、连接质量，测量过渡电阻值。

(3)屏蔽部分检测

① 检测电缆的合理布线和屏蔽等减少过电压措施是否满足要求。

② 检测室内信息系统及电子设备时，应确保其在外部防雷的保护范围内，应按规范要求划分雷电防护等级，检查对电磁屏蔽要求较高的设备是否放置在有效的 LPZ 保护区域内，是否满足要求。

③ 检查加油站屏蔽电缆的屏蔽层，是否将其两端在各防雷区交界处做等电位连接并与防雷接地装置相连，如已连接应检查连接导体材料规格、连接质量，测量其过渡电阻值应符合规范要求。

④ 检查屏蔽材料，宜选用钢材或铜材。选用板材时，其厚度宜为 0.3～0.5 mm。

6. 电涌保护器(SPD)的检测

(1)查阅施工图纸，确认线路的低压配电接地形式。

(2)检查在危险环境下是否选用防爆型电源 SPD。

(3)检测加油站各级电源 SPD 的安装位置、数量、主要性能参数等，检查连接导体的材料规格及安装工艺。

(4)检查加油站多级电源 SPD 之间的安装距离。检测各 SPD 导线的连接长度是否小于 0.5 m，检查安装工艺，测量连接导线与连接端子间的过渡电阻值。

(5)检查电源 SPD 前端装设的过电流保护器，其额定电流值是否小于主回路总开关上的额定电流值。

(6)检查 SPD 性能劣化情况，在 SPD 运行期间，会因长时间工作或因处在恶劣环境中而老化，或因受雷击电涌而引起性能下降、失效等故障，因此须定期进行检查。

(7)检查各类专业仪表、通信网络，各传感器所安装的信号 SPD 的主要性能参数、安装位置、型号、防爆等级、安装工艺、连接导线截面积等是否符合规范要求。

(8)关于 SPD 的检测内容、技术要求、测试方法可参见规范 GB/T 21431—2015 中第 5.8 条的要求。

(三)高速公路设施雷电防护装置检测要点

本部分内容依据 QX/T 211—2019 整理。

1. 部分术语

(1)高速公路：具有四个或四个以上车道，并设有中央分隔带，全部立体交叉并具有完善的交通安全设施与管理设施、服务设施、全部控制出入，专供汽车高速度行驶的公路。

(2)高速公路设施：高速公路沿线各种附属建筑物、高速公路中的桥梁、隧道等主体工程以及相关的高速公路机电系统。

(3)机电系统：高速公路收费、交通监控、通信、照明及低压配电等电气、电子系统的统称。

2. 检测基本要求

(1)现场环境和有关资料的调查应包含下列内容：

① 根据 GB 50057—2010 中第 3 章的规定划分建筑物防雷类别；

② 根据 QX/T 190—2013 中第 4 章的规定划分防雷区；

③ 查阅被检场所的防雷工程设计和施工档案；

④ 查看接闪器、引下线的安装各敷设方式；

⑤ 查看接地形式、等电位连接状况；

⑥ 检查低压配电系统和电子系统的接地形式、SPD 的设置及安装工艺状况、管线布设和磁屏蔽措施等。

(2)雷电防护装置接地电阻的测量应在非雨天和土壤未冻结时进行，现场环境条件应能保证正常检测。

(3)防雷现场检测的数据应记录在专用的原始记录表中，并应有检测人员签名，检测记录应使用钢笔或签字笔填写，字迹工整、清楚、不应涂改；改错应使用一条直线划在原有数据上，在其上方填写正确数据，并签字或加盖修改人员印章。

(4)用于现场检测的仪器、仪表和测试工具的准确度等级应满足被测参数的准确度要求。应经过检定/校验，并在检定/校验有效期内，且处于正常状态。在测试中发现故障、损伤或误差超过允许值时，应及时更换或修复，经修复的仪器、仪表各测试工具应经检定/校验，在满足准确度要求后方可使用，并对其之前检测进行复检。

3. 检测周期

防雷装置实行定期检测制度，应每年检测一次，其中加油加气站防雷装置应每半年检测一次。对雷击频发或有雷击破坏史的场所，宜增加检测次数。

4. 检测项目及技术要求

(1)机电系统

1)机房

① 检查机房所处建筑物位置，应处在建筑物低层中心部位的 LPZ1 区及其后续防雷区内。

② 检查机房内设备距外墙及柱、梁的距离，不应小于 1 m。

③ 检查机房的金属门、窗各金属屏蔽层与建筑物内的结构主筋应做可靠电气连接。

④ 检查机房内设置的等电位连接带的规格，应符合 QX/T 211—2019 中表 B.4 的要求。

⑤ 检查机房内机柜、金属外壳与等电位连接带连接的材料规格、安装工艺，应符合 QX/T

211—2019 中表 B.4 的要求。测试其电气连接，其过渡电阻不应大于 0.2 Ω。

⑥ 检查机房的低压配电线路、信号线路上安装的SPD，检查SPD外观及各级SPD的安装位置，安装数量、型号、检查并测试主要性能参数（如 U_C、I_n、I_{max}、I_{imp}、U_p 等）和安装工艺（连接导体的材质和导线截面、连接导线的色标、连接牢固程度）。测量多级SPD之间的距离和SPD两端引线的长度等，应符合规范要求。

⑦ 检查进、出机房的金属管、金属槽、金属线缆屏蔽层应就近与接地汇流排连接。

⑧ 检查机房的接地线，应从共用接地装置引至机房局部等电位接地端子板。

2)收费岛机电系统

① 检查计重系统、收费系统及收费天棚防雷系统接地形式，应符合防雷设计方案的要求；接地装置的材料规格、安装工艺，应符合 QX/T 211—2019 中表 B.4 的要求。测试其接地电阻值，应符合规范要求。

② 检查收费亭、自动栏杆、信号灯、车道护栏、立柱、车道摄像机支撑架（杆）、地下通道的扶栏、门等所有金属构件与收费岛共用接地装置连接的材料规格、安装工艺，应符合 QX/T 211—2019 中表 B.4 的要求。测试其电气连接，其过渡电阻不应大于 0.2 Ω。

③ 检查收费亭内的金属机柜、各种机电设备的金属外壳，应与收费亭内预留的等电位接地端子板电气连接。测试其电气连接，其过渡电阻不应大于 0.2 Ω。

④ 检查计重收费系统的设备外壳、金属框架、线缆的金属外护层或穿线金属管与收费岛共用接地系统连接的材料规格、安装工艺，应符合 QX/T 211—2019 中表 B.4 的要求。测试其电气连接，其过渡电阻不应大于 0.2 Ω。

⑤ 检查进、出收费亭的低压配电线路、信号线路在雷电防护分区的不同界面处安装的SPD，检查SPD外观及各级SPD的安装位置，安装数量、型号、检查并测试主要性能参数和安装工艺。测量多级SPD之间的距离和SPD两端引线的长度等，应符合规范要求。

3)外场机电系统

① 检查可变信息标志、气象监测仪器、车辆检测器（不含路面铺设）及监控摄像探头应处于接闪器有效保护范围内。

② 可变信息标志、气象监测仪器、车辆检测器及监控摄像系统传输线路、配电线路的敷设形式、屏蔽措施，应符合防雷设计方案的要求。屏蔽层应保持电气连通。测试其电气连接，其过渡电阻不应大于 0.2 Ω。

③ 高杆灯的引下线及接地状况，应符合防雷设计方案的要求。

④ 独立接闪装置的接地网与共用地网间距应符合 QX/T 211—2019 中表 B.3 的要求。

⑤ 检查监控系统各路信号线路、控制信号线路端口处设置的SPD，检测SPD外观及安装位置、数量、型号和安装工艺，应符合规范要求。

⑥ 监控系统低压配电线路在各雷电防护分区的不同界面处安装的SPD。检查SPD外观及各级SPD的安装位置，安装数量、型号、检查并测试主要性能参数和安装工艺。测量多级SPD之间的距离和SPD两端引线的长度等，应符合规范要求。

⑦ 检查车辆检测器、气象监测仪器、可变信息标志、机箱等金属外壳与接地装置的连接状况，测试其电气连接，其过渡电阻不应大于 0.2 Ω。

4)低压配电系统

① 检查变电所、配电房建筑物雷电防护装置应符合外部雷电防护装置的检测要求。

② 引入高压架空供电线路在进入变电所、配电房前，应改用金属护套或绝缘护套，电力电

缆穿钢管埋地，埋地距离应不小于 50 m 引入变压器输入端。

③ 检查低压配电系统的接地形式，当低压配电系统采用 TN 系统时，应检查从建筑物总配电盘处引出低压配电线路应采取 TN-S 系统。

④ 由配电房引出的各配电专线线缆应采用屏蔽电缆或穿钢管埋地敷设，屏蔽层或穿线钢管应两端就近接地。屏蔽层或穿线钢管应保持电气连通。测试其与接地装置的电气连接，其过渡电阻不应大于 0.2 Ω。

⑤ 检查与外场设备连接的直埋电缆屏蔽层或穿线钢管应两端就近接地，屏蔽层或穿线钢管应保持电气连通。测试其与接地装置的电气连接，其过渡电阻不应大于 0.2 Ω。

⑥ 低压配电、照明线路上安装的 SPD，检查 SPD 外观及各级 SPD 的安装位置、安装数量、型号，检查并测试主要性能参数和安装工艺。测量多级 SPD 之间的距离和 SPD 两端引线的长度等，应符合规范要求。

⑦ 检查外场设备电源箱、配电箱、分线箱与安全保护接地的等电位连接状况，测试其电气连接，其过渡电阻不应大于 0.2 Ω。

5)桥梁、隧道的机电系统

① 检查桥面敷设的低压配电线路、信号线路应采取屏蔽措施，其屏蔽层两端应接地，屏蔽层或穿线钢管应保持电气连通。测试其电气连接，其过渡电阻不应大于 0.2 Ω。

② 检查桥梁的低压配电线路、信号线路上安装的 SPD，检查 SPD 外观及各级 SPD 的安装位置，安装数量、型号、检查并测试主要性能参数和安装工艺。测量多级 SPD 之间的距离和 SPD 两端引线的长度等，应符合规范要求。

③ 检查隧道的车辆检测器、气象监测仪器、环境检测设备、紧急电话系统、可变信息标志、消防、闭路电视监控、通风、行车信号、通信、广播、供配电、照明等系统的防雷措施，应符合防雷设计方案的要求。

④ 检查隧道的环境检测设备、报警与诱导设施、通风设施、照明设施、消防设施、本地控制器的供配电线路、信号线路应采取屏蔽措施，其屏蔽层两端应接地，屏蔽层或穿线钢管应保持电气连通。测试其电气连接，过渡电阻不应大于 0.2 Ω。

⑤ 检查隧道的环境检测设备、报警与诱导设施、通风设施、照明设施、消防设施、本地控制器的低压配电线路、信号线路上安装的 SPD，检查 SPD 外观及各级 SPD 的安装位置，安装数量、型号、检查并测试主要性能参数和安装工艺。测量多级 SPD 之间的距离和 SPD 两端引线的长度等，应符合规范要求。

⑥ 检查隧道监控中心的防雷措施，应符合机房防雷的检测要求。

(2)通信系统

① 检查通信站、通信塔的雷电防护装置，应符合外部雷电防护装置的检测要求。

② 通信机房应符合机房防雷的检测要求。

③ 检查通信线路的敷设形式、屏蔽措施，应符合防雷设计方案的要求。屏蔽层应保持电气连通。测试其电气连接，其过渡电阻不应大于 0.2 Ω。

④ 检查埋地光缆上方埋设的排流线或架设的架空地线材料规格、安装工艺，应符合防雷设计方案的要求。测试其接地电阻，应符合接地电阻值要求。

⑤ 检查光缆在入(未)孔处，引入机房前应将光缆内金属构件接地。测试其接地电阻，应符合接地电阻值要求。

⑥ 检查直埋电缆金属铠装层或屏蔽层的各接续点，应保持电气连通，两端应接地。测试

其接地电阻,应符合接地电阻值要求。

⑦ 紧急电话机箱应接地。测试其接地电阻值,应不大于 10 Ω。

⑧ 通信系统低压配电线路、信号线路在各雷电防护分区的不同界面处安装的 SPD,检查 SPD 外观及各级 SPD 的安装位置、安装数量、型号,检查并测试主要性能参数和安装工艺。测量多级 SPD 之间的距离和 SPD 两端引线的长度等,应符合规范要求。

(3)接地电阻

① 高速公路建筑物、加油加气站、机电系统雷电防护装置的接地电阻应符合防雷设计方案的要求。

② 第一类防雷建筑物采用独立的接地装置,每根引下线的冲击接地电阻不宜大于 10 Ω;第二类防雷建筑物,每根引下线的冲击接地电阻不应大于 10 Ω;第三类防雷建筑物,每根引下线的冲击接地电阻不宜大于 30 Ω。冲击接地电阻与工频接地电阻的换算方法参见 QX/T 211—2019 中附录 D。

③ 当建筑物防雷接地、保护接地及电子系统的接地等采用共用接地系统时,共用接地系统的接地电阻值应按接入设备中要求的最小电阻值确定。

④ 当采取电气连接、等电位连接时,其过渡电阻不应大于 0.2 Ω。

⑤ 加油加气站场所内采用跨接等电气连接时,过渡电阻不应大于 0.03 Ω。

(四)古建筑防雷装置检测要点

本部分内容是依据 GB 51017—2014 进行整理,供检测人员参考。古建筑雷电防护装置的检测应符合现行国家标准 GB/T 21431—2015 的规定。

1. 部分术语

(1)古建筑。现遗存的按古代传统营造方式营造的古代建筑物。

(2)单体古建筑。独立的单个建筑物或多个有关联的单个建筑物中的某一古建筑。

(3)古建筑群。由多个有关联的单体古建筑物组成的一群(或组)古建筑。

(4)步架。木构架中相邻两檩中心线之间的水平距离。

(5)通面阔。古建筑物横向相邻两檐柱中心线间的距离称为面阔,横向各间面阔的总和称为通面阔。

(6)通进深。建筑物纵向相邻两檐柱中心线间的距离称为进深,纵向各间进深的总和,即前后檐柱中心线间的距离总和称为通进深。

2. 防雷分级

(1)古建筑防雷应根据其文物价值、发生雷电事故的可能性和后果等划分为第一级、第二级两个级别。

(2)在可能发生地闪的地区,遇下列情况之一的,应划为第一级防雷古建筑:

① 全国重点文物保护单位的古建筑、被联合国教科文组织列入世界文化遗产目录的古建筑;

② 历史上遭受过雷击的省、自治区和直辖市级重点文物保护单位的古建筑;

③ 预计年均受雷击次数大于 0.05 次/年的省、自治区和直辖市级重点文物保护单位的古建筑;

④ 预计年均雷击次数大于 0.25 次/年的古建筑。

(3)在可能发生地闪的地区，凡不属于上述(2)款规定的古建筑，遇下列情况之一的，应划为第二级防雷古建筑：

① 重点文物保护单位的古建筑；

② 预计年均雷击次数大于或等于 0.05 次/年，且小于或等于 0.25 次/年的古建筑；

③ 高度在 15 m 及以上的古建筑。

(4)当古建筑中各单体古建筑的防雷级别不同时，应按单体古建筑中的最高防雷级别确定古建筑群的防雷级别。

(5)古建筑的防雷设计除应符合 GB 51017—2014 规范规定外，第一级防雷古建筑和第二级防雷古建筑的防雷设计尚应分别符合现行国家标准 GB 50057—2010 中的第二类防雷建筑物和第三类防雷建筑物的有关规定。

3. 检测项目

(1)首次对古建筑防雷检测时，应按其古建筑防雷级别，确定防直击雷的外部雷电防护装置。古建筑的防直击雷装置宜在其外独立安装。

(2)检测第一级防雷古建筑和第二级防雷古建筑的防雷装置时，应分别依据规范 GB 50057—2010 中的第二类防雷建筑物和第三类防雷建筑物的有关规定。

(3)检查外部防雷时，在古建筑的主要出入口、经常有人通过或停留的场所时，外部防雷装置是否采取人身安全保护措施。

(4)当检测古建筑内设有低压配电系统和电子系统时，应检测防闪电电涌侵入和雷击电磁脉冲的措施是否符合规范要求。

4. 外部防雷装置检测

(1)接闪器的检测

① 对接闪器的检测应首先确定古建筑防雷级别，按其对应的防雷建筑物类别的要求规格对接闪带、接闪网、接闪杆、架空接闪线中的任一种或组合形式的接闪器进行检测。采用接闪网时，接闪网格形成的面应覆盖整个屋顶，网格尺寸宜为步架的整数倍。

② 在检测时，应根据古建筑的特点检测安装在易受雷击部位接闪器的保护范围，应着重检查其周边设立的独立接闪杆，并根据实际情况重新核算保护范围。独立接闪器的地上部分距建筑物的外轮廓的距离不应小于 5 m。

③ 由于有些古建筑顶部造型比较突出，检测接闪带在其宝顶、吻兽、龙头和鳌鱼等饰物上方随形敷设时，弯曲半径不应小于 200 m，弯曲角度不应大于 180°。

④ 检查沿檐口布置的接闪带是否妨碍落叶时节雨水的排泄，在檐角处接闪带是否向上翘起并向外伸延，伸延的长度应为 150 mm。

⑤ 检测屋顶天窗、突出屋顶的非导体饰物等装置是否在接闪器的有效保护范围内。

⑥ 检测利用屋顶上的铁刹、金属链、宝顶和金属屋面等金属导体做古建筑接闪器的材质规格、连接形式、安装工艺、防腐处理等情况是否符合规范要求。

⑦ 检测第一、二级防雷古建筑的高度分别超过 45 m、60 m 时，应检测是否采取了防侧击措施，并应进一步检查防侧击装置的安装位置、工程质量，所用材质规格、连接形式、防腐处理等情况是否符合规范要求。

⑧ 检查未设防直击雷装置的古建筑，其内、外部的非带电导体应就近接地，并检查接地质量，测试其接地电阻。

⑨ 检查所用接闪器及引下线材料，按规范要求，防雷古建筑的接闪器及引下线不宜采用表面光亮的导体材料。

(2)引下线的检测

① 检测引下线时，首先应确定古建筑防雷级别，按其对应的防雷建筑物类别的要求检测引下线的间距及根数是否符合规范要求。

② 检测单体古建筑的专设防雷引下线的间距、根数(不应少于 2 根)，布设位置，是否沿外墙均匀对称布置，且宜优先布置在易遭雷击的部位，其间距沿外墙周长计算不宜大于 18 m 。当未按要求保持 18 m 的均匀间距时，应根据古建筑防雷级别检查是否采取下列措施：

(a)当古建筑通面阔大于 18 m 或 25 m，且不宜在古建筑正面敷设引下线时，可在古建筑正面两个墙角各敷设 1 根引下线，同时在侧墙和通进深方向的外廊柱上、后墙等较隐蔽处增加引下线，使引下线的平均间距不大于 18 m 或 25 m。当后墙无法安装引下线时，可仅在侧墙或通进深方向的外廊柱上增加引下线，使引下线的平均间距不大于 18 m 或 25 m。

(b)当古建筑跨距较大，且无法在跨距中间设引下线时，应在跨距两端设引下线，并应减少该引下线与其他引下线之间的间距，使平均间距不大于 18 m 或 25 m。

③ 应检查其雷电防护装置，如设在人员经常出入的地方，引下线是否采取了防止接触电压与跨步电压的有效保护措施，是否设置护栏、警示牌等防护设施。

(3)等电位连接的检测

① 检测安装在古建筑顶的宝瓶、吻兽、锡背、鳌头等金属饰物均应就近与接闪器相连接。

② 检测外墙内外，竖直安装敷设的金属导管或金属体与雷电防护装置做等电位连接情况，其连接点的间距不宜大于 30 m，且金属导管或导体的顶端和底端应与雷电防护装置做等电位连接。

③ 检测入户处的电缆金属外皮或穿电线电缆的金属导管是否与雷电防护装置做等电位连接，测量其过渡电阻值应符合规范要求。

④ 检测外部引入古建筑内的非带电金属管道、金属部件、电气系统和电子系统线路等是否与雷电防护装置在古建筑外轮廓所在的防雷区界面处做等电位连接。

⑤ 检测古建筑的金属管道、金属物品、金属防鸟网等无法与雷电防护装置做绝缘隔离的导电部分，是否与雷电防护装置做等电位连接。

⑥ 检测金属管道、部件、装置及电气系统和电子系统的非带电导体与防直击雷装置之间的安全隔离距离是否符合规范要求，如不符合要求，是否采取了等电位连接措施。

⑦ 以上各项如果已经进行等电位连接，应检查连接导体的材料、规格及连接工艺和过渡电阻值是否符合规范要求。

(4)接地体装置检测

① 古建筑雷电防护装置大多为后期改建工程，在首次检测时应查阅相关工程方案、图纸及隐蔽工程记录等资料，应检查独立接地体布置位置，是否在建筑物基础或台基 1 m 外。检查同一建筑物的不同引下线的接地极是否相互连接(在现场条件许可情况下)。

② 独立设置的接闪器，其接地装置距建筑物基础或台基的距离不应小于 3 m。

③ 检测单体古建筑中多种系统的接地装置是否采用共用接地，如为共用接地，检测与接地装置之间连接导体数量(不应少于两根)、连接材料规格、连接质量。测量其接地电阻值应为

各系统要求接地电阻的最小值。

④ 电阻要求：

(a)一级防雷古建筑，每根引下线均应与接地装置连接，单根引下线接地装置的冲击接地电阻不宜大于 10 Ω。测试其接地电阻，应符合接地电阻值要求；

(b)二级防雷古建筑，每根引下线均应与接地装置连接，单根引下线接地装置的冲击接地电阻不宜大于 30 Ω。测试其接地电阻，应符合接地电阻值要求。

(5)防闪电电涌侵入检测

① 当古建筑内设有低压配电系统和电子系统时，应检测防闪电电涌侵入和雷击电磁脉冲的措施是否符合规范要求。

② 检查由室外进入古建筑内的低压配电系统和电子系统线路是否采用埋地敷设方式，如果检测不是全长埋地入户，应检查入户段是否采用铠装电缆或电缆穿金属导管埋地引入，再进一步检测埋地长度不宜小于 15 m。

③ 检测电气接地装置与防雷接地装置共用或相连的情况下，低压电源总配电箱(柜)上是否安装了电涌保护器。电子系统的室外线路采用金属线引入古建筑物时，是否在其引入的终端箱处安装了电涌保护器。

④ 检查 SPD 的参数与接入系统的协调一致性。

⑤ 检查供电系统的接地形式、SPD 接入系统的模式、被保护设备端口的耐冲击过电压额定值、SPD 的型号、U_C、U_P。测量其压敏电压 U_{1mA}、泄漏电流 I_{ie} 值等。

⑥ 检测连接 SPD 的导体的规格、长度、安装工艺等是否符合规范要求。

(五)旅游景区雷电防护装置检测要点

1. 检测依据

有关旅游景区防雷的相关内容可参照 GB 8408—2018、QX/T 264—2015、GB 12352—2018、QX/T 225—2013，旅游景区雷电防护装置检测应按 GB/T 21431—2015 的要求，检测周期为每年一次。

2. 部分术语

(1)旅游景区：以满足旅游者出游目的为主要功能(包括参观游览、审美体验、康乐健身等)，并具备相应旅游服务设施，提供相应旅游服务的独立管理区，该管理区应有统一的经营管理机构和明确的地域范围。

(2)游道：景区内供游客步行的通道，由露天道路和护栏构成。

(3)观景平台：景区内供游客观景或休息的场所，由露天平台和护栏组成。

(4)游乐园场：以游乐设施为主要载体以娱乐活动为重要内容，为游客提供娱乐体验的合法经营场所。

(5)水景设施，构成各种水流景观所使用的设备、装置、机械和器具的总称。

(6)游乐设施：游乐设施是指在特定的区域内运行，承载游客娱乐的载体，包括具有动力的游乐器械，为游乐而设置的构筑物和其他附属装置以及无动力的游乐载体。

(7)索道系统：由站房和附属建筑物、索道、支架、连接站房之间的电力和信号线路以及动力和控制设备组成，用来传送物料和人员的运输系统。

(8)防雷亭:景区内供游客观景、休息、躲雨和避雷的亭式建(构)筑物。

3. 防雷要求

(1)游乐设施的低压配电系统的接地形式应采用 TN-S 系统或 TN-C-S 系统,电气设备中正常情况下不带电的金属外壳、金属管槽、电缆金属保护层、互感器二次回路等应与电源线的地线(PE)可靠连接,低压配电系统保护接地电阻应不大于 10 Ω。

(2)高度大于 15 m 的游乐设施和滑索上、下站及钢丝绳等应设防雷装置,并应采取防闪电电涌侵入的措施。高度超过 60 m 时还应增加防侧击的防雷装置,防雷装置应符合 GB 50057—2010 的规定。

(3)游道防雷

① 应根据风险等级在游道两侧设置防雷装置或具备防雷功能的应急避雷亭。在高风险区域避雷亭或防雷装置之间的间距不宜大于 100 m,在中风险区期间距不宜大于 150 m,并在明显位置设置警示牌。

② 应急避雷亭安装的外部防雷装置应符合 GB 50057—2010 要求,高风险区滚球半径选择 60 m,接地电阻≤20 Ω。中风险区滚球半径选择 100 m,接地电阻≤30 Ω。

③ 游道两侧的护栏,当采用金属材料时,应不大于 25 m 做一次接地,并应设置警示牌。

④ 当游道两侧有高大乔木时,可将短接闪装置安装在树冠。

(4)观景平台防雷

① 高中风险区的观景平台应设置独立接闪杆,对平台上 2.5 m 高度平面进行防雷保护,保护范围计算应符合 GB 50057—2010 中附录 D 的要求,滚球半径应符合高风险区选择 60 m,中风险区选择 100 m 的要求,平台面积较大时,独立接闪杆应设置在雷暴活动最多方位。

② 防接触电压和跨步电压的措施应符合 GB 50057—2010 中第 4.5.6 条第 1、2 款的要求。

③ 接地电阻值应符合高风险区≤20 Ω、中风险区≤30 Ω 的要求。

④ 观景平台四周的护栏,当采用金属材料时应不大于 25 m 做一次接地,并应设置警示牌。

(5)电气系统和电子系统防雷

① 室外照明系统宜采用铠装电缆或穿金属管埋地敷设,可利用金属灯杆作为接闪器和引下线。灯杆接地电阻值应符合高风险区≤20 Ω、中风险区≤30 Ω 的要求。

② 高风险区防闪电电涌侵入和闪电感应的措施应符合 GB 50057—2010 中第 4.3 节的规定,中风险区防闪电电涌侵入措施应符合 GB 50057—2010 中第 4.4 节的规定。

③ 高风险区和中风险区的等电位连接和屏蔽措施,应符合 GB 50057—2010 中第 6 章的规定。

④ 景区内的电视监控系统、广播系统、售(验)票系统、紧急电话系统、停车场管理系统、信息指示等电子系统的室外部分均应在外部防雷装置的保护范围内。

⑤ 电子系统的线路在不同地点进入建筑物时,宜设若干等电位连接带,并应将其就近连到环形接地体,内部环形导体或在电气上贯通并连通到接地体或基础接地体的钢筋上。

⑥ 位于高风险区和中风险区的电子系统信息技术设备(ITE)机房的屏蔽、等电位连接措施应符合 GB 50057—2010 中第 6 章的规定。

(6)游乐园(场)防雷

① 游乐园(场)内 2.5 m 高度，应置于直击雷防护区($LPZ0_B$)内。

② 在高耸金属游乐设施保护范围之外的空旷地带，高风险区应装设独立接闪装置或架空接闪线进行保护，滚球半径 60 m，中风险区应装设独立接闪装置或架空接闪线进行保护，滚球半径取 100 m，接闪杆或架空接闪线的支柱不应架设在游人集中通过或停留的位置。

4. 防雷检测

(1)由于景区地势开阔、设施繁多，包括项目较多，在旅游景区雷电防护装置检测前宜进行规划，分类、分区逐步推进，防止漏检。

(2)在检测中遇到不同项目的雷电防护装置时，应依据相关的防雷规范要求进行检测，如文物防雷建筑、古树名木防雷，特别是索道系统包括电气及控制系统等。

(3)检查较高处的观景平台、金属护栏、金属扶梯、金属灯杆、监控杆等除做好等电位连接及接地外，要设立警示牌，防止接触电压与跨步电压。

(4)上述防雷要求以及其他雷电防护装置检测应按 GB/T 21431—2015 的要求进行。

(六)煤炭工业矿井雷电防护装置检测要点

1. 检测依据

检测前要对被检防雷建筑物进行分类，依据 QX/T 150—2011 中的第 5.1 条进行划分。

(1)遇下列情况之一时，应划分为第二类防雷建(构)筑物：

① 瓦斯抽放站，主要通风机房；

② 年预计雷击次数大于 0.25 次的办公楼、生产调度楼、井架、井棚等一般性建(构)筑物。

(2)遇下列情况之一时，应划分为第三类防雷建(构)筑物：

① 年预计雷击次数大于或等于 0.05 次，且小于或等于 0.25 次的办公楼、生产调度楼、井架、井棚等一般性建(构)筑物；

② 高度在 15 m 以上的井架、井棚、烟囱、水塔等孤立高耸建(构)筑物；

③ 带式运输走廊等。

(3)年雷击预计次数应按 GB 50057—2010 中附录 A 确定。

2. 防雷要求

(1)变电所防雷

① 变电所直击雷防护应采用接闪杆或接闪线，变电所内的建(构)筑物、构架均应处于保护范围内，保护范围宜按 GB 50057—2010 中附录 D 确定，滚球半径取 45 m。

② 一般情况下，宜装设独立接闪杆，接闪杆应设置环形接地，工频接地电阻不应大于 10 Ω，但条件不允许时，可在构架上装设接闪杆，距离变压器不应小于 15 m。

③ 接闪杆接地点与电缆沟最小距离不应小于 3 m。

④ 变电所 6～10 kV 配电装置，应在每组母线和架空进线上装设避雷器，无所用配电装置时，宜在线路架空进线上装设避雷器。

(2)高压设备、避雷器、供配电线路、接触网等要求分别参见 QX/T 150—2011 中第 6.5、6.6、6.7 及 8.5 条。

(3)电子系统防雷

电子系统防雷应符合 GB 50057—2010 的规定。矿井线缆的布设应符合下列要求：

① 瓦斯、产量监控、人员定位等信息，不宜和电力电缆敷设在道路同侧，受条件限制时，井筒内同侧敷设的净距不应小于 0.3 m；巷道内同侧敷设的净距不应小于 0.1 m，电力电缆应敷设在信息电缆的上方；

② 电缆与水管、风管平行敷设时，电缆应位于管道的上方，净距不小于 0.3 m；

③ 电力机车的接触网区段、瓦斯、产量监控、人员定位的信息线路宜全线采用光缆或屏蔽电缆；

④ 电涌保护器在室内装设时，宜设在便于检查的位置。电涌保护器在室外或井口装设时应选用室外型产品，选用室内型产品时应装设在防护等级不低于 IP54 的箱内。

(4)井下设备接地

① 进入井下电缆的金属外皮、接地芯线应和设备的金属外壳连接在一起接地。

② 所有电气设备的保护接地装置和局部接地装置，应与主接地装置连在一起形成接地网，其安装要求应符合 QX/T 150—2011 中第 8.1.2 条的规定。

(5)井口等电位连接及接地

① 井口附近接地装置的冲击接地电阻应小于 5 Ω。

② 由地面直接引入、引出矿井的带式运输机支架、各种金属管道、架空人车支架、运输轨道、架空运输索道、电缆的金属外层等金属设施，应在井口附近就近与接地装置相连，连接点不应少于两处。

③ 架空进入矿井的带式运输机支架、架空金属管道、架空人车支架、架空运输索道的支架及其他长金属物，在距离井口 200 m 内每隔 25 m 做一次接地，其冲击接地电阻不应大于 20 Ω。宜利用金属支架或钢筋混凝土支架的焊接钢筋网作为引下线，其钢筋混凝土基础宜作为接地装置。

④ 平行敷设的管道、运输轨道、带带式运输机支架、架空人车支架、电缆外皮等长金属物，当净距小于 0.1 m 时应采用金属线跨接，跨接点的间距不应大于 30 m，当交叉净距小于 0.1 m 时，交叉处也应跨接。

⑤ 钢丝绳的两端应做接地，中间部位可利用支撑轮和绞盘做接地处理。

(6)信息线路的防雷

① 引入井下的信息线路宜全线采用光缆，将光缆金属挡潮层、加强芯两端接地，在井口有线路分线和转接时，两条光缆的金属挡潮层、加强芯均应接地。

② 引入井下的信息线路采用电缆时，应全线采用屏蔽电缆埋地敷设，在架空线与电缆连接处应装设户外型电涌保护器。电涌保护器、电缆金属外皮、钢管和绝缘子铁脚、金具等应连接在一起接地。

3. 检测项目

(1)检测防雷建筑物每根引下线的冲击接地电阻要求，第二类防雷建筑物不宜大于 10 Ω；第三类防雷建筑物不宜大于 30 Ω。

(2)注意检测架空避雷线的保护角度及相关要求，杆塔工频接地电阻不宜大于 10 Ω，在山区等土壤的电阻率大于 1000 Ω·m 的地区不应大于 30 Ω。

(3)检测井下接地装置的工频接地电阻要求，不应大于 2 Ω。

(4)检测井口外的接地装置冲击接地电阻要求不应大于 5 Ω；要注意检测地面的传送机支架、各种金属管道、架空人车支架、运输轨道、架空运输索道、电缆金属外层等金属设施，应在井口附近就近与接地装置相连接，连接点不应少于两处。

(5)架空进入矿井的长金属物，在距井口 200 m 内每隔 25 m 做一次接地，其冲击接地电阻值不宜大于 20 Ω。

(6)平行敷设的长金属物，当平行净距小于 0.1 m 时，应采用金属线跨接，跨接点的间距不应大于 30 m；当交叉净距小于 0.1 m 时，其交叉处也应跨接。

(7)检测接触网的防雷接地装置，其工频接地电阻值要求不宜大于 10 Ω。

(8)检测各级电源 SPD 的参数、安装质量等是否符合规范要求。

(9)检测其他项目时应根据其项目的具体情况，参照 QX/T 150—2011、GB 50057—2010、GB/T 21431—2015 等中的相关条款。

(七)高层建筑物防雷检测要点

高层建筑物防雷检测就依据 GB/T 21431—2015 的要求，主要注意防侧击部分的要求。

(1)接闪带敷设是否符合规范要求，当建筑物高度超过二类 45 m、三类 60 m 时接闪带是否设在外墙外表面或屋檐边垂直面上，也可设在外墙外表面或屋檐边垂直面外。

(2)竖直敷设的金属管道及金属物的顶端和底端是否与雷电防护装置连接并在一定距离做一次等电位连接(20～25 m)。

(3)应注意检测高层建筑的防侧击措施，玻璃幕墙、大理石墙的金属构架等防直击雷的措施，主要检测金属构架的等电位连接，检查屋顶幕墙上部的防直击雷装置应与接闪器相连接。

(4)检测高于 60 m 的建筑物，其上部占高度 20%并超过 60 m 的部位应防侧击，防侧击应符合 GB 50057—2010 中第 4.3.9、4.4.8 条的规定。

(5)在检测中往往出现防雷类别判断不准确的情况。高层建筑物按规范要求计算为二类防雷建筑物较多，但往往按三类防雷建筑物要求检测。

(6)检测电梯轨道的上端与下端的等电位连接。

(7)检测屋顶部的金属管道、金属牌匾、金属装饰物、航空障碍灯、空调外机、天线、照明灯具等突出物体，是否处在 $LPZ0_B$ 区，是否做了等电位连接，以及检测连接材料及连接质量。

(8)屋顶各种带电线缆是否做屏蔽处理，金属线管、桥架是否做等电位连接。

(八)广播电视微波站及转播台防雷检测要点

1. 防雷要求

(1)广播电视微波站及转播台防雷应采取直击雷防护措施。雷电防护措施应符合 GY/T 5031—2013、GB 50057—2010 的有关规定，按照第二类防雷建筑物进行防雷设计和建设。由于目前大部分台(站)都采用了数字化设备，所以雷电防护装置检测应符合 GB 50343—2012 与 GB/T 21431—2015 中的要求。

(2)天线塔顶应安装接闪杆，保护半径应覆盖塔体上安装的所有天线。

(3)进、出机房的架空信号线缆应安装信号电涌保护器。

(4)接地系统宜采用共用接地系统。

(5)馈线隔离层应分别在天线连接处、机房入口外侧就近与接地网连接，波导过长时，应在塔的中间部位增加接地点。室外馈线支撑架始末两端均应接地。

(6)航空障碍灯、彩灯及其他用电设备的电源线,应采用铠装电缆,入室前接地。

(7)金属导管、电缆屏蔽层、金属线槽(架)等进入机房处,应进行等电位连接。

(8)机房内外导电金属构件,包括微波设备金属外壳、室内吊顶金属挂件、附属电气设施金属外壳、穿墙金属管线、金属门窗、室外金属防护栏(网)、空调室外机金属外壳、金属旗杆(风向标)应就近良好接地。

(9)光缆的所有金属接头、金属加强芯,应就近直接接地。

(10)雷暴日大于 60 天/年的强雷暴地区,机房(含值班室)建筑四周外墙及顶部宜敷设 15 cm ×15 cm 的屏蔽网格。

2. 检测要点

(1)检测前首先了解设计方案及引用的相关规范,了解机站的性质、功能及作用。

(2)在检测时应注意供电方式,部分建成较早,低压配电仍采用 TT 或 TN-C 系统,应注意检测电源 SPD 的安装模式,要分清 SPD 的接线方式。

(3)检测天馈电缆金属外层在两端的等电位连接与接地情况。有时会出现一端接地或不接地的情况。

(4)检测天线铁塔至机房金属桥架等电位连接情况,特别是在机房一侧的等电位接地容易忽视。

(5)检测光缆加强筋的等电位连接与接地情况,如果光缆加强筋末端的等电位连接与接地不可靠,极易造成加强筋在机柜内部对其他导体产生火花,损坏收发设备。

(6)检测部分机架、电缆桥架、机柜的等电位接地情况,个别连接有忽视现象(如 UPS 电池柜等)。

(7)有些台(站)设在山区或土壤电阻率不均匀的情况下,在测试接地电阻时,应选择测试地块进行多次测量。

(8)检测各级电源 SPD 的安装情况;主要检查相关参数、各级 SPD 的能量配合,以及 U_P 值与被保护设备的 U_W 值的配合。

(9)检测直流系统,部分设备是直流供电,其工作电压很低,极易遭受雷电的危害。应检测直流 SPD 的接线、前级保护、参数等,尤其是 SPD 保护电压,应按规范要求并结合设备供电电压值进行选择。

(九)风力发电机组防雷检测要点

1. 外部雷电防护装置检测项目

(1)叶片雷电防护装置:接闪器、引下线。

(2)机舱雷电防护装置:机舱接闪器、引下线、外部裸露金属装置。

(3)接地装置:机组基础接地电阻。

2. 内部雷电防护装置检测项目

(1)检测等电位连接装置:电气柜、机组附属装置(金属爬梯、电器设备,风电塔筒免爬器、振动监测仪等)。

(2)检测电涌保护器参数、安装位置、安装工艺。

3. 检测依据

GB 33629—2017、GB/T 36490—2018、GB/T 21431—2015。

4. 检测基本要求

(1)检测应在机组停机状态下进行,应断开以下部分:

① 箱变高压侧电源;

② 机组接地体与塔筒底部末端的连接;

③ 升压变压器高压侧电缆屏蔽接地线;

④ 有光纤金属加强筋存在时,应断开金属加强筋;

⑤ 与之连接的邻近其他机组的地网。

(2)检测前应对使用仪器进行检查,其在计量合格证有效期内并能正常使用。要考虑检测风机所处的环境与干扰等情况,选择配备适用的检测仪表,按照 GB/T 36490—2018 中第 6 章 6.3.2.3 款要求。测量使用的接地电阻测试仪应具备异频测量功能,测试电流不应小于 3 A,测试方法可参看仪器使用说明书,并且参见 GB/T 36490—2018 中附表 C。

(3)首次检测时,应查阅机组防雷技术资料和图纸、隐蔽工程记录,了解雷电防护装置的安装情况,避免与接地网的施工方向重叠;一般宜对机组进行至少两个测向的接地电阻测试,接地电阻值取各测向的平均值。

(4)在现场检测前,应了解现场环境情况(天气、土质、道路)等情况,便于安排检测工作。检测工作可按先检测外部雷电防护装置、后检测内部雷电防护装置的顺序进行。将检测结果填入雷电防护装置安全检测原始记录表中,并附测量接地电阻布线位置图。

(5)检测各接闪器、引下线的数量及材质规格等应符合设计文件的技术要求。焊接工艺和捆扎方法应符合相关要求。

(6)接闪器的材料、结构和最小截面及引下线的材质规格要求等应符合 GB/T 36490—2018 中第 6 章相关表格要求。

(7)接地装置要求,接地电阻值不应大于 10 Ω。检测中注意,塔筒底部末端与接地扁钢的连接应不少于 3 处,连接电阻不应大于 0.24 Ω,导体表面应做防腐处理并做接地标识。

(8)连接塔底导体与接地体的搭接,扁钢使用焊条焊接时,焊接长度应小于其宽度的 2 倍。连接导体的规格材质及接地体所用金属材料,最小截面积应符合 GB/T 36490—2018 中第 6 章节相关表格的要求。

(9)连接导体接触面的过渡电阻不应大于 0.24 Ω。

5. 检测项目要求

(1)检测等电位连接导线、不同连接排之间的连接导线、连接排和接地装置之间连接导线的要求,应符合 GB/T 36490—2018 中第 6 章中表 4、表 5 要求;等电位连线要求尽量短、直。

(2)检测接地线两端的连接应可靠,接地线应有黄绿相间颜色标识,或在连接点处应有接地标识。

(3)检测接地线的连接处不应有松动和锈蚀。

(4)对轴承两端采用石墨或其他低阻抗导体作为等电位连接时,其过渡电阻不应大于 0.24 Ω。

(5)要求使用经实验室的检测认可的 SPD,其性能要求和试验方法符合 GB/T 18802.1—2011 和 GB/T 18802.21—2016 的规定。

(6)检查电气柜的防雷分区和电涌保护器配置是否符合 GB/T 33629—2017 中附录 E、附录 F 的规定。

(7)直观检查 SPD 的外观质量、状态指示是否正常。

(8)检查各电涌保护器安装工艺、安装位置、安装数量、型号、主要参数、接线长度、线径、线色、连接牢固程度等,接地导线与等电位连接带之间的过渡电阻值不应大于 0.24 Ω。

(9)检测 SPD 的压敏电压、泄漏电流和绝缘电阻,测量方法和合格判定应符合 GB/T 21431—2015 中第 5.8.5 条的规定。

(十)光伏发电站防雷检测要点

本部分内容依据 DB62/T 2756—2017 整理,供检测人员参考。光伏发电站防雷装置检测应符合现行国家标准 GB/T 21431—2015 的规定。

1. 部分术语

(1)光伏发电站。以光伏发电系统为主,包含各类建(构)筑物及检修、维护、生活等辅助设施在内的发电站。

(2)光伏方阵。将若干个光伏组件在机械和电气上按一定方式组装在一起,并且有固定的支撑结构而构成的直流发电单元。又称光伏阵列。

2. 检测项目

(1)光伏方阵区的检测项目

① 太阳能电池板框架和支架之间、各单元之间的电气完整性;

② 接地阻抗(测试方法见 DB62/T 2756—2017 中附录 A);

③ 场区地表电位梯度(测试方法见 DB62/T 2756—2017 中附录 B);

④ 跨步电位差和接触电位差(测试方法见 DB62/T 2756—2017 中附录 C);

⑤ 逆变器室的防直击雷装置性能;

⑥ 各汇流箱和逆变器室等电位连接和电涌保护器性能及连接情况;

⑦ 土壤电阻率(首次检测时测试,测试方法见 DB62/T 2756—2017 中附录 D)。

(2)升压变电站(开关站)的检测项目

① 主控楼、变配电室的内部防雷装置和外部防雷装置性能;

② 各类配电柜、开关柜的等电位连接情况;

③ 各类配电柜、开关柜内的电涌保护器性能及连接情况;

④ 各设备之间的电气完整性;

⑤ 接地阻抗;

⑥ 跨步电位差;

⑦ 接触电位差;

⑧ 场区地表电位梯度;

⑨ 独立接闪杆的接地电阻、保护范围;

⑩ 独立接闪杆接地装置地下部分与其他金属体之间的安全距离。

(3)光伏发电站建(构)筑物(包括控制室、检修、维护、生活等辅助设施)的检测项目

① 内部防雷装置性能;

② 外部防雷装置性能;

③ 金属网围栏接地情况。

3. 技术要求和检测方法

(1)接闪器

1)技术要求

接闪器的敷设及材料规格应符合以下要求:

① 接闪器的敷设应确保所保护建(构)筑物及设备处于接闪器的保护范围之内;

② 专设接闪器应敷设在光伏方阵的北侧,接闪器的设置高度应考虑阳光对光伏方阵造成阴影的影响;

③ 光伏方阵金属框架或支架用作接闪器时,光伏方阵电池板的金属框架和方阵金属支架的连接情况良好;

④ 升压变电站(开关站)的独立接闪杆采用热镀锌圆钢或钢管时,杆长 1 m 以下圆钢直径不应小于 12 mm,钢管直径不应小于 20 mm,厚度不应小于 0.5 mm;杆长 1～2 m 时,圆钢直径不应小于 16 mm,钢管直径不应小于 25 mm,厚度不应小于 0.5 mm;

⑤ 建筑物接闪带在使用单根热镀锌圆钢时,最小截面不应小于 50 mm^2,直径不应小于 8 mm;使用单根热镀锌扁钢时,最小截面不应小于 50 mm^2,厚度不应少于 2.5 mm;

接闪带的支持卡高度不应低于 150 mm,支持卡间距不应大于 1000 mm,敷设平直,焊接牢固,不得有直角弯;

⑥ 建筑物明敷接闪网的材料规格和接闪带相同,网格尺寸应符合 GB 50057—2010 的规定;

⑦ 架空接闪线宜采用截面不小于 50 mm^2 的热镀锌钢绞线或铜绞线;

⑧ 建筑物用金属屋面做接闪器时,应符合 GB 50057—2010 的规定;

⑨ 金属网围栏应与光伏方阵区地网做连接或单独接地,单独接地时接地电阻不应大于 10 Ω;

⑩ 所有接闪器做防腐处理。

2)检测方法

接闪器的安装敷设及材料规格按下列方法进行检测:

① 滚球法计算保护范围,确保站区所有建筑物及设备处在接闪器的保护范围之内;

② 检测太阳能电池板的铝合金框架(接闪器)和方阵金属支架的连接情况;

③ 卡尺测量接闪器的材料规格;

④ 米尺测量接闪带支持卡高度、间距及接闪网格、架空接闪线尺寸等;

⑤ 拉力秤测量接闪带承受的垂直拉力;

⑥ 检查建筑物接闪带、接闪网格敷设工艺,是否平直、焊接牢固,是否存在直角弯现象;

⑦ 接地电阻测试仪检测金属网围栏的接地情况;

⑧ 检查接闪器的防腐处理情况,是否存在锈蚀现象。

(2)引下线

1)技术要求

光伏电池板金属支架作为引下线时的支柱间距、独立接闪杆引下线、场区建筑物引下线的

材料规格及间距应符合以下要求：

① 应利用光伏组件的金属支撑结构和建筑物内钢筋、钢柱作为自然引下线；当无自然引下线可利用时，安装于地面的太阳能光伏系统和光伏建筑一体化的光伏系统专设引下线的平均间距不应大于 25 m；

② 引下线的材料规格要求同接闪器；

③ 独立接闪杆应敷设两根引下线，对称布置；

④ 所有引下线做防腐处理。

2)检测方法

引下线的材料规格及间距按下列方法进行检测：

① 米尺测量引下线的间距；

② 卡尺测量引下线的材料规格；

③ 检查明敷引下线的防腐处理情况，是否存在锈蚀现象。

(3)接地装置

1)技术要求

接地装置应符合以下要求：

① 光伏方阵区的所有接地装置连接成共用接地系统，接地阻抗、跨步电位差、接触电位差、地表电位梯度达到设计要求；

② 升压变电站(开关站)的接地装置连接成共用接地系统，接地阻抗、跨步电位差、接触电位差、地表电位梯度达到设计要求；

③ 独立接闪杆使用独立接地装置，接地电阻不应大于 10 Ω；地中距离符合 GB 50057—2010 的规定且不应小于 3 m；引下线入地处 3 m 范围内应设置护栏或悬挂警示牌；

④ 建筑物的接地装置与主地网之间连接情况良好，接地电阻值不应大于设计要求；

⑤ 所有接地装置做防腐处理。

2)检测方法

接地装置按下列方法进行检测：

① 光伏方阵区和升压变电站(开关站)的接地阻抗应使用大型地网接地测试仪检测；

② 光伏方阵区和升压变电站(开关站)的接触电位差以每个方阵单元和站区设备为检测对象，使用大型地网接地测试仪检测；

③ 光伏方阵区和升压变电站(开关站)的跨步电位差以工作人员经常出入通道为检测对象，使用大型地网接地测试仪检测；

④ 升压变电站(开关站)的场区电位梯度应使用大型地网接地测试仪检测，检测点的布置按 DL/T475—2017 的要求确定；

⑤ 光伏方阵和升压变电站(开关站)的土壤电阻率应使用接地测试仪检测；

⑥ 接地电阻测试仪检测独立接闪杆、建筑物接地装置的接地电阻；

⑦ 米尺测量独立接闪杆接地装置在地中与其他金属管道、线缆之间的安全距离；

⑧ 检查独立接闪杆引下线入地处是否设置护栏或悬挂警示牌；

⑨ 检查接地装置的防腐处理情况，是否存在锈蚀现象。

(4)等电位连接

1)技术要求

等电位连接应符合以下要求：

① 建筑物金属体、金属装置、建筑物内系统、进出建筑物的金属管线应与防雷装置做防雷等电位连接；

② 所有与建筑物组合在一起的大尺寸金属件都应等电位连接在一起，并应与防雷装置相连；

③ 电子系统的所有外露导电物体，应与建筑物的等电位连接网络做功能性等电位连接。向电子系统供电的配电箱的保护地线(PE)，应就近与建筑物的等电位连接网络做等电位连接。

2)检测方法

等电位连接的检测方法如下：

① 大尺寸金属物的连接检测，应检查设备、管道、构架、钢骨架、栏杆等大尺寸金属物与共用接地装置的连接情况，如已实现连接应进一步检查连接质量、连接导体的材料和尺寸；

② 总等电位连接带的检测，应检查由 LPZ0 区到 LPZ1 区的总等电位连接情况，如其已实现与防雷接地装置的两处以上连接，应进一步检查连接质量、连接导体的材料和尺寸；

③ 进入建筑物的外来导电物连接的检测，应检查所有进入建筑物的外来导电物是否在 LPZ0 区与 LPZ1 区界面处与总等电位连接带连接，如已实现连接，进一步检查连接质量、连接导体的材料和尺寸。

(5)电涌保护器

1)技术要求

电涌保护器的使用与安装应符合以下要求：

① 使用的电涌保护器应是通过国家认可检测实验机构检测的产品，并符合 GB 18802.1—2011 和 GB 18802.21—2016 标准的有关要求；

② 电涌保护器原则上应安装在各防雷区的交界处，但当线路能承受预期的电涌电压时，可安装在被保护设备处；

③ 电涌保护器必须能承受预期通过的雷电流，并具有通过电涌时的电压保护水平和熄灭工频续流的能力；

④ 电涌保护器的 U_c(最大持续工作电压，单位：V)值应符合 GB 50343—2012 的规定要求；

⑤ 电涌保护器接地线的材料规格和长度应符合 GB 50343—2012 的规定要求，第一级开关型或限压型电涌保护器的相线铜导线最小截面积应大于 6 mm^2，接地连接铜导线最小截面积应大于 10 mm^2；第二级限压型电涌保护器的相线铜导线最小截面积应大于 4 mm^2，接地连接铜导线最小截面积应大于 6 mm^2；第三级限压型电涌保护器的相线铜导线最小截面积应大于 2.5 mm^2，接地连接铜导线最小截面积应大于 4 mm^2；第四级限压型电涌保护器的相线铜导线最小截面积应大于 2.5 mm^2，接地连接铜导线最小截面积应大于 4 mm^2。各级电涌保护器的接地连接导线要短直，长度不宜超过 0.5 m；

⑥ 电涌保护器接地线与接地装置连接点的导通阻值不应大于 50 mΩ；

⑦ 当线路上多处安装电涌保护器时，开关型电涌保护器与限压型电涌保护器之间的线路长度不宜小于 10 m，限压型电涌保护器之间线路长度不宜小于 5 m，若不满足，应装有退耦元件。

2)检测方法

电涌保护器的使用及安装按下列方法进行检测：

① 检查电涌保护器的安装位置、接入方式、数量、型号、主要性能参数(U_c 最大持续运行电压，I_n 标称放电电流，I_{max} 最大放电电流，I_{imp} 冲击电流，U_p 电压保护水平)；

② 检查电涌保护器连接导线的色标、牢固程度；

③ 卡尺测量电涌保护器接地线的材料规格；

④ 米尺测量电涌保护器接地线的长度以及电涌保护器之间的线路长度；

⑤ 电气完整性测试仪检测电涌保护器接地线与接地装置的连接情况。

(6)其他方面检测(电气完整性测试、场区地表电位梯度的测试、跨步电位差和接触电位差的测试等)参见 DB62/T 2756—2017 中第 5.6 条及附录 B、附录 C。

4. 检测周期

光伏方阵和升压变电站(开关站)的检测周期应符合下列要求：

(1)升压变电站(开关站)的接触电位差、跨步电位差、地表电位梯度每 2 年检测 1 次；

(2)光伏方阵的接触电位差、跨步电位差每 2 年检测 1 次；

(3)接地阻抗、电气完整性每年检测 1 次；

(4)独立接闪杆的接地电阻每年检测 1 次；

(5)检测应在每年的雷雨季之前完成；

(6)主控楼等建筑物的内部和外部防雷装置性能每年检测 1 次；

(7)接地装置的腐蚀情况，宜综合考虑当地气候、地质等条件，视情况，一般每 6～10 年进行开挖检测 1 次。

第六节 整改意见的整理与编写

一、整改意见编写

1. 检测人员要对整改意见的编写提高认识，编写整改意见要有针对性。因为，检测只是手段，真正的目的是通过检测查找出存在的问题及隐患，对雷电防护装置进行有效保障，保证其发挥雷电防护的预期效果。

2. 在实际检测过程中，遇到具体问题可依据规范的相应要求，有针对性地编写，并且给出具体不符合项所对应的规范与条款，建议附上相关照片，标明问题所在的部位，便于查找进行整改。

二、编写依据

GB 50057—2010、GB 50601—2010、GB 50343—2012、GB/T 21431—2015 及参考引用相关行业规范等。

三、防雷类别及等级的确定

1. 确定建筑物的防雷类别与信息机房等级，依据规范中相关条款提出整改意见。例如：依据 GB 50057—2010 第 3.0.1 条“筑物应根据建筑物的重要性、使用性质、发生雷电事故的可

能性和后果，按防雷要求分为三类”。按照上述规范的规定，将被检测的建筑物（或几栋建筑物，或××楼××大厦等）划为第二类防雷建筑物。

2. 依据 GB 50343—2012 第 4.3.1 条，建筑物电子信息系统可根据其重要性、使用性质和价值，确定该机房的雷电防护等级为 B 级。

四、编写说明

1. 按现场检测发现需整改的问题，规范依据应写全，并与检测报告、检测方案相对应。

2. 整改条款要具体，分类分级要准确，出现问题的部位要描述清晰，标明具体位置，并附有照片，总之，能够让被检单位很准确地查出整改部位。

3. 要举一反三，掌握现代防雷基础知识，熟悉并理解相关规范内容，精准提出整改意见。

4. 对其他建筑物及其他行业电气、电子信息系统、控制系统等应依据相关规范提出整改意见，做到用语准确、格式规范。

五、防雷隐患整改通知书（参考格式）

防雷隐患整改通知书（参考格式）

编号〔××××〕第××-×-××号

×××：（被检单位名称）

×××检测有限公司派出技术人员于××年×月×日对贵单位委托的雷电防护装置进行了现场检测，依据《防雷设计规范》（GB 50057—2010）、《建筑物防雷工程施工与质量验收规范》（GB 50601—2010）、《建筑物防雷装置检测技术规范》（GB/T 21431—2015）等规范中的防雷要求，发现存在防雷隐患，须做如下整改：

1.

2.

3.

被检单位接到《防雷隐患整改通知书》后，对提出的雷电防护装置隐患应及时整改，待整改完毕后向原检测单位申请复检，检测单位进行复检合格后，出具《雷电防护装置检测报告》。

收件人：　　　　送达人：

×××检测公司

年　月　日

六、防雷隐患整改条款填写实例

对于不符合标准规范条款项应给出详细说明，并给出判断依据。常用防雷隐患整改意见书填写方法，一是提出雷电防护装置存在的问题所在，须整改的不符合项目相对应规范的具体条款；二是在此基础上对不符合项目中有可能会产生的破坏作用加以简述，提出相应的整改意见（应提出整改项目的具体位置宜现场拍照）。在这里举一些写整改意见的例子，但由于整改措施及要求难于统一，所以，本节只对整改意见提出了不符合项所对应的规范相关条款，作为判断依据，并没有给出整改措施意见，检测人员视具体情况及用户要求进行填写。

在所列的各条中可以根据检测中发现的问题选择整改项（应提出整改项目的具体位置并现场拍照）。例如，检测中发现办公楼建筑物屋顶左侧电梯机房上部分接闪带倒伏，可按接闪

器部分第(1)条选择如下：办公楼屋顶左侧电梯机房部分接闪带倒伏，依据 GB/T 21431—2015 第 5.2.2.2 条规定，应及时进行处理。

（一）接闪器部分

(1)建筑物屋顶部分接闪带锈蚀严重、倒伏、断裂、焊接长度不够、焊缝不饱满，依据(GB/T 21431—2015)中第 5.2.2.2 条规定，应进行处理。

(2)建筑物未装设外部雷电防护装置(无法检测)，应按照相应的防雷类别，依据 GB 50057—2010 中第 4.2.1 条(一类)、第 4.3.1 条(二类)、第 4.4.1 条(三类)条规定，采取相应的外部防雷措施。

(3)屋面突出物(放散管、风管、太阳能热水器、卫星天线等)无直击雷防护，依据 GB 50057—2010 中第 4.2.2 条(一类)、第 4.3.2 条(二类)(三类)规定，应采取直击雷防护措施。

(4)接闪带敷设位置不符合要求，应按照相应的防雷类别，依据 GB 50057—2010 中第 4.2.1 条(一类)、第 4.3.1 条(二类)、第 4.4.1 条(三类)规定，应沿屋顶周边敷设接闪带，接闪带应设在外墙外表面或屋檐边垂直面上，也可设在外墙外表面或屋檐边垂直面外。接闪器之间应互相连接。

(5)固定在建筑物上的节日彩灯、航空障碍信号灯及其他用电设备和线路未采取相应的防止闪电电涌侵入的措施，不符合 GB 50057—2010 中第 4.5.4 条规定，应根据建筑物的防雷类别采取相应的防止闪电电涌侵入的措施，应做屏蔽处理，屏蔽管两端应与雷电防护装置做电气连接。

(6)接闪网格尺寸不符合规范要求，依据 GB 50057—2010 中第 4.2.1 条(一类)、第 4.3.1 条(二类)、第 4.4.1 条(三类)规定，应加大网格密度至合格尺寸。

(7)接闪带支架高度不符合规范要求，依据 GB 50057—2010 中第 5.2.6 条规定，应进行调整或更换。

(8)接闪带支架固定不牢，测量其拉力不足，依据 GB/T 21431—2015 中第 5.2.2.2 条规定，应进行加固处理。

(9)接闪带支架间距不符合规范要求，依据 GB 50057—2010 中第 5.2.6 条规定，应进行调整支架间间距，达到要求为止。

(10)接闪杆材料、高度不符合规范要求，依据 GB 50057—2010 中第 5 章的规定选择更换接闪杆材料；参见 GB 50057—2010 中附录 D 应重新计算高度，并依据计算结果调整接闪杆高度。

(11)接闪带与引下线未连接、连接处开焊、过度电阻值过大，应依据 GB 50601—2010 中第 5.1.1 条第四款，GB/T 21431—2015 中第 5.3.2.5 条规定，对引下线与接闪器做电气连接处理。

(12)烟囱的雷电防护装置不符合规范要求，接闪器安装不符合要求、超过 40 m 烟囱的引下线只设一根、钢筋混凝土烟囱的钢筋未在其顶部和底部与引下线和贯通连接的金属爬梯相连，依据 GB 50057—2010 中第 4.4.9 条规定应进行整改。

(13)天面、冷却塔、太阳能热水器、卫星天线等金属物未在接闪器保护范围内，不符合规范要求，依据 GB 50057 中第 4.5.7 条规定应架设接闪器并与天面雷电防护装置连接。

(14)部分线缆未做屏蔽、缠绕在接闪带上，依据 GB 50057—2010 中第 4.5.4、第 4.5.8 条规定，捆绑在接闪带上的有用线缆应放到接闪带以下并应穿钢管、线槽做屏蔽处理，屏蔽管两

端应与雷电防护装置做电气连接，无用线缆应拆除。

(15)建筑物楼顶“平改坡”后(原接闪带已经拆除)现安装的金属板屋面未与原引下线相连接，金属板屋面未起到接闪作用，依据 GB 50601—2010 中第 5.1.1 条第 4 款的规定进行整改，与原雷电防护装置的引下线做电气连接。

(16)独立接闪器与其相关的物体间隔距离不符合规范要求，依据 GB 50057—2010 中第 4.2.1 条，第 5、6、7 款规定根据具体情况重新计算安装。

(二)引下线部分

(1)外墙敷设的引下线的材料规格不符合规范要求，依据 GB 50057—2010 中第 5.3 条规定，应更换适合的引下线。

(2)在过道处明敷引下线无保护套管、保护套管材料不符合要求、保护套管长度不足，达不到保护的目的，依据 GB 50057—2010 中第 4.5.6 条第 1 款第 3 项规定，其距地面 2.7 m 以下的导体用耐用 1.2/50 μs 冲击电压 100 kV 的绝缘层隔离，或用至少 3 mm 厚的交联聚乙烯层隔离；或采取用护栏、警告牌使接触引下线的可能性降至最低限度。

(3)外墙引下线的根部锈蚀严重，依据 GB/T 21431—2015 中第 5.3.2.2 条规定，应修复或更换相应引下线。

(4)建筑物引下线间距过大、平均间距及敷设位置不符合规范要求，依据 GB/T 21431—2015 第 5.3.1.4 条表 2 中要求的规定，应沿建筑物四周均匀对称布置，按相应的防雷类别满足间距要求。

(5)引下线支架不牢固、脱落，依据 GB/T 21431—2015 中第 5.3.2.2 条规定及 GB 50057—2010 第 5.2.6 条规定，应重新固定。

(6)建筑物只安装一根引下线，不符合规范要求，应根据不同防雷类别依据 GB 50057—2010 中第 4.2.4 条第 2 款(一类)、4.3.3 条(二类)、4.4.3 条(三类)规定，应增加安装引下线，以满足规范的相关要求。

(7)建筑物雷电防护装置改造后，采用明敷多根专设引下线(每根引下线下连接一组人工接地体)，其引下线未安装断接卡，依据 GB 50057—2010 中第 5.3.6 条规定，应在各条引下线上距地面 0.3～1.8 m 处装设断接卡。

(8)明敷引下线断接卡连接处过渡电阻值过大(螺丝松动或锈蚀严重)，不符合规范要求，应依据 GB 50057—2010 中第 5.3.6 条、GB/T 21431—2015 中第 5.3.2.9 条规定进行整改。对其断接卡进行加固处理，减小过渡电阻值，避免影响雷电流的泄放以及在危险环境下产生电火花。

(9)被检建筑物接地电阻测试点(测量口)因外墙装修全部封在里面，在地面无法测量，应依据 GB 50601—2010 中第 5.1.2 第 2 款规定，应在室外墙体上留出供测量接地电阻用的测试点。

(10)该建筑物是利用建筑物的金属框架、混凝土钢筋作为自然引下线的，但未预留检测测试点(端子)，依据 GB 50601—2010 中第 5.1.2 第 2 款规定，应在室外墙体上留出供测量接地电阻用的孔洞及与引下线相连的测试点接头。

(三)接地装置部分

(1)建筑物外部雷电防护装置接地冲击接地电阻过大，不符合规范要求，依据 GB 50057—2010 中第 4.2.4 条第 5 款(一类)、第 4.3.6 条(二类)、第 4.4.6 条(三类)及 GB/T 21431—

2015 中第 5.4.1.4(表 3)规定应进行整改,其接地电阻值应满足规范要求。

(2)连接接地装置的接地线不符合要求,依据 GB 50057—2010 中第 5.4.2 条规定,应予以更换;

(3)人工接地体所用材料、施工质量、埋设深度不符合规范要求,依据 GB 50057—2010 中第 5.4.3 条、第 5.4.4 条、第 5.4.5 条、第 5.4.8 条规定进行整改。

(4)独立接闪器的接地装置与地中的其他金属物体(管道、电缆)等间隔距离不符合规范要求,依据 GB 50057—2010 第 4.2.1 条第 5 款规定根据具体情况重新计算安装。

(5)建筑物接地电阻值过大,不符合规范 GB 50057—2010 中第 4.2.4 条、第 4.3.6 条、第 4.4.6 条中规定的要求,应采取降阻措施或重新埋设接地体。

(6)机房采用独立接地装置,不符合规范要求,应依据 GB 50057—2010 中第 4.3.4 条及第 6.3.3 条第 1 款的规定,应采用共用接地系统。

(四)等电位连接及屏蔽部分

(1)信息机房的电子信息设备未作等电位连接,不符合依据 GB 50343—2012 中第 5.2.1 条规定,需要保护的电子信息系统必须采取等电位连接与接地保护措施。应做合适的等电位连接网络并与共用接地系统连接。

(2)等电位连接导线不符合要求,依据 GB 50057—2010 第 5.1.2 条、GB 50343—2012 中第 5.2.2 条规定,应予以更换。

(3)进出建筑物内的设备、管道、构件等主要金属物未做等电位连接(跨接),依据 GB 50057—2010 中第 4.2.2 条、第 4.3.7 条规定,应做等电位连接。

(4)进出建筑物电源线、信号线未做屏蔽处理不符合规范要求,应依据 GB 50343—2012 中第 5.3.3 条、GB 50057—2010 中第 6.3.1 条规定,采取屏蔽措施,减小雷击电磁脉冲在电子系统中产生的干扰。

(5)建筑物外墙架空敷设的线缆(飞线)不符合规范要求,应依据 GB/T 21431—2015 中第 5.7.2.5 条规定采取地埋引入或进行屏蔽处理,避免当雷电发生时闪电电涌沿线路侵入,损坏设备。

(6)屋顶安装的太阳能热水器、收发天线、电视、电话、网络等信号线、金属牌匾装饰灯电源线等未穿金属管(槽)敷设,不符合规范要求,依据 GB 50057—2010 中第 6.3.1 条、GB 50343—2012 中第 5.3.3 条规定,进行屏蔽处理。金属管(槽)全长保持电气连通,至少双端做接地处理。

(7)屋顶防雷设施不完善,太阳能热水器、水处理金属罐、金属构架、爬梯、水箱、放散管、排风机、排风筒、空调室外机、冷却机组、冷却塔、简易房等均未做等电位连接,不符合 GB 50057—2010 中第 4.5.7 条、第 4.3.2 条及第 4.5.7 条的规定,应进行整改,根据具体情况设置接闪器保护并就近进行等电位连接处理,完善屋顶防雷设施。

(8)屏蔽层、金属管、金属线槽(桥架)等设置及安装,不符合规范要求,依据 GB 50343—2012 中第 5.3.3 条、GB 50057—2010 中第 6.3.1 第 3、4 款规定,应进行整改并做等电位连接及接地处理。

(9)相关设备的等电位连接过渡电阻值过大,不符合规范要求,依据 GB/T 21431—2015 中第 5.7.2.3 条、第 5.7.2.11 条规定,应重新连接。

(10)建筑物的大尺寸金属物,如金属管道、钢构架、均压环、钢窗、放散管、吊车、金属地板

及支架、电梯轨道、栏杆等未与共用接地装置连接，不符合规范要求，依据 GB/T 21431—2015 中第 5.7.2.1 条规定，应进行整改并应满足连接质量，连接导体材料和尺寸的要求。

(11)进入建筑物的低压配电线路敷设为架空引入，不符合规范要求，依据 GB 50057—2010 中第 4.2.3 条及 GB/T 21431—2015 第 5.7.2.5 条规定进行整改，采取相应措施，防止闪电电涌侵入通过低压配电线路侵入。

(12)电子信息机房光缆分线箱(光端箱)、光缆金属铠皮、金属加强筋未做等电位连接及接地处理，不符合规范要求，依据 GB/T 21431—2015 中第 5.7.2.10 条、GB 50343 中第 5.3.3 条第 4 款规定，应在进户处做等电位连接及接地处理。

(13)建筑物外部分金属屏蔽管腐蚀严重。屏蔽管间过渡电阻过大，不符合规范要求，依据 GB 50057—2010 中第 6.3.1 条第 2 款、GB/T 21431—2015 中第 5.7.2.11 条规定应进行整改，应更换并做好跨接，在屏蔽管两端与雷电防护装置做电气连接。

(五)电涌保护器(SPD)部分

(1)建筑物内低压配电系统未安装电源 SPD，不符合规范要求，应依据 GB 50057—2010 中第 6.4 章的要求，加装适配的电源 SPD。

(2)在同一回路设置的两级电源 SPD 之间接线距离过近不符合规范要求，应依据 GB/T 21431—2015 中第 5.8.2.5 条的规定，满足两级 SPD 安装距离的要求或加装退耦元件。

(3)电源箱内电涌保护器(SPD)与网络机柜内安装的电源 SPD 参数不匹配，电子设备前端选择 SPD 的 U_P 值过大，不符合规范要求。应依据 GB 50343—2012 中第 5.4.3 条规定，选择适配的 SPD，U_p 值应小于设备耐冲击电压额定值 U_w 值并宜留有 20%裕量。

(4)总配电电源 SPD 参数不符合规范要求，应依据 GB 50057—2010 中第 4.2.3 条第 4 款、4.3.8 条第 4 款、4.4.7 条第 2 款规定，应加装或更换适配的电源 SPD。

(5)电源 SPD 前端无后备保护装置或保护装置不符合规范要求，依据 GB/T 21431—2015 中第 5.8.2.6 条的规定，要求加装或更换后备保护装置。

(6)总配电电源 SPD 接线截面不符合规范要求，应依据 GB 50057 中第 5.1.2 条规定予以更换。

(7)配电柜内 SPD 上端过流保护熔断器人为断开，使电源 SPD 不起作用，应依据 GB/T 21431—2015 中第 5.8.2.6 条规定，应查明断开原因，恢复过电流保护装置功能。

(8)建筑物内楼层配电箱内安装的电源 SPD 其中一模块状态指示窗显示失效，应按原参数及时更换。

(9)建筑物内电子设备未安装信号 SPD，不符合规范要求，应依据 GB 50343—2012 中第 5.4.4 条规定，加装适配的信号 SPD。

(10)室外监控摄像系统未安装电涌保护器(SPD)，不符合规范要求，应依据 GB 50343—2012 中第 5.4.5 条规定，选择安装适配的 SPD。

(11)机房内交换机安装的信号 SPD 影响网速，用户已自行拆下，确定为 SPD 参数不符合要求，应依据 GB 50343—2012 中第 5.4.4 条规定，了解网络参数，更换适配的信号 SPD。

(12)卫星接收系统未安装天馈 SPD，不符合规范要求，应依据 GB/T 21431—2015 中第 5.8.3 条、GB 50343—2012 中第 5.4.5 条规定，安装适配的天馈 SPD。

(13)通信机房内一部高频电台的天馈 SPD 接地线安装不符合要求，虽然天馈 SPD 接地线已经安装在电台机壳上，但是电台机壳未做等电位接地处理，应依据 GB/T 21431—2015 中第 5.8.3.5 条、GB 50343—2012 中第 6.5.3 条的规定，将设备金属外壳就近接至等电位端子板上(接地)。

(14)安防监控系统室外摄像头处配接的三合一 SPD 箱，安装不符合规范要求。其一，SPD 在箱内已经接在金属箱体上，但金属箱与接地端连接处过渡电阻过大；其二，摄像头电源线、视频线、控制线未进行屏蔽处理，不符合规范要求，应依据 GB 50343—2012 中第 5.5.3 条第 4 款、GB/T 21431—2015 中第 5.8.3.5 条的规定进行整改，处理接地点减小过渡电阻值，至符合规范要求；采取屏蔽措施，将户外供电线路、视频信号线路、控制信号线路加装金属屏蔽层或穿钢管埋地敷设，屏蔽层及钢管两端应接地。视频信号线屏蔽层应单端接地，钢管应两端接地。信号线与供电线路应分开敷设。

(六)侧击雷防护部分

(1)经检测该住宅建筑物高度为 72 m，在 60 m 以上部分的空调外机的金属护栏(广告牌匾、金属栏杆、装饰灯具等)未做等电位连接，不符合规范要求，应依据 GB 50057—2010 中第 4.4.8 条规定，做雷电侧击防护处理。

各类防雷建筑物防侧击要求条款如下。

① 一类：不符合规范要求，应依据 GB 50057—2010 中第 4.2.4 条第 7 款规定，做雷电侧击防护处理；

② 二类：不符合规范要求，应依据 GB 50057—2010 中第 4.3.9 条规定，做雷电侧击防护处理；

③ 三类：不符合规范要求，应依据 GB 50057—2010 中第 4.4.8 条规定，做雷电侧击防护处理。

(2)经检测该住宅建筑物高度为 72 m，在 60 m 以上安装的金属广告牌匾等电位连接材料规格、连接质量，不符合规范要求，测量其过渡电阻值过大，应依据 GB 50057—2010 中的要求及 GB/T 21431—2015 中第 5.7.2.11 条的规定进行整改，满足其规范要求。

(七)石油化工类部分

(1)溶剂罐、油罐接地不符合规范要求，依据 GB 50057—2010 中第 4.3.10 条、GB/T 32937—2016 中第 6.6.3.1 条规定，应至少有 2 处做接地处理(接地点间距不应大于 30 m)。

(2)易燃易爆区金属罐储罐的阻火器、呼吸阀、量油孔、人孔、切水管、透光孔等金属附件等电位连接过渡电阻过大，不符合规范要求，应依据 GB 50057—2010 中第 4.2.2 条第 2 款、GB/T 32937—2016 中第 6.6.3.1.3 条规定，进行整改，重新做跨接处理。

(3)易燃易爆区金属罐储罐法兰盘跨接不符合规范要求，依据 GB 50057—2010 中第 4.2.2 条第 2 款、GB/T 32937—2016 中第 6.3.5 条规定进行整改(少于 5 根螺栓)，重新做跨接处理。

(4)发电机房内发电机及油箱未做等电位连接，不符合规范要求，依据 GB 50057—2010 中第 4.2.2 条第 1 款、GB T/32937—2016 中第 6.3.1 条规定，应采取等电位连接措施。

七、防雷隐患整改复检

(一)防雷隐患复检申请

被检单位接到《防雷隐患整改通知书》后，对提出的雷电防护装置隐患应及时整改，待整改

完毕后向原检测单位申请复检，建议写出书面申请，其内容包括：

(1)雷电防护装置检测合同(编号)；

(2)《防雷隐患整改通知书》(编号)；

(3)整改情况说明；

(4)申请日期。

(二)防雷隐患整改后复检

检测单位接到复检申请后，应安排检测人员进入现场针对整改项目逐条进行复检，经复测合格后，出具《雷电防护装置检测报告》。将所有资料存档。

复习与思考

1. 熟练掌握防雷装置检测的流程。
2. 防雷装置检测前要做哪些准备工作？
3. 防雷装置检测的常规仪器有哪些？
4. 如何记录防雷装置检测原始记录？
5. 防雷装置检测需要注意哪些事项？
6. 防雷装置检测需要注意的细节有哪些？
7. 如何进行防雷装置检测数据分析？
8. 防雷装置检测报告如何形成？
9. 熟悉防雷装置检测报告的基本格式。
10. 简述防雷检测报告的效力。
11. 拒绝防雷装置检测要承担什么样的防雷减灾后果？
12. 对不合格防雷装置如何进行整改？
13. 如何理解和认定防雷装置“不合格”？
14. 简要描述防雷装置关键部位检测的方法。
15. 防雷装置的隐患清除后，如何申请复检？

思维导图

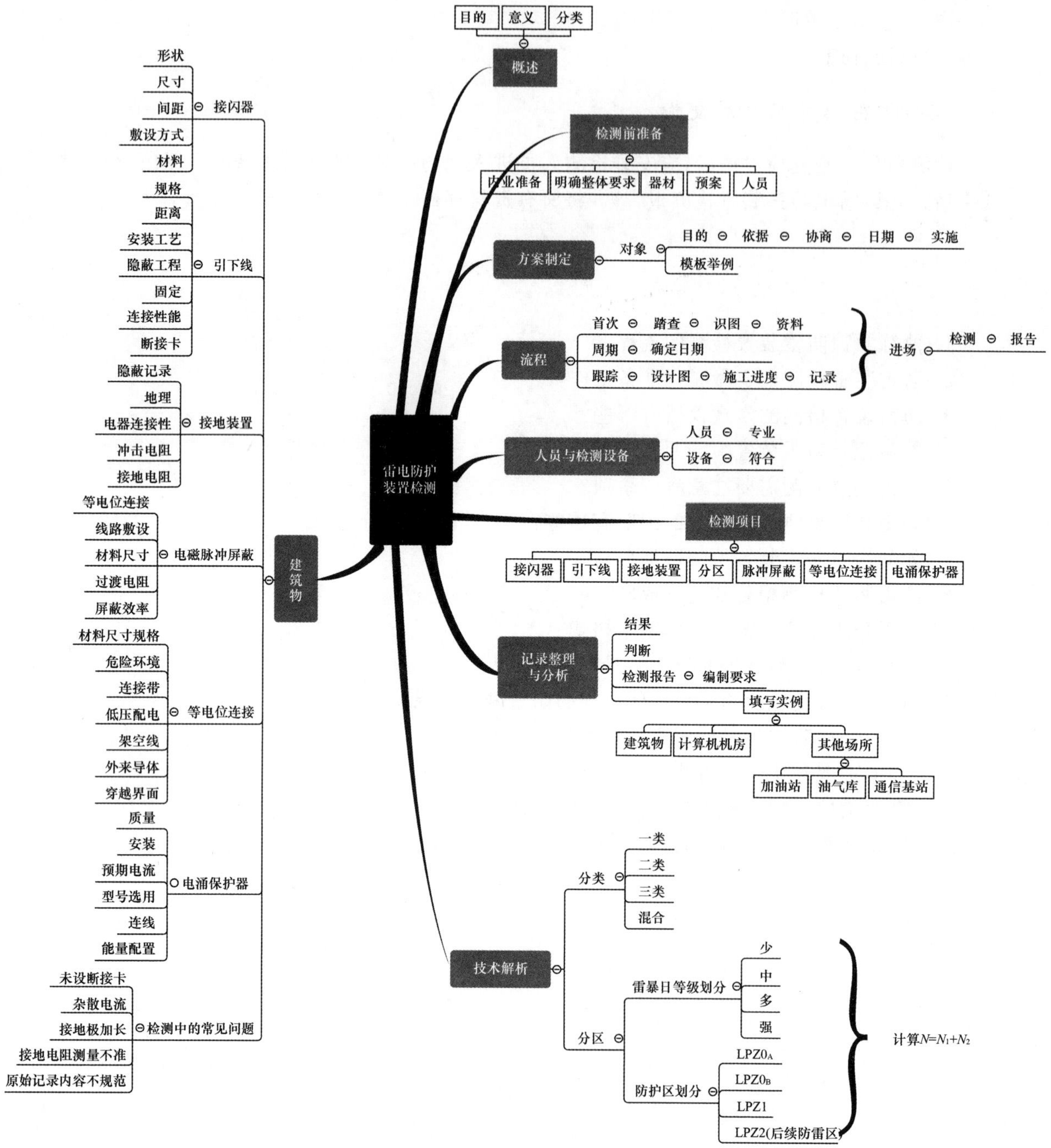

雷电防护装置检测

- 概述
  - 目的
  - 意义
  - 分类
- 检测前准备
  - 内业准备
  - 明确整体要求
  - 器材
  - 预案
  - 人员
- 方案制定
  - 对象
    - 目的 — 依据 — 协商 — 日期 — 实施
    - 模板举例
- 流程
  - 首次 — 踏查 — 识图 — 资料
  - 周期 — 确定日期
  - 跟踪 — 设计图 — 施工进度 — 记录
  - 进场
    - 检测 — 报告
- 人员与检测设备
  - 人员 — 专业
  - 设备 — 符合
- 检测项目
  - 接闪器
  - 引下线
  - 接地装置
  - 分区
  - 脉冲屏蔽
  - 等电位连接
  - 电涌保护器
- 记录整理与分析
  - 结果
  - 判断
  - 检测报告 — 编制要求
  - 填写实例
    - 建筑物
    - 计算机机房
    - 其他场所
      - 加油站
      - 油气库
      - 通信基站
- 技术解析
  - 分类
    - 一类
    - 二类
    - 三类
    - 混合
  - 分区
    - 雷暴日等级划分
      - 少
      - 中
      - 多
      - 强
    - 防护区划分
      - $LPZ0_A$
      - $LPZ0_B$
      - LPZ1
      - LPZ2(后续防雷区)
    - 计算$N=N_1+N_2$
- 建筑物
  - 接闪器
    - 形状
    - 尺寸
    - 间距
    - 敷设方式
    - 材料
  - 引下线
    - 规格
    - 距离
    - 安装工艺
    - 隐蔽工程
    - 固定
    - 连接性能
    - 断接卡
  - 接地装置
    - 隐蔽记录
    - 地理
    - 电器连接性
    - 冲击电阻
    - 接地电阻
  - 电磁脉冲屏蔽
    - 等电位连接
    - 线路敷设
    - 材料尺寸
    - 过渡电阻
    - 屏蔽效率
  - 等电位连接
    - 材料尺寸规格
    - 危险环境
    - 连接带
    - 低压配电
    - 架空线
    - 外来导体
    - 穿越界面
  - 电涌保护器
    - 质量
    - 安装
    - 预期电流
    - 型号选用
    - 连线
    - 能量配置
  - 检测中的常见问题
    - 未设断接卡
    - 杂散电流
    - 接地极加长
    - 接地电阻测量不准
    - 原始记录内容不规范

第八章

能力考核试题详解

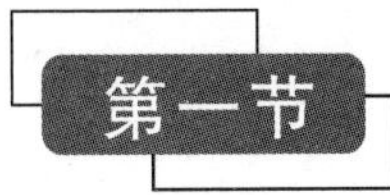

第一节 基本概念及基础知识考核题

1.(选择题)接闪器、引下线、接地装置构成了建筑物(　　),用于减少直接闪击击于建(构)筑物上,除外部防雷装置外,所有其他附加防雷设施均为(　　),主要用于减小和防护雷电流在需要防护空间内所产生的(　　)。

A. 雷电防护系统　　B. 外部防雷装置

C. 感应雷电防护系统　　D. 内部防雷装置

E. 电磁效应　　F. 雷电电磁脉冲

答案:B、D、E

注解:建筑物防雷装置由两部分组成,即外部防雷装置和内部防护设施。外部防雷装置是减少雷电直接闪击对建筑物及附属设施造成破坏,内部防雷装置主要是防止雷电电磁效应在建筑物内部产生危险闪落、过电流过电压、电磁脉冲等所产生的次生灾害。参见 GB 50057—2010 第二章 术语 第 2.0.6 条、第 2.0.7 条。

2.(判断题)雷电电磁感应:由于雷电流迅速变化在其周围空间产生瞬变的电磁场,使附近导体上感应出很高的电动势。(　　)

答案:√(正确)

注解:雷电发生云地闪时,在云层和大地或大地上的物体间形成以放电通道泄放电荷,雷电流是 20～200 兆赫高频谐波,高频交变电流就会在周围空间产生产生瞬变的电磁场,而处于这个磁场中的金属物体就会产生相对应的电流。参见 GB 50057—2010 第二章 术语 第 2.0.15 条。

3.(判断题)向上闪击:开始于已接了地的建筑物向雷云产生的向上先导。某一向上闪击至少有一次以上或无叠加多次短时雷击的首次长时间雷击,其后可能有多次短时雷击并可能含有一次或多次长时间雷击。(　　)

答案:√(正确)

注解:参见 GB 50057—2010 附录 F。

4.(判断题)短时雷击:是指雷击脉冲电流的半值时间 $T2$ 短于 2 ms 的雷击。(　　)

答案:√(正确)

注解:参见 GB 50057—2010 附录 F。

5.(判断题)雷击电磁脉冲:是一种干扰源。GB 50057—2010 中指闪电直接击在建筑物防

雷装置和建筑物附近所引起的效应。绝大多数是通过连接导体的干扰，如雷电流或部分雷电流、被雷击中的装置的电位升高以及电磁辐射干扰。(　　)

答案：√(正确)

注解：参见 GB 50057—2010 第二章 术语 第 2.0.17 条。

6.(选择题)GB 50057—2010 规定，模拟短时首次雷击的波形的波头时间 T_1 和半值时间 T_2 为(　　)。

A. $T_1=0.25\ \mu s$；$T_2=100\ \mu s$　　B. $T_1=10\ \mu s$；$T_2=100\ \mu s$

C. $T_1=10\ \mu s$；$T_2=350\ \mu s$

答案：C

注解：参见 GB 50057—2010 附录 F。

7.(选择题)直击雷防护的接闪装置能够(　　)。

A. 与大地电位一致，从而减少雷击概率

B. 比较容易吸引雷电，驱使主放电集中它上面

C. 完全可靠的对建筑物起到保护作用

答案：B

注解：其原理是利用雷击的选择性原理，诱导雷电多击中接闪器而减少击中被保护物，从而避免被保护物体遭到损坏。

8.(填空题)雷击是指受雷击的金属物体，在接闪瞬间与大地间存在很高的电压，此电压对(　　　　)发生闪击的现象。

答案：附近的其他金属物

注解：闪电击中金属物体(接闪装置)时，由于雷电流的作用会在金属物体上产生高电势，如果附近有其他的金属物体与其之间存在很高的电位差，之间的距离小于空气绝缘值时就会产生击穿放电现象，这就叫作雷电反击，也是为什么要求接闪装置要与被保护物保持一定间距的原因。

9.(填空题)雷电波引入高电位是指(　　　　)从输电线路、通信电缆、无线电天线等金属线路引入建筑物内部和其他地方，发生过电压而造成的雷击事故。

答案：直击雷或感应过电压

注解：参见 GB 50057—2010 第二章 术语 第 2.0.18 条。

10.(填空题)电磁感应是由于雷电流具有极大的峰值和陡度，在它周围的空间有强大的变化的电磁场，处在这电磁场中的导体会感应出较大的电动势。由雷电引起的(　　)和(　　)统称为雷电感应 。

答案：静电感应、电磁感应

注解：雷电放电时，在附近导体上产生的静电静电感应和电磁感应，它可能使金属部件之间产生火花从而损害设备。

雷电感应也称作感应雷，是由于附近落雷所引起的电磁作用的结果。分静电感应和电磁感应两种。静电感应是由于雷云接近地面，在地面凸出物顶部感应出大量异性电荷所致。在雷云与其他部位放电后，凸出物顶部的电荷失去束缚，以雷电波的形式，沿凸出物极快地传播。电磁感应是由于雷击后，巨大的雷电流在周围空间产生迅速变化的强大磁场所致，这种磁场能在附近金属导体上感应出很高的电压。如在送电线路附近发生雷云对地放电时，在送电线路上就会产生电磁感应过电压。当雷击杆塔时，在导线上也会产生电磁感应过电压。

11.（填空题）电磁兼容：设备或系统具有在电磁环境中能（　　　　），且不对环境中任何事物构成不能承受的（　　　　）的能力。

答案：正常工作、电磁干扰

注解：国家标准 GB/T 4365—2003《电工术语电磁兼容》对电磁兼容所下的定义为"设备或系统在其电磁环境中能正常工作且不对该环境中任何事物构成不能承受的电磁骚扰的能力。"简单地说，就是抗干扰的能力和对外骚扰的程度。

12.（填空题）电源中性点是对地绝缘的或经高阻抗接地，而用电设备的金属外壳直接接地，这种供电方式称为（　　）系统；电源中性点直接接地；用电设备的金属外壳亦直接接地，且与电源中性点的接地无关，这种供电方式称为（　　）系统；在变压器或发电机中性点直接接地的 380/220 V 三相四线低压电网中，将正常运行时不带电的用电设备的金属外壳经公共的保护线与电源的中性点直接电气连接，这种形式 供电方式称为（　　）系统。

A. TN　　　　B. TN-c

C. TT　　　　D. TN-s

E. IT

答案：E、C、A

注解：见第 15 题注解。

13.（填空题）系统的中性线和保护线是合一的，称为保护中性线 PEN 线，这种形式的供电方式称为（　　）供电系统；保护线与电源的中性点直接电气连接，N 线和 PE 线是分开的（三项相五线），这种形式的供电方式称为（　　）供电系统；系统中有一部分中性线和保护是合一的；而另一部分是分开的；兼有 TN-C 系统和 TN-S 系统的特点，这种形式的供电方式称为（　　）供电系统。

A. TN-C　　　　B. TN-C-S

C. TT　　　　D. TN-S

E. IT

答案：A、D、B

注解：见第 15 题注解。

14.（填空题）将正确系统接地保护方式的文字符号填写在下图下方的括号内。

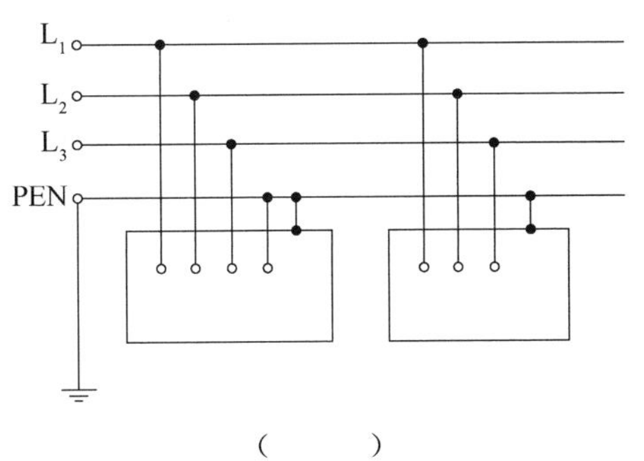

（　　　）

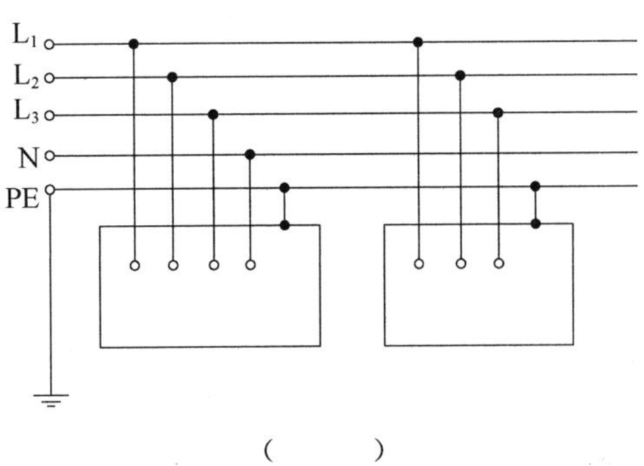

（　　　）

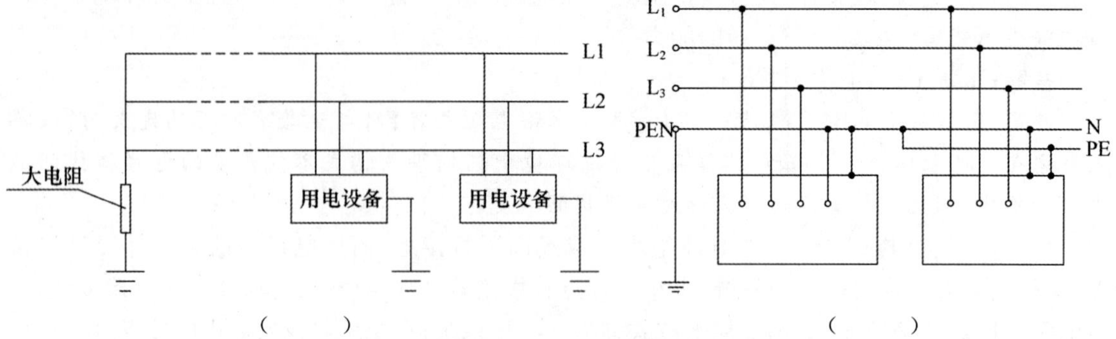

(　　)　　　　(　　)

A. TN-C　　　　B. TN-C-S

C. TT　　　　D. TN-S

E. IT

答案：A、D、E、B

注解：见第 15 题注解。

15.（多选题）下列图中低压配电系统接地保护方式（　　）符合建筑物防雷规范要求。

A.
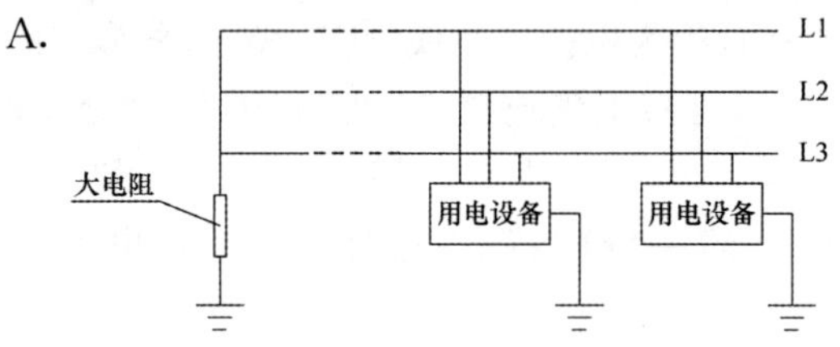

B.
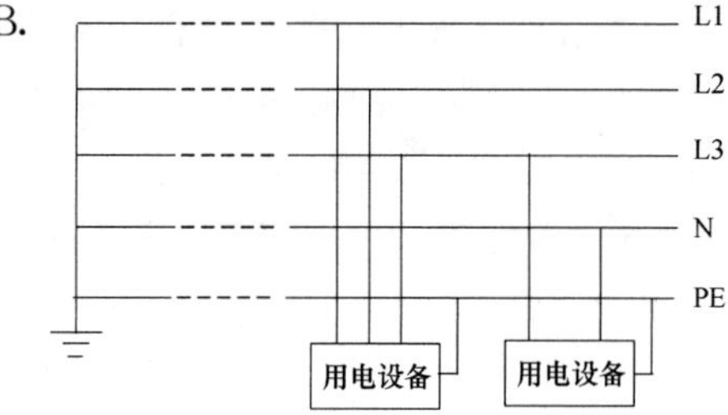

C.
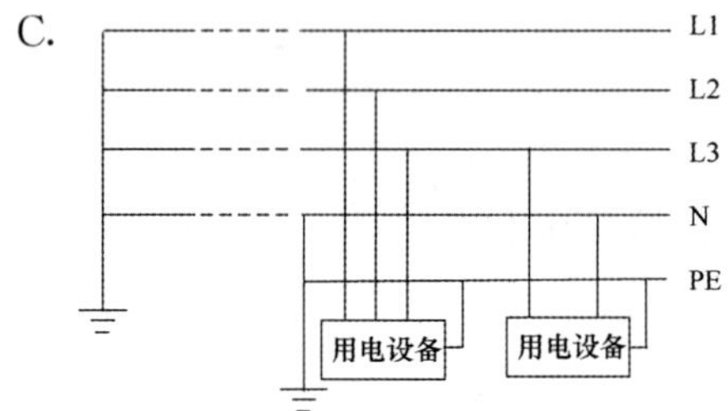

D.
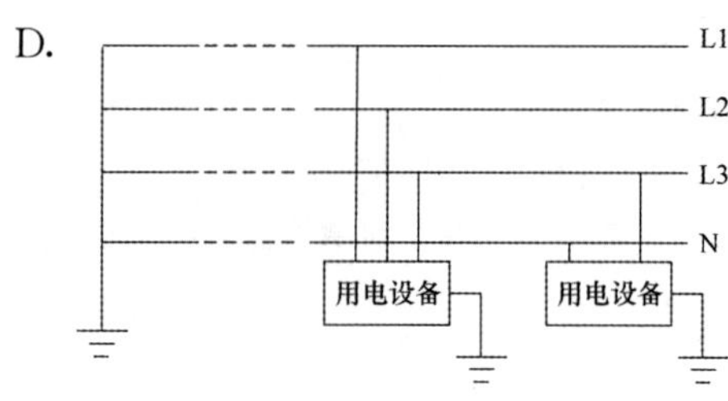

E.
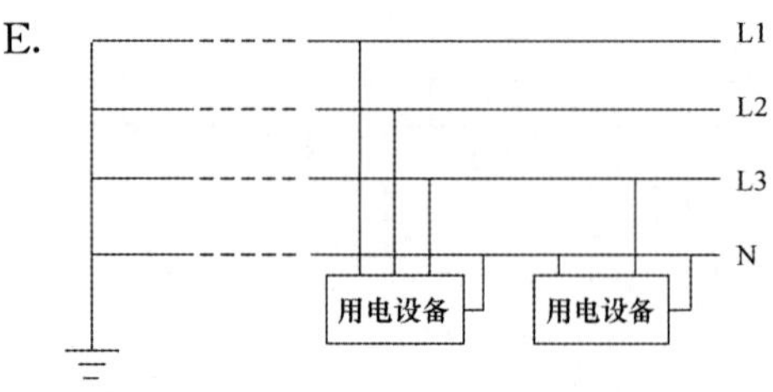

F.
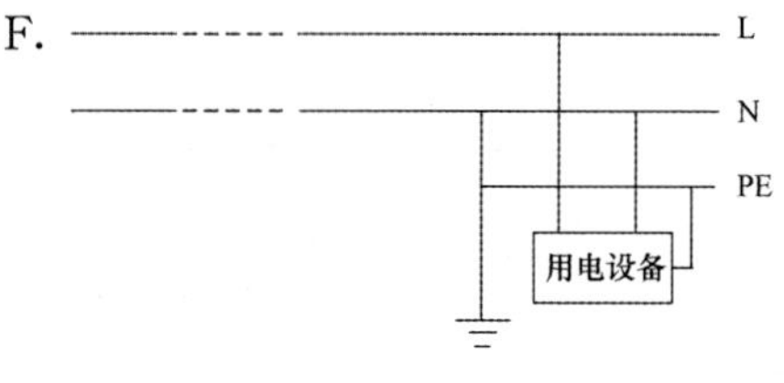

答案：B、C、F

注解：低压配电系统的供电方式同可分为 IT 系统、TT 系统和 TN 系统。其中 IT 系统和 TT 系统的设备外露可导电部分经各自的保护线直接接地（过去称为保护接地）；TN 系统的设备外露可导电部分经公共的保护线与电源中性点直接电气连接（过去称为接零保护）。

国际电工委员会(IEC)对系统接地的文字符号的意义规定如下。

第一个字母表示电力系统的对地关系：

T—— 一点直接接地；

I——所有带电部分与地绝缘，或一点经阻抗接地。

第二个字母表示装置的外露可导电部分的对地关系：

T——外露可导电部分对地直接电气连接，与电力系统的任何接地点无关；

N——外露可导电部分与电力系统的接地点直接电气连接(在交流系统中，接地点通常就是中性点)。

后面还有字母时，这些字母表示中性线与保护线的组合：

S——中性线和保护线是分开的；

O——中性线和保护线是合一的。

(1)IT 系统

IT 系统的电源中性点是对地绝缘的或经高阻抗接地，而用电设备的金属外壳直接接地。即：过去称三相三线制供电系统的保护接地。

其工作原理是：若设备外壳没有接地，在发生单相碰壳故障时，设备外壳带上了相电压，若此时人触摸外壳，就会有相当危险的电流流经人身与电网和大地之间的分布电容所构成的回路。而设备的金属外壳有了保护接地后，由于人体电阻远比接地装置的接地电阻大，在发生单相碰壳时，大部分的接地电流被接地装置分流，流经人体的电流很小，从而对人身安全起了保护作用。

IT 系统适用于环境条件不良，易发生单相接地故障的场所，以及易燃、易爆的场所。

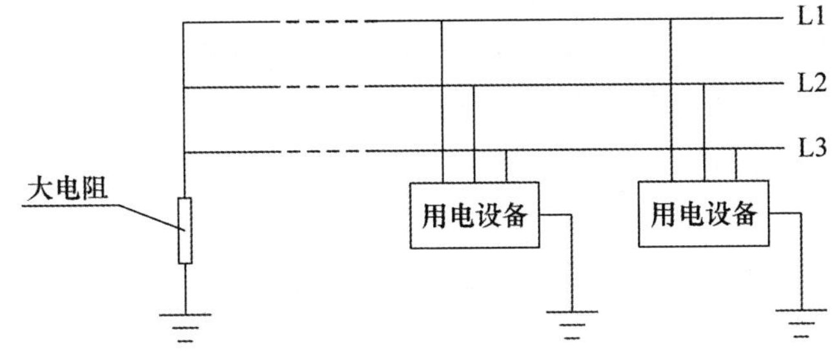

IT 接地方式原理图

(2)TT 系统

TT 系统的电源中性点直接接地；用电设备的金属外壳亦直接接地，且与电源中性点的接地无关，即过去称三相四线制供电系统中的保护接地。

其工作原理是：当发生单相碰壳故障时，接地电流经保护接地装置和电源的工作接地装置所构成的回路流过。此时如有人触带电的外壳，则由于保护接地装置的电阻小于人体的电阻，大部分的接地电流被接地装置分流，从而对人身起保护作用。

TT 系统在确保安全用电方面还存在不足之处，主要表现在：

① 当设备发生单相碰壳故障时，接地电流并不很大，往往不能使保护装置动作，这将导致线路长期带故障运行。

② 当 TT 系统中的用电设备只是由于绝缘不良引起漏电时，因漏电电流往往不大(仅为毫安级)，不可能使线路的保护装置动作，这也导致漏电设备的外壳长期带电，增加了人身触电的危险。

因此，TT系统必须加装剩余电流动作保护器，方能成为较完善的保护系统。目前，TT系统广泛应用于城镇、农村居民区、工业企业和由公用变压器供电的民用建筑中。

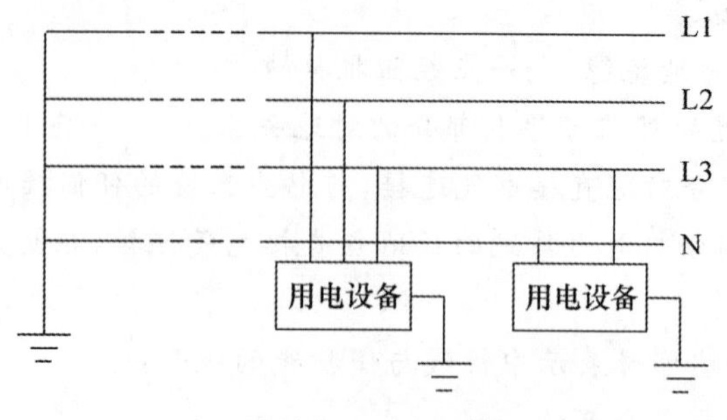

TT接地方式原理图

(3)TN系统

在变压器或发电机中性点直接接地的380/220 V三相四线低压电网中，将正常运行时不带电的用电设备的金属外壳经公共的保护线与电源的中性点直接电气连接，即过去称三相四线制供电系统中的保护接零。

当电气设备发生单相碰壳时，故障电流经设备的金属外壳形成相线对保护线的单相短路。这将产生较大的短路电流，令线路上的保护装置立即动作，将故障部分迅速切除，从而保证人身安全和其他设备或线路的正常运行。

TN系统的电源中性点直接接地，并有中性线引出。按其保护线形式，TN系统又分为：TN-C系统、TN-S系统和TN-C-S系统三种。

① TN-C系统(三相四线制)，该系统的中性线(N)和保护线(PE)是合一的，该线又称为保护中性线(PEN)线。它的优点是节省了一条导线，但在三相负载不平衡或保护中性线断开时会使所有用电设备的金属外壳都带上危险电压。在一般情况下，如保护装置和导线截面选择适当，TN-C系统是能够满足要求的。

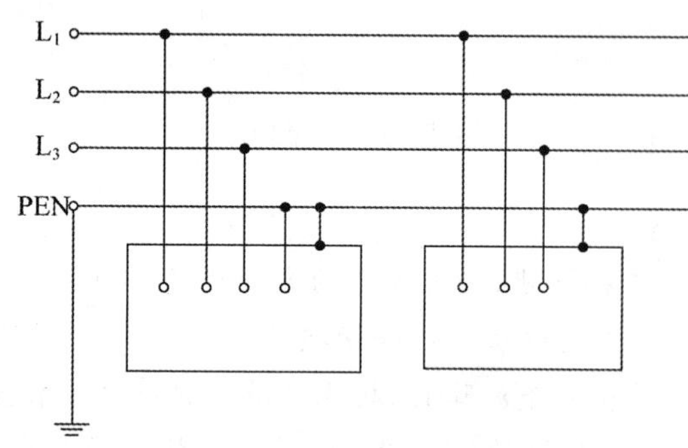

TN-C系统

② TN-S系统(三相五线制)，该系统的N线和PE线是分开的。它的优点是PE线在正常情况下没有电流通过，因此不会对接在PE线上的其他设备产生电磁干扰。此外，由于N线与PE线分开，N线断开也不会影响PE线的保护作用。但TN-S系统耗用的导电材料较多，投资较大。

这种系统多用于对安全可靠性要求较高、设备对电磁抗干扰要求较严或环境条件较差的场所使用。对新建的大型民用建筑、住宅小区，特别推荐使用 TN-S 系统。

③ TN-C-S 系统（三相四线与三相五线混合系统），系统中有一部分中性线和保护是合一的，而且一部分是分开的。它兼有 TN-C 系统和 TN-S 系统的特点，常用于配电系统末端环境较差或有对电磁抗干扰要求较严的场所。

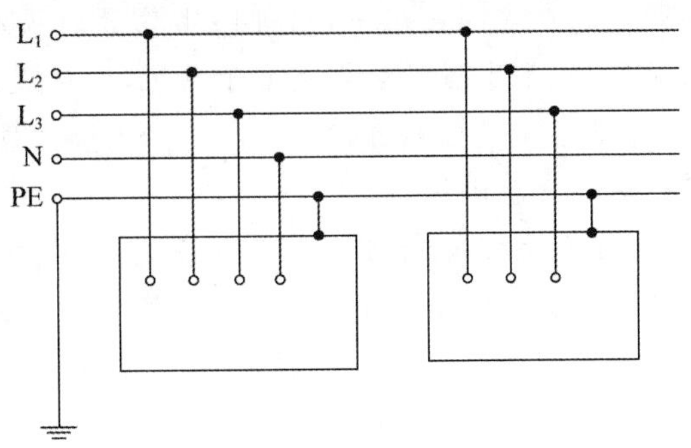

TN-S 系统

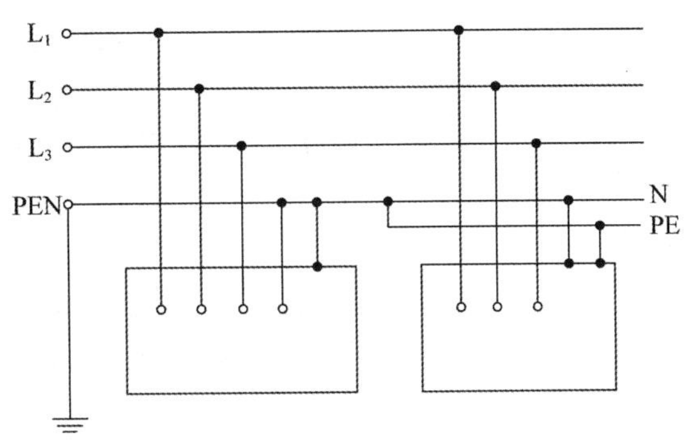

TN-C-S 系统

在 TN-C、TN-S 和 TN-S-C 系统中，为确保 PE 线或 PEN 线安全可靠，除在电源中性点进行工作接地外，对 PE 线和 PEN 线还必须进行必要的重复接地。PE 线 PEN 线上不允许装设熔断器和开关。在同一供电系统中，不能同时采用 TT 系统和 TN 系统保护。参考 GB 50057—2010 附录 J 第 J. 1. 2 条。

16.（填空题）若从空间位置来分类，可将闪电的类型分为（　　）、（　　）和（　　）。

答案：云内闪电、云际闪电、云地闪电

注解：对人类造成灾难的主要是云与大地之间的雷电释放，一般称为云地闪电。而发生在云内和云与云之间的闪电，称为云际闪和云内闪，因为到达不了地面，所以对人类在地面的直接活动影响不大。在全球发生的云地闪电，大约占全部雷电的 20%。对于云地闪电来讲，形成雷电灾害的有“直击雷”和“雷击电磁脉冲”两种类型。所谓“直击雷”就是，当雷电电流从云中泄放到地面时，直接打在建筑物、构筑物、其他物体以及人畜身上，产生电效应、热效应和机械力，造成了毁坏和伤亡。所谓“雷击电磁脉冲”通常又称为“二次雷击”，就是当雷电电流从云中泄放到地面时，在其泄放通道周围会产生电磁感应场向外传播或直接通过导体传导，导致在影响范围内的金属部件、电子元器件和电气装置，受到电磁脉冲的干扰而损毁。

17.（填空题）现代防雷系统由（　　　）、（　　　）和（　　　）三大部分组成。

答案:外部保护、内部保护、防雷电电磁脉冲

注解:综合防雷系统包括建筑物外部防雷(即建筑物防雷),还包括建筑物内部防雷(即建筑物内相关电子设备的防雷)。外部防雷包括接闪器、引下线和接地体,内部防雷装置主要由等电位连接系统、共用接地系统、电涌保护器等几部分组成,主要用于减小和防止雷电流在需防护空间内所产生的电磁效应。在实际应用中,内部防雷装置的应用更为普遍。防雷电电磁脉冲是内部防雷的一个组成部分,主要防护对象是电子系统,由屏蔽系统、合理布线系统构成。

18.(填空题)预期接触电压是在电气装置(　　　　)可能出现的(　　　　)。

答案:发生短路故障时、最高接触电压

注解:接触电压是指人站在发生接地短路故障设备旁边,距设备水平距离 0.8 m,这时人手触及设备外壳(距地面 1.8 m 的高处),手与脚两点之间呈现的电位差,叫作接触电压。

跨步电压就是指电气设备发生接地故障时,在接地电流入地点周围电位分布区行走的人,其两脚之间的电压。比如电气设备碰壳或电力系统一相接地短路时,电流从接地极四散流出,在地面上形成不同的电位分布,人在走近短路地点时,两脚之间的电位差叫跨步电压。在雷雨天气中,在雷电流通过接地装置时,也会产生跨步电压。

如果人或牲畜站在距离电线落地点 8～10 m 以内,就可能发生触电事故,这种触电即跨步电压触电。

19.(填空题)我国的雷电活动(　　)季最活跃,(　　)季最少。全球分布是(　　)附近最活跃,随纬度升高而(　　),极地最少。

答案:夏、冬、赤道、减少

注解:有研究表明,雷电在全球范围内的分布极不均匀,其中超过 70%的雷电是发生在热带地区,而其他更大的区域仅仅占 30%。其中刚果是热带同时也是全球雷电最多的地区,因为同时受海洋气候与热带气候影响以及特殊的地形影响。

我国的云南、广西、广东、海南、青藏高原中部都属于雷电高发地区,特别是在 6—8 月雨季期间,平均一个月超过 10 天出现雷电。因雷电频发而得名的广东雷州半岛,平均一年有接近 80 天出现雷电。

雷电灾害如果发生在城市里边,高空架设的通信设施首当其冲要遭到破坏,家用通信设备也是如此,但是加装一个适当的信号电涌保护器足以保障家用通信设备的安全,而公共基础通信设施则需要更多系统的雷电防护解决方案。

20.(填空题)在雷雨天进行著名的风筝实验,证明了雷击是大气中的(　　)现象,并建立了雷电学说,发明避雷针的是美国科学家(　　　　)。

答案:放电、富兰克林

注解:本杰明·富兰克林(Benjamin Franklin)是美国历史上享有国际声誉的科学家和发明家。

风筝实验成功后,经过多次试验,他制成了一根实用的东西,叫避雷针。他把几米长的铁杆,用绝缘材料固定在屋顶,杆上紧拴着一根粗导线,一直通到地里。当雷电袭击房子的时候,它就沿着金属杆通过导线直达大地,房屋建筑完好无损。1754 年,避雷针开始应用,相继传到英国、德国、法国,最后普及世界各地。

21.(多选题)SPD 是电涌保护器的英文缩写,是(　　　　)器件。

A. 用于限制瞬态过电压

B. 能够有效地分泄电涌电流

C. 是一种有效的过电流保护装置

D. 相当于在线路中加装可自动恢复的断路器

E. 它至少含有一个非线性元件

答案：A、B、E

注解：SPD是电涌保护器(surge protection device)的缩写，这个是电子设备雷电防护中不可缺少的一种装置，过去常称为“避雷器”或“过电压保护器”英文简写为SPD。电涌保护器的作用是把窜入电力线、信号传输线的瞬时过电压限制在设备或系统所能承受的电压范围内，或将强大的雷电流泄流入地，保护被保护的设备或系统不受冲击而损坏。参见GB 50057—2010 第2章 术语 第2.0.29条。

22.(单选题)浪涌保护器(SPD)是一种(　　)。

A. 过电流保护装置

B. 瞬态过电压保护装置

C. 过电流泄放装置

答案：B

注解：参见GB 50057—2010 第2章 术语 第2.0.29条。

23.(单选题)SPD的绝缘水平和通流能力的测试分为(　　)三个等级。

A. A、B、C

B. Ⅰ类、Ⅱ类、Ⅲ类

C. 1级、2级、3级

答案：B

注解：Ⅰ类分级试验：由标称放电电流 I_n 测试：由1.2/50 μs冲击电压测试和10/350 μs冲击电流测试(电流波形测试)组成。通常对开关型防雷器进行测试。

Ⅱ类分级试验：由标称放电电流 I_n 测试：由1.2/50 μs冲击电压测试和8/20 μs冲击电流测试(电流波形测试)组成。通常对限压型防雷器进行测试。

Ⅲ类分级试验：混合波测试：采用组合法 U_{oc}(开路电压)进行测试。通常用于Ⅲ类测试的负载动作测试。1.2/50 μs(电压波形测试)和8/20 μs(电流波形测试)

24.(多选题)电涌保护器标牌注明 $I_n \leqslant 20$ kA(8/20 μs)，说明(　　)。

A. 通过了Ⅰ类分级试验

B. 可稳定多次通过≤20 kA的雷电流

C. 它的最大泄放能力为20 kA

D. 通过了Ⅱ类分级试验

E. 流过电涌保护器8/20 μs电流波的峰值不允许大于20 kA

答案：B、D、E

注解：参见GB 50057—2010 第2章 术语 第2.0.32条、第6章 防雷击电磁脉冲 第6.4.5条。

25.(多选题)通过Ⅰ类分级试验的SPD说明(　　)。

A. SPD在2/50 μs冲击电压下，通过标称放电电流 I_n 试验，能长时间地稳定工作

B. 表明SPD有泄放大电流的性能

C. 需要用10/350 μs典型波形的 I_{imp} 冲击电流做试验

D. 适合安装在 $LPZ0_B$ 和LPZ1界面

E. 由于其良好的通流性能，更适合安装在电子信息设备前对其进行保护

答案：A、C、D

注解：IEC/TC81文件规定Ⅰ级分类试验：由标称放电电流 I_n 测试：由1.2/50 μs冲击电

压测试和 10/350 μs 冲击电流测试（电流波形测试）组成。冲击放电电流试验时不仅要求 10/350 波形，而且标准规定电流包含的电荷量应为 $Q=0.5I_{peak}$（其中电荷量 Q 单位为库仑（C），I_{imp} 的峰值是 I_{peak} 单位为千安（kA））。而且 Q 应在 10 ms 内通过。在冲击试验的同时还施加相当于最大持续运行电压的工频电压。这个要求是很严的。参见 GB 50057—2010 第 2 章 术语 第 2.0.35 条。

26.（简述题）叙述 SPD 的参数 U_c 的定义和选取原则。

答案：U_c 为 SPD 的最大持续工作电压，可能持续加于 SPD 两端的最大均方根电压或直流电压，在 TT 系统中，当 SPD 设在漏电流保护器（RCD）的电源侧时，$U_c \geqslant 1.1U_o$；当 SPD 设在漏电流保护器的负荷侧时，$U_c \geqslant 1.5U_o$，在 TN 系统和 IT 系统中，$U_c \geqslant 1.1U_o$。

注解：参见 GB 50057—2010 第 2 章 术语 第 2.0.31 条。

27.（单选题）SPD 的标称放电电流 I_n 是（　　）。

A. 可通过的（8/20 μs）波形的最大放电电流　B. 可持续通过 SPD 的放电电流

C. 可通过的（8/20 μs）波形的电流波的峰值

答案：C

注解：标称放电电流指 SPD 能够持续承受通过而不损坏的雷电流幅值，最大放电电流指 SPD 能够短暂时间承受的雷电流幅值，时间过长则会损坏。

参见 GB 50057—2010 第 2 章 术语 第 2.0.32 条。

28.（判断题）SPD 的保护电平 U_p 是指当给电涌保护器加一个幅值为额定放电电流的电冲击时，在保护器出口出现的最大电压（　　）。

答案：√（正确）

注解：保护电平是指当给电涌保护器加一个幅值为额定放电电流的电冲击后，在保护器出口出现的最大电压。这个电压将直接加在被保护的设备上。因此，为了达到有效的保护，电涌保护器的保护电平应低于被保护设备能承受的最大电压。

参见 GB 50057—2010 第 2 章 术语 第 2.0.44 条。

29.（简述题）简述 SPD 的有效保护电平 U_p/f。

答案：SPD 有效保护由电涌保护器保护电平和电涌保护器连接导线的感应电压降两部分叠加组成。

注解：在计算 SPD 对后续设备的保护电压 U_p/f 时，是 SPD 本身的电压以及连接该 SPD 的导线电压之和，也是加在后续设备上的电压。在高频状态下导线的压降取决于导线的形状和长度（感抗的大小），所以对后续设备保护的电压越低，就要连接线越短，越平直。

30.（填空题）在电气系统电涌保护器（SPD）保护部件连接在相线与相线之间称为（　　），连接在相线与地之（　　　）方式。

答案：差模保护、共模保护

注解：保护模式只有两种，即差模、共模。共模保护：SPD 接在 L-PE 间和 N-PE 间，线路与设备内电路和器件对地绝缘；差模保护：SPD 接在 L-N、L-L 间，保护设备两个输入端之间的电路与器件。差模保护很少单独用。参见 GB 50057—2010 第 2 章 术语 第 2.0.30 条，建议查阅 GB 18802.1—2011 以及 IEC61643。

31.（填空题）无电涌出现时为高阻抗，当出现电压电涌时突变为低阻抗，通常采用放电间隙、充气放电管、硅可控整流器或三端双向可控硅元件做这类的组件，具有不连续的电压/电流

特性，这一类电涌保护器被称为(　　　　　　)。

答案：开关型电涌保护器

注解：参见 GB 50057—2010 第 2 章 术语 第 2.0.40 条。

32.(多选题)限压型电涌保护器的特点(　　)。

A. 无电涌出现时为高阻抗

B. 当出现电压电涌时突变为低阻抗

C. 通常采用压敏电阻、抑制二极管做这类电涌保护器的组件

D. 具有连续的电压、电流特性

E. 电压、电流特性曲线呈现为断崖型

答案：A、C、D

注解：参见 GB 50057—2010 第 2 章 术语 第 2.0.41 条。

33.(简述题)解释为什么说安装 SPD 时接地连接导线应平直，其长度不宜超过 0.5 m。

答案：施加在被保护电气设备上的雷电冲击过电压为 SPD 上的残压与连线上的高频电压降之和。SPD 的残压由产品性能决定，无法改变，连接导线上的压降在雷电流呈高频冲击状态，连接线形状和长度起决定性的作用，要求连接线越短越平直越好，IEC 标准要求≤0.5 m，可采用凯文接线法，减少连接导线上的压降。

注解：参见 GB 50057—2010 附录 J.1.2。

34.(填空题)表述设备或设备主要部件的绝缘对过电压的耐受能力特性的参数称为(　　)。用符号(　　)表示。

答案：冲击过电压的额定值、U_w

注解：参见 GB 50057—2010 第 2 章 术语 第 2.0.47 条。U_w 由生产厂给出的设备或设备主要部件的耐受冲击过电压的额定值，该值规定了设备或设备主要部件的绝缘对过电压的耐受能力特性。

35.(多选题)SPD 采用多极防护下述要求中(　　)是正确的。

A. 只有在一类、二类防雷建筑物易燃易爆环境才需要采用多极 SPD 防护

B. 各级防护尽量应采用同一品牌不同参数的 SPD

C. 与同一线路上游的电涌保护器之间有最小距离要求

D. 配电线路的总配电箱作为第一级防护必须安装通过一类分级试验的 SPD

E. 各级 SPD 的 U_p 选择应与对应保护设备耐冲击过电压额定值相对应

F. 要求 SPD 的连接线横平竖直、整洁美观。

答案：B、C、E、D

注解：参见 GB 50057—2010 第 6 章 第 6.4.5 条。

36.(单选题)向电子系统供电的配电箱的保护地线(PE 线)，应(　　)。

A. 通过 TN-S 系统的 PE 线由建筑物的总配电引入，无须再次重复接地。

B. 就近与建筑物的等电位连接网络做等电位连接(重复接地)

C. 与电子系统专用接地系统做等电位连接(重复接地)

答案：B

注解：参见 GB 50057—2010 第 6 章 第 6.3.4 条第 5 款。

37.(单选题)防雷接地应与交流工作接地、直流工作接地、安全保护接地共用一组接地装

置，接地装置的接地电阻值必须按(　　)。

A. 接入设备中要求的最小值确定

B. 安全保护接地的电阻值确定

C. 交流工作接地要求的接地的电阻值确定

答案：A

注解：参见 GB 50343—2012 第 5 章 第 5.2.5 条和 GB 50057—2010 第 6 章 第 6.3.4 条第 5 款。

38.(简述题)简述接地电阻测试仪的工作原理。

答案：接地电阻测试仪的工作原理如下图所示。

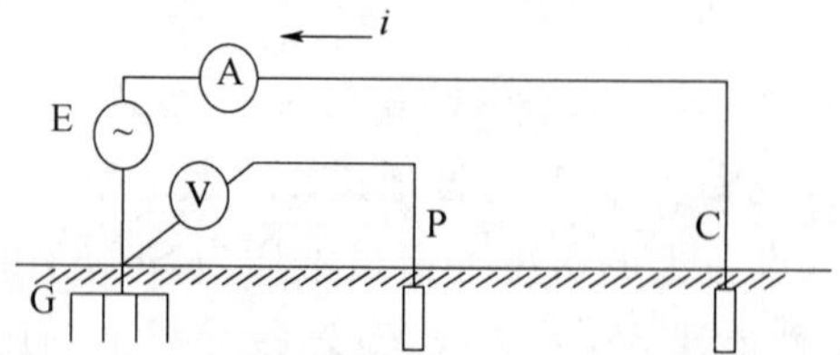

接地电阻是利用施加在 C 点和 E 点的交流电流 I，测量 E 点和 P 点间的电位差 V，通过公式 $R_x=V/I$ 计算得到接地电阻值 R_x。

注解：参见 GB/T 21431—2015 第 5.4.2.3 条接地装置的接地电阻测量。

39.(简述题)下图为三极法接地电阻测试原理图，为了减小测量误差对电流线和电压线的敷设有什么要求(直线法和三角法分别叙述)。

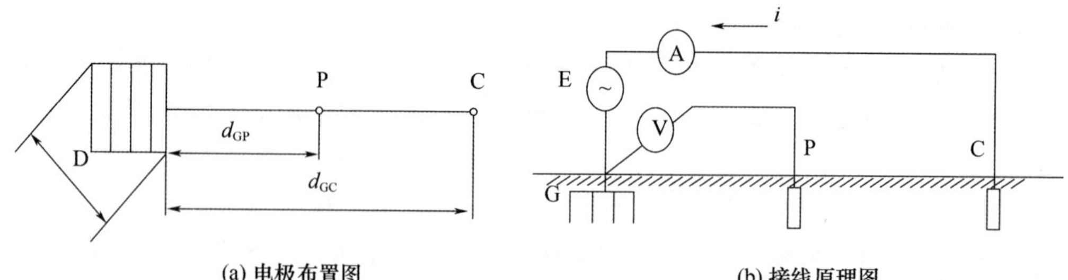

(a) 电极布置图　　(b) 接线原理图

P——测量用的电压极；C——测量用的电流极；E——测量用的工频电源；A——交流电流表；V——交流电压表；D——被测接地装置的最大对角线长度。

答案：采用接地电阻仪测量接地装置的工频接地阻值时的布线方式有直线法和三角法两种方式。直线法要求测量用的不得相互缠绕。电流极 C 和电压极 P 离被测接地装置 G 边缘的距离为 d_{GC}=(4～5)D 和 d_{GP}=(0.5～0.6)d_{GC}。三角法电压极 P 和电流极 C 要求等长，离被测接地装置 G 边缘的距离为 2～3 倍的 D，互成 30°夹角敷设。

注解：三极法的三极是指图(b)上的被测接地装置 G，点 P 可以认为是处在实际的零电位区内。为了较准确地找到实际零电位区时，可把电压极沿测量用电流极与被测接地装置之间连接线方向移动三次，每次移动的距离约为 d_{GC} 的 5%，测量电压极 P 与接地装置 G 之间的电压。如果电压表的三次指示值之间的相对误差不超过 5%，则可以把中间位置作为测量用电压极的位置。参见 GB/T 21431—2015 第 5.4.2.3 条。

40.(单选题)(　　)应划定 1 区为爆炸火灾危险环境。

A. 正常情况下能形成爆炸性混合物(气体或蒸汽爆炸性)的爆炸危险场所

B. 在不正常情况下能形成爆炸性混合物(气体或蒸汽爆炸性)的爆炸危险场所

C. 在不正常情况下形成爆炸性混合物可能性较小的爆炸危险的场所

答案：A

注解：参见 GB/T 21431—2015 附录 A(规范性附录)爆炸火灾危险环境分区和防雷分类。

41.(单选题)正常情况下能形成粉尘或纤维爆炸性混合物的爆炸危险场所应划定为爆炸火灾危险环境(　　)。

A. 0 区　　　　B. 1 区

C. 10 区

答案：C

注解：参见 GB/T 21431—2015 附录 A(规范性附录)爆炸火灾危险环境分区和防雷分类。

42.(简述题)冲击接地电阻和工频接地电阻间 $R_{\sim} \leqslant R$ 的这个关系总是成立吗？请说明为什么？

答案：根据 GB 50057—2010 附录 C 有公式 $R_{\sim}=AR_{\mathrm{i}}$ 式中 R_{i} 为工频接地电阻值、$R_{\sim}$、A 为换算系数，其值取至 GB 50057—2010 中图 C.0.1 换算系数 A。从图中可看出 A 的最大值为 1，因此可以确定 $R_{\sim} \leqslant R$ 式成立。

注解：参见 GB 50057—2010 附录 C 接地装置冲击接地电阻与工频接地电阻的换算。

43.(判断题)为了防止交流供电系统产生的工频信号干扰，电子信息系统应设与交流供电系统保护接地分开的独立接地装置。

答案：×(错误)

注解：参见 GB 50057—2010 第 6.1.1 条和第 6.3.4 条第 5 款。

44.(绘图题)下图为一信息系统机房及设备，绘制 Ss 型等电位连接图并说明适用范围和要求事项。

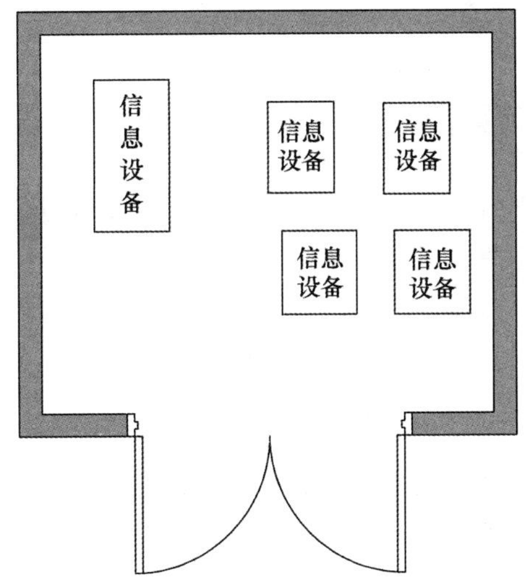

答案：机房 Ss 型等电位连接网络如下图所示：

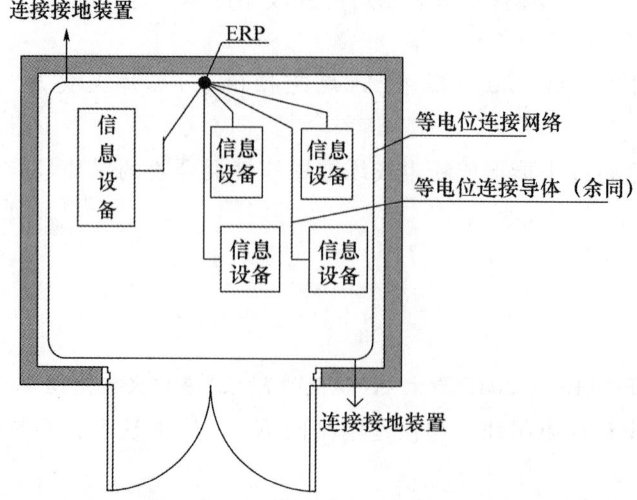

S 型等电位连接仅当电子系统为 300 kHz 以下的模拟线路时可采用 S 型等电位连接。当采用 S 型等电位连接时，电子系统的所有金属组件应与接地系统的各组件绝缘（包括等电位连接线）。

注解：参见 GB 50057—2010 第 6.3.3 条第 6 款。

45.（判断题）下述关于 Mm 型等电位连接的要求正确的在（　　）填写√，错误的填写×。

（1）Mm 型等电位适合用于大型信息系统场地（　　）

（2）设备的等电位连接线应采用与供电系统相同绝缘等级的导线（　　）

（3）设备不带电金属部件就近连接到等电位网络（　　）

（4）M 型等电位连接应通过多点连接组合到等电位连接网络中去（　　）

（5）每个设备的 2 条等电位连接线应安装在沿设备边缘最远两点（　　）

答案：√、×、×、√、√

注解：参见 GB 50057—2010 第 6.1.1 条和第 6.3.4 条第 6 款。

46.（单选题）设有低压电气系统和电子系统的建筑物，规模达不到规范所要求的第三类防雷建筑物，其雷电防护（　　）。

A. 仍需设置内部防护装置　　B. 仅需设置信息系统防护装置

C. 按第三类防雷建筑防护标准设置防护装置

答案：C

注解：参见 GB 50057—2010 第 6.1.1 条和第 6.3.4 条第 5 款。

第二节　要求熟记的技术数据、参数考核题

1.（填空题）处在 0 区爆炸火灾危险环境的建筑物应（　　）进行一次防雷装置安全检测，每间隔（　　）年要进行一次彻底检测。

答案：半年、2 年

注解：参见 GB/T 21431—2015 第 6 章 检测周期。

2.（填空题）预计雷击次数大于（　　）次/年的部、省级办公建筑物，预计雷击次数大于

(　　)次/年的住宅、办公楼等一般性民用建筑物和其他重要或人员密集的公共建筑物以及火灾危险场所应划为第二类防雷建筑物。

答案:0.05、0.25

注解:参见 GB 50057—2010 第 3 章 建筑物的防雷分类 第 3.0.3 条第 9、10 款。

3.(填空题)预计雷击次数大于或等于(　　)次/年且小于或等于(　　)次/年的部、省级办公建筑物和其他重要或人员密集的公共建筑物以及火灾危险场所和预计雷击次数大于或等于(　　)次/年,且小于或等于(　　)次/年的住宅、办公楼等一般性民用建筑物按照 GB 50057—2010 的规定应划为第三类防雷建筑物。

答案:0.01、0.05、0.05、0.25

注解:参见 GB 50057—2010 第 3 章 建筑物的防雷分类 第 3.0.4 条第 2 款、第 3 款。

4.(填空题)在平均雷暴日大于 15 d/a 的地区,高度在(　　)及以上的烟囱、水塔等孤立的高耸建筑物;在平均雷暴日小于或等于 15 d/a 的地区,高度在(　　)及以上的烟囱、水塔等孤立的高耸建筑物。

答案:15 m、20 m

注解:参见 GB 50057—2010 第 3 章 建筑物的防雷分类 第 3.0.4 条第 4 款。

5.(填空题)建筑物天面接闪网格密度按 GB 50057—2010 的规定,第一类防雷建筑物为(　　　　),第二类防雷建筑物为(　　　　),第三类防雷建筑物为(　　　　)。

答案: 5×5 m 或 4×6 m、10×10 m 或 12×18 m、20×20 m 或 24×16 m

注解:参见 GB 50057—2010 第 4 章 第 4.2.1 条 第 1 款、第 4.3.1 条 第 1 款、第 4.4.1 条第 1 款。

6.(填空题)对第二类和第三类防雷建筑物,没有得到接闪器保护的屋顶孤立金属物的尺寸没有超过以下数值时可不要求附加的保护措施:高出屋顶平面不超过(　　　),上层表面总面积不超过(　　　)和上层表面的长度不超过(　　　)。

答案: 0.3 m、1.0 m^2、2 m

注解:参见 GB 50057—2010 第 4.5.7 章。

7.(填空题)在建筑物天面设置接闪装置时引下线不应少于(　　),间距按 GB 50057—2010 的规定:第一类防雷建筑物应沿周长计算(　　　),第二类防雷建筑物为(　　　　),第三类防雷建筑物为(　　　)。

答案: 2 根、不宜大于 12 m、平均间距不大于 18 m、平均间距不大于 25 m

注解:参见 GB 50057—2010 第 4 章 第 4.2.4 条第 2 款、第 4.3.3 条、第 4.3.4 条。

8.(填空题)对于高层建筑的雷电防护要求:第一类防雷建筑物高于(　　);第二类防雷建筑高于(　　);第三类防雷建筑物高于(　　)时应采取侧击雷防护措施。

答案:30 m、45 m、60 m

注解:参见 GB 50057—2010 第 4 章 第 4.2.4 条第 7 款、第 4.3.9 条、第 4.4.8 条。

9.(填空题)在利用滚球法计算接闪器保护范围时,滚球半径取值根据建筑物的防雷类别确定:第一类防雷建筑取(　　);第二类防雷建筑取(　　);第三类防雷建筑物高度取(　　)。

答案:30 m、45 m、60 m

注解:参见 GB 50057—2010 第 4 章 表 4.5.5、表 6.2.1 和附录 B。

10.(填空题)第一类防雷建筑物电力电缆架空引入时在进入建筑物前(　　)、通信线路架空引入时在进入建筑物前(　　)必须进行地埋处理,并且在电缆与架空线连接处,尚应装设户外型电涌保护器。电涌保护器、电缆金属外皮、钢管和绝缘子铁脚、金具等应连在一起接地，其冲击接地电阻不宜大于(　　)。

答案：全线采用电缆埋地敷设、应使用不小于 15 m 护套电缆穿钢管埋地敷设、30 Ω

注解：参见 GB 50057—2010 中第 4.2.1 条规定。

11.(填空题)进出第一类防雷建的架空金属管道在入口处，应与防闪电感应的接地装置相连。距离建筑物(　　)内的管道，应每隔(　　)接地一次，其冲击接地电阻不应大于(　　)，并应利用金属支架或钢筋混凝土支架的焊接、绑扎钢筋网作为引下线，其钢筋混凝土基础宜作为接地装置。

答案：100 m、25 m、30 Ω

注解：参见 GB 50057—2010 第 4 章第 4.3.2 条第 7 款。

12.(填空题)第一类防雷建筑内平行敷设的管道、构架和电缆金属外皮等长金属物，其净距小于(　　)时，应采用金属线跨接，跨接点的间距不应大于(　　)；交叉净距小于(　　)时，其交叉处也应跨接。当长金属物的弯头、阀门、法兰盘等连接处的过渡电阻大于(　　)时，连接处应用金属线跨接。对有不少于(　　)根螺栓连接的法兰盘，在非腐蚀环境下可不跨接。

答案：100 mm、30 m、100 mm、0.03 Ω、5

注解：参见 GB 50057—2010 第 4 章第 4.2.2 条第 2 款。

13.(填空题)第一类防雷建筑独立接闪装置的金属部件与被保护建筑物及其有联系的管道、电缆等金属物之间的不得小于(　　)；与架空输电线路间的距离不得小于(　　)；不在接闪器保护范围之内时，树木与建筑物之间的净距不应小于(　　)。

答案：3 m、15 m、5 m

注解：参见 GB 50057—2010 第 4 章第 4.2.1 条第 5 款、第 6 款。

14.(填空题)建筑物接闪装置的冲击接地电阻值第一类防雷建筑物应小于等于(　　)；第二类防雷建筑物应小于等于(　　)；第三类防雷建筑物应小于等于(　　)。

答案：10 Ω、10 Ω、30 Ω

注解：参见 GB 50057—2010 第 4 章第 4.2.1 条第 8 款、第 4.2.2 条第 3 款、第 4.3.6 条第 8 款、第 4.4.6 条第 1 款。

15.(填空题)接闪装置安装在建筑物上的第一类防雷建筑物和第二类防雷建筑物，都需要在电源引入的总配电箱处应装设(　　)试验的电涌保护器。电涌保护器的电压保护水平值应小于或等于(　　)。每一保护模式的冲击电流值，当无法确定时，冲击电流应取等于或大于(　　)。

答案：Ⅰ级、2.5 kV、12.5 kA

注解：参见 GB 50057—2010 第 4 章第 4.2.4 条第 8 款、第 4.3.8 条第 4 款。

16.(填空题)在建筑物内 220/380 V 配电系统设备绝缘耐冲击电压值要求电源处的设备为(　　)、配电线路和最后分支线路的设备为(　　)、用电设备为(　　)和特殊需要保护的电子信息设备为(　　)。

答案：6 kV、4 kV、2.5 kV、1.5 kV

注解：参见 GB 50057—2010 第 6 章第 6.4.4 条。

17.(填空题)通常宜采用热浸镀锌圆钢或扁钢作为接闪带、接闪网格，最小截面积不应小于(　　)，扁钢的厚度应小于(　　　)，圆钢的直径不应小于(　　　)。

答案：50 mm^2、2 mm、8 mm

注解：参见 GB 50057—2010 第 5 章第 5.2.1 条表 5.2.1。

18.（填空题）通常宜采用热浸镀锌钢绞线作为架空接闪线，最小截面积不应小于（　　），直径不应小于（　　），单根直径不应小于（　　）。

答案：50 mm^2、8 mm、1.7 mm

注解：参见 GB 50057—2010 第 5 章第 5.2.1 条表 5.2.1。

19.（单选题）大型粮库的堆放场，直击雷防护计算时其滚球半径取（　　）。

A. 100 m　　B. 60 m　　C. 45

答案：A

注解：参见 GB 50057—2010 第 4 章第 4.5.5 条。

20.（填空题）等电位连接带采用扁铜带或扁钢带时要求截面积不得小于（　　），从等电位连接带至接地装置或各等电位连接带之间的连接导体采用铜型材或铜绞线时截面积不得小于（　　）；铝型材或铝绞线时截面积不得小于（　　）；镀锌钢材时截面积不得小于（　　）。

答案：50 mm^2、16 mm^2、25 mm^2、50 mm^2

注解：参见 GB 50057—2010 第 5 章第 5.1.2 条表 5.1.2。

21.（填空题）信息系统室内的设备金属外壳、非带电金属装置至等电位连接带的连接导体采用铜线时要求最小截面积为（　　）；采用铝线时要求最小截面积为（　　）；采用钢材时要求最小截面积为（　　）。

答案： 6 mm^2、10 mm^2、16 mm^2

注解：参见 GB 50057—2010 第 5 章第 5.1.2 条表 5.1.2。

22.（填空题）明敷接闪导体和引下线固定支架的间距，采用圆钢时不应大于（　　），采用扁钢或绞线时安装于从地面至高 20 m 垂直面上的垂直导体不应大于（　　），安装在高于 20 m 垂直面上的垂直导体不应大于（　　）。

答案：1 m、1 m、0.5 m

注解：参见 GB 50057—2010 第 5 章第 5.4.3 条。

23.（填空题）人工钢质垂直接地体的长度宜为（　　）。其间距以及人工水平接地体的间距均宜为（　　），当受地方限制时可适当减小，在土壤中的埋设深度不应小于（　　），并宜敷设在当地冻土层以下，其距墙或基础不宜小于（　　）。

答案： 2.5 m、5 m、0.5 m、1 m

注解：参见 GB 50057—2010 第 5 章第 5.4.3 条。

24.（填空题）接闪杆宜采用热镀锌圆钢或钢管制成，其直径不应小于下列值。

杆长 1 m 以下：圆钢为（　　）；钢管为（　　）。

杆长 1～2 m：圆钢为（　　）；钢管为（　　）。

独立烟囱顶上的杆：圆钢为（　　）；钢管为（　　）。

答案： 12 mm、20 mm、16 mm、25 mm、20 mm、40 mm

注解：参见 GB 50057—2010 第 5 章第 5.2.2 条。

25.（填空题）有爆炸危险的露天钢柱封闭油、气罐，当壁厚大于 4 mm 时，可不装设接闪器，但应有（　　）措施保证罐体接地的安全、可靠性。

A. 宜采用截面积≥50 mm^2 作为引下线　　B. 接地点不应少于 2 点

C. 罐体与接地装置应保持 3 m 以上安全距离　　D. 接地点间的距离不大于 30 m

E. 冲击接地电阻不大于 30 Ω　　F. 必须围绕罐体敷设环形人工接地体

答案： B、D、E

注解：参见 GB 50057—2010 第 4 章第 4.3.10 条。

第三节 要求掌握的计算公式和计算方法考核题

1. 下图为一民用建筑平面图，计算其年平均雷击次数，确定防雷类别。

注：当地年平均雷暴日 34 天，k 值取 1；$\sqrt{94(200-94)}\approx 99$。

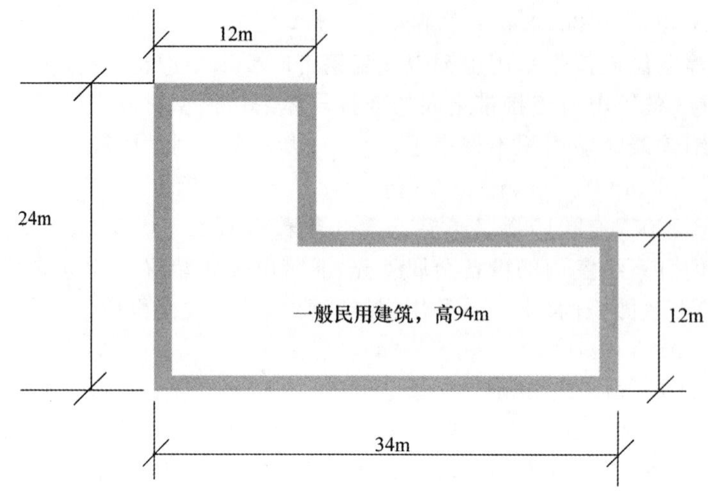

答案：建筑物预计年雷击次数计算公式为：$N=k\times N_g\times A_e$

其中：$k=1$；$N_g=0.1\times T_d=0.1\times 34=3.4$(次/$km^2$/a)；

建筑物高度小于 100 m 时，其雷击等效面积

$$A_e=\left[LW+2(L+W)D+\frac{1}{4}\pi D^2\right]\times 10^{-6}(km^2);$$

式中：$D=\sqrt{H(200-H)}=99$；$L=34+12$；$W=12$；代入上式中；

$A_e=[(34+12)\times 12+2\times(34+12+12)\times 99+0.25\times 3.14\times 99^2]\times 10^{-6}=0.13(km^2)$

代入 $N=k\times N_g\times A_e=1\times 3.4\times 0.13=0.44$(次)

该建筑年预计雷击次数为 0.44 次>0.25 次，应为二类防雷建筑物。

注解：参见 GB 50057—2010 附录 A 第 A.0.3 条第 1 款。

2. 下图为某市气象局办公楼平面图，请确定该建筑的防雷类别（当地雷暴日数为 30 天、校正系数 $K=1$）。

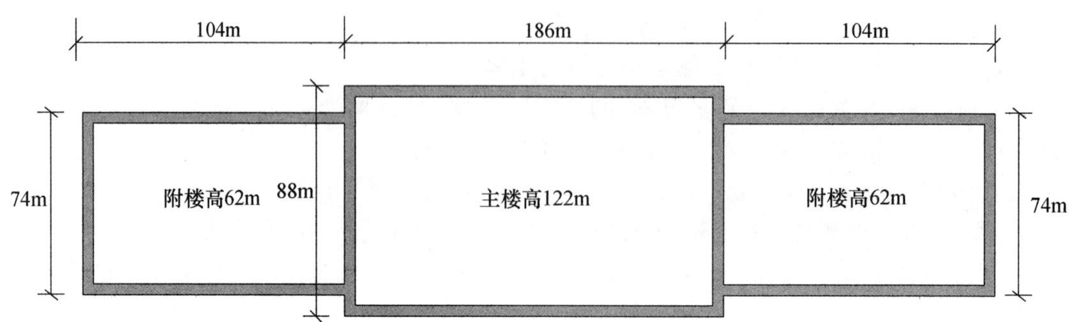

答案:分别计算建筑物的年预计雷击次数。

(1)主楼:根据滚球法计算公式

$$
\begin{aligned}
rx &= \sqrt{(h(2h_r - h))} - \sqrt{h_x(2h_r - h_x)} \\
&= \sqrt{122(244-122)} - \sqrt{62(244-62)} \\
&= 122 - 106 = 16 < 104
\end{aligned}
$$

确定附楼不在以主楼高 H 为滚球半径的保护范围内,因此根据 GB 50057—2010 附录 A 第 A.0.3 条第 5 款主楼的雷击等效面积:

$$
\begin{aligned}
A_e &= [LW + 2H(L+W) + \pi H^2 - H/2(74+74)] \times 10^{-6} \\
&= [186\times 88 + 2\times 122(186+88) + 3.14\times 122^2 - 122\times 74] \times 10^{-6} \\
&= 0.12(\mathrm{km}^2)
\end{aligned}
$$

根据公式 $N = k \times N_g \times A_e = 1\times 0.1\times 30\times 0.12 = 0.36$(次),确定主楼的年预计雷击次数为 0.36 次>0.25 次,为第二类防雷建筑物。

(2)附楼:根据 GB 50057—2010 附录 A 第 A.0.3 条第 6 款附楼的雷击等效面积由下式计算确定:

$$
\begin{aligned}
A_e &= [LW + 2H(L+W) + \pi H^2 - H\times 74] \times 10^{-6} \\
&= [104\times 74 + 2\times 62(104+74) + 3.14\times 62\times 62 - 62\times 74] \times 10^{-6} \\
&= 0.037(\mathrm{km}^2)
\end{aligned}
$$

根据公式 $N = k \times N_g \times A_e = 1\times 0.1\times 30\times 0.037 = 0.11$(次),计算确定,附楼的年预计雷击次数为 0.11 次,为第三类防雷建筑物(双侧相同)。

由于主楼面积占整个建筑 30%以上,根据 GB 50057—2010 第 4.5.1 条第 2 款确定该建筑为第二类防雷建筑物。

注解:参见 GB 50057—2010 第 A.0.3 条第 5 款、第 6 款,附录 D.0.1 第 1 款,第 4.5.1 条第 2 款。

3. 参照下图确定接闪杆安装是否符合要求(第二类防护)。

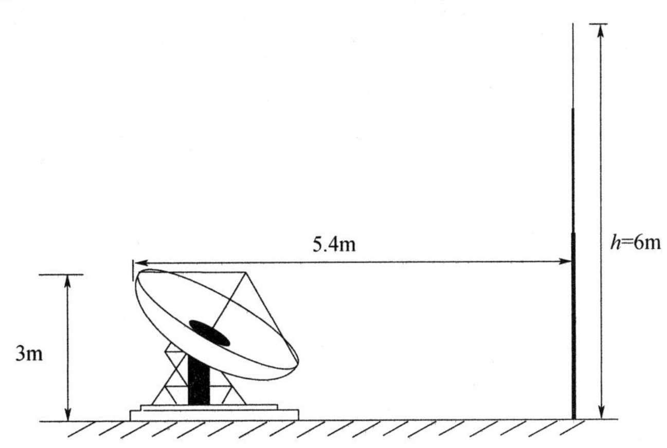

答案:根据公式:

$$
\begin{aligned}
r_x &= \sqrt{h(2h_r - h)} - \sqrt{h_x(2h_r - h_x)} \\
&= \sqrt{6(90-6)} - \sqrt{3(90-3)} \\
&= 6.29\ \mathrm{m}
\end{aligned}
$$

接闪器在 3 m 平面的保护半径为 6.29 m>5.4 m,因此确定接闪杆安装符合要求。

注解:参见 GB 50057—2010 附录 D 第 D.0.1 条。

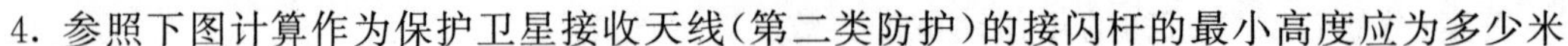

4. 参照下图计算作为保护卫星接收天线(第二类防护)的接闪杆的最小高度应为多少米。

提示:一元二次方程根 $x=\dfrac{-b\pm\sqrt{b^2-4ac}}{2a}$

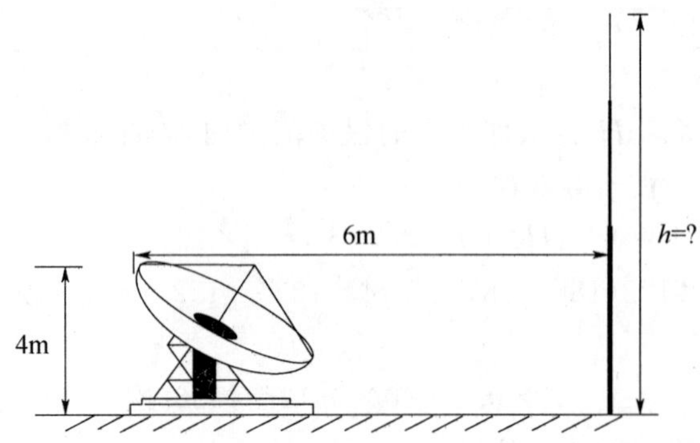

答案:根据公式:$r_x=\sqrt{h(2h_r-h)}-\sqrt{h_x(2h_r-h_x)}$

$$6=\sqrt{h(90-h)}-\sqrt{4(90-4)}$$

$$6=\sqrt{h(90-h)}-18.54$$

$$24.54^2=90h-h^2$$

整理得到一元二次方程:$h^2-90h+602=0$

解方程得到:$\dfrac{90\pm\sqrt{8100-4\times602}}{2}=\dfrac{90\pm75.4}{2}$

$h_1=(90+75.4)/2=82.7$(不合理);$h_2=(90-75.4)/2=7.3$(m)

因此可得到接闪针的高度不应低于 7.3 m。

注解:参见:GB 50057—2010 附录 D D.0.1 第 1 款。

5. 已知某接地装置实测工频接地电阻为 10 Ω,测得接地体周围土壤电阻率为 1000 Ω·m,接地体最长支线的实际长度为 34 m,请计算该接地装置的冲击接地电阻值。(下图为 A 取值表)

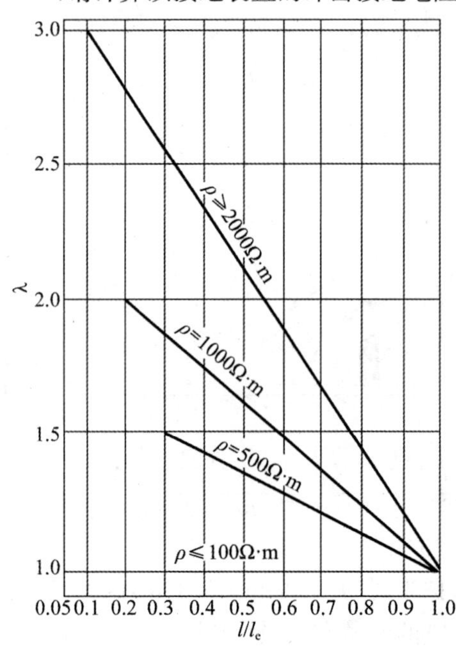

答案：接地体有效长度 $le=2\sqrt{\rho}=2\times31.6\ \text{m}=63.2\ \text{m}$。$l/le=34/63.2\approx0.53$，查表得到换算系数 A≈1.7。由公式 $R_{\sim}=AR_i$ 得到 $R_i=10/1.7\approx5.9\ \Omega$。

注解：参见 GB 50057—2010 附录 C 第 C.0.1 条、第 C.0.2 条。

6. 已知某第二类防雷建筑长、宽、高分别为 120 m、80 m、64 m，框架结构，环形接地装置，周边及内部设引下线 12 条，竖向上、下贯通电缆 4 条、电梯导轨 2 条。

(1)计算建筑物附近发生雷击时处于 $LPZ0_A \sim LPZ0_B$ 区内最大可能的磁场强度。

(2)当雷击中建筑物时，在第 1 层竖向电缆保护层可能通过的最大雷电流是多少？

提示：见下表。

与最大雷电流对应的滚球半径

防雷建筑物类别	最大雷电流 i_0(kA)			对应的滚球半径 R(m)		
	正极性首次雷击	负极性首次雷击	负极性后续雷击	正极性首次雷击	负极性首次雷击	负极性后续雷击
第一类	200	100	50	313	200	127
第二类	150	75	37.5	260	165	105
第三类	100	50	25	200	127	81

答案：答：①根据公式：$H_0=i_0/(2\pi S_a)$

$$S_a=\sqrt{H(2R-H)}+L/2$$

$$H_0=150/6.28\times[\sqrt{64(2\times260-64)}+120/2]=4140$$

处于 $LPZ0_A \sim LPZ0_B$ 区内最大可能的磁场强度为 4140 A/m。

②建筑物第一层的分流系数根据公式：$K=1/n$ 计算为 $k=1/18$，因此可得在 1 层竖向电缆保护层可能通过的最大雷电流为：

$$I_1=ki_0=260/18\ \text{kA}=14.44\ \text{kA}$$

注解：参见 GB 50057—2010 第 6 章 第 6.3.2 条、附录 E。

第四节 综合能力测试题

1. 简述雷电对建筑的损害方式、侵入途径及基本的防护方法。

答案要点提示：雷电造成危害按其物理形式可分成直击雷、感应雷和雷电电磁脉冲。

① 直击雷造成危害的方式主要有以下 4 种：接闪点热效应、电磁机械力、高电位侵入、地电位反击。

② 雷电静电感应：雷电形成静电场，静电场内金属间产生危险电位差，出现闪络，爆炸火灾环境下引起次生灾害。

③ 雷电电磁脉冲：雷电接闪点周围产生脉冲磁场，磁场内的导体产生磁感应电流，爆炸火灾环境下引起次生灾害、对电子系统造成危害尤其突出。

直接闪电的防护主要是接闪器、引下线、接地装置组成的外部防护装置，共用接地装置能够有效地防止地电位反击造成的设备及人员伤害。

雷电静电感应、雷电电磁脉冲的防护主要采取电磁屏蔽、合理布线、等电位连接和安装电涌保护器等措施。

注解:雷电造成破坏有如下几种形式。

(1)直接闪电(直击雷)

闪击直接击于建筑物、其他物体、大地或外部防雷装置上,这种放电现象就称作直击雷。直击雷产生危害的方式主要有以下4种。

① 雷电流的高温热效应

雷电击地面物体时,强大的雷电流转变成热能,放电通道的温度可高达5000～20000 ℃,据此估算最小的云地闪(3 kA),雷击点发热量为500～2000 J,该能量能熔化50～200 mm^3 的钢材,能使被击中的地面物体中的水分被快速蒸发膨胀,发生爆炸或引起建筑物燃烧,使设备金属部件熔化,导致建筑物或设备的损毁。

② 电磁力机械效应

雷电流通过金属导体时会在导体周围产生磁场,就会产生同性相吸异性相斥的电磁力,实验表明,相距1 m的两根导体,通过10 kA的模拟雷电流,它们间会产生5000～6000 N(牛顿)的电磁力。

③ 雷电流引起高电位侵入

云地闪在击中金属管道或导线时,会沿着金属管道或导线传送到很远的地方,雷电流可能通过供电线路或通信及数据传输线路侵入建筑物内部系统中,线路中将出现一个强大的雷电冲击波及其反射分量。反射分量的幅值尽管没有冲击波大,但其破坏力也大大超过半导体或集成电路等微电子器件的负荷能力,尤其是它与冲击波叠加,形成驻波的情况下,便形成了更大的破坏力。

④ 地电位升高造成反击

雷电流通过接闪装置、引下线导入接地系统,在接地系统5 m内产生梯度电压,接地系统的电位瞬间升高,升高的地电位会通过接地线引入,造成设备损坏,甚至人员伤亡。

(2)感应雷电

带有大量电荷的雷云所产生的电场,会在下方地面所有物体上感生出极性相反的电荷。当雷云对地放电或对云间放电时,云层中的电荷在一瞬间消失了(严格说是大大减弱),那么在地面物体上感应出的这些被束缚的正电荷也就在一瞬间失去了束缚,在电势能的作用下,这些电荷将沿着线路产生大电流冲击,从而对电器设备产生不同程度的影响。

(3)雷电电磁脉冲

已证实雷电流是多种波形叠加的交变脉冲电流在其放电通道周围1 km范围产生很强的脉冲磁场,而处在这个脉冲磁场中的任何金属导体都会产生电磁感应电流或电动势。这种电磁感应对一般的电气设备不会造成影响,但足以造成信息系统数据传输误码甚至损坏半导体器件和集成电路(计算机网络系统等设备的集成电路芯片耐压能力很弱,通常在100 V以下)。

2. 简述低压配电系统SPD的分类及工作基本原理与主要参数的含义。

答案要点提示:SPD是电涌保护器的英文缩写,用于限制瞬态过电压和泄放浪涌电流的装置,它至少应包含一个非线性元件,安装在被保护线路和PE线之间,在正常情况下,电涌保护器处于极高的电阻状态,漏流几乎为零,从而保证电源系统正常供电。当电源系统出现浪涌过压时,电源浪涌保护器立即在纳秒级的时间内导通,将过电压的幅值限值在设备的安全工作

范围内，同时将浪涌能量入地释放掉。随后，电涌保护器又迅速变为高阻状态，从而不影响正常供电。

SPD 按使用非线性元件的特性来分有以下三种。

① 电压开关型 SPD。常用的非线性元件有放电间隙、气体放电管等，它具有大通流容量（标称通流电流和最大通流电流）的特点，特别适用于易遭受直接雷击部位的雷电过电压保护（即 $LPZ0_A$ 区）。

② 电压限制型 SPD。常用的非线性元件有氧化锌压敏电阻、瞬态抑制二极管等，是大量常用的过电压保护器，一般适用于室内（即 $LPZ0_B$、LPZ1、LPZ2 区）。

③ 组合型 SPD。由电压开关型元件和限压型元件混合使用，随着施加的冲击电压特性不同，SPD 有时会呈现开关型 SPD 特性，有时呈现限压型 SPD 特性，有时同时呈现两种特性。

表征 SPD 的主要技术参数如下。

（1）最大持续工作电压 U_c：可能持续加于 SPD 两端的最大均方根电压或直流电压，其值等于 SPD 本身的额定电压。

在 TT 系统中，当 SPD 设在漏电流保护器（RCD）的电源侧时，$U_c \geqslant 1.1U_o$；当 SPD 设在漏电流保护器的负荷侧时，$U_c \geqslant 1.5U_o$。

在 TN 系统和 IT 系统中，$U_c \geqslant 1.1U_o$。U_c 的选择要考虑到当地电网的水平波动及用户用电的具体情况，不是一味取大值为好，因为 U_c 取大值，整个压敏器件启动电压也高，浪涌电压将对设备产生危害。国际标准有一系列的优选值，与当地电网水平有关。

（2）放电电流 I_n 和最大放电电流 I_{max}：I_n 标称放电电流指 SPD（避雷器）能够持续承受通过而不损坏的雷电流幅值，I_{max} 最大放电电流指 SPD（避雷器）能够短暂时间承受的雷电流幅值，时间过长则会损坏。$I_{max}=2\sim3$ 倍 I_n。

（3）保护水平 U_p

通常防雷器的 U_p 是指标称泄放电流下的残压，与设备的耐压 U_w 一致（$1.2U_p \leqslant U_w$）。目前国标当中较好的 U_p 有 800 V、900 V。

（4）漏电流

最大持续工作电压 U_c 下通过 SPD 的电流。并联型 SPD 要求漏电流≤30 μA（公安部要求漏电流≤20 μA），串联型 SPD 要求漏电流≤0.1 mA。

3. 下图为采用架空接闪线作为第一类防雷建筑的直接闪电防护装置设计图。图中建筑物为某种爆炸性气体的灌装车间，爆炸性气体的相对密度为 0.8，排放管带保护帽，自然排气，排放压＜5 kPa。避雷线垂率为 3/100 m。

请写出该设计的设计说明（需要计算的数据要列出相应的计算步骤）。

答案要点提示：

① 设计依据：《建筑物防雷设计规范》（GB 50057—2010）。

② 独立接地装置的冲击接地阻值 $R_i \leqslant 10\ \Omega$。至被保护建筑物及与其有联系的管道、电缆等金属物之间的间隔距离≥4 m（$0.4R_i$）。

③ 接闪线支撑杆高度 $h \geqslant 8.5$ m（接闪线与屋面的距离 $\geqslant 0.4(R_i+0.1h_x)=4.1$ m，$h=2.5+1.5+4.1=8.1$ m，考虑接闪线的垂度 $h=8.1+3.3=8.43$，h 取 8.5 m）。保护范围为：排放管帽以上的垂直距离 1 m，距管口处的水平距离 2 m，采用滚球法计算：

$r_x=1.8+2=3.8$，$h_x=0.4+1=1.4$(m)，$h_r=30$(m)，根据下述公式：

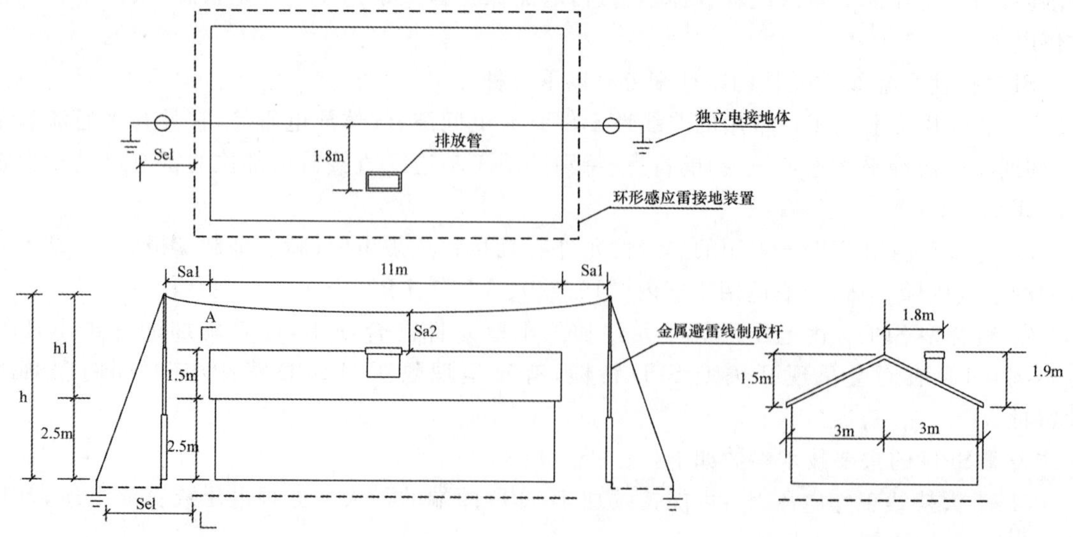

$$r_x = \sqrt{h(2h_r - h)} - \sqrt{h_x(2h_r - h_x)}$$

$$1.8 = \sqrt{h(90 - h)} - \sqrt{1.4(90 - 1.4)}$$

$$1.8 = \sqrt{h(90 - h)} - 11$$

$12.8^2 = 90h - h^2$；整理得到一元二次方程 $h^2 - 90h + 163.8 = 0$

解方程得到 $\dfrac{90 \pm \sqrt{8100 - 4 \times 163.8}}{2} = \dfrac{90 \pm 86.2}{2}$；$h_1 = (90 + 86.2)/2 = 88.1$（不合理）；$h_2 = (90 - 86.2)/2 = 1.9$（m）。

撑杆高度 $h = 2.5 + 1.5 + 1.9 = 5.9$（m），考虑接闪线的垂率 $h = 5.9 + 0.33 = 6.33$（m）$<$ 8.5（m），因此取 8.5 m。

④ 支撑杆与建筑物间的距离 $\geqslant 0.4(R_i + 0.1h_x) = 0.4(10 + 0.25) = 4.1$（m）。

⑤ 材料表如下：

材料名称	规格	用途	备注	材料名称	规格	用途	备注
热浸镀锌钢管	∅60 mm	支撑杆 1	壁厚≥2 mm	热浸镀锌扁钢	4×40 mm	水平接地极	
热浸镀锌钢管	∅60 mm	支撑杆 2	壁厚≥2 mm	热浸镀锌角钢	50×50 mm	垂直接地极	壁厚≥5 mm
热浸镀锌钢管	∅60 mm	支撑杆 3	壁厚≥2 mm				
热浸镀锌钢绞线	∅10 mm	接闪线	单根≥∅1.7 mm				

注解：参见 GB 50057—2010 第 4 章第 4.2.1 条、第 5 章第 5.1 条。

4. 请叙述标准中等规模加油站周期防雷检测的内容和项目。

答案要点提示：

加油站防雷安全检测可分成 5 个部分：

(1)加油站办公区建筑物检测

① 根据 GB 50057—2010 第 3.0.3 条和第 6、7、8 款规定，加油站属于“具有 1 区爆炸危险环境的建筑物，且电火花不易引起爆炸或不致造成巨大破坏和人身伤亡者”。因此应定为二类

防雷建筑。

② 检测接闪器，站房为金属屋面时，也应测量铁皮厚度，小于 4 mm，应在屋面加装避雷网格，金属屋面接地电阻值应不大于 4 Ω；站房为混凝土结构时，屋面须装设避雷带，避雷网格，网格大小应小于或等于 12 m×8 m（或 10 m×10 m），且接地电阻值应不大于 4 Ω。检测站房屋面金属物体，如探头、空调外机等接地是否可靠。

③ 检查引下线数量，如为暗敷，检测测试卡工频接地电阻，应不大于 4 Ω。

④ 检查加油站的供电线路是采用铠装电缆埋地引入还是架空线引入，原则上要求加油站的供电线路采用铠装电缆埋地引入。

（2）加油区罩棚检测

加油区罩棚为金属屋面时，应测量铁皮厚度，小于 4 mm，应在屋面加装避雷网格，金属屋面接地电阻值应不大于 4 Ω。加油棚为混凝土结构时，屋面须装设避雷带、避雷网格，网格大小应小于等于 12 m×8 m（或 10 m×10 m），且接地电阻值应不大于 4 Ω。

（3）加油机检测

① 检查加油机与接地体可靠连接，各部分之间是否电气连通，连接之处有无严重腐蚀；检测其工频接地电阻。

② 对加油枪的检测：加油枪必须加油机连接可靠，测其防静电电阻，电阻值不大于 4 Ω，说明电气导通良好。

（4）储油油罐区检测

① 检测金属储罐的阻火器、呼吸阀、量油孔、排气管、放散管等金属附件的等电位连接情况，要求以上金属附件与储罐的接地形成等电位。

② 检测法兰盘过渡电阻值，当电阻大于 0.03 Ω 时，检查是否有跨接的金属线，并检查连接质量，连接导体的材料和尺寸。当法兰盘用 5 根以上螺栓连接时，在非腐蚀环境下，可不跨接，但必须构成电气通路。

③ 检测汽油罐车卸车场地旁，供罐车卸车时用的防静电夹接地情况，接地电阻值不大于 4 Ω。

④ 检测油罐体：埋地金属油罐罐壁厚度大于 4 mm 时，可不设防直击雷装置，但油罐必须做环形防雷接地，其接地点不应少于 2 处，沿罐体弧形距离不应大于 30 m，接地体距罐壁的距离应大于 3 m。

（5）共用接地系统检测

① 接地阻值测试：选择接地网相距最远的两点作为基准点，测试接地系统的工频接地阻值，要求不大于 2 Ω。

② 接地系统一致性测试：加油站所有接地点（办公区站房外部防雷装置接地、供电系统总接地排、罩棚接地、加油机接地端子、油罐区接地）与接地基准点做等电位连接测试，连接阻值不大于 1 Ω。

注解：参见GB 50057—2010、GB/T 21431—2015、GB 50156—2012、GB 15599—2009、GB 50343—2012。

第五节 能力考核模拟试题

（说明：考试时间为120分钟，满分110分）

一、单选题(每题0.5分，共10分)

1. 在检测非常规接闪针(如各种提前预放电接闪针)时，应按照(　　)计算接闪针的保护范围。

A. 接闪针生产厂商提供的计算方法　　B. 按照接闪针等效物理高度，采用滚球法

C. 按照接闪针物理高度，采用滚球法

2. 建筑物的桩基、环形基础混凝土内的结构钢筋，深井金属管和其他目地埋设地下的大型金属构件等(　　)，可利用作为防雷接地装置。

A. 人工接地体　　B. 自然接地体

C. 公用接地体

3. 为了防止雷击瞬间地电位升高发产生地电位为反击，通常采用将各部分防雷装置、建筑物金属构件、低压配电保护线(PE)、设备保护地，屏蔽体接地、防静电接地和信息设备逻辑地等连接在同一接地装置，称为(　　)。

A. 共用接地系统　　B. 联合接地系统

C. 等电位接地系统

4. 为了减少雷电流在电气装置、诸导电物体之间产生危险电位差，用导体或电涌保护器将它们连接起来称为(　　)，是雷电防护的重要方法。

A. 电气连通性　　B. 雷电防护连接

C. 等电位连接

5. 供电线路SPD铭牌上注明：I_n 15 kA(10/350 μs)；U_p 2400 V，适合安装在(　　)。

A. 信息系统机房配电柜中　　B. UPS或稳压电源输入端

C. 总电源进入建筑物的入口处

6. U_{res} 称为SPD残压，是当SPD上通过(　　)时，从其两端测得的电压值。

A. 标称放电电流 I_n　　B. 冲击放电电流 I_{imp}

C. 规定的直流电流

7. 当第一类防雷建筑物部分的面积占建筑物总面积的(　　)及以上时，该建筑物宜确定为第一类防雷建筑物。

A. 20%　　B. 30%　　C. 40%

8. 一无线通信基站，经计算预计年平均雷击次数为0.025次/年，(　　)。

A. 年平均雷击次数小于0.05次/年，小于第三类防雷建筑的规定，可不采取防护措施

B. 应按第三类防雷建筑的规定，进行防护

C. 因遭受直接闪击的概率很小，可仅对内部信息系统进行防护

9. 排放爆炸危险气体、蒸汽和粉尘的放散管、呼吸阀、排风关口外的空间应处于闪接器的保护范围内，并要求无管帽时，保护范围应为管口上方(　　)。

A. 2.5 m 以上　　B. 3 m 以上

C. 5 m 的半球体

10. 第一类防雷建筑物(建筑物不高于 30 m)直击雷防护措施，应采用(　　)。

A. 在屋面架设针、带结合的闪接器，利用自身基础的接地

B. 在屋面设置 5×5 或 4×6 的明敷或暗敷的避雷网格

C. 设置和建筑物保持一定距离，有独立接地系统得接闪杆、线、网

11. 第一类防雷建筑物周围的树木邻近建筑物时(　　)。

A. 不需要做处理　　B. 净距离大于 5 m 时不予考虑

C. 所有树木均应采伐，或安装防护装置

12. 钢筋混凝土结构的第二类防雷建筑在(　　)以上应采取防侧击和等电位等保护措施。

A. 18 层以上　　B. 20 层以上

C. 45 m 以上

13. 某军需库，在库区独立接闪杆金属支撑杆中间部位安装监控摄像头，电源线、视频线路沿支撑杆引下，防雷安全检查的结论应为(　　)。

A. 应拆除

B. 电源线、视频线应穿金属管并直埋土中 10 m 以上

C. 监控摄像头在接闪器保护范围内，可以保留

14. 什么情形下宜利用女儿墙压顶板内或檐口内的钢筋作为接闪器(　　)。

A. 钢筋混凝土导制的屋面　　B. 四周通常无人停留的多层建筑物

C. 顶层檐口有艺术造型

15. 不处在接闪器保护范围内的非导电性屋顶物体，当它没有突出由接闪器形成的平面(　　)以上时，可不要求附加增设接闪器的保护措施。

A. 1 m　　B. 0.8 m

C. 0.5 m

16. 一环绕建筑物的环形接地体长 30 m，宽 10 m，土壤电阻率为 500 Ω·m，下面说法中(　　)为正确(R_0—工频接地电阻、R_1—冲击接地电阻)。

A. $R_0>R_1$　　B. $R_0=R_1$

C. $R_0<R_1$　　D. 不一定

17. 供电线路中，开关型 SPD 和限压型 SPD 配合使用时，最小线上距离为(　　)。

A. 5 m　　B. 10 m

C. 15 m

18. 影响信息系统的传输特性的一部分 SPD 参数为(　　)。

A. 最大持续工作电压、电压保护水平、响应时间

B. 工作频率、插入损耗、特性阻抗

C. 绝缘电阻、泄漏电流、额定电流

19. 在 TN 接地保护方式的 220/380 V 低压供电系统中选择共模保护 SPD 的最大持续工作电压为(　　)。

A. 380 V　　B. 220 V

C. 不应小于 220 V　　D. 1.15 V

20. TN-C-S 系统中的浪涌保护器正确的安装方式为图(　　)。

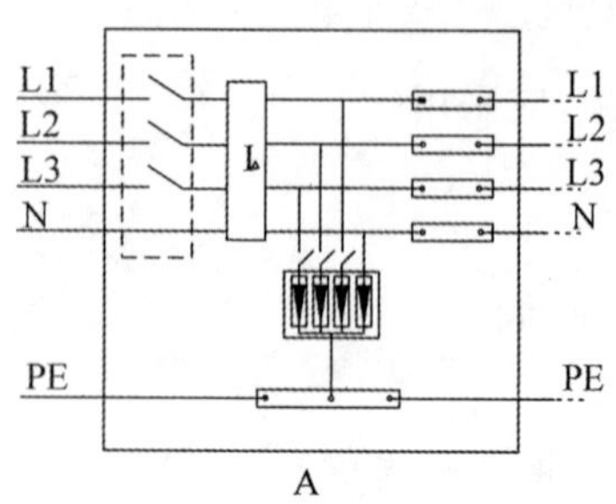

A

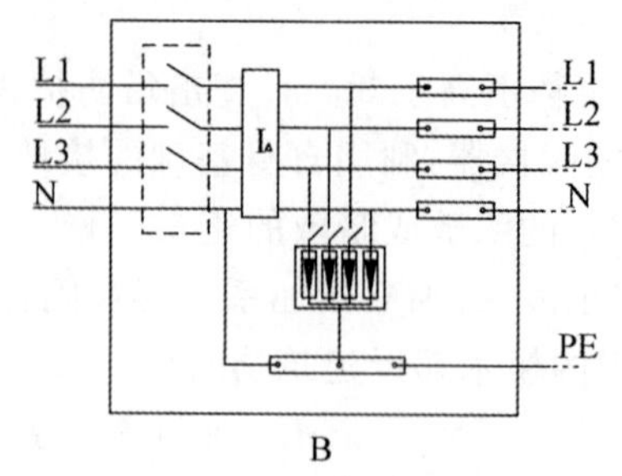

B

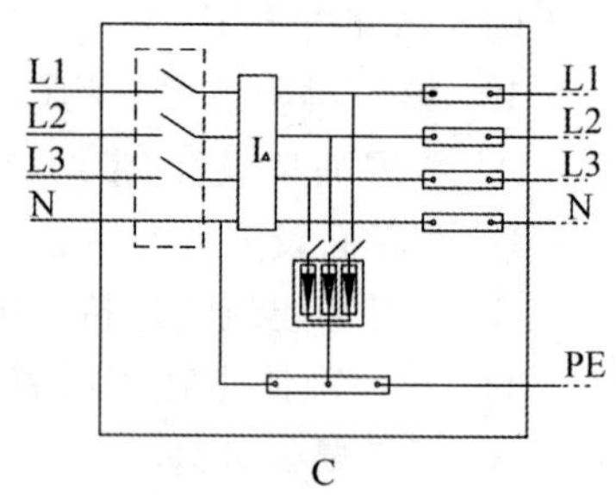

C

二、多选题(每题 2 分,选错一个扣 1 分,选错 2 个不得分,共 20 分)

1. 以下情况不属于《建筑物防雷装置检测技术规范》(GB/T 21431—2015)的适用范围(　　)。

A. 烟囱、水塔　　B. 海上采油平台

C. 远程输油管线　　D. 火车站候车厅、售票厅

E. 高压输电线路　　F. 国家电网的输、变电站

2. 对建筑物防雷装置进行检测时应根据(　　),确定检测项目。

A. 供电线路的接入方式　　B. 建筑物的防雷类别

C. 建筑物的内部设施、设备情况　　D. 内部存放物资的爆炸危险程度

E. 发生雷击灾害时,可能造成人员、经济损失

F. 防雷装置现的现状

3. 在(　　)情况下可不考虑外部防雷装置接地的接地阻值。

A. 采用围绕建筑物的环型接地体　　B. 采用共用接地系统

C. 环形接地体所包围面积的等效圆半径≥5 m

D. 当土壤电阻率≤800 Ω·m

E. 当土壤电阻率≤3000 Ω·m 时,环形接地体所包围面积的等效圆半径$\sqrt{\frac{A}{\pi}}<\frac{\rho-550}{50}$

F. 第三类防雷围绕建筑的环形接地体所包围面积≥79 m^2

4. 建筑物内部主要采取(　　)措施,以防雷击电磁脉冲。

A. 共用接地系统　　B. 信息系统与屏蔽层保持安全距离

C. 合理选用和安装 SPD　　D. 科学合理的布线

E. 采用 TN-S 接地保护供电　　F. 做符合要求的等电位连接

5. 有爆炸危险的露天钢柱封闭油、气罐,当壁厚大于 4 m 时,可不装设接闪器,但应有(　　)措施保证罐体接地的安全、可靠性。

A. 宜采用截面积≥50 mm^2 作为引下线　　B. 接地点不应少于 2 点

C. 罐体与接地装置间应保持 3 m 以上的安全距离

D. 接地点间的距离不小于 30 m　　F. 必须围绕罐体敷设环形人工接地体

E. 冲击接地电阻不小于 30 Ω

6. 为减少建筑物内雷击电磁场强度和感应效应,宜联合采取以下措施:(　　)。

A. 建筑物和房间的外部设屏蔽　　B. 合理有效的等电位连接

C. 以合适的路径敷设线路　　D. 线路在穿越 LPZ 界面时安装 SPD

E. 线路屏蔽　　F. 采用共用接地系统

7. 下列图中的低压配电系统接地保护方式(　　)符合建筑物防雷规范要求。

A.

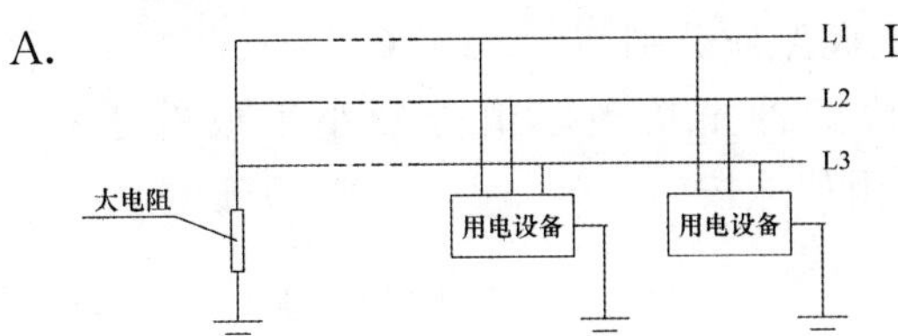

B.

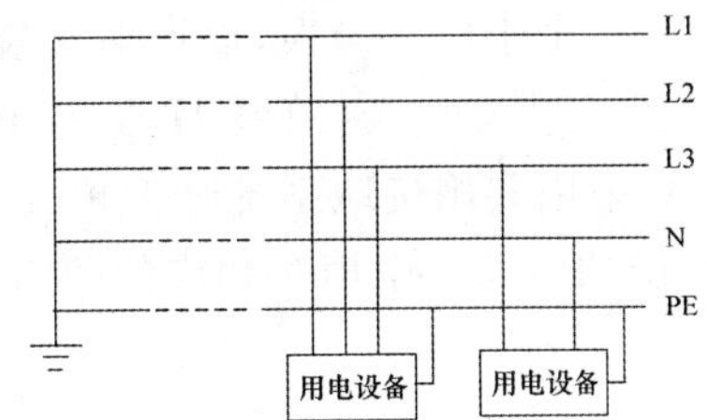

C.

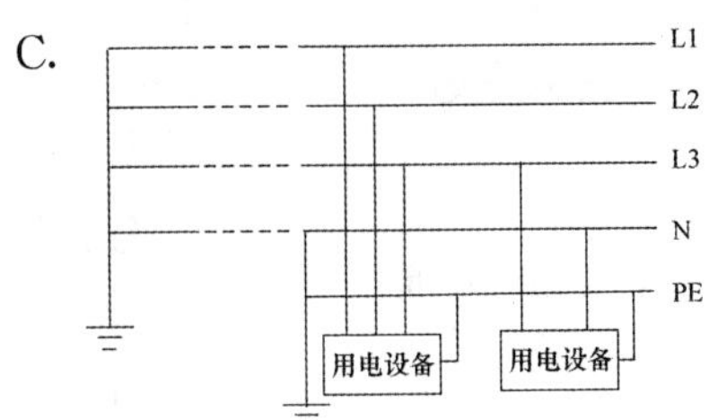

D.

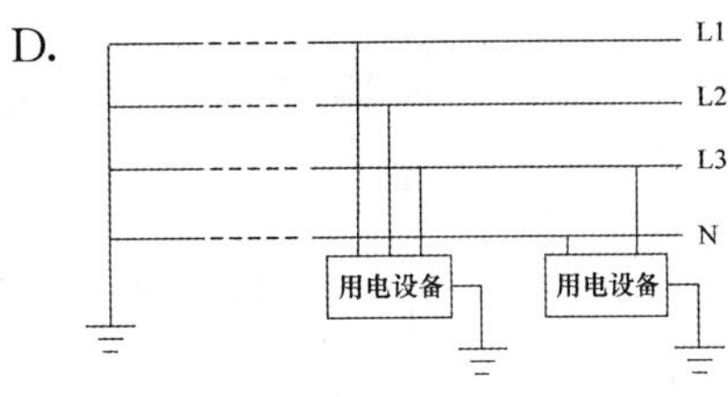

E.

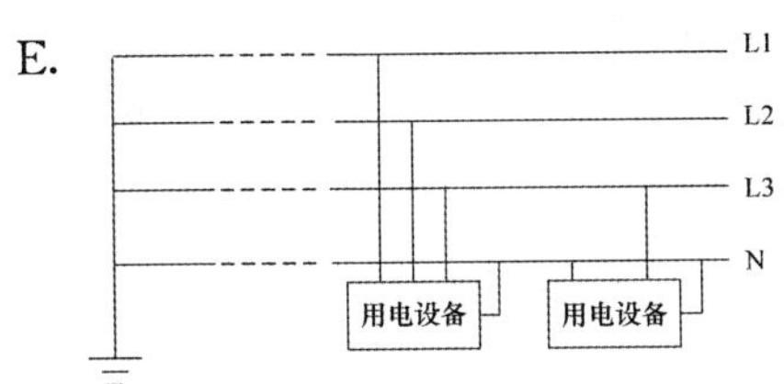

F.

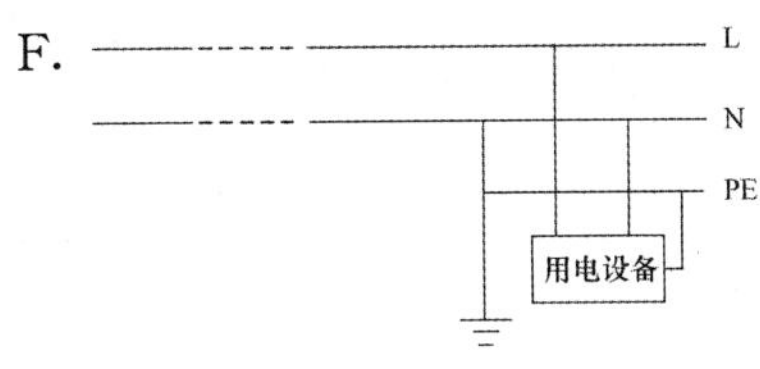

8. 综合防雷工程设计应坚持(　　)的原则。

A. 采用高效率的防护措施,达到 100%的防护

B. 安全可靠　　C. 技术先进

D. 外部防雷装置应尽可能采用有提前预放电功能的接闪装置

E. 防雷工程应与建筑物土建工程同时设计、同时施工,占工程总造价的 5%以上。

F. 经济合理

9. 在 LPZ1 区内的各物体(　　)。

A. 可能遭到直接雷击　　B. 不可能遭到直接雷击

C. 如采取有效的屏蔽措施,流经各导体的电涌电流比 $LPZ0_B$ 区内的更小

D. 由于在界面处的分流,流经各导体的电涌电流比 $LPZ0_B$ 区内的更小

E. 本区内的电磁场强度可能衰减,这取决于屏蔽措施

F. 本区内的电磁场强度明显衰减

10. 雷电流的基本参数有(　　)和雷电流极性。

A. 雷电流强度即雷电流的峰值　　B. 雷电流幅值即雷电流达到最大瞬间值

C. 雷电流的持续时间　　D. 雷电流波头和半值时间

E. 雷电流陡度　　F. 雷电流携带的电荷量

三、填空题(每空 0.5 分,共 20 分)

1. 接闪杆宜采用热镀锌圆钢或钢管制成,其直径不应小于下列值:

杆长 1 m 以下:圆钢为(　　);钢管为(　　);

杆长 1～2 m:圆钢为(　　);钢管为(　　);

独立烟囱顶上的杆：圆钢为（　　）；钢管为（　　）。

2. 根据 GB 50057—2010 的规定，第一类、第二类、第三类防雷建筑物防直击雷避雷带（网）的引下线应不少于（　　）根，设置平均最大间距应分别为（　　）、（　　）、（　　）。

3. 第一、二、三类防雷建筑物每根引下线的冲击接地阻值分别小于或等于（　　）、（　　）、（　　），采用共用接地系统时工频接地阻值应按（　　　　　　）确定。

4. 在下图中的（　　）中填写相应的防雷区标志。

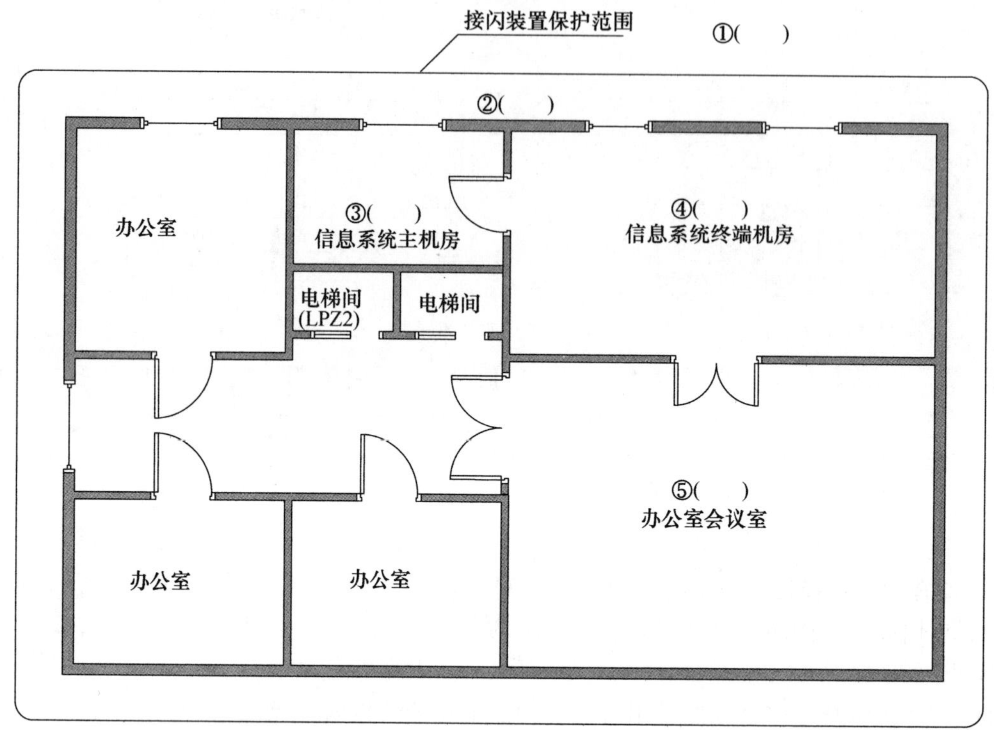

5. 在经常有人员活动的区域，引下线 3 m 范围内地表层应采用（　　）厚沥青层或（　　）厚砾石层的这类绝缘材料层，使得表层土壤电阻率≥（　　　　），外露引下线，其距地面（　　）以下的导体，应有符合要求的绝缘隔离层。

6. 在采用共用接地系统的第二类防雷建筑中，TN 方式供电系统，电源引入的总配电箱处应装设通过（　　）的电涌保护器。电涌保护器的电压保护水平值应小于或等于（　　）。其每一保护模式的冲击电流，当无法确定时应取冲击电流等于或大于（　　）。电涌保护器的最大持续运行电压值不得小于（　　）或（　　），采用 L-PE（　　）连接方式，连接电涌保护器的导体应采用截面不小于（　　）的铜线。

7. 接闪器、引下线、接地装置构成了建筑物（　　　　），用于减少直接闪击击于建（构）筑物上，除外部防雷装雷外，所有其他附加防雷设施均为（　　　　），主要用于减小和防护雷电流在需要防护空间内所产生的（　　　　）。

8. 高度超过 45 m 的第二类防雷建筑物，除应按 GB 50050—2010 的规定在屋顶安装（　　）外，尚应按 GB 50050—2010 的要求在（　　）进行侧击雷的防护。

9. 在进行地网一致性检测时，应使用电流（　　）的毫欧表，测得数值（　　）可确定不同接地点处于相互独的接地系统。

10. 建筑物内 220/380 V 配电系统中设备绝缘耐冲击电压额定值：电源处的设备为(　　)，配电线路和最后分支线路的设备为(　　)，特殊需要保护的设备为(　　)。

四、判断题(每题 0.5 分，共 20 分)

1. 判断以下阐述，正确的在(　　)中填写√，错误的填写×。

(1)在我国北方冻土期超过 6 个月的地区，防雷装置须每年检测 1 次。(　　)

(2)SPD 称为浪涌保护器，其电流/电压特性曲线为有一定斜率的直线。(　　)

(3)在供电线路中安装 SPD 限制暂态过电压和分流浪涌电流，是等电位连接的一种形式。(　　)

(4)安装在供电线路中的 SPD 前端加装空气开关，是对 SPD 的过电压保护。(　　)

(5)SPD 标称电压 U_c= 275 V，可安装在线电压为 380 V 的 TN-C-S 供电系统中相线和 PE 线之间。(　　)

(6)SPD 铭牌上注明 I_{max}：15 kA(10/350$_{\mu s}$)，说明该 SPD 通过了 I_{imp} 为 15 kA 的Ⅰ级分类实验。(　　)

(7)泄漏电流值是限压型 SPD 劣化程度的重要参数指标。(　　)

(8)网络信号 SPD 的插入损耗是由 SPD 自身的阻抗所确定的，与网络结构形式、接入方式等因素无关。(　　)

(9)在安装网络信号 SPD 的后，网络比特差错率(BER)会明显减少。(　　)

(10)供电线路 SPD 分类实验由Ⅰ～Ⅲ级对 SPD 耐电流冲击能力的要求逐步减小，信号系统的 SPD 分类实验由 A_1～D_2 对 SPD 耐电流冲击能力的要求逐步增大。(　　)

(11)信号 SPD 安装位置应选择在被保护设备的接口处，不需要考虑 LPZ 区域。(　　)

(12)第二类防雷建筑外部防护的独立接闪杆的杆塔、架空接闪线的端部和架空接闪网的引下线其间距不得大于 18 m。(　　)。

(13)对用金属制成或有焊接、绑扎连接钢筋网的独立接闪杆的杆塔、支柱，宜利用其作为引下线。(　　)

(14)第一类防雷建筑外部防护的独立接闪杆的引下线至被保护建筑物及与其有联系的管道、电缆等金属物之间的间隔距离不得小于 3 m。(　　)

(15)由于雷击的热效应和电磁效应影响到混凝土内的钢筋的应力，因此不得利用建筑物钢筋混凝土屋顶、梁、柱、基础内的钢筋作为引下线。(　　)

(16)第二、三类防雷建筑物金属框架的建筑物中或在钢筋连接在一起、电气贯通的钢筋混凝土框架的建筑物中，金属物或线路与引下线之间的间隔距离可无要求。(　　)

(17)所有接闪装置的引下线，宜采用热镀锌圆钢或扁钢，宜优先采用直径≥8 mm 的热镀锌圆钢。(　　)

(18)可利用电气连通性可靠金属爬梯作为独立烟囱的引下线，不需要另外专设引下线。(　　)

2. 判断采用三级法测量工频接地阻值时的以下阐述，正确的在(　　)中填写√，错误的填写×。

(1)使用工频接地电阻仪测量接地电阻时，可采用三角法或直线法。(　　)

(2)三角法或直线法的原理不同。(　　)

(3)采用三角法时电流极和电压极的引线分开的角度没有要求。(　　)

(4)采用三角法时电流极和电压极的引线长度相等应≥2D(D 为圆形地网的直径或矩形

地网对角线的长度)。(　)

(5)直线法测量接地电阻时,电流极和电压极的引线可相向或成一定角度引出。(　　)

(6)采用直线法时电流极引线应$\geqslant 2D$、电压极引线长应为电流极引线度 0.5～0.7 倍。(　　)

(7)电流极和电压极连线交叉或缠绕对测试结果影响不大。(　　)

(8)检测点与地阻仪间的连线要尽量短。(　　)

3. 下图中接闪带安装在建筑物的女儿墙上,引下线布置是否符合规范要求,符合要求在(　　)中填写√,错误填写×。

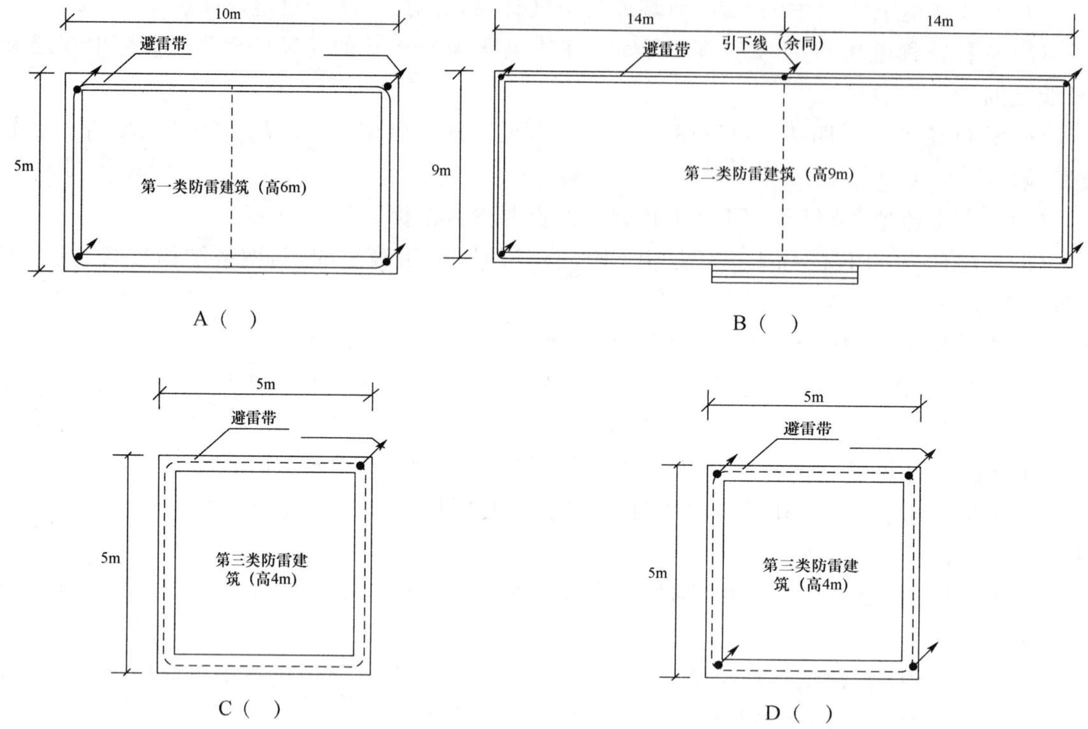

A (　)　　B (　)

C (　)　　D (　)

4. 判断以下阐述,正确的在(　　)中填写√,错误的填写×。

(1)等电位连接网络的主要任务是消除建筑物上及建筑物内所有设备间危险的电位差并减小建筑物内部的磁场强度。(　　)

(2)在S型等电位连接网络中,接地基准点是系统等电位连接网络与公共接地系统间唯一的连接点。(　　)

(3)进入建筑物的光缆不需要在LPZ0与LPZl区的界面处做等电位连接。(　　)

(4)当长金属物的弯头、阀门、法兰盘等连接处的过渡电阻大于0.03 Ω时,连接处应用金属线跨接。对有不少于5根螺栓连接的法兰盘,在非腐蚀环境下可不跨接。(　　)

(5)M型等电位连接网络可用于较大的机房,S型等电位连接网络用于较小的机房。(　　)

(6)所有进入建筑物的外来导电物均应在$LPZ0_A$或$LPZ0_B$与LPZ1区的界面处做等电位连接。(　　)

(7)采用符合要求的M型等电位连接网格,所有电子系统不应设独立的接地装置。(　　)

(8)M型等电位连接,系统的各金属组件不应与接地系统各组件绝缘。(　　)

(9)地面以上平行敷设的金属管道的等电位连接是为避免之间发生闪络。(　　)

(10)现代技术要求供电系统应采用安装同一品牌、同等绝缘等级、同样参数的多级SPD。(　　)

五、计算题(每题5分,共20分)

1. 测得某第一类防雷建筑物独立接闪针的工频接地电阻为10 Ω,计算建筑物的地中金属物与防雷地的安全距离,并分析计算结果。

(注:冲击接地电阻换算系数 $A=1.4$)

答:

2. 下图为一民用建筑平面图,计算其年平均雷击次数,确定防雷类别。

注:当地年平均雷暴日34天,k 值取1;$\sqrt{94(200-94)}\approx 99$。

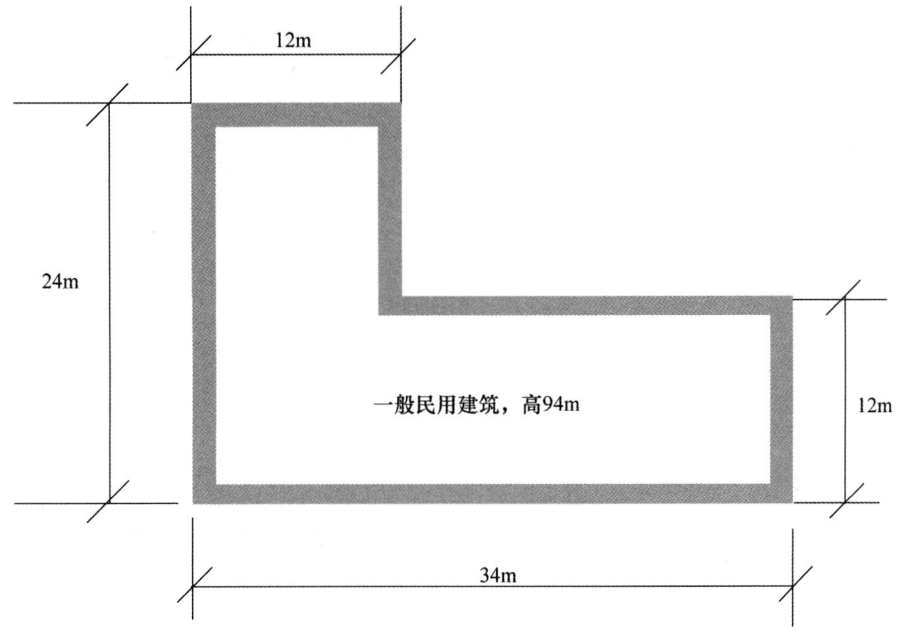

答:

3. 下图为第三级 SPD 安装原理图，已知电器设备(ITU)该耐压为 2.5 kV，SPD 的 $U_p \leq 1.3$ kV，接线方式为 T 型(见图)，求 AB 之间最大电涌电压 U_{AB} 为多少？存在什么问题？应如何改进？

(提示：不考虑电力线屏蔽与否，也不考虑三相或单相。经计算流经 SPD 两端引线 L_1、L_2 的电涌平均陡度为 0.75 kA/μs，引线 L_1、L_2 单位长度电感为 $L_0 = 1.6$ μH/m)

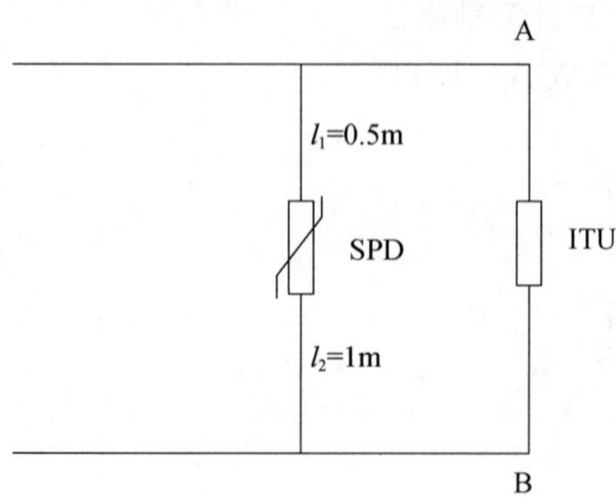

4. 参照下图计算作为保护卫星接收天线(第二类防护)的接闪杆的最小高度应为多少米？

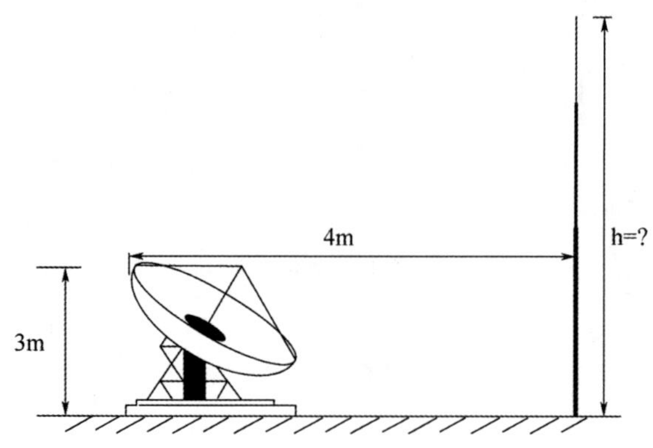

提示：一元二次方程根 $x = \dfrac{-b \pm \sqrt{b^2 - 4ac}}{2a}$；$\sqrt{261} \approx 16.15$；$(20.15)^2 \approx 406$；$\sqrt{6476} \approx 80.4$。

答：

六、综述题(每题 5 分 共 20 分)

1. 闪电造成灾害的形式及机理。

2. 三极法测量工频接地电阻的原理(图示)及影响测量结果的主要因素。

3. 低压配电系统 SPD 的分类及基本原理。

4. 冲击接地电阻和工频接地电阻及它们之间的关系。

参考答案及评分标准

一、单选题(每题 0.5 分,共 10 分)

1.(C);2.(B);3.(A);4.(C);5.(C);6.(C);7.(B);8.(B);9.(B);10.(C);11.(B);12.(C);13.(A);14.(B);15.(C);16.(A);17.(B);18.(B);19.(C);20.(C)

二、多选题(每题 2 分,选错一个扣 1 分,选错 2 个不得分,共 20 分)

1.(B、C、E);2.(B、C、F);3.(B、E、F);4.(C、D、F);5.(B、C、E);6.(A、B、C);7.(A、C、E);8.(B、C、F);9.(B、D、E);10.(B、D、E)

三、填空题(每空 0.5 分,共 20 分)

1.(12 mm),(20 mm);(16 mm),(25 mm);(20 mm),(40 mm)。

2.(2),(12 m)、(18 m)、(25 m)

3.(10 Ω)、(10 Ω)、(30 Ω),(按 50 Hz 电气装置的接地电阻)

4.①(LPZ0_A);②(LPZ0_B);③(LPZ1);④(LPZ1);⑤(LPZ1)

5.(5 cm),(15 cm),(50 kΩ·m),(2.7 m)

6.(Ⅰ级试验),(2.5 kV),(12.5 kA),(1.15 U_0)、(253 V),(共模),(6 mm^2)

7.(外部防雷装置),(内部防雷系统),(雷电电磁效应)

8.(外部防雷装置),(45 m 以上)

9.(≥0.2 A),(≥1 Ω)

10.(6000 V),(4000 V),(1500 V)

四、判断题(每题 0.5 分,共 20 分)

1. (1)(×);(2)(×);(3)(√);(4)(×);(5)(√);(6)(√);(7)(√);(8)(×);(9)(×);(10)(√);(11)(×);(12)(×);(13)(√);(14)(√);(15)(×);(16)(√);(17)(√);(18)(√)

2.(1)(√);(2)(3)(4)(√);(5)(6)(√);(7)(8)(√)

3. A(×);B(√);C(√);D(×)

4.(1)(×);(2)(√);(3)(×);(4)(√);(5)(×);(6)(√);(7)(√);(8)(×);(9)(√);(10)(×)

五、计算题(每题 5 分,共 20 分)

1.

答:建筑物的地中金属物与防雷地的安全距离 $S_{el} \geqslant 0.4R_i \geqslant 3$ m

$R_i = R_{\sim}/A$(R_i 为冲击接地电阻、$R_{\sim}$ 为工频接地电阻)

$$S_{el} \geqslant 0.4R_i = 0.4 \times 10 \div 1.4 = 2.86 \text{ m}$$

最小安全距离应大于或等于 3 m,应取≥3 m。

2.

答:建筑物年预计雷击次数应按下式计算:

$$N = k \times Ng \times Ae$$

其中:$k=1$;$Ng = 0.1 \times 34 = 3.4$。

建筑物高度小于 100 m 时,其雷击等效面积:

$$Ae = \left[LW + 2(L+W)D + \frac{1}{4}\pi D^2\right] \times 10^{-6}(\text{km}^2)$$

式中：$D=\sqrt{H(200-H)}=99$；$L=34+12$；$W=12$；代入上式中(正确列出公式得6分)：

$Ae=[(34+12)\times 12+2\times((34+12)+12)\times 99-99^2+1.25\times 3.14\times 99^2]\times 10^{-6}=0.13(\text{km}^2)$

代入 $N=k\times Ng\times Ae=1\times 3.4\times 0.13=0.44$(次)

该建筑年预计雷击次数为0.44次>0.25次，应为二类防雷建筑物。

3.

答1：求AB间最大电涌电压 U_{AB}

SPD的残压为≤1.3 kV，取最大值1.3 kV；

SPD两端引线的电涌平均陡度为0.75 kA/μs；

SPD两端引线长度之和 $l_1+l_2=1.5$ m，引线的单位长度电感 $L_0=1.6$ μH/m。

U_{AB}=SPD的最大残压+引线产生的感应电压 U_L

$U_L=L_0\times 1.5\ \text{m}\times 0.75\ \text{kA}/\mu\text{s}=1.6\ \mu\text{H/m}\times 1.5\ \text{m}\times 0.75\ \text{kA}/\mu\text{s}=1.8\ \text{kV}$

即 $U_{AB}=1.3\ \text{kV}+1.8\ \text{kV}=3.1\ \text{kV}$

答2：存在问题：由于 $U_{AB}=3.1$ kV，被保护设备的耐压(2.5 kV)，设备的绝缘有可能被击穿，导致损坏。

答3：改进：要求 U_{AB}<设备的耐压水平，即满足 $U_{AB}<2.5$kV。U_{AB} 由两项组成，SPD残压是不变的，只有减小两端的引线长度，才能减小感应电压 U_L，按照规范要求SPD两端引线之和不超过0.5 m，现为1.5 m，应予缩短。要求 $U_{AB}<2.5$ kV，现为3.1 kV，超过0.6 kV，则减小引线长度=0.6 kV/(1.6 μH/m×0.75 kA/μs)=0.5 m。

$$l_l+l_2-0.5\ \text{m}=1\ \text{m}$$

即SPD两端引线之和必须小于1m，才能满足 $U_{AB}<2.5$ kV的要求。

4.

答：根据滚球发单支接闪器在 h_x 平面的保护距离 r_x 的计算公式：

$$r_x=\sqrt{(h(2h_r-h))}-\sqrt{(h_x(2h_r-h_x))}$$

已知：$r_x=4$ m；$h_x=3$ m；$h_r=45$ m(二类防雷建筑)

代入上式：$4=\sqrt{(h(90-h))}-\sqrt{(3\times(2\times 45-3))}$

得到关于 h 的一元二次方程 $h^2-90h+406=0$

代入一元二次方程根公式：$h=\dfrac{-(-90)\pm\sqrt{90^2-(4\times 406)}}{2}=45\pm 40.2$

得到 $h=4.8$ 和 $h=85.2$(不合理)，取 $h=4.8$(m)

即：接闪针的最小高度 $h=4.8$(m)。

六、综述题(每题5分共20分)

1.

答案要点：(每答对2点得2分，全部答对得10分)

① 直接闪电

接闪点热效应

电磁机械力

高电位侵入

地电位反击

② 雷电静电感应

雷电形成静电场，静电场内金属间产生危险点位差，出现闪络，爆炸火灾环境下引起次生灾害。

③ 雷电电磁脉冲

雷电接闪点周围产生脉冲磁场，磁场内的导体产生磁感应电流，爆炸火灾环境引起次生灾害、对电子系统造成危害。

2.

① 原理图(正确画出此图，得 6 分)

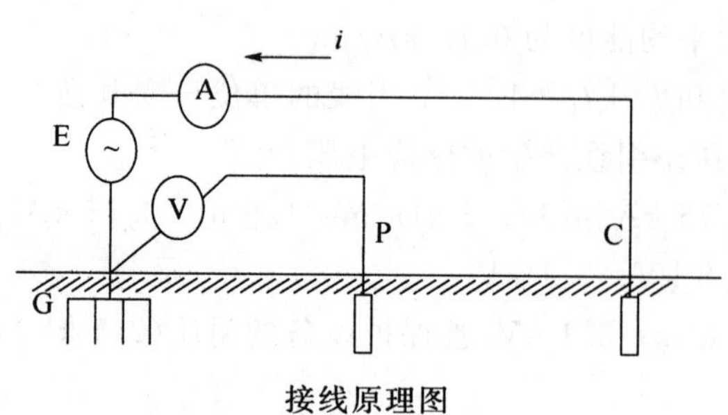

接线原理图

② 零序电流、空间感应电流产生的初始地电位(2 分)

③ P 点 C 电间的距离适当，避免互感。(2 分)

3.

① 开关型、限压型、组合型。(4 分)

② 它至少应包含一个非线性电压限制元件，没有过电压时呈现为高阻抗，但一旦响应雷电瞬时过电压时，其阻抗就突变为低值，将瞬时过电流向大地泻放。(6 分)

4.

① 冲击接地电阻是接地装置对瞬间高频冲击电流的阻抗特性，工频接地电阻是接地装置对持续的工频电流的阻抗特性(6 分)。

② 冲击接地电阻理论上可根据土壤电阻率的不同与工频接地电阻存在换算关系(4 分)。

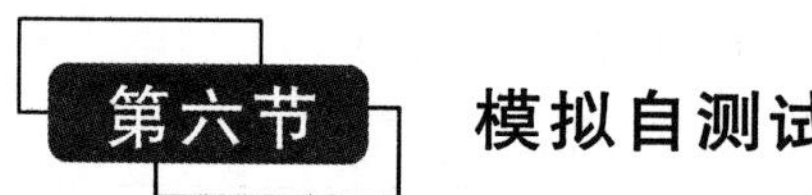

第六节 模拟自测试题

(本试卷为闭卷试题，考试时间为 120 分钟，满分 100 分)

一、填空题:(每空 2 分，不填或填错均不得分)

1. 雷击发生的地点就目前科学认知而言，取决于(　　)个条件。
2. 雷电流也是电流，它具有电流的(　　)效应。
3. (　　)是云与大地之间的放电过程。
4. 在一个小时内，只要听(看)到一次或一次以上的雷声(闪)就算是一个(　　　　)。
5. 以(　　　　)为核心的电子设备，对雷电暂态电涌冲击的耐受能力十分脆弱。

二、单选题(每题1分,每题选项中仅有一个答案是正确的。不选或选错均不得分)

1. 在现代科学技术水平下,不考虑经济成本对雷电防护能够做到________。

A. 100%　　B. 80%

C. 50%　　D. 95%

2. 人类进入电子社会,雷电灾害被联合国减灾委员会定为________大自然灾害之一。

A. 8　　B. 10

C. 15　　D. 19

3. 建筑物防雷装置隐蔽工程检测中,防雷接线端子一般在________。

A. 屋顶平面　　B. 女儿墙上

C. 距离地面1 m　　D. 地面以下3 m

4. 在电缆避雷防护措施中,通过在电缆上方的一定距离处敷设一或两根导线称为________。

A. 架空线　　B. 排流线

C. 接地线　　D. 中继线

5. 在正常运行时可能偶尔出现爆炸性气体混合物的场所,雷电防护应划为________区。

A. 0　　B. 1

C. 2　　D. 3

6. 针对被保护对象,避雷针的作用是________。

A. 吸收雷电流峰值　　B. 最先接到雷电流

C. 最后接到雷电流　　D. 避开雷电流峰值

7. 防雷检测的根本目的是________。

A. 促进就业　　B. 消除雷电

C. 消除雷电灾害　　D. 减轻雷电灾害

8. 现代建筑物中钢筋有效连接在防雷防护技术中称为________技术。

A. 接闪器　　B. 等电位连接

C. 屏蔽保护　　D. 避雷器

9. 目前雷电观测到雷电脉冲波形呈现为________。

A. 单一脉冲　　B. 多脉冲

C. л型脉冲　　D. Ω型脉冲

10. 雷电流放电时间极短,一般在________μs。

A. 10～50　　B. 50～100

C. 100～150　　D. 150～200

11. 在建筑物内,强电系统和弱电系统等电位连接是________。

A. 固态连接　　B. 暂态连接

C. 绑扎连接　　D. 焊接连接

12. 氧化锌避雷器的工作原理实际可以归纳为________型避雷器。

A. 放电间隙　　B. 保护间隙

C. 管　　D. 阀

13. 下列表述中:雷击的特性正确说法是________。

A. 高危险性　　B. 高热性

C. 选择性　　D. 多发性

14. 按照《建筑物防雷设计规范》(GB 50057—2010)的要求,0 区的意义是________。

A. 建筑物防雷分类　　B. 雷电防护区划分

C. 建筑物保护范围　　D. 防雷装置核心区

15. 在低压配电系统中(TN-C)的 N 代表________。

A. 电源与大地的关系　　B. 负载采用接零保护

C. 工作零线与保护线合一　　D. 工作零线和保护线分开

16. 按照有关法律法规规定,加油站防雷检测应当每年检测________。

A. 一次　　B. 二次

C. 三次　　D. 四

17. 采用接地电阻仪测量得到的阻值是________接地电阻。

A. 工频　　B. 冲击

C. 驻波　　D. 闪击

18. 预计建筑物每年遭受的雷击次数,一般采用________。

A. 滚球法　　B. 二线法

C. 换算法　　D. 估算法

19. 我国哪一部现行法律明确规定,防雷减灾的组织管理部门是各级气象主管机构________?

A.《中华人民共和国气象法》　　B.《中华人民共和国安全生产法》

C.《中华人民共和国建筑法》　　D.《中华人民共和国技术监督法》

20. 按照《建筑物防雷设计规范》(GB 50057—2010)规定,当建筑物跨度较大时,防雷装置的引下线的数量不能少于________根。

A. 1　　B. 2

C. 3　　D. 4

三、多选题(每题至少有两个正确答案,每题 2 分。少选、多选、选错均不得分)

1. 在《云物理学》中,根据闪电的部位可将雷电分为________类

A. 线状闪电　　B. 球形闪电

C. 云闪　　D. 带状闪电

E. 地闪　　F. 片状闪电

2. 在防雷检测中,下列工具是检测工具________。

A. 经纬仪　　B. 测距仪

C. 摇表(兆欧表)　　D. 油漆

E. 万用表　　F. 望远镜

3. 现代防雷技术措施可以用下列简语进行归纳:________。

A. 躲　　B. 等电位连接

C. 传导　　D. 分流

E. 接地　　F. 屏蔽

4. 常用的雷击痕迹鉴定方法有________。

A. 吻合分析法　　B. 金相分析法

C. 路径分析法　　D. 剩磁检测法

E. 冲击试验法　　F. 调查法

5. 防雷技术已发展为一门独立的学科，主要知识来源于下列学科________。

A. 云物理学　　B. 电化学

C. 电工学　　D. 大气科学

E. 材料科学　　F. 环境科学

6. 按照《建筑物防雷设计规范》(GB 50057—2010)的要求，适合作为接地体的材料有________。

A. 铜　　B. 铁

C. 钢　　D. 锡

E. 石墨　　F. 锌

7. 按照《建筑物电子信息系统防雷技术规范》要求，内部防雷包括________。

A. 等电位连接　　B. 共用接地体装置

C. 屏蔽　　D. 合理布线

E. 浪涌保护器　　F. 引下线

8. 不属于《建筑物防雷装置检测技术规范》范围的有：________。

A. 政府办公楼　　B. 铁路系统

C. 车辆、船舶、飞机　　D. 地下高压管道

E. 加油站　　F. 自动化港口

9. 在检测配电房的防雷装置时必须穿戴下列装备________。

A. 穿绝缘鞋　　B. 穿绝缘手套

C. 使用绝缘垫　　D. 戴墨镜

E. 消防服　　F. 防尘面罩

10. 建筑物防雷装置检测一般包括下列内容：________。

A. 外部直击雷防护装置　　B. 内部感应雷防护装置

C. 建筑物分类　　D. 防雷区划分

E. 各阶梯的 SPD　　F. 跨步电压

四、判断题(每题 2 分。请在每题后面括号内划√或×，判断正确得分，判断错误或不划不得分)

1. 实际测量得出：各地地面大气电场强度是均匀的。(　　)

2. 实例证明：雷雨天使用手机不一定比周围建筑物更易遭受雷击。(　　)

3. 只要满足各金属板间有可靠的电气通路连接，就可以用作建筑物的自然接闪器。(　　)

4. 从安全角度考虑，低压公共电网应该采取接零保护。(　　)

5. 防雷区一定要有墙壁、地板或天花板作为区界面。(　　)

五、简答题(每题 2 分)

1. 闪电电涌侵入：

2. 雷暴持续时间：

3. 雷电危害的形式：

4. 大电流法：

5. 球形雷：

六、论述题(每题5分)

1. 论述雷电带来的哪些灾害和哪些好处。

2. 论述建筑物防雷检测的目的意义和准备工作程序。

七、计算题(每题 10 分)

1. 经检测得知:某建筑物附近最大雷击电流幅值为 100 kA,建筑物高度为 120 m,建筑物长度为 200 m。请判断该建筑物无屏蔽时产生的雷击磁场强度,并提出相应的设防建议。

2. 经检测得知:某市一证券交易大厅高 20 m,宽 8 m,长 25 m。了解得到当地雷击日数为 30 天。请判断该建筑物防雷装置检测适用什么规范,并计算该建筑物及入户服务设施年预计雷击次数。

参考答案及评分标准

一、填空题

1.(三) 2.(一切) 3.(云地闪) 4.(雷电小时) 5.(集成电路)

二、单选题

1.A 2.D 3.C 4.B 5.B 6.B 7.D 8.C 9.B 10.A 11.B 12.D 13.C 14.B 15.B 16.B 17.B 18.C 19.A 20.B

三、多选题

1.CE 2.ABCDEF 3.ABCDEF 4.BD 5.ABCDEF 6.AC 7.ABCDE 8.BCD 9.ABC 10.ABCDE

四、判断题

1.× 2.√ 3.√ 4.× 5.×

五、简答题

1. 对于雷电架空线路、电缆线路或金属管道的作用，雷电波可能沿着这些管线侵入建筑物屋内，危及人身安全或损坏设备。

2. 指在一年中，从雷暴初日到雷暴结束日之间的持续天数，单位为天。不同地域不同。

3. 直击雷、侧击雷、闪电电涌侵入、闪电感应、地电位反击等。

4. 测试接地阻抗的一种方法。为消除接地装置中有较大的零序干扰电流对三极法测试接地阻抗的影响，采取以增大测试电流的方法进行测试。

5. 闪电的形式之一。形成机理尚待研究。

六、论述题

1. 采分点(灾害)：电击造成生物死亡；火灾；电磁感应击穿电子设备；信号失灵造成衍生灾害。(有利)：大地电场平衡；产生臭氧净化空气；产生火有利于人类生存；能量转换。

2. 采分点(意义)：防御和减轻雷电灾害；防雷设施始终处在完好状态；有效保护国家和人民生命财产安全；安全责任转移。(准备工作)：选定检测对象，制定检测计划；现场踏查目测检测内容；准备检测工具；确定工作组；制定工作日志；联系被检单位负责人确定现场检测。

七、计算题

1. 答案参考：已知某建筑物附近最大雷击电流幅值 $i_0=100$ kA，建筑物高度 $H=120$ m 建筑物长度 $L=200$ m，可确定该建筑物为第三类建筑物。该建筑物保护滚球半径可由 $R=10\times(i_0)^{0.65}$ 约为 200 m 当楼高 $H<R$ 时

雷击点与屏蔽空间的最小距离：$S_a=\sqrt{H(2R-H)}+L/2$

雷击磁场强度 H_0 确定：$H_0=i_0/(2\pi S_a)$

设防建议：屏蔽最短距离是 S_a，防御磁场强度是 H_0。

选用建筑物防雷标准得 3 分，要求公式正确，代入数值正确，得 6.5 分。最后结果具体得出给 0.5 分。

2. $N=K\times N_1\times A$ $N_1=0.1\times T$ $D=H\times\sqrt{(200-H)}$ $A=[L\times W+2(L+W)\times D+\pi H(200-H)]\times 10^6$ 选用信息系统规范的 3 分。

要求公式正确，代入数值正确，得 6.5 分。最后结果具体得出给 0.5 分。

参考资料

安徽省防雷中心，上海市防雷中心，湖南省防雷中心，等，2015. 旅游景区雷电灾害防御技术规范：QX/T 264—2015[S]. 北京：气象出版社.

安徽省气象灾害防御技术中心，亳州市气象局，合肥航太电物理技术有限公司，等，2019. 雷电防护装置定期检测报告编制规范：QX/T 232—2019[S]. 北京：气象出版社.

北京起重运输机械设计研究院，2018. 客运架空索道安全规范：GB 12352—2018[S].

国家风电设备质量监督检验中心(江苏)，北京乾源风电科技有限公司，广东粤电阳江海上风电有限公司，等，2018. 风力发电机组防雷装置检测技术规范：GB/T 36490—2018[S]. 北京：中国标准出版社.

河南省防雷中心，河南省质量技术监督局，2014. 索道工程防雷技术规范：QX/T 225—2013[S]. 北京：气象出版社.

湖北省防雷中心，江苏省气象灾害防御技术中心，武汉市气象局，等，2019. 高速公路设施防雷装置检测技术规范：QX/T 211—2019[S]. 北京：气象出版社.

湖北省防雷中心，武汉市防雷中心，中建三局第二建设工程有限责任公司，等，2016. 爆炸和火灾危险场所防雷装置检测技术规范：GB/T 32937—2016[S]. 北京：中国标准出版社.

江苏省住房和城乡建设厅，2010. 建筑物防雷工程施工与质量验收规范：GB 50601—2010[S]. 北京：中国计划出版社.

美泽风电设备制造(内蒙古)有限公司，丹麦 GLPS 公司，上海市防雷中心，等，2017. 风力发电机组　雷电防护：GB/T 33629—2017[S]. 北京：中国标准出版社.

山西省雷电防护监测中心，山西省煤炭工业厅信息中心，山西省煤炭规划设计院，2011. 煤炭工业矿井防雷设计规范：QX/T 150—2011[S]. 北京：气象出版社.

上海市安全生产科学研究所，2009. 高处作业分级：GB/T3608—2008[S]. 北京：中国标准出版社.

上海市防雷中心，安徽省防雷中心，天津市中力防雷技术有限公司，2019. 建筑物防雷装置检测技术规范：GB/T 21431—2015[S]. 2 版. 北京：中国标准出版社.

上海市防雷中心，浙江省防雷中心，江苏省防雷中心，2016. 防雷装置检测服务规范：GB/T 32938—2016[S]. 北京：中国标准出版社.

四川省广播电视发射传输中心，2013. 广播电视微波站(台)工程设计规范：GY/T 5031—2013[S].

四川省住房和城乡建设厅，2012. 建筑物电子信息系统防雷技术规范：GB 50343—2012[S]. 北京：中国建筑工业出版社.

武威市气象局，2017. 光伏发电站防雷装置检测技术规范：DB62/T 2756—2017[S].

中国机械工业联合会，2011. 建筑物防雷设计规范：GB 50057—2010[S]. 北京：中国计划出版社.

中国石化工程建设公司，2011. 石油化工装置防雷设计规范：GB50650—2011[S]. 北京：中国计划出版社.

中国特种设备检测研究院，江苏省特种设备安全监督检验研究院，中山市金马科技娱乐设备股份有限公司，等，2018. 大型游乐设施安全规范：GB 8408—2018[S].

后　记

历经三年，书稿终于完成。因为留诸多缺憾，出版前仍踌躇再三，总怕谬误流传。得益于朋友鼓励和支持，还是决定与读者见面。在人类抗御自然灾害的历程中，对防御雷电灾害的探索也将永无止境。一本书想要包罗雷电防御的林林总总是不可能完成的事情。防雷减灾是新兴的交叉学科，只要雷电一直发生，相信人类也不会停止探索雷电奥秘的脚步。随着防雷科学理论以及新材料的突破，防雷方式方法会不断地出现，如果能给有志于防雷减灾事业的人员有所帮助，作者也就聊感欣慰了。这本书就权当作一块铺路的基石吧。

王志德

于庚子暮春

后　记